新世纪高等学校规划教材 · 化学系列

U0659530

仪器分析

（第3版）

胡劲波　秦卫东　谭学才◎主编

YIQI FENXI

北京师范大学出版集团
BEIJING NORMAL UNIVERSITY PUBLISHING GROUP
北京师范大学出版社

内容简介

本书是在原编写原则和特点的基础上进行再版的。全书着重阐述各种重要仪器分析方法的基本概念、基本原理(包括仪器结构的基本原理)、特点及其应用。

本书内容包括光学分析法、电化学分析法、色谱分析法及质谱分析法等共 19 章。可作为高等师范院校和综合性大学化学专业本科生仪器分析课程的教材,也可作为其他相关专业的教材或参考书。

图书在版编目(CIP)数据

仪器分析/胡劲波,秦卫东,谭学才主编. —3 版. —北京:北京师范大学出版社,2017.1(2019.2 重印)

新世纪高等学校规划教材.化学系列

ISBN 978-7-303-21760-1

Ⅰ.①仪⋯　Ⅱ.①胡⋯ ②秦⋯ ③谭⋯　Ⅲ.①仪器分析-高等学校-教材　Ⅳ.①O657

中国版本图书馆 CIP 数据核字(2016)第 302765 号

营销中心电话　　010-62978190　62979006
北师大出版社科技与经管分社　www.jswsbook.com
电　子　信　箱　jswsbook@163.com

出版发行:北京师范大学出版社　www.bnup.com
　　　　　北京市海淀区新街口外大街 19 号
　　　　　邮政编码:100875
印　　刷:北京京师印务有限公司
经　　销:全国新华书店
开　　本:787 mm×1092 mm　1/16
印　　张:22
字　　数:455 千字
版　　次:2017 年 1 月第 3 版
印　　次:2019 年 2 月第 3 次印刷
定　　价:59.80 元

策划编辑:范　林　刘风娟　　责任编辑:范　林　刘风娟
美术编辑:刘　超　　　　　　　装帧设计:刘　超
责任校对:赵非非　　　　　　　责任印制:赵非非

第 3 版前言

本书自 2008 年再版以来，仪器分析领域发展迅速，出现了一些新内容、新方法和新技术。同时，我国高等教育事业也在迅速发展，教学改革不断进行。为适应新形势，与时俱进，对本书进行了第三次修订。

这次修订在第 2 版的基础上，除增加近代电分析化学的发展一章外，对全书各章节进行了全面修订，适当增、删了一些内容，如在原子发射光谱一章中增加多道检测器等内容。

本书是北京师范大学化学学院仪器分析课程组等多年教学研究与改革的成果，也是广西高等教育教学改革工程项目(2015JGA194)的成果。本次修订工作由胡劲波，秦卫东和谭学才进行。最后由胡劲波修改、定稿。

在编写过程中，我们参阅了有关参考书和资料，在此，谨向有关作者表示感谢。同时，也感谢北京师范大学出版社的大力支持。

本书如有缺点和错误，恳请批评指正。

第 2 版前言

本书自 1990 年出版以来，得到同行专家和读者的关注和支持，也收到不少宝贵意见和建议。对此，我们表示衷心的感谢。

十多年来，仪器分析有了突飞猛进的发展，涌现了许多新内容、新方法和新技术。为适应这种变化，再版本书。

这次修订在原编写原则和特点的基础上，删减一些内容，增补一些新的内容、技术和方法。除了少数章节变动较小外，大部分章节均重新编写。增写了分子发光分析法和毛细管电泳法；补充了核磁共振波谱法和质谱分析法，由原来的节变为章。

本书是北京师范大学化学学院仪器分析课程组等多年教学研究与改革的成果，也是广西高校自治区级分析化学精品课程建设项目（桂教高教〔2008〕133 号）以及"十一五"新世纪广西高等教育教学改革工程项目（〔2008〕151 号-2008C032）的成果。本书由胡劲波、秦卫东、冯素玲、谭学才担任主编，参加本书编写的人员有北京师范大学胡劲波、秦卫东、李启隆，河南师范大学冯素玲、程定玺，广西民族大学谭学才、姚兴东、余会成，沈阳师范大学徐强，石河子大学赵芳，广西师范学院马建强，太原师范学院张彩凤，运城学院张稳婵，泰山学院季宁宁、王芬。最后由李启隆和胡劲波修改、定稿。

在编写过程中，我们参阅了有关参考书和资料，在此，谨向有关作者表示感谢。

这次再版，我们感谢北京师范大学出版社的大力支持，感谢参与原书编写的迟锡增、曾泳淮、云自厚和李惠琳。

本书如有缺点和错误，恳请给予批评指正。

第1版前言

本书是在我们近十年教学实践的基础上，根据全国高等师范院校《仪器分析学科基本要求》（审订稿，1988年）和吸取兄弟院校的经验编写而成的。

在编写过程中，我们注意如下几点：

（1）力求贯彻少而精、简而明的原则。讲清楚基本概念，着重于各种方法的基本原理（包括仪器结构的基本原理）、特点及其一些应用，使学生能根据分析的目的和要求，方法的特点和应用范围，选择适宜的方法解决分析化学的问题。

（2）力求讲清楚仪器重要部件的定义、基本结构、作用（或用途）和特点。

（3）对于数学公式，力求讲清楚推导公式的前提（或假设），主要步骤（或思路）和公式中各项物理意义（包括单位）及其应用。

参加编写的有李启隆同志（第一章、第十一章和第十五章）、迟锡增同志（第二至第六章）、曾泳淮同志（第七至第十章）、云自厚同志（第十二章、第十三章）和李惠琳同志（第十三章和第十四章）。最后由李启隆同志通读全书，并修改、定稿。

本书承复旦大学朱世盛同志、祝大昌同志和吴性良同志仔细审阅，并提出许多宝贵意见；在编写过程中，得到北京师范大学化学系领导和分析化学教研室同志们的支持和鼓励，在此一并致以谢意。

由于编写时间仓促，我们的水平有限，难免存在疏漏、不妥和错误，希望读者批评指正。

目　录

I

第1章 绪 论

（An Introduction）

　　分析化学是研究物质的组成、状态、结构和测定有关成分的科学。分析化学分为化学分析和仪器分析。以物质的化学反应为基础的分析方法，称为化学分析法。化学分析法历史悠久，应用广泛，故又称为"经典分析法"。它用于物质成分的定性和定量分析，是分析化学的基础。以物质的物理和物理化学性质为基础的分析方法，称为物理和物理化学分析法。由于这类方法需要较特殊的仪器，故又称为仪器分析法。仪器分析法是 20 世纪初发展起来的一类分析方法。它不仅用于成分的定性和定量分析，还用于物质的状态、价态和结构分析。它既是分析测试的重要方法，又是化学研究的重要手段，是分析化学的发展方向。

　　仪器分析是化学专业必修的基础课程之一。通过本课程的学习，要求学生掌握常用仪器分析方法和仪器结构的基本原理、特点及其一些应用。换句话说，要求学生初步具有根据分析的目的、要求和各种仪器分析方法的特点、应用范围，选择适宜的分析方法以解决分析化学问题的能力。

1.1　仪器分析的内容和分类

　　随着科学技术的飞速发展，新的仪器分析方法不断涌现，仪器分析方法种类十分繁多。可根据其原理不同，主要分为光学分析法、电化学分析法、色谱分析法及其他仪器分析法。

1.1.1　光学分析法

　　根据物质对光的发射、吸收或散射等性质而建立起来的分析方法，称为光学分析法。根据光谱性质的不同，又可分为许多种方法。

1. 原子光谱法

　　是根据原子外层电子跃迁所产生的光谱而进行分析的方法，包括原子发射、原子吸收和原子荧光光谱法。

　　（1）发射光谱法　　是基于物质受热或电激发后所发射的特征光谱而进行分析的方法。由特征谱线的波长可进行定性分析；由谱线的强度可进行定量分析。主要用于元素的定性和定量分析。

　　（2）原子吸收光谱法　　是基于物质所产生的原子蒸气对特征谱线的吸收作用而进行分析的方法。主要用于元素的定量分析。

　　（3）原子荧光光谱法　　是基于测量物质的原子蒸气在辐射能激发下所产生的荧光发射强度而进行分析的方法。主要用于元素的定量分析。

2. 分子光谱法

是根据分子的转动、振动或分子中电子能级跃迁所产生的光谱而进行分析的方法。包括红外吸收、可见和紫外吸收、分子荧光和拉曼散射等方法。

（1）红外吸收光谱法　此法基于物质对红外区域辐射的吸收。由于对红外辐射的吸收，只能引起分子振动能级和转动能级的跃迁，因此，所得到的光谱称为振动-转动光谱或红外吸收光谱。主要用于有机化合物的成分分析和结构分析。

（2）可见-紫外吸收光谱法　此法基于物质对可见和紫外区域辐射的吸收。由于对辐射的吸收，多原子分子的价电子发生跃迁而产生的可见和紫外吸收光谱，又称为分子-电子光谱。广泛用于无机化合物和有机化合物的定性、定量分析，以及络合物的组成和稳定常数的测定。

（3）分子荧光光谱法　此法基于测量物质被电磁辐射所激发而再发射出波长相同或不同的特征辐射，即荧光强度。主要用于有机化合物和无机化合物的定量测定。对于生化物质的测定具有广泛的前景。

（4）拉曼光谱法　以很强的单色光照射样品，在与光源成直角方向可获得散射辐射，即拉曼光谱。由拉曼散射的波长，可进行定性或结构分析；由拉曼散射的强度，可进行定量分析。是一种有机化合物结构分析和无机化合物晶体结构分析的重要手段。

3. X射线光谱法

是根据原子内层电子的跃迁所产生的光谱而进行分析的方法。包括X射线发射、吸收、衍射和荧光法及电子探针等。

（1）X射线发射、吸收和衍射光谱法　是分别基于物质对X射线发射、吸收和衍射而进行的分析方法。前两者主要用于元素的定性和定量分析；后者主要用于晶体的结构分析。

（2）X射线荧光光谱法　物质在X射线照射下，能形成二级X射线即X射线荧光。X射线荧光的波长决定于元素的原子序数。原子序数越大，其发射出来的X射线荧光的波长越短。由其波长可进行定性分析；由其强度可进行定量分析。

（3）电子探针X射线显微分析法　是一种以细电子束（探针）为激发源来进行X射线光谱分析的微区分析方法。当用电子束在样品上扫描时，一部分电子轰击样品表面使其激发出特征X射线，另一部分电子向样品穿透，也可以被样品表面的原子所散射。因此根据所产生的X射线图像、吸收电子图像和散射电子图像的变化，可直接显示出样品表面 $1\ \mu m^2 \sim 10\ mm^2$ 范围内元素的分布状态。此法主要用于物质的组成、状态和结构的分析。

4. 核磁共振和顺磁共振波谱法

在强磁场的作用下，原子核或未配对电子的能量由于其本身所具有的磁性，将分裂成两个或两个以上量子化的能级。原子核或未配对电子吸收适当频率的电磁辐射后，可在所产生的磁诱导能级间发生跃迁，根据吸收光谱而进行分析的方法，称为核磁共振法或顺磁共振法。前者主要用于有机化合物和无机化合物的结构分析；后者主要用于研究具有未配对电子的化合物，如自由基等的结构。

1.1.2 电化学分析法

这类方法是根据物质的电化学性质而进行分析的方法。通常将试液作为化学电池的一个组成部分，通过测量该电池的某种电参数[如电阻(电导)、电位、电流、电量或电流-电压曲线等]进行检出和测定的方法。根据测量的电参数的不同，又可分为以下五种方法。

1. 电导分析法

基于测量电池的电导。根据测定的形式不同，可分为两种方法。

(1) 直接电导分析法　是将试液放在由固定面积、固定距离的两个铂电极所构成的电导池中，通过测量试液的电导以测定有关组分的方法。

(2) 电导滴定法　是利用滴定反应(生成水、沉淀或其他难电离的化合物)所引起的溶液电导的变化以确定化学反应计量点的方法。

2. 电位分析法

基于测量电池的电动势(或电极的电位)。同样，根据测定的形式不同，可分为：

(1) 直接电位分析法　直接根据电池电动势(或电极电位)与被测物质的活度(浓度)的关系进行分析的方法。

(2) 电位滴定法　根据滴定过程中电极电位的变化来确定化学计量点的方法。

3. 电解分析法

基于对试液进行电解，使被测成分析出，并称其质量而进行分析的方法。电解分析法又可分为控制电位电解法和恒电流电解法。

4. 库仑分析法

是基于测量在电流效率为100%的条件下电解时所消耗的电量。库仑分析法可分为控制电位库仑分析法和库仑滴定法(控制电流库仑分析法)。

(1) 控制电位库仑分析法　控制工作电极的电位为恒定值，以100%的电流效率电解试液，使被测物质直接参与电极反应，由电解过程中所消耗的电量来求得其含量的方法，称为控制电位库仑分析法。

(2) 库仑滴定法　控制电解电流为恒定值，以100%的电流效率电解试液，使产生某一试剂与被测物质进行定量的化学反应，反应的计量点可借助于指示剂或电化学方法来确定。由达到计量点时所消耗的电量求得被测物质含量的方法，称为库仑滴定法。

5. 伏安法

是基于测量用微电极电解所得的电流-电压曲线而进行分析的方法。其中所用的微电极为液态电极，如滴汞电极或其他表面周期性更新的液体电极，称为极谱法。

此类方法还包括吸附伏安法、溶出伏安法、线性扫描伏安法、循环伏安法、交流极谱法、方波极谱法和脉冲极谱法等。

1.1.3 色谱分析法

是根据混合物各组分在互不相溶的两相(固定相和流动相)中吸附能力、分配系数或其他亲和作用性能的差异而进行分离和测定的方法。

按两相所处的状态可分为，用气体作为流动相的气相色谱；用液体作为流动相的液相色谱。

按分离过程的作用原理，可分为吸附色谱、分配色谱、离子交换色谱和排阻色谱等。

1.1.4 其他仪器分析法

1. 质谱法

试样在离子源中电离后，产生的各种正离子在加速电场作用下，形成离子束射入质量分析器。在质量分析器中，由于受磁场的作用，入射的离子按其质荷比$\left(\dfrac{m}{e}\right)$的大小分离，然后记录其质谱图。由其谱线的位置及相应离子的电荷数，可进行定性分析；由谱线的黑度或相应离子流的相对强度，可进行定量分析。

2. 热分析法

根据物质的热性质来进行分析的方法。主要有热重量分析法、差热分析法和差示扫描量热法等。

3. 放射化学分析法

根据放射性同位素的性质来进行分析的方法。包括同位素稀释法、放射性滴定法和活化分析法等。

1.2 仪器分析的特点和局限性

仪器分析与化学分析不同，具有如下特点：

（1）灵敏度高。仪器分析的灵敏度比化学分析的灵敏度高得多。部分仪器分析方法的检出限量，如表1-1所示。

表1-1 部分仪器分析的检出限量

方　法	检出限量
分子吸收光谱分析法	$10^{-8} \sim 10^{-6}$ g
发射光谱分析法	$10^{-12} \sim 10^{-8}$ g
原子吸收光谱分析法	$10^{-14} \sim 10^{-8}$ g
离子选择性电极分析法	$10^{-8} \sim 10^{-6}$ mol/L
伏安分析法	$10^{-11} \sim 10^{-5}$ mol/L
库仑分析法	10^{-9} g
气相色谱分析法	$10^{-13} \sim 10^{-9}$ g

由表可见，仪器分析的灵敏度很高，其检出限量均在 ppm① 级，有的达 ppb② 级，甚至 ppt③ 级，适于微量、痕量和超痕量成分的测定。这对于高纯材料和生命科学中的痕量物质的分析和环境监测具有重要的意义。

(2) 操作简便，分析速度快。绝大多数仪器是将被测组分的浓度变化或物理性质变化转变为某种电性能(如电阻、电导、电位、电流等)，易于实现自动化和计算机化。试样经预处理后，仅需数十秒或数分钟即可得出分析结果。而且不少仪器分析方法可一次同时测定多种组分。例如光电直读发射光谱分析法，在 1～2 min 内可同时测定 20～30 种元素，因而单项分析所需的时间就更短了。

(3) 选择性好。一般说来，仪器分析的选择性比化学分析好得多。许多仪器分析方法可通过调整到适当的条件，使一些共存的其他组分不干扰，提高分析的选择性。因此，应用仪器分析方法测定复杂组分的试样往往是很方便的。但不是说所有的仪器分析方法均具有很好的选择性，往往在测定之前还需要预分离或预掩蔽。

(4) 所需试样量少。不少仪器分析方法需要的试样量只有数微克或数微升，甚至可在不损坏试样的情况下进行分析(即无损分析)，这对于高纯物质的测定和文物的分析具有重要的意义。

(5) 用途广。化学分析一般只能测定某种组分在整个试样中所占的百分率，而不能确定该组分在试样中的存在状态和分布情况。仪器分析不仅可用于定性分析、定量分析、结构分析、价态分析、状态分析、物相分析和微区分析，还可用于测定配合物的配位比、稳定常数，酸和碱的电离常数，难溶化合物的溶度积常数，以及反应速率常数等有关热力学和动力学常数。当然，并不是说任何一种仪器分析方法均能完成上述各种任务，就一种仪器分析方法而言，往往只能完成其中的一种或数种任务。

(6) 相对误差较大。化学分析一般用于常量和高含量成分的分析，准确度高，其相对误差小至千分之几。而多数仪器分析方法的相对误差均较大，一般为 5%，有的达 10%～20%。因此，许多仪器分析方法不适用于常量和高含量成分的测定。也有一些仪器分析方法的准确度很高。例如库仑分析法，其相对误差可小至 0.02%；电位滴定法的相对误差可小于 0.2%。

但还应当指出，仪器分析方法仍具有一定的局限性，其表现在以下两点。

(1) 仪器结构比较复杂，价格比较昂贵，而且有些仪器需要恒温、恒湿环境才能正常工作，因此限制了它的推广和应用。

(2) 仪器分析法是一种相对的分析方法，一般需要用化学纯品作标准对照，而这些化学纯品的成分通常需要化学分析方法来确定。

---

① ppm[part(s) per million]百万分之几。
② ppb[part(s) per billion]十亿分之几。
③ ppt[part(s) per trillion]万亿分之几。

1.3　仪器分析在化学研究中的作用

仪器分析不仅是分析测试的重要方法，也是化学研究的重要手段。化学学科各个领域，如无机化学、有机化学、物理化学和放辐射化学等的发展，均与现代仪器分析方法的应用密不可分。仪器分析方法在化学学科各领域的科学研究工作中，如同医务工作者的探听器和诊断器，起到侦察和确诊的作用。红外光谱、紫外光谱、核磁共振谱和质谱统称为"四大谱"，在研究有机化合物的组成和结构中，已经成为有力的工具。利用红外光谱分析，可以确定化合物中某些基团的存在；通过紫外光谱分析可以确定化合物中有无共轭体系；应用 H-核磁共振谱分析可以确定化合物中氢原子的数目及其结合方式；运用质谱分析可以确定化合物的结构等。顺磁共振谱法可用于自由基及高分子聚合反应机理的研究；X 射线衍射法可用于测定晶体结构。电化学分析法，如电位分析法和伏安法可用于化学热力学和动力学等的研究。电位分析法被广泛用于弱酸和弱碱电离常数的测定和配合物稳定常数的测定。伏安分析法被用于研究电极过程，以及与电极过程有关的化学反应，如配位反应、催化反应、质子化反应和吸附现象等。例如，通过对配合物的伏安研究，可以测定配合物的稳定常数和焓、熵、自由能变化等热力学函数；可以测定配合物离解速率常数和反应活化能，并可探讨配位反应和电极反应的机理。又如，通过吸附现象的研究，可以测定吸附量、吸附系数、吸引因数、吸附自由能和吸附粒子的大小等。

仪器分析与其他化学学科是相辅相成、互相促进的。随着物理化学、有机化学、无机化学等学科的发展，提出许多现代的新方法和新技术，大大丰富了仪器分析的内容；仪器分析本身的发展和广泛应用，又推动了物理化学、有机化学和无机化学等的深入研究和迅速发展。仪器分析作为化学研究的有力手段，正日益引起化学工作者的兴趣和重视。

1.4　仪器分析的发展

分析化学的发展经历了三次重大变革。

第一次是在 20 世纪初，由于物理化学溶液理论的发展，分析化学建立了溶液四大平衡理论，使分析化学由一门技术发展为一门科学。

第二次是在第二次世界大战前后至 20 世纪 60 年代，物理学、电子学、半导体和原子能工业的发展，促进了各类仪器分析的大发展，突破了以经典化学分析为主的局面，开创了仪器分析的新时代。

第三次是从 20 世纪 70 年代至今，以计算机应用为主要标志的信息时代的到来，分析化学已处于巨大的变革时期。分析化学突破了化学的范畴，成为一门建立在化学、物理学、数学、生物学、计算机学、精密仪器制造学等多学科基础上的综合性的分析科学。

21 世纪是生命科学和信息科学的世纪。分析化学将面临巨大的挑战和机遇。仪器分析已经成为现代分析化学的重要组成部分，其发展趋势是：

（1）现代物理学、数学、生物学、电子学以及近代纳米技术、激光技术、分子束和计算机的急剧发展，将创立一批新的仪器分析方法。

（2）计算机在仪器分析中的广泛应用，分析仪器将进一步实现自动化、信息化、智能化和微型化。

（3）分析方法相互渗透，不同分析方法联用，发挥各自的优势，互补各自的不足。具有分离能力的气相色谱与具有定性鉴定能力的质谱、光谱、核磁等联用，能快速剖析复杂样品。高压液相色谱除与紫外联用外，还可与等离子体、荧光和库仑、电导、放射法、极谱法和安培法等联用。

（4）提高分析方法的灵敏度和选择性，建立新的痕量和超痕量分析方法。

（5）建立有效而实用的原位、在体、实时、在线的动态分析检测方法以及无损探测和多元多参数的检测监视方法。

综上所述，展望现代仪器分析，必将全面发展到从宏观到微观，从总体到微区，从表面、薄层到内部结构，从静止态到运动态追踪观察微观单个原子动力学反应的过程，均能进行分析检测；必将适应工农业和科学技术现代化的发展而达到快速自动、准确灵敏、简便多效及适应特殊分析的要求，使仪器分析起到科学技术现代化先行军的作用。

习题

1. 何谓仪器分析？它包括哪些内容？分为几类？
2. 仪器分析有何特点？
3. 仪器分析有何应用？
4. 你从仪器分析的发展过程中得到什么启示？试举 1～2 例加以说明。

第2章　光学分析法导论
（An Introduction to Optical Analysis）

2.1　光学分析法及其分类

根据物质发射的电磁辐射或电磁辐射与物质相互作用而建立的一类分析方法，称为光学分析法，它可分为光谱法和非光谱法两大类。光谱法是基于物质与辐射作用时，测量由物质内部发生量子化的能级间的跃迁产生的发射、吸收或散射辐射的波长和强度进行分析的方法。非光谱法是基于物质与辐射作用时，测量辐射的某些性质，如折射、散射、干涉、衍射和偏振等变化的分析方法。非光谱法不涉及物质内部能级的跃迁，电磁辐射只改变传播的方向、速度或某些物理性质。属于这类分析方法的有折射法、偏振法、光散射法、干涉法、衍射法、旋光法和圆二向色性法等。

本书主要介绍光谱法。根据电磁辐射的本质，光谱法可分为原子光谱法和分子光谱法。原子光谱是由原子外层或内层电子跃迁所产生的光谱，它的表现形式为线光谱。属于这类光谱法的有原子发射光谱法、原子吸收光谱法、原子荧光光谱法和X射线荧光光谱法等。分子光谱是由分子中电子、振动和转动能级的跃迁所产生的光谱，表现形式为带光谱。属于这类光谱法的有紫外-可见吸收光谱法、红外吸收光谱法、分子荧光光谱法和分子磷光光谱法等。光谱法，根据辐射能量传递的方式，又可分为发射光谱法和吸收光谱法。

2.1.1　发射光谱法

以测量原子或分子的特征发射光谱进行分析的方法，称为发射光谱法。发射光谱法可分为原子发射光谱法、原子荧光光谱法、分子荧光光谱法、X射线荧光光谱法和 γ 射线光谱法等。

2.1.2　吸收光谱法

利用物质的特征吸收光谱进行分析的方法，称为吸收光谱法。吸收光谱法可分为紫外-可见分光光度法、红外吸收光谱法、原子吸收光谱法、核磁共振波谱法、X射线吸收光谱法和莫斯鲍尔光谱法等。

2.2　电磁辐射的性质

电磁辐射是一种以极大的速度（在真空中为 $2.997\,9 \times 10^{10}$ cm·s^{-1}）通过空间，不需要以任何物质作为传播媒介的能量。电磁波包括无线电波、微波、红外光、可见、紫外光、

X 射线和 γ 射线等。电磁波具有波动性和微粒性。

2.2.1　波动性

波动性主要用于解释折射、衍射、干涉和散射等波动现象，可用以下波参数描述。

1. 周期 T

相邻两个波峰或波谷通过空间某一固定点所需要的时间间隔称为周期，单位为 s。

2. 频率 ν

单位时间内通过传播方向上某一点的波峰或波谷的数目，即单位时间内电磁场振动的次数称为频率，它是周期 T 的倒数，单位为 Hz。

3. 波长 λ

相邻两个波峰或波谷间的直线距离。不同的电磁波谱区可采用不同的波长单位，有米（m）、厘米（cm）、微米（μm，10^{-6} m）或纳米（nm，10^{-9} m）。

4. 波数 σ

每厘米长度内含有波长的数目，单位为 cm^{-1}。它是波长的倒数，$\sigma = 1/\lambda$。

5. 传播速度 v

波在 1 s 内通过的距离。因波每秒有 ν 次振动，而每次振动通过的距离为 λ，故

$$v = \lambda\nu \tag{2-1}$$

2.2.2　微粒性

微粒性可用于解释光电效应、康普顿（Compton）效应和黑体辐射等现象。电磁波的微粒性表明，电磁波是由大量以光速运动的粒子流所组成的，这种粒子称为光子。光子是具有能量的。光子的能量与其频率成正比，或与其波长成反比，而与光的强度无关。可用普朗克（Planck）公式表示：

$$E = h\nu = \frac{hc}{\lambda} = hc\sigma \tag{2-2}$$

式中，E 为每个光子的能量；h 为普朗克常数（$h = 6.626 \times 10^{-34}$ J·s）；ν 为频率；λ 为波长；c 为光速；σ 为波数。

上式中光子的能量用 J（焦耳）表示，也可用电子伏特（eV）表示，即 1 个电子通过电位差 1 V 的电场时所获得的能量。它作为表示高能量光子的能量单位，与 J 的关系为 1 eV $= 1.602 \times 10^{-19}$ J 或 1 J $= 6.241 \times 10^{18}$ eV。在化学中常用 J·mol^{-1} 为单位，表示 1 mol 物质所发射或吸收的能量。

$$E = h\nu N_A = hc\sigma N_A \tag{2-3}$$

将普朗克常数 h 和阿伏加德罗（Avogadro）常数 N_A 为 6.022×10^{23} mol^{-1} 代入，得

$$E = 6.626 \times 10^{-34} \text{J·s} \times 2.998 \times 10^{10} \text{ cm·s}^{-1} \times 6.022 \times 10^{23} \text{ mol}^{-1} \times \sigma$$

$$= 11.96\sigma \text{ cm·J·mol}^{-1}$$

2.2.3　电磁波谱

电磁辐射按波长或频率的大小顺序排列，称为电磁波谱，如图 2-1 所示。表 2-1 列出

了用于分析目的的电磁波谱的有关参数。从图 2-1 和表 2-1 可见，微波和无线电波的波长较长，能量较低，常与电子和原子核的自旋能级跃迁有关。红外光区中，波长为 $2.5 \sim 25\ \mu m$ 的区域称为中红外区，主要涉及分子的振动、转动能级跃迁，在有机化合物的结构分析中极为重要。可见光区的波长为 $400 \sim 800\ nm$，常用于有色物质的分析。紫外光区的波长为 $10 \sim 400\ nm$，其中 $200 \sim 400\ nm$ 的近紫外部分是紫外光谱分析的常用区域。可见和紫外光区与原子和分子的价电子或非成键电子的跃迁有关。X 射线和 γ 射线区的波长均很短，具有非常高的能量，与原子或分子的内层电子跃迁和核能级的变化有关，在近代分析化学中占有重要地位。

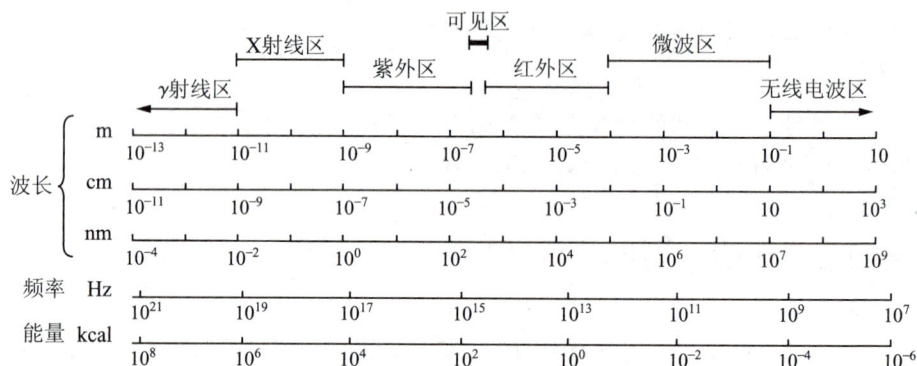

图 2-1 电磁波谱

表 2-1 电磁波谱的有关参数

能量 E/eV	频率 ν/Hz	波长 λ	电磁波名称	对应的跃迁类型
$>2.5 \times 10^5$	$>6.0 \times 10^{19}$	$<0.005\ nm$	γ 射线区	核能级
$2.5 \times 10^5 \sim 1.2 \times 10^2$	$6.0 \times 10^{19} \sim 3.0 \times 10^{16}$	$0.005 \sim 10\ nm$	X 射线区	K, L 层电子能级
$1.2 \times 10^2 \sim 6.2$	$3.0 \times 10^{16} \sim 1.5 \times 10^{15}$	$10 \sim 200\ nm$	真空紫外光区	K, L 层电子能级
$6.2 \sim 3.1$	$1.5 \times 10^{15} \sim 7.5 \times 10^{14}$	$200 \sim 380\ nm$	近紫外光区	外层电子能级
$3.1 \sim 1.6$	$7.5 \times 10^{14} \sim 3.8 \times 10^{14}$	$380 \sim 750\ nm$	可见光区	外层电子能级
$1.6 \sim 0.50$	$3.8 \times 10^{14} \sim 1.2 \times 10^{14}$	$0.75 \sim 2.5\ \mu m$	近红外光区	分子振动能级
$0.50 \sim 2.5 \times 10^{-2}$	$1.2 \times 10^{14} \sim 6.0 \times 10^{12}$	$2.5 \sim 50\ \mu m$	中红外光区	分子振动能级
$2.5 \times 10^{-2} \sim 1.2 \times 10^{-3}$	$6.0 \times 10^{12} \sim 3.0 \times 10^{11}$	$50 \sim 1\ 000\ \mu m$	远红外光区	分子转动能级
$1.2 \times 10^{-3} \sim 4.1 \times 10^{-6}$	$3.0 \times 10^{11} \sim 1.0 \times 10^9$	$1 \sim 300\ mm$	微波区	分子转动能级
$<4.1 \times 10^{-6}$	$<1.0 \times 10^9$	$>300\ mm$	无线电波区	电子和核的自旋

2.3　光谱法仪器

用于研究吸收、发射或荧光的电磁辐射的强度和波长的仪器，称为光谱仪或分光光度计。虽然各种方法所用的仪器在构造上不同，但其基本组成是大致相同的。这类仪器一般由五个部分组成：光源、单色器、样品池、检测器和信号显示系统。图 2-2 为发射光谱仪、吸收光谱仪和荧光光谱仪的方框图。从图可见，发射光谱仪与其他光谱仪的不同在于，试样本身就是一个发射光源，如火焰、电弧、火花或等离子体，不必外加辐射源。它既是试样容器，又能为试样蒸发、解离和激发提供能量，使试样发射特征辐射。

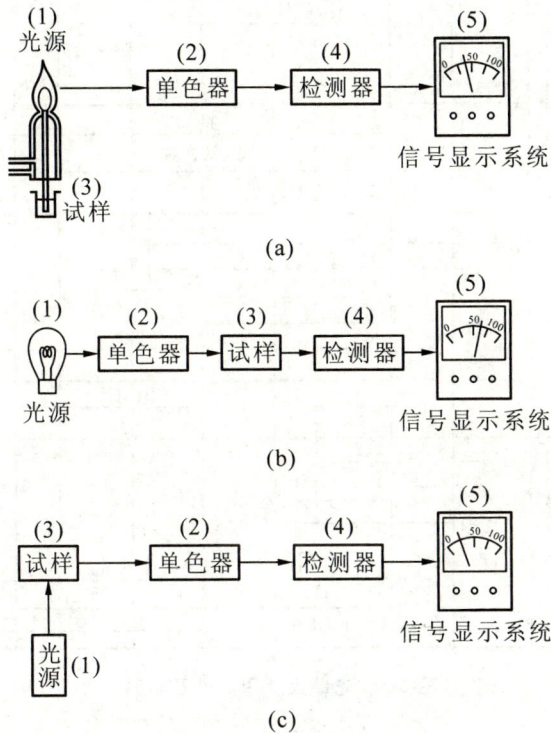

图 2-2　各类光谱仪方框图
(a)发射光谱仪　(b)吸收光谱仪　(c)荧光光谱仪

吸收光谱仪和荧光光谱仪则需要有单独的辐射源。其中原子吸收光谱仪的锐线光源先经试样池再进单色器，而紫外-可见光谱仪则相反。荧光光谱仪中，辐射源与检测器要成90°装置。

图 2-3 所示为各种光谱仪所用的光源、单色器、样品池和检测器的特性及材料。

λ/nm 100   200   400   700 1 000   2 000   4 000   7 000 10 000   20 000   40 000

光谱区域	真空紫外 → 紫外 → 可见 → 近红外 → 红外 → 远红外
(a)光源 连续的 {	氩灯；氙灯；H_2或D_2灯；钨灯；Nernst灯($ZrO_2+Y_2O_3$)；镍铬丝(Ni+Cr)；碳硅棒(SiC)
不连续的 {	空心阴极灯
(b)波长选择器 连续的 {	氟石棱镜；熔凝硅石或石英棱镜；玻璃棱镜；NaCl棱镜；KBr棱镜；3 000刻线/mm；有各种不同刻线数/mm；50刻线/mm
非连续的 {	干涉器；干涉滤光片；玻璃吸收滤光片
(c)吸收池、窗口、透镜用材料	LiF；熔凝硅石或石英；Corex玻璃；硅酸盐玻璃；NaCl；KBr；TlBr–TlI
(d)换能器 光子检测器 {	光电倍增管；光电管；光电池；硅二级管；半导体
热检测器 {	热偶(伏特)或辐射热测量计(欧姆)；Golay空气电池；热电池(电容)

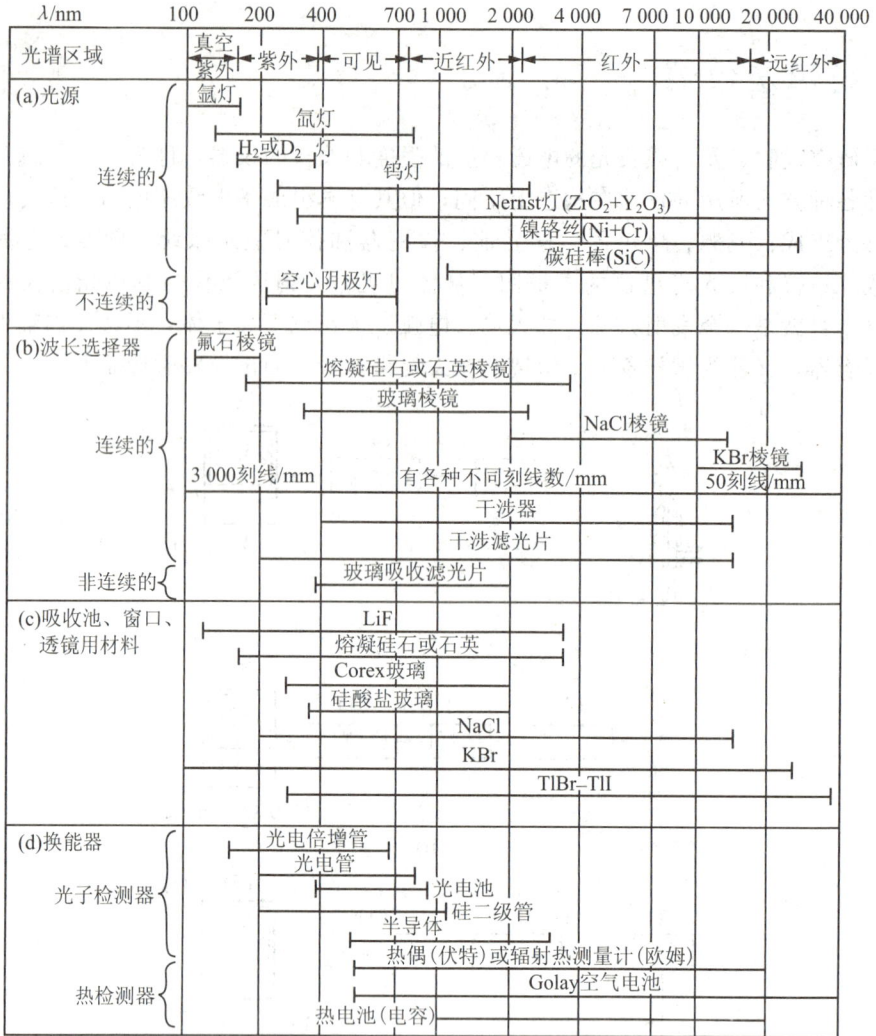

图 2-3   光谱仪所用部件及材料

习题

1. 阐述下列术语的含义：光谱、发射光谱、吸收光谱和荧光光谱。

2. 解释原子光谱、分子光谱及荧光光谱产生的原因。

3. 电子能级间的能量差 ΔE 若为 $1 \sim 20$ eV，试计算在 1 eV，5 eV，10 eV，20 eV 时相应的波长(以 nm 为单位)。

4. 试计算下列电磁辐射的频率 ν(以 Hz 为单位)和波数 σ(以 cm^{-1} 为单位)。

(1) 波长为 0.9 nm 的单色 X 射线；

(2) 589.0 nm 的钠 D 线；

(3) 12.6 μm 的红外吸收线；

(4) 波长为 200 cm 的微波辐射。

5. 以焦耳(J)和电子伏特(eV)为单位计算上题中每个光量子的能量。

第 3 章　原子发射光谱法
（Atomic Emission Spectrometry，AES）

3.1　概述

原子发射光谱法是根据元素的原子(或离子)在电(或热)激发下所发射的特征光谱而进行分析的方法。

原子发射光谱法包括三个基本过程：①将试样引入激发光源，进行蒸发、解离、原子化和激发，产生光辐射；②将包含各种波长的光辐射经单色器(如棱镜或光栅)进行分光，得到按波长顺序排列的谱线，即光谱；③根据光谱谱线的波长和强度进行定性分析和定量分析。

原子发射光谱法是一种成分分析方法。它是无机元素分析的最重要的方法之一。其主要特点和应用如下：

（1）应用广泛。除有机化合物及大部分非金属元素外，可对 70 多种元素进行分析，在地质、冶金和机械等部门得到广泛的应用。可对大量矿样进行快速的光谱半定量分析，为地质普查、找矿提供可靠的资料。发射光谱法不仅可用于成品分析，还可用于控制生产过程的快速分析，如控制冶炼过程的炉前分析等。

（2）分析快速。如用光电直读光谱仪，可在几分钟内同时对几十种元素进行定量分析。分析试样可不经化学处理，固体、液体样品均可直接测定。

（3）选择性好。对于一些化学性质极相似的元素，如铌和钽，锆和铪，十几种稀土元素，用其他方法分析很困难，而用发射光谱法则很容易地将它们分开和测定。在很多情况下，发射光谱法在分析前不必将被测的元素从基体元素中分离出来，可直接进行分析。

（4）检出限低。一般光源检出限可达 $0.1\sim10\ \mu g/g$(或 $\mu g/mL$)，绝对值可达 $0.01\sim1\ \mu g/g$，电感耦合等离子体光源(ICP)可达 ng/mL 级。

（5）准确度高。一般光源相对误差约为 $5\%\sim10\%$，ICP 相对误差约为 1%。

（6）试样消耗少。一般只消耗几毫克至几十毫克。

（7）ICP 光源校准曲线线性范围宽，可达 $4\sim6$ 个数量级。

（8）原子发射光谱法的不足：常见的非金属元素如氧、硫、氮等谱线在远紫外区，尚无法检测；还有一些非金属元素，如 P，Se，Te 等，由于其激发电位高，灵敏度较低；仪器大型、昂贵，难于推广应用。

3.2 基本原理

3.2.1 原子发射光谱的产生

原子发射光谱法是根据元素原子所发射的特征线状光谱而进行的。不同物质由不同元素的原子所组成，而原子含有一个原子核和核外不断运动的电子。每个电子处在一定的能级上，具有一定的能量。在一般情况下，原子处于稳定状态，它的能量是最低的，这种状态称为基态。但当原子受到外界能量(如热能或电能等)的作用时，使原子中外层电子由基态跃迁到较高的能级上，处于这种状态的原子称为激发态。激发态的原子不稳定，其寿命小于 10^{-8} s，外层电子就从高能级向较低能级或基态跃迁。在这一过程中，将以辐射的形式释放出多余的能量而产生线光谱。谱线的频率(或波长)与两能级差的关系，可用式 2-2 普朗克公式表示：

$$\Delta E = E_2 - E_1 = h\nu = \frac{hc}{\lambda} = hc\sigma$$

或
$$\nu = \frac{E_2}{h} - \frac{E_1}{h} \tag{3-1}$$

式中，E_2 和 E_1 分别为高能级和低能级的能量；λ 为波长；h 为普朗克常数；c 为光速，σ 为波数。

原子中的一个外层电子由基态激发到激发态所需的能量，称为激发电位，以 eV(电子伏特)表示。由激发态向基态跃迁所发射的谱线，称为共振线。共振线具有最小的激发电位，因而最容易被激发，是该元素最强的谱线。当外加的能量足够大时，可将原子中的电子由基态跃迁到无限远处，也就是脱离原子核的束缚而逸出，使原子成为带正电荷的离子，这种过程称为电离。当失去一个外层电子时，称为"一次电离"，再失去一个外层电子时，称为"二次电离"，以此类推。使原子电离所需的最小能量，称为电离电位(U)，也用 eV 表示。离子也可以被激发，也能产生发射光谱，称为离子线。由于离子和原子具有不同的能级，因而离子发射的光谱与原子发射的光谱是不同的。

3.2.2 谱线强度

原子由某一激发态向基态或较低能级跃迁而发射的谱线强度与激发态原子数成正比。在热力学平衡状态下，基态原子数 N_0 和激发态原子数 N_i 服从玻耳兹曼(Boltzmann)分配定律：

$$N_i = N_0 \frac{g_i}{g_0} e^{-E_i/kT} \tag{3-2}$$

式中，g_i 和 g_0 为激发态和基态的统计权重；E_i 为激发电位；k 为玻耳兹曼常数(1.38×10^{-23} J/K)；T 为激发温度。

原子的外层电子在 i，j 两个能级间跃迁，其发射的谱线强度 $I_{i,j}$ 为

$$I_{i,j} = N_i A_{i,j} h\nu_{i,j} \tag{3-3}$$

式中，$A_{i,j}$ 为两个能级间的跃迁概率，跃迁概率是一个原子在单位时间内在两个能级间跃迁的概率，可通过实验数据计算得到；h 为普朗克常数；$\nu_{i,j}$ 为发射谱线的频率。将式(3-2)代入式(3-3)，得

$$I_{i,j} = \frac{g_i}{g_0} A_{i,j} h \nu_{i,j} N_0 \, e^{-E_i/kT} \tag{3-4}$$

由式(3-4)可见，影响谱线强度的因素为：

(1) 统计权重。谱线强度与激发态和基态的统计权重之比 g_i/g_0 成正比。

(2) 跃迁概率。谱线强度与跃迁概率 $A_{i,j}$ 成正比。

(3) 激发电位。谱线强度与激发电位成负指数关系。当温度一定时，激发电位越高，处于激发态的原子数越少，谱线强度也越小。激发电位最低的共振线通常是强度最大的谱线。

(4) 激发温度。谱线强度与激发温度的关系是比较复杂的。温度不仅影响原子的激发过程，也影响原子的电离过程。从上式看，温度升高，谱线强度增大；但电离的原子数也增多，而相应的原子数减少，使原子谱线强度减小，离子的谱线强度增大。不同谱线有其最合适的激发温度，在此温度下，谱线强度最大。

(5) 基态原子数。谱线强度与基态原子数成正比，但基态原子数是由元素的浓度决定的。因此，在一定的条件下，谱线强度与被测元素的浓度 c 成正比。

$$I = ac \tag{3-5}$$

式中，a 为比例系数。当考虑到谱线自吸时，式(3-5)可表达为

$$I = ac^b \tag{3-6}$$

式中，b 为自吸系数，其值随被测元素的浓度增加而减小。当元素的浓度很低时，无自吸，$b=1$；元素的浓度较高时，自吸较大，$b<1$。式(3-6)为赛伯-罗马金公式，是原子发射光谱定量分析的基础。

3.3 原子发射光谱仪器

原子发射光谱仪器主要由激发光源、单色器和检测器三部分组成。

3.3.1 激发光源

激发光源的主要作用是对试样蒸发、解离、原子化和激发提供所需的能量。光源的特性在很大程度上影响分析的准确度、精密度和检测限。对光源的要求是灵敏度高、稳定性好、光谱背景小、结构简单和操作安全。常用的光源有直流电弧、交流电弧、电火花和电感耦合高频等离子体(ICP)等。

1. 直流电弧

一对电极在外加电压作用下，电极间依靠气态带电粒子(电子或离子)维持导电，产生弧光放电，称为电弧。由直流电源维持电弧的放电，称为直流电弧。其发生器的电路如图3-1所示。常用电压 150～350 V，电流 5～30 A。铁心自感线圈 L 用以减小电流波动，可变电阻 R 用以调节和稳定电流。G 为放电间隙。放电间隙一般以两个光谱纯石墨电极作为

阴、阳两极，样品粉末放在下电极凹孔内。直流电
弧引燃可用短路或高频引燃装置，此时灼热的阴极
尖端射出的热电子流以很大的速度通过间隙（4～
6 mm）冲击阳极，从而产生高温，使样品在阳极表
面蒸发成蒸气，蒸气原子与电子碰撞，电离为正离
子，并高速运动冲击阴极，于是电子、原子、离子
在间隙相互碰撞，发生能量交换，引起样品元素原
子激发，发射出特征的谱线。

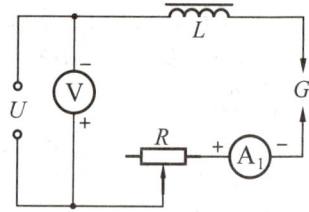

图 3-1　直流电弧发生器
U—电源　V—直流电压表　L—电感
R—可变电阻　A_1—直流电流表　G—分析间隙

　　直流电弧光源的弧柱温度一般可达 4 000～
7 000 K，所产生的谱线主要是原子线。优点是分析的绝对灵敏度高，背景小，电极头温
度较高，适于定性分析和低含量元素的测定。但由于弧光不稳定，再现性差，不宜用于定
量分析和低熔点元素的分析。

2. 低压交流电弧

　　低压交流电弧发生器的电路如图 3-2 所示。
它由高频振荡引弧电路Ⅰ和低压电弧电路Ⅱ两
部分组成。Ⅰ和Ⅱ以线圈 L_1 和 L_2 耦合而成。
电源工作电压为 220 V，经调压电阻 R_2 适当降
压后，再经变压器 B_1 升至 2 500～3 000 V，向
电容器 C_1 充电。当 C_1 所充电压高至击穿放电
盘 G' 的空气绝缘时，在电路 C_1-L_1-G' 中产生
高频振荡电流。该振荡电流通过电感 L_1 和 L_2
耦合至电路Ⅱ并升至 10 000 V，使分析间隙 G
击穿，电流沿着已经形成的游离空气通道，通
过分析间隙 G 进行弧光放电。随着分析间隙 G
电流的增大，出现明显的电压降。当电压降至

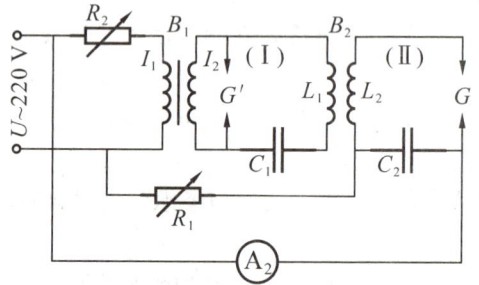

图 3-2　低压交流电弧发生器
U—电源　L_1，L_2—电感　A_2—交流电流表
R_1，R_2—可变电阻　B_1，B_2—变压器　C_1—振荡电容
C_2—旁路电容　G—分析间隙　G'—放电盘

低于维持放电所需电压时，电弧熄灭。在高频引弧作用下，电弧又能重新点燃。如此反复
进行，保持电弧不灭。

　　低压交流电弧的特点是：①交流电弧电流具有脉冲性，电流密度比直流电弧大，因而
电弧温度高，激发能力强；②电弧的稳定性好，分析
的重现性和精密度较高，适于定量分析；③由于交流
电弧放电有间隙性，电极温度较低，蒸发能力略低。

3. 高压火花

　　高压火花发生器如图 3-3 所示。其基本原理是以
高压电对电容器充电，当达到一定电压后放电，产生
电火花。电源电压 U 由调节电阻 R 适当降压后，经
变压器 B，产生 10 000～25 000 V 的高压，通过扼流
圈 D 向电容 C 充电。当电容 C 上的充电电压达到间

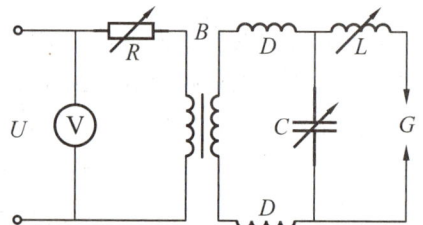

图 3-3　高压火花电路
U—电源　R—可变电阻
B—变压器　D—扼流圈
C—电容　G—分析间隙　L—电感

隙 G 的击穿电压时，通过电感 L 向间隙 G 放电，产生火花放电。放电结束后，又重新充电、放电，反复进行。

高压火花的特点为：①稳定性好，适于定量分析；②激发温度可达 10 000 K 以上，适于难激发元素的测定；③每次放电后的间隔时间较长，电极头温度较低，蒸发能力较差，适于测定低熔点的试样。不足之处在于，灵敏度较差、背景大，不宜进行痕量元素分析；火花仅射击电极的一点，如试样不均匀，则产生的光谱不能代表被测试样。

4. 电感耦合等离子体(ICP)

等离子体是指具有一定电离度的气体，是由离子、电子及中性粒子组成的呈电中性的集合体。ICP 由高频发生器、等离子炬管和雾化器三部分组成(见图 3-4 ICP 示意图)。高频发生器的作用是产生高频磁场供等离子体能量。等离子炬管由三层同心石英管组成。三层石英管均通以氩气，外层以切线方向通入冷却用的氩气，用以稳定等离子炬并冷却管壁以防烧毁；中层通入工作氩气，用以点燃等离子体；内层通入作为载气的氩气，将试样气溶胶引入等离子体中。将高频发生器与石英管外层的高频线圈接通时，在石英管内产生一个高频磁场。如用电火花引燃中层炬管中的气体，则产生气体电离，当产生的电子和离子足够多时，形成涡流，使气体温度高达 10 000 K，在管口形成火炬状的稳定的等离子焰炬，使试样气溶胶获得足够的能量而被激发，产生特征光谱。

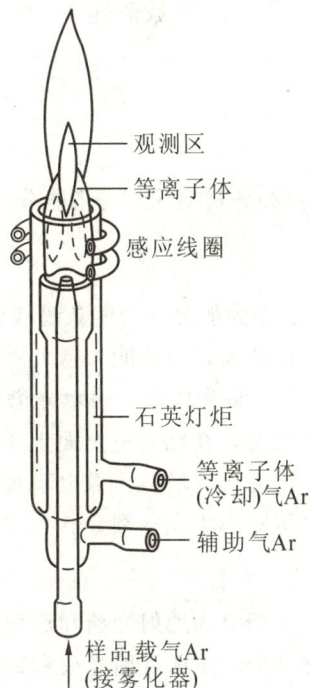

图 3-4　电感耦合等离子体激发源

电感耦合等离子体的特点如下：①检出限低。一般可达 $10^{-5} \sim 10^{-1} \mu g/mL$；②稳定性好，精密度高。相对标准偏差约为 1%；③准确度高。相对误差为 1%；④光谱背景小，干扰少；⑤线性范围宽。可达 4~6 个数量级；⑥应用范围广。可测定 70 多种元素。不足之处在于，对气体和一些非金属元素测定灵敏度较低，仪器价格较贵，维持费用也较高。

3.3.2　单色器

单色器的作用是将复合光分解成单色光或有一定宽度的谱带。单色器通常有棱镜和光栅两类。

1. 棱镜

棱镜是用玻璃、石英或岩盐等光学材料制成的单色器。它是依据光的折射现象进行分光的。棱镜对不同波长的光具有不同的折射率，波长短的折射率大，波长长的折射率小。棱镜的光学特性可用色散率、分辨率和集光本领表征。

(1) 色散率　色散率是指将不同波长的光分散开的能力。可用角色散率和线色散率表征。

角色散率用 D 表示，其物理意义是指两条波长相差 $d\lambda$ 的光线被棱镜色散后所分开的角度的大小。θ 是入射光与出射光间的夹角，称为棱镜的偏向角。

$$D = \frac{d\theta}{d\lambda} \tag{3-7}$$

线色散率用 D_L 表示，其意义是指波长相差 $d\lambda$ 的两条谱线在焦面上被分开的距离的大小 dl。实际上常采用倒线色散率 D_L^{-1} 它是指焦面上单位长度内所包含的波长范围，单位为 nm/mm，其数值越小，色散能力越大。

$$D_L^{-1} = \frac{dl}{d\lambda} \tag{3-8}$$

$$D_L^{-1} = \frac{d\lambda}{dl} \tag{3-9}$$

（2）分辨率 R　是指能分开紧邻两条谱线的能力，可表示为

$$R = \frac{\bar{\lambda}}{\Delta\lambda} \tag{3-10}$$

式中，$\bar{\lambda}$ 为能分开的两条谱线的平均波长；$\Delta\lambda$ 为两条谱线的波长差。

R 越大，分开能力越大。分辨率与波长有关，在短波部分，分辨率较高。

（3）集光本领　表示光谱仪光学系统传递辐射的能力。常用入射于狭缝的光源亮度为一单位时，在感光板焦面上单位面积内所得的辐射通量来表示。集光本领与狭缝宽度无关，因为狭缝增宽，像也增宽，而单位焦面上的能量不变。增大物镜焦距，可增大线色散率，但减小集光本领。

2. 光栅

光栅分为透射光栅和反射光栅，用得较多的是反射光栅。反射光栅又分为平面反射光栅和凹面反射光栅。光栅是用玻璃或金属片制成的，上面刻了许多宽度和距离均相等的平行线条。它是利用光的单缝衍射和多缝干涉现象进行分光的。如以 a 表示每一狭缝宽度，c 表示两条狭缝间距离，则 $a+c$ 为光栅常数，用 d 表示。α 为入射角，为正值；β 为衍射角，它与入射角在光栅法线同侧时取正值，不同侧时取负值（见图 3-5）。产生明亮条纹的条件为：

$$k\lambda = d(\sin\alpha \pm \sin\beta) \quad k = 0, \pm 1, \pm 2, \cdots \tag{3-11}$$

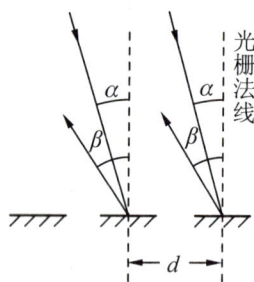

图 3-5　平面反射光栅

上式称为光栅方程。式中，k 为光谱级次，k 取 0，± 1，± 2，$\cdots$，相应得到的光谱称为零级光谱、一级光谱、二级光谱……它的光学特性用色散率、分辨率和闪耀特性表征。

（1）色散率　光栅的色散率也分为角色散率和线色散率。

角色散率 $d\beta/d\lambda$　将式（3-8）对波长微分得到角色散率 $d\beta/d\lambda$：

$$D = \frac{d\beta}{d\lambda} = \frac{k}{d\cos\beta} \tag{3-12}$$

由上式可见，角色散率与光谱级次成正比，与光栅常数 d 和 $\cos\beta$ 成反比，因而，离法线越近，即衍射角越小的光的角色散率越小，反之，衍射角越大，角色散率也越大。但一般衍射角不大，$\cos\beta$ 也变化不大，$\cos\beta \approx 1$。换句话说，角色散率近似为常数 k/d，几乎与

衍射角，即与波长无关，因此所得的光谱是均匀排列的，被称为匀排光谱。这是光栅不同于棱镜的显著特点之一。

线色散率 $dl/d\lambda$　线色散率等于角色散率与物镜焦距 f 的乘积：

$$D_L = \frac{dl}{d\lambda} = \frac{d\beta}{d\lambda} \cdot f = \frac{k \cdot f}{d\cos\beta} \tag{3-13}$$

式中，k 为光谱级次；d 为光栅常数；β 为衍射角。可见，线色散率与波长无关，而与光栅常数 d、光谱级次 k、物镜焦距 f 和光栅衍射角 β 有关。d 越小，k 越大，则线色散率越大。增大 f 也能增大线色散率，但增大 f 后，光强会减弱。

在实际工作中，常用线色散率的倒数，即倒线色散率来表示，单位为nm/mm，表示每单位长度的焦面内，含有光谱的纳米数。其数值越小，仪器的色散率越大。

（2）分辨率 R　光栅光谱仪器的分辨率等于光栅刻痕总数 N 与光谱级次 k 的积，即

$$R = \frac{\bar{\lambda}}{\Delta\lambda} = kN \tag{3-14}$$

可见，分辨率与光谱级次和光栅刻痕总数成正比，与波长无关。

（3）闪耀特性　在一般的反射光栅中，不同级次光谱的能量分布是不均匀的。未经色散的零级光谱的能量最大（约占 80%），其他级次谱线强度较弱，而且，级次越大，强度越弱。如将光栅刻成一定的形状（通常为三角形的槽线），使每一刻痕的小反射面与光栅平面的夹角保持一定，以控制每一小反射面对光的反射方向，使光能集中在所需的一级光谱上，获得特别明亮的光谱，这种现象称为闪耀，这种光栅称为闪耀光栅。这时，入射角 α＝衍射角 β＝ϕ，ϕ 为光栅刻痕小反射面与光栅平面的夹角，称为闪耀角；对应的波长，即辐射能量最大的波长称为闪耀波长 λ_b。如图 3-6 所示。采用闪耀光栅，使大部分的辐射能集中在所需的波长范围内，因而具有较强的集光本领。

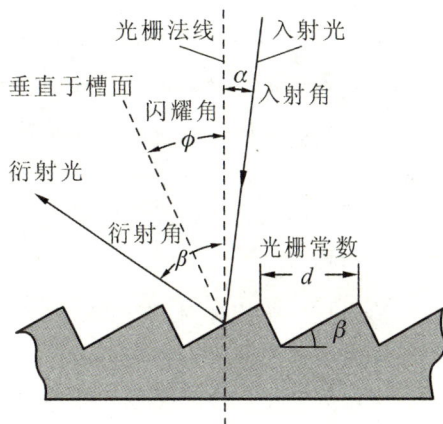

图 3-6　平面闪耀光栅

闪耀波长 λ_b 可由光栅方程求出：

$$k\lambda_b = 2d\sin\phi \tag{3-15}$$

如知道光栅的一级闪耀波长 $\lambda_{b(1)}$，则可由下列经验公式估算出光栅适用的最佳波长范围：

$$\left(\frac{1}{k+0.5}\right)\lambda_{b(1)} < \lambda < \left(\frac{1}{k-0.5}\right)\lambda_{b(1)} \tag{3-16}$$

式中，k 为光谱级次；$\left(\dfrac{1}{k+0.5}\right)\lambda_{b(1)}$ 为适用波长范围的短波极限；$\left(\dfrac{1}{k-0.5}\right)\lambda_{b(1)}$ 为长波极限。

（4）中阶梯光栅　中阶梯光栅是一种刻槽密度低（如 8～80 条/mm）、刻槽深度大（为数 μm 级）、分辨率极高的特殊衍射光栅。与普通的平面光栅不同在于，光栅每一阶梯的宽度是其高度的几倍，阶梯间的距离是欲色散波长的10～200 倍，闪耀角大。

中阶梯光栅是通过增大闪耀角 ϕ、光栅常数 d 和光谱的级次 k 来提高分辨率的。在实际应用中,通常利用中阶梯光栅的高级次光谱,这时光谱级的重叠现象十分严重。为此,采用了中阶梯光栅与低色散的棱镜或光栅进行交叉色散的二维色散技术。即先经低色散率的棱镜或光栅将光谱级分离,再经中阶梯光栅色散。这种中阶梯光栅光谱,在很小的谱区面积可容纳 190～800 nm 全范围的光谱,因而可用的光谱区广,有利于多元素的同时测定。

3.3.3 检测器

在原子发射光谱仪器中所使用的检测器大致可分为两类:

第一类:是通过摄谱仪以胶片感光的方式记录原子发射光谱,再根据其波长和黑度进行定性和定量的间接检测。

第二类:是通过光电转换元件,对原子发射光谱的波长和亮度进行直接检测。光电转换原件有多种,其中包括光电池、光电管、二极管阵列、光电倍增管检测器(PMT)和多道检测器。

第一类检测器,最大的优点是具有空间分辨能力,可同时获得一定波长范围的光谱信息并能长期保存。其缺点是线性动态范围小,只有两个数量级;并要显影、定影和测量谱线等,烦琐、费时,测量准确度又较低。因此其应用越来越少;而第二类检测器,应用越来越广泛。

以下介绍感光板、光电倍增管和多道检测器。

1. 感光板

感光板由照相乳剂(常用 AgBr 的微小晶体均匀地分散在精制的明胶中而制成)均匀地涂布在玻璃板上而成。将其置于单色器的焦面处,接受被测试样的光谱作用而感光,经显影、定影等操作,形成黑色的光谱线。

感光板上谱线的黑度与曝光量有关,曝光量越大,谱线越黑。曝光量 H 等于照度 E 与曝光时间 t 的乘积,而照度 E 又与辐射强度 I 成正比,故

$$H = Et = KIt \tag{3-17}$$

式中,K 为比例常数。

谱线变黑的程度称为黑度 S,其定义是

$$S = \lg \frac{i_0}{i} \tag{3-18}$$

式中,i_0 为感光板未曝光部分透过光的强度;i 为曝光变黑部分透过光的强度。

由于黑度 S 与曝光量 H 间的关系较复杂,不能用一个简单的数学公式表示,通常用图解法表示。如逐渐改变曝光量将感光板进行曝光,则得黑度不同的谱线,测其黑度,以黑度 S 为纵坐标,以曝光量的对数值 $\lg H$ 为横坐标作图,即得乳剂特性曲线(见图 3-7)。该曲线可分为四部分:(1)AB 为曝光不足部分,其黑度随曝光量增大而缓慢增大;(2)BC 为正常曝光部分,黑度随曝光量的变化按比例增加;(3)CD 为曝光过度部分;(4)DE 为负感部分。通常光谱定量分析是利用乳剂特性曲线的正常曝光部分 BC,此时黑度 S 与曝光量的对数 $\lg H$ 呈线性关系。设 BC 段的斜率为 γ,由图 3-7 得:

$$S=\gamma(\lg H-\lg H_i)=\tan \alpha(\lg H-\lg H_i) \qquad (3\text{-}19)$$

对于一定的乳剂，$\gamma\lg H_i$ 为一定值，并以 i 表示，则

$$S=\gamma\lg H-i \qquad (3\text{-}20)$$

式中，$\lg H_i$ 是直线部分 BC 延长后在横坐标上的截距；H_i 是感光板的惰延量，感光板的灵敏度取决于 H_i 的大小，H_i 越大，越不灵敏。斜率 γ 称为反衬度，它是感光板的重要特性之一。它表示曝光量改变时，黑度变化的快慢。乳剂特性曲线下部与纵坐标交点处的黑度 S_0 称为雾翳黑度；BC 段在横坐标上的投影 bc 称为感光板乳剂的展度，在一定程度上决定了感光板进行定量分析时，所能分析的含量范围的大小。

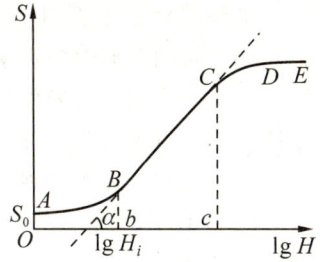

图 3-7　乳剂特性曲线

2. 光电倍增管

光电倍增管既是光电转换元件，又是电流放大元件。其工作原理如图 3-8 所示。光电倍增管的外壳由光学玻璃或石英制成，内部抽真空，在阴极上涂有能发射电子的光敏物质，在阴极和阳极间有一系列次级电子发射极，即电子倍增极。阴极和阳极间加以约 1 000 V 的直流电压，每两个相邻电极间，均有 50～100 V 的电位差。当光照射阴极时，光敏物质发射电子，先被电场加速，落在第一倍增极 D_1 上，并击出更多的二次电子，依此类推，阳极最后收集到的电子数将是阴极发出电子数的 10^5～10^8 倍。

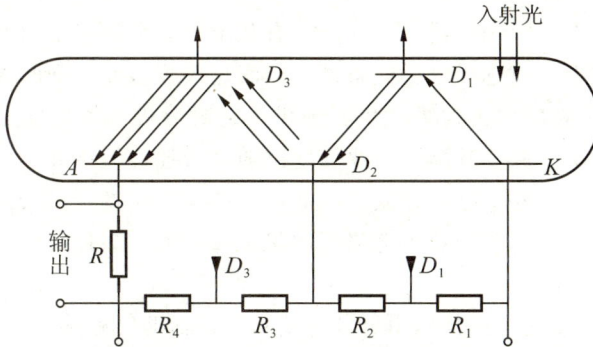

图 3-8　光电倍增管示意图

A— 阴极　R，R_1，R_2，R_3，R_4—电阻　K—光敏阴极

D_1，D_2，D_3—次级电子发射极

光电倍增管的主要优点是灵敏度高，线性范围宽。可检测很微弱的光信号，响应时间在 10^{-9} s 范围内。其最大的缺点是没有空间分辨能力，要检测不同波长的光，只能用时间分辨的方法或用多个光电倍增管进行多元素的测定。

3. 多道检测器

多道检测器有三种：光电二极管阵列（hoto-diode array，PDA）、电荷耦合器件（charge-coupled device，CCD）和电荷注入器件（charge injected device，CID）。后两种是因将电荷从收集区转移到检测区后完成的，又称为电荷转移器件（charge transfer device，CTD）。

21

电荷耦合器件(CCD)是一种新型固体多道光学检测器件。它是在大规模硅集成电路工艺基础上研制而成的模拟集成电路芯片。由于其输入面空域上逐点紧密排布着对光信号敏感的像元，因此它对光信号的积分与感光板的情形相似。但是，它可以借助必要的光学和电路系统，将光谱信息进行光电转换、储存和传输，在其输出端产生波长—强度二维信号，经放大和计算机处理后在末端显示器上同步显示可见的图谱。

CCD基本结构，可分为三部分：①输入部分，包括一个输入二极管和一个输入栅。其作用是将信号电荷引入到CCD第一个转移栅下的势阱中；②主体部分，即信号电荷转移部分。它实际上是一串紧密排布的硅型金属—氧化物—半导体(MDS)电容器。其作用是储存和转移信号电荷；③输出部分，包括一个输出二极管和一个输出栅。其作用是将CCD最后一个转移栅下势阱中的信号电荷引出，并检出电荷所运转的信息。

CCD在发射光谱应用上的主要优点是：可同时检测多谱线；分析速度快，可在1 min内进行几十种元素的测定；灵敏度高；线性动态范围宽，可达5~7个数量级。

电荷注入器件(CID)，结构与CCD相似，其主体部分也是MDS。区别在于读出过程。在CCD上，信号电荷经转移才能读出，而信号一经读取，即刻消失；而在CID上，信号电荷不用转移，直接注入体内形成电流读出。CCD在发射光谱的应用比CID广泛。

3.3.4 分析条件的选择与干扰及其消除

1. 分析条件的选择

在发射光谱分析中，影响仪器分析性能的有几个重要参数：高频功率、工作气体和观测方式。在实际操作中，应选择合适的条件，以满足仪器多元素同时测定的要求。

(1)高频功率。高频功率由射频发生器提供。它对分析的检测能力和基体效应有不同的影响。增加高频功率，温度升高，谱线强度也随之增强，但谱线的背景也增强。由于背景增强，信噪比降低，使检出能力减低。因此，降低高频功率，虽会降低检出限，但可引起明显的基体效应。同时，高频功率与焰炬形状直接有关。综合考虑，一般以1 000 W为基础进行优化。

(2)工作气体。工作气体按其作用可分为冷却气、辅助气和载气。

①冷却气：按ICP体系考虑，冷却气有个最低限。流速过低，会导致外管过热而损坏；流速过高，则消耗能量过多，引起谱线和背景强度降低。因此，冷却气流速应比等离子体稳定工作所需最低限稍大些。一般为10~20 L/min。

②辅助气：辅助气的变化对谱线强度影响不大。对于无机物的水溶性样品，辅助气可不用。但对于有机物样品，为了防止炬管生成碳沉积物，辅助气是不能少的。辅助气的流量一般为1 L/min。

③载气：载气流速是分析中一个重要的参数。它对谱线强度的影响表现在：a. 增加载气流速，进入样品量增大，谱线强度也增大；b. 增加载气流量会影响等离子体中心通道温度、电子密度、分析物在通道内的停留时间和试液的雾化效率。如果载气流速增加，会降低电子密度和温度，使较高标准温度的谱线强度降低，但对低标准温度的谱线强度影响较小；c. 载气流速对基体效应影响显著。流速增加，基体效应也增加；d. 载气压力对仪器精密度也有影响。载气压力过低，雾化器稳定性降低。综合考虑，一般载气流速为

0.3～3 L/min。

（3）观测方式。观测方式包括观测高度和方向。

观测高度是指观测位置与负载线圈上缘之间的垂直距离（mm）。在 ICP 光源中，随着观测高度的增加，火焰的温度逐渐降低，即火焰尖端处的温度最低，火焰根部的温度最高。火焰尖端虽温度低，但样品却经历了较长时间的加热。因此，应采取实验优化的方法，确定适宜的高度。对于难挥发、难原子化的元素，可采取高一些的观测高度，因为观测高度越高，加热路程越长，越有利于元素的原子化。对于易激发、易电离的元素，采取较高的高度，因为尾焰的温度较低。对于易挥发、难激发的元素，则采用火焰根部为宜。

在 ICP－AES 中，观测方向包括垂直、水平和双向观测。垂直观测也称径向观测，是光学系统从等离子体的侧面观测，具有设计简单，散热性能好和易于排出废气的优点。在进行单元素分析时，可通过调整观测的最佳位置避免背景干扰，获得最大的灵敏度，适于复杂基体的样品分析，且炬管寿命较长；当同时分析多元素时，只能取一个固定的最佳测定高度，由操作者根据实际需要确定。水平观测也称轴向观测，是从等离子体的尾端观测的仪器系统，可观测样品元素在整个中央通道所发射的谱线，使仪器的信噪高、检出限低。双向观测具有同时进行垂直和水平观测分析的能力，可同时分析样品中痕量、微量和常量元素，极大地扩展了测定的动态范围。

2. 干扰及其消除

ICP 光源相对于电弧、火花光源来说，干扰较小，但在某些情况下，干扰却很严重，必须加以重视。ICP 光源的干扰可分为非光谱干扰和光谱干扰两类。

（1）非光谱干扰。主要包括化学干扰、电离干扰和物理干扰等。

①化学干扰：又称为"溶剂蒸发效应"。在 ICP 光源中，化学干扰只存在于一些特殊体系和特定分析条件中，例如，磷酸根和铝盐对钙离子的干扰。因此，通常情况下，化学干扰可不考虑，对测定结果的准确度影响不明显。

②电离干扰：相对于火焰光源，ICP 光源的电离干扰轻微，这是因为 ICP 放电时电子密度很高，在 6 000 K 时，可达 10^{16} cm^3，极好地抑制电离干扰。ICP 电离干扰虽小，但对一些元素来说还是存在的，主要表现在易电离元素钠对钙等金属元素谱线强度的干扰。另外，随观测高度的增加，ICP 火焰温度逐渐降低，电离干扰也会明显增强。减少电离干扰最简单的方法是选择适宜的分析线。此外，也可以选择适当的观测高度，较高的高频功率和较低的载气流速来抑制电离干扰。

③物理干扰：物理干扰是由试液的不同物理特性所导致的干扰效应，它是非光谱干扰中的主要干扰。试液的物理特性包括溶液黏度、表面张力、密度和挥发性等。物理干扰主要表现为雾化、去溶干扰和溶质挥发、原子化干扰等。

a. 雾化和去溶干扰：对于无机酸来说，它的浓度增加，溶液的黏度也增大，导致喷雾速率降低，因而谱线强度减弱。对于有机酸来说，它的加入，使溶液的表面张力变小，雾滴更细，谱线强度增大。另外，基体溶液浓度对谱线强度也有影响，当基体溶液浓度增大时，会引起待测元素进入 ICP 的效率升高，导致谱线增强。

b. 溶质挥发、原子化干扰：由于 ICP 中温度很高，气溶胶微粒停留时间较长，溶质挥发和原子化较好，因此，一般情况下，溶质挥发干扰很小，可以忽略，但要注意待测元素形成稳定化合物对谱线强度的影响。

（2）光谱干扰。

①干扰种类：可分为谱线重叠干扰和背景干扰。

在光谱仪工作的波长范围内有几十万条光谱线，这些光谱线有的完全重叠，有的部分重叠。过渡元素的光谱复杂，如果存在的量较大，就可能造成谱线的重叠干扰。另外，试样中的基体也可造成此类的干扰。

背景干扰来自于ICP光源的连续光谱和一些分子光谱。水分子引起的OH带状光谱和由NO、NH、CN、C、CO的带状光谱都会造成分子光谱的干扰。

②消除方法：针对不同干扰进行消除。

a. 背景干扰。常用的方法有空白背景校正法和动态背景校正法。前者是指把干扰作为"空白值"予以扣除。理论上，如果背景的形状、大小保持不变，则可作为"空白"加以扣除，但实际上，只对极稀溶液或组成恒定的高纯溶液才能如此。后者不需知道样品的组成，只要根据分析线附近的背景分布来推算背景值。如背景分布平坦或变化有规律，则结果可靠。但当光谱背景复杂时，则误差较大。

对于背景干扰的消除，可在许多商业仪器上直接进行。例如，在光电直读光谱仪上扣除背景干扰十分方便。在单道扫描式仪器，可利用扫描方式在分析线峰值波长一侧的适宜位置扣除背景，也可在两侧以平均值扣除。在全谱接收的ICP-AES，扣除背景更为灵活，一旦确定背景扣除方式和波长位置，计算机将自动扣除。

b. 谱线重叠干扰。可通过选择适宜的分析线，用高分辨率光学系统来消除。现行商业仪器都有谱线干扰校正功能，如入内标校正法、元素间干扰系数校正法等。例如，多道光谱仪用多谱图校正技术，可自动校正光谱干扰。全谱分析仪多用多组分谱图拟合技术、实时谱线干扰校正技术等进行校正。

3.3.5 仪器类型

原子发射光谱仪可分为摄谱仪和光电直读光谱仪两类。前者分为棱镜摄谱仪和光栅摄谱仪；后者分为多道直读光谱仪、单道扫描光谱仪和全谱直读光谱仪等。

1. 摄谱仪

摄谱仪是用光栅或棱镜作为色散元件，用照相法记录光谱的仪器。

（1）棱镜摄谱仪 它的光路图如图3-9所示。由光源 B 产生的光经过三透镜 L_1，L_2，L_3 组成的照明系统均匀地聚焦在狭缝 S 上。该入射光经准光系统的准直镜 Q_1 后，形成平行光，照射至棱镜 P，并经棱镜色散成单色光。最后，由测量系统的照相物镜 Q_2 将单色光聚焦在感光板上，形成按波长顺序排列的光谱。

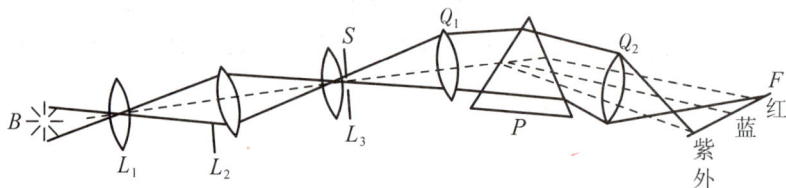

图 3-9　中型摄谱仪光学系统图

（2）光栅摄谱仪　它的光路图如图 3-10 所示。由光源 B 产生的光经三透镜照明系统 L 及狭缝 S 投射到反射镜 P_1 上，经 P_1 反射之后投射至凹面反射镜 M 下方的准直镜 Q_1 成平行光，再经光栅 G 衍射成单色光，不同波长的光经凹面反射镜 M 上方的照相物镜 Q_2 聚焦在感光板 F 上，形成按波长顺序排列的光谱。转动光栅可改变光栅的入射角，用以获得所需的波长范围和光谱级次。P_2 是二级衍射反射镜。为避免一次衍射光谱对二次衍射光谱的干扰，在暗箱前设有光栏，可将一次衍射光谱挡掉。不用二级衍射时，转动挡光板将二级衍射反射镜 P_2 挡住。

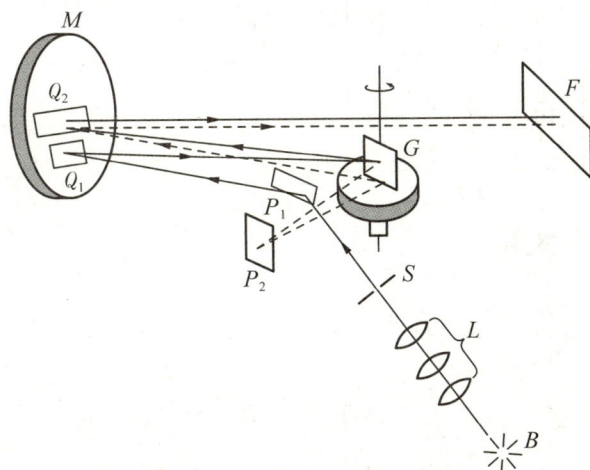

图 3-10　平面光栅摄谱仪光路图

2. 光电直读光谱仪

多道直读光谱仪和单道扫描光谱仪均用光电倍增管作为检测器，而全谱直读光谱仪则用电荷耦合检测器(CCD)或电荷注入检测器(CID)。

（1）多道直读光谱仪　如图 3-11 所示。从光源发出的光经透镜聚光，进入狭缝，经光栅色散后，聚焦在焦面上，而焦面上安装有一组出射狭缝，每一狭缝只允许某一束特定波长的光通过。再将光投射在狭缝后的光电倍增管进行检测。最后由计算机处理、显示和打印。整个光谱测定过程由计算机控制自动完成。

（2）单道扫描光谱仪　如图 3-12 所示。从光源发出的光经狭缝投射到光栅上，经光栅色散后，将某一束特定波长的光，通过出射狭缝投射在光电倍增管上进行检测。改变光栅的转动角度，就可改变特定波长的光通过出射狭缝。因此，随着光栅角度的变化，谱线从该狭缝依次通过，并进入检测器，完成全谱扫描。

（3）全谱直读光谱仪　图 3-13 为全谱直读等离子发射光谱仪的示意图。由光源 ICP 发出的光，通过两个曲面反光镜聚焦于入射狭缝，入射光经准直镜成平行光，再经中阶梯光栅色散和 Schmidt 光栅二次色散，使光谱全部色散在一平面上，并经反射镜反射进入电荷耦合检测器(CCD)检测。由于 CCD 检测器是一个紫外检测器，对可见区的光谱不敏感，因此，在 Schmidt 光栅的中央开一个孔，让部分的光通过孔后经棱镜二次色散，再进入另一 CCD 可见光检测器，对可见区的光谱进行检测。

全谱直读光谱仪采用了中阶梯分光系统和两组 CCD，不仅使可检测的谱线范围宽，也使仪器变得紧凑、灵活。这类仪器很有发展前景。

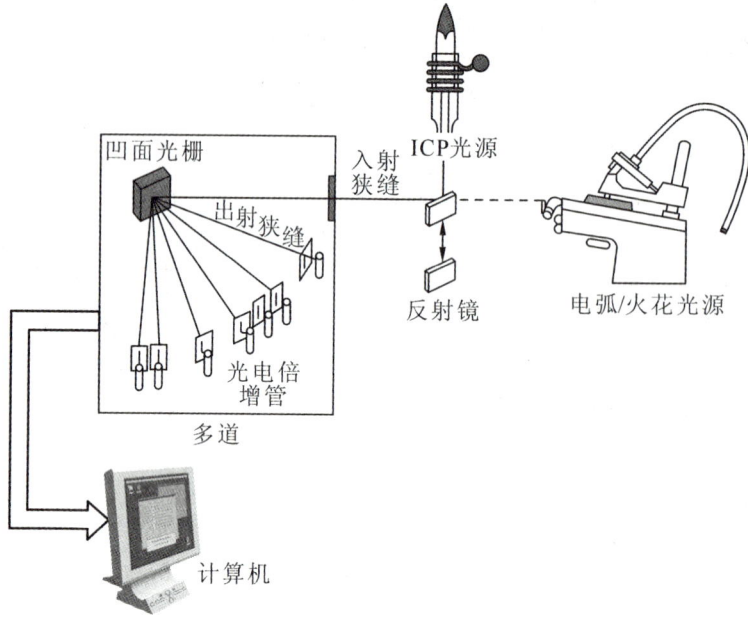

图 3-11　多道直读光谱仪示意图

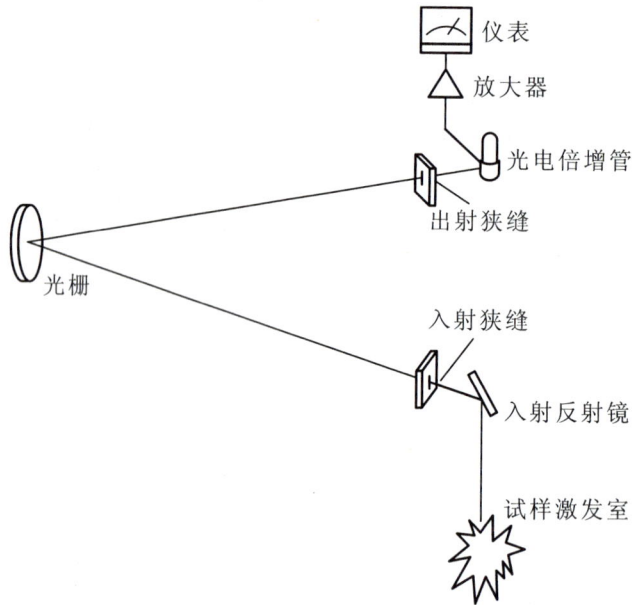

图 3-12　单道扫描光谱仪光路图

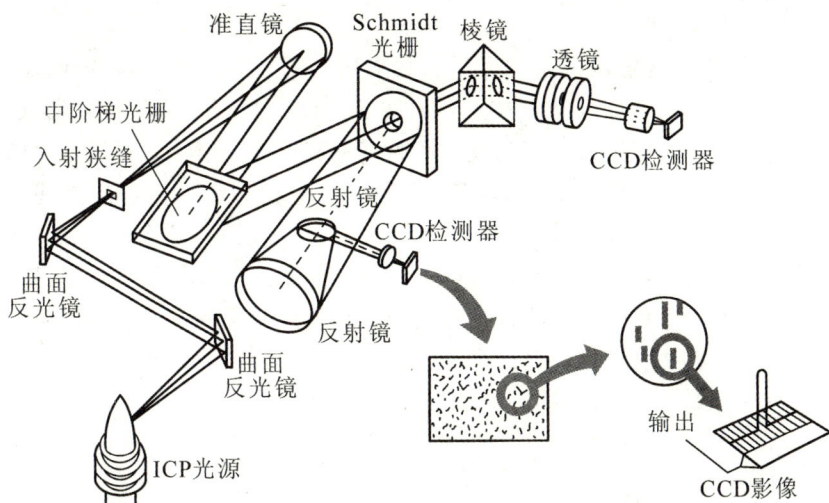

图 3-13　全谱直读等离子体发射光谱仪示意图

3.4　原子发射光谱分析方法

3.4.1　定性分析

由于不同元素的原子结构不同，在光源的激发下，产生各自不同的特征光谱。根据元素的特征光谱就可确定该元素是否存在。

1. 灵敏线、最后线、特征线组和分析线

在定性分析中所依据的谱线有灵敏线、最后线和特征线组。灵敏线是指各种元素谱线中最容易激发或激发电位低的谱线，通常是该元素最强的谱线。灵敏线多是共振线。最后线是指随着元素含量逐渐减少时，最后仍能观察到的几条谱线。它也是该元素的最灵敏线。特征线组是指某元素所特有的、最易辨认的多重线组。分析线是指用于检出元素或测定元素的谱线。

2. 自吸和自蚀

从光源中辐射出来的谱线，主要是从温度较高的发光区中心发射出来。当某元素的特征光谱向外辐射通过温度较低的边缘部分时，就会被处于低能级的同种原子所吸收，使谱线强度减弱。这种现象称为自吸（见图 3-14）。当自吸严重时，会使谱线中心强度减弱很多，使原来一条的谱线变为双线形状，这种严重的自吸现象称为自蚀。在光谱分析中，应注意自吸和自蚀现象对谱线的影响。

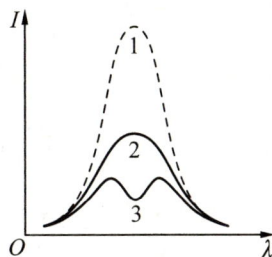

图 3-14　谱线的自吸
1—无自吸　2—自吸　3—自蚀

3. 定性分析的方法

(1)铁光谱比较法　这是最常用的方法。它采用铁的光谱作为波长的标尺,以判断其他元素的谱线。铁光谱作为标尺有其特点:谱线多,谱线间距离均很近;谱线分布均匀;对每一条谱线的波长,均经过精确的测量;实验室中有标准光谱图,可进行对照分析。

进行分析时,将试样与纯铁在相同条件下并列、紧挨摄谱。摄得的谱片置于映谱仪(放大仪)上,放大 20 倍,与已放大 20 倍的标准光谱图(见图 3-15)进行比较。比较时先将谱片上的铁谱与标准图上的铁谱对准,再检查试样中的元素谱线。如试样中的元素谱线与标准图谱中标明的某一元素谱线的波长位置相同,则为该元素的谱线。判断某元素是否存在,必须由其至少两条灵敏线来决定。这种方法可同时检出多种元素。

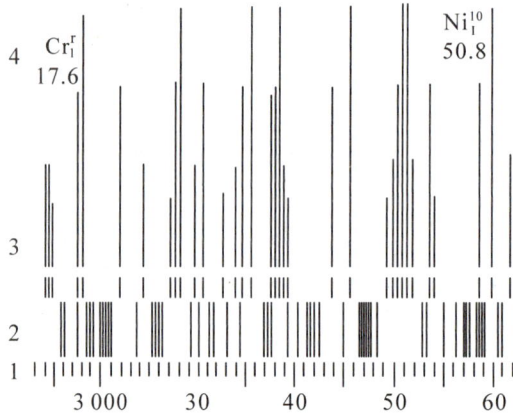

图 3-15　某一波长范围的元素光谱图

1—标尺　2—铁光谱　3—元素灵敏线　4—元素符号

(2)标准试样光谱比较法　如只需检出少数几种元素,而这几种元素的纯物质又较易得到,则可用这种方法。将欲测元素的纯物质、试样和铁一并摄谱于同一感光板上,对比纯物质出现的谱线与试样的谱线,如试样中的谱线与元素纯物质的谱线在同一波长位置,则试样中存在该元素。

3.4.2　光谱半定量分析

光谱半定量分析可给出试样中某元素的大致含量。如对分析准确度要求不高,多用这种方法。例如,对钢材和合金的分类、矿产品位的大致估计等,特别是分析大批试样时,尤为简单而快速。

光谱半定量分析常用比较黑度法。该法须配制一个基体与试样组成近似的被测元素的标准系列。在相同条件下,将标准系列与试样并列摄谱,在映谱仪上用目视法直接比较试样和标准系列中被测元素分析线的黑度。如相同,则可判断试样中被测元素的含量与标准样品中某一含量相近。

3.4.3 光谱定量分析

1. 内标法及其原理

由于元素的谱线强度除与元素的含量有关外，还与实验条件（包括蒸发、激发条件、取样量、感光板特性、显影条件等）有关。在实际工作中，要完全控制这些实验条件有困难。因此，用测量谱线的绝对强度而进行定量分析，是难以得到准确结果的。因而采用内标法。

内标法是相对强度法。测定时，选择一条被测元素的谱线为分析线和一条其他元素的谱线为内标线，组成分析线对。所选内标线的元素为内标元素。内标元素可以是试样的基体元素，也可以是加入一定量试样中没有的元素。内标法是以分析线和内标线的强度比（即相对强度）对被测元素的含量绘制工作曲线进行光谱定量分析的方法。

设分析线和内标线的强度分别为 I 和 I_0，被测元素和内标元素的浓度分别为 c 和 c_0，b 和 b_0 分别为分析线和内标线的自吸系数。根据式(3-6)，分别得

$$I = ac^b \tag{3-21}$$

$$I_0 = a_0 c_0^{b_0} \tag{3-22}$$

分析线与内标线强度之比 R 为

$$R = \frac{I}{I_0} = \frac{ac^b}{a_0 c_0^{b_0}} \tag{3-23}$$

式中，内标元素含量 c_0 为常数，实验条件一定，$A = \dfrac{a}{a_0 c_0^{b_0}}$ 为常数，则

$$R = \frac{I}{I_0} = Ac^b \tag{3-24}$$

对式(3-24)取对数，得

$$\lg R = b \lg c + \lg A \tag{3-25}$$

上式为内标法光谱定量分析的基本式。

内标元素和分析线对的选择原则是：

（1）内标元素的含量必须适量和固定。

（2）内标元素和被测元素在光源作用下，应有相近的蒸发性质。

（3）分析线和内标线没有自吸或自吸很小，且不受其他谱线的影响。

（4）分析线对选择要匹配。两条均为原子线或离子线。选择一条原子线和一条离子线组成分析线对是不合适的。

（5）分析线对两条谱线的激发电位应相近，这样的线对，称为"匀称线对"。

（6）分析线对波长应尽量接近。

2. 定量分析方法

（1）校准曲线法　在确定的分析条件下，用四个或四个以上含有不同浓度被测元素的标准样品和试样在相同条件下激发光谱，以分析线强度 I 或内标法分析线对强度比 R 或 $\lg R$ 对浓度 c 或 $\lg c$ 作校准曲线。再由该曲线求得试样中被测元素的含量。

①摄谱法　将标准样品和试样在同一感光板上摄谱、曝光，并经显影、定影后，形成

谱线。测量试样和标准样品的分析线对黑度差 ΔS。以标准样品的黑度差 ΔS 与其含量的对数值 $\lg c$ 作校准曲线。在由试样的分析线对黑度差,从校准曲线上求得试样中被测元素的含量。

②光电直读法　ICP 具有优良的分析性能,一般可不用内标法,但有时也用内标法。ICP 光电直读光谱仪上带有内标通道,可自动进行内标法测定,最后由计算机处理数据并报告分析结果。

(2)标准加入法　当测定元素的含量较低,又找不到合适的基体配制标准试样时,采用标准加入法较好。设试样中被测元素含量为 c_x,在几份试样中分别加入不同浓度 c_1, c_2, c_3, …, c_i 的被测元素。在同一实验条件下激发光谱,测量分析线对的强度 R,在被测元素浓度较低时,自吸系数 $b=1$,分析线对强度比 $R \propto c$。作 R-c 图,为一直线(如图 3-16)。将直线外推,与横坐标相交截距的绝对值,即为试样中被测元素的含量 c_x。

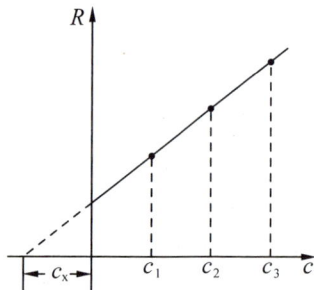

图 3-16　标准加入法

根据式(3-25)

$$R = \frac{I}{I_0} = A c^b$$

$b=1$,则

$$R = A(c_x + c_i) \tag{3-26}$$

当 $R=0$,则

$$c_x = -c_i \tag{3-27}$$

习题

1. 简述常用光源的工作原理及特点,在实际工作中应如何正确选择所需光源?

2. 试从色散率、分辨率等诸方面比较棱镜摄谱仪和光栅摄谱仪的特点。

3. 阐述光谱定性分析的基本原理,并结合实验说明光谱定性分析的过程。

4. 光谱定量分析的依据是什么? 内标法的原理是什么? 如何选择内标元素和内标线?

5. 分析下列试样应选用什么激发光源及什么类型的光谱仪?

(1)矿石矿物的定性和半定量分析;

(2)钢中锰($0.0x\% \sim 0.x\%$)的测定;

(3)高纯氧化镧中铈、镨、钕的测定;

(4)污水中 Cr,Mn,Cu,Fe,V,Ti 等(含量为 10^{-6} 数量级)的测定。

6. 平面反射光栅的宽度为 50 mm,刻线为 600 条/mm,求一级光谱的分辨率和在 600.0 nm 处能分辨的最近的两条谱线的波长差为多少? 当用棱镜为色散元件时,该棱镜材料的色散率 $\dfrac{\mathrm{d}n}{\mathrm{d}\lambda}$ 为 120(mm^{-1}),试求要达到上述光栅同样分辨率时,该棱镜的底边应为多长?

7. 一平面反射光栅，当入射角为 $40°$，衍射角为 $10°$ 时，为了得到波长为 400 nm 的一级光谱，光栅上每毫米的刻线应为多少？

8. 若光栅的宽度为 50.0 mm，每毫米有 650 条刻线，则该光栅的一级光谱的理论分辨率是多少？一级光谱中波长为 310.030 nm 和 310.066 nm 的双线能否分开？

9. 有一垂直对称式光栅摄谱仪，装一块 1 200 条/mm 刻线的光栅，其宽度为 5.0 cm，闪耀角为 $20°$。计算：

(1) 在第一级光谱中，该光栅的理论分辨率；

(2) 一级光谱适用的波长范围；

(3) 若暗箱物镜的焦距 $f = 1 000$ mm，试求一级光谱的倒线色散率。

10. 分析硅青铜中的铅，以基体铜为内标元素，实验测得数据列于下表中，以 ΔS 对 $\lg c$ 作图，并求硅青铜中铅的百分含量。

分析编号	铅含量/%	黑度 S	
		Pb，287.3 nm	Cu，276.88 nm
标样-1	0.08	285	293
标样-2	0.13	323	310
标样-3	0.20	418	389
标样-4	0.30	429	384
标样-5	x	392	372

11. 用内标法火花光源测定溶液中的镁。钼作为内标元素。用蒸馏水溶解氯化镁，以制备一系列标准镁溶液，每一标准溶液和分析样品溶液中含有 25.0 ng/mL 的钼，钼溶液用溶解钼酸铵而得到。用移液管移取 50 μL 的溶液置于铜电极上，溶液蒸发至干。测得 279.8 nm 处的镁谱线强度和 281.6 nm 处的钼谱线强度。试求分析样品溶液中镁的浓度。

镁的浓度/(ng/mL)	相对强度	
	279.8 nm	281.6 nm
1.05	0.67	1.8
10.5	3.4	1.6
105	18	1.5
1 050	115	1.7
10 500	739	1.9
分析样品	2.5	1.8

第4章　原子吸收光谱法
（Atomic Absorption Spectrometry，AAS）

4.1　概述

原子吸收光谱法又称原子吸收分光光度法。它是基于气态被测元素基态原子对其特征谱线的吸收而进行分析的方法。其仪器装置示意图见图4-1。如果欲测试液中镁的含量，则将试液喷成雾状进入火焰中，含镁盐的雾滴在火焰温度下，挥发并离解成镁气态基态原子。用镁空心阴极灯作光源，它辐射出波长为285.2 nm的镁的特征谱线，当其通过一定厚度的镁气态基态原子时，被吸收而减弱。经单色器和检测器测得其被减弱的程度，即可求得试样中镁的含量。

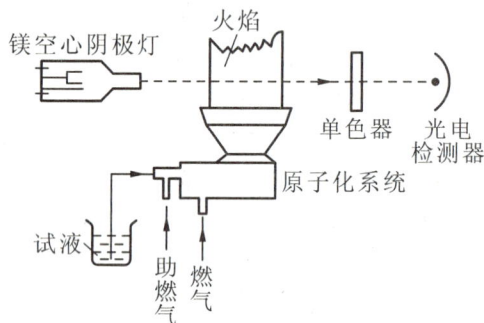

图 4-1　原子吸收光谱法示意图

原子吸收光谱法与原子发射光谱法比较，前者是利用原子吸收的现象；而后者则利用原子发射的现象。它们是相互联系的两种相反的过程。前者用的是能产生被测元素吸收的特征谱线的光源，通常为锐线光源空心阴极灯，能产生气态基态原子的原子化器；而后者则用普通的光源，不用原子化器。

它与紫外分光光度法比较，它们均基于吸收原理，遵循朗伯-比尔吸收定律，但它们的吸收物质状态不同。前者是基于基态原子对其特征谱线的吸收，属窄带原子吸收光谱，用的是锐线光源；后者是基于溶液分子、离子对光的吸收，属宽带分子吸收光谱，用的是连续光源。

原子吸收光谱法与原子发射光谱法一样，是一种重要的成分分析方法。主要特点和应用如下：

（1）灵敏度高，检出限低。火焰原子吸收法的检出限可达 ng/mL 数量级，石墨炉原子吸收法可达 $10^{-14} \sim 10^{-10}$ g。

（2）准确度高。火焰原子吸收法的相对误差小于1%，石墨炉原子吸收法为3%～5%。

（3）选择性好。大多数情况下，共存元素对被测元素不干扰。

（4）分析速度快，应用范围广。火焰原子吸收法测量一个液体试样的时间一般不超过10 s。如用 P-E5000 型自动原子吸收光谱仪，在 35 min 内可连续测定 50 个试样中的 6 种元素。原子吸收光谱法可测定 70 多种元素。不仅可测定金属元素，也可用间接法测定非金属元素和有机化合物。

（5）仪器较简单，价格较低廉，一般实验室均可配备。

（6）原子吸收光谱法的局限性：测定一种元素需要一种锐线光源，不利于多元素的同时测定；对于一些难熔元素，如 W，Nb，Ta，Zr，Hf 和稀土以及非金属元素，测定灵敏度和精密度均不高；非火焰原子化法虽灵敏度高，但准确度和精密度不够理想。

原子吸收光谱法在冶金、地质、机械、化工、农业、食品、轻工、医药卫生、环境保护和材料科学等领域得到了广泛的应用。

4.2　基本原理

4.2.1　原子吸收光谱的产生

正常情况下，原子处于基态。当有辐射通过气态自由原子，且辐射的能量等于原子中的电子从基态跃迁到激发态（一般为第一激发态）所需的能量时，原子将吸收能量，产生原子吸收光谱。电子从基态跃迁到第一激发态所产生的吸收光谱线，称为共振线。由于不同元素的原子结构不同，不同元素具有特征的共振线。原子吸收光谱处于光谱的紫外区和可见区。

4.2.2　基态原子数与激发态原子数的关系

根据热力学理论，在平衡状态下，基态原子和激发态原子的分布符合玻耳兹曼(Boltzmann)分配定律，即

$$\frac{N_i}{N_0} = \frac{g_i}{g_0} \exp\left(-\frac{E_i - E_0}{kT}\right) \tag{4-1}$$

式中，N_i 和 N_0 分别为激发态和基态的原子数；g_i 和 g_0 分别为激发态和基态的统计权重；E_i 和 E_0 分别为激发态和基态的能量；k 为玻耳兹曼常数，即 1.38×10^{-23} J/K；T 为热力学温度。

对于共振线，电子从基态（$E=0$）跃迁到第一激发态，式(4-1)可写为

$$\frac{N_i}{N_0} = \frac{g_i}{g_0} \exp\left(-\frac{E_i}{kT}\right) \tag{4-2}$$

在原子光谱中，对于一定波长的谱线，g_i/g_0 和 E_i 是已知值，因此，可计算一定温度下的 N_i/N_0 值。表 4-1 是一些元素在不同温度下的 N_i/N_0 值。从式(4-1)和表(4-1)可以看出，温度越高，N_i/N_0 值越大，即激发态原子随温度升高而按指数关系增加；在相同温度下，激发能越小，吸收线波长越长，N_i/N_0 值越大。虽然有如此变化，但在原子吸收光谱中，原子化温度一般小于 3 000 K，大多数元素的最强共振线的波长均低于 600 nm，N_i/N_0 值绝大部分在 10^{-3} 以下，激发态和基态原子数之比小于千分之一，激发态原子数可忽略。因此，可以认为基态原子数 N_0 近似地等于总原子数 N。说明所有的原子吸收是在基态进行的。

表 4-1　某些元素共振线的 N_t/N_0 值

$\lambda_{共振线}/nm$	g_1/g_0	激发能/cV	N_t/N_0	
			$T=2\ 000\ K$	$T=3\ 000\ K$
Na 589.0	2	2.104	0.99×10^{-5}	5.83×10^{-4}
Sr 460.7	3	2.690	4.99×10^{-7}	9.07×10^{-9}
Ca 422.7	3	2.932	1.22×10^{-7}	3.55×10^{-8}
Fe 372.0		3.332	2.99×10^{-9}	1.31×10^{-4}
Ag 328.1	2	3.778	6.03×10^{-10}	8.99×10^{-7}
Cu 324.8	2	3.817	4.82×10^{-10}	6.65×10^{-7}
Mg 285.2	3	4.346	3.35×10^{-11}	1.50×10^{-7}
Pb 283.3	3	4.375	2.83×10^{-11}	1.34×10^{-7}
Zn 213.9	3	5.795	7.45×10^{-15}	5.50×10^{-10}

还可以看出，激发态原子数受温度的影响较大，而基态原子数受温度的影响则较小，基态原子数远大于激发态原子数，是原子吸收光谱法的灵敏度高的主要原因。

4.2.3　谱线轮廓与谱线变宽

原子吸收谱线并不是严格的几何意义上的线（几何线无宽度），而是有相当窄的频率或波长范围，即有一定的宽度。当一束强度为 I_0 的入射光通过长度为 l 的气态原子吸收层时，其透射光强度 I_t 与气态原子吸收层长度的关系，可用朗伯-比尔定律表示。

$$I_t=I_{0\nu}\exp(-K_\nu l) \tag{4-3}$$

式中，K_ν 为基态原子对频率 ν 的光的吸收系数。朗伯-比尔定律，严格说来，要求入射光是单一的波长（或频率）的光，而原子吸收光谱的谱线有一定的宽度，并且该宽度还受许多因素的影响而变宽，导致原子吸收测定的灵敏度和准确度下降。因此，需要讨论谱线的轮廓和变宽。

1. 谱线轮廓

式(4-3)中的吸收系数 K_ν 是随光源的辐射频率而改变的。这是由于物质的原子对光的吸收具有选择性，对不同频率的光，吸收是不同的。如以吸收系数 K_ν 对频率 ν 作图，所得曲线为吸收线轮廓（如图 4-2）。原子吸收光谱的谱线轮廓是以原子吸收谱线的中心频率（ν_0 或中心波长）和半宽度表征的。中心波长由原子能级决定。半宽度是指吸收系数在中心频率（ν_0 或中心波长）极大值一半（$K_0/2$）处，谱线轮廓上两点间频率（ν_0 或波长）的距离（$\Delta\nu$ 或 $\Delta\lambda$）。图中 K_0 为吸收系数的极大值，即峰值吸收系数；ν_0 为中心频率。

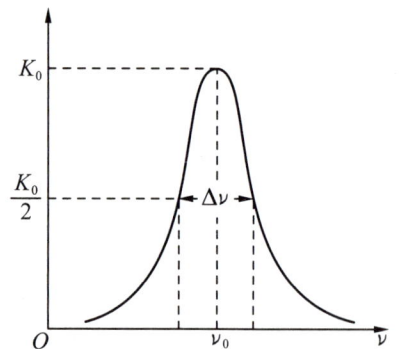

图 4-2　吸收线轮廓和半宽度

2. 谱线变宽

谱线变宽有两个因素：①由原子本身性质所决定，如自然变宽；②外界影响所引起的，如多普勒变宽、碰撞变宽等。

（1）自然变宽　没有外界影响，谱线仍有一定的宽度，称为自然宽度。它与激发态原子的平均寿命有关，平均寿命越长，宽度越小，一般约为 10^{-5} nm。

（2）多普勒（Doppler）变宽　多普勒变宽是由于原子的热运动引起的，又称为热变宽。在气态原子中，原子处于杂乱的热运动状态，当趋向光源方向运动时，原子将吸收频率较高的光，相对极大吸收频率而言，向高频率方向移动，即蓝移；当背离光源方向运动时，原子将吸收频率较低的光，即红移。这种现象称为多普勒变宽。

多普勒变宽与热力学温度的平方根 $T^{1/2}$ 成正比，与吸收质点的相对原子质量的平方根 $A_r^{1/2}$ 成反比。相对原子质量越小，温度越高，变宽就越大。通常情况下，多普勒变宽是影响谱线变宽的主要原因。

（3）碰撞变宽　碰撞变宽是吸收原子与共存的其他原子或分子相互碰撞而引起的谱线变宽，也称压力变宽。这是由于原子之间相互碰撞使激发态原子平均寿命缩短而引起的变宽。根据碰撞粒子的不同，碰撞变宽可分为两类：a. 洛伦兹变宽，是由吸收原子与其他粒子碰撞而引起的变宽。它随外界气体压力增大和温度升高而增大；b. 共振变宽，是由同种原子间发生碰撞而引起的变宽。它只在被测元素浓度较高时才有影响，导致工作曲线向浓度轴弯曲。

（4）自吸变宽　由自吸现象而引起的谱线变宽，称为自吸变宽。光源空心阴极灯发射的共振线被灯内同种基态原子所吸收而产生自吸现象，从而引起的变宽。灯电流越大，自吸变宽越严重。

4.2.4　原子吸收线的测量

1. 积分吸收

在吸收线轮廓内，吸收系数的积分称为积分吸收系数，简称为积分吸收。它表示吸收的全部能量，即图 4-2 中吸收线下所包括的整个面积。根据经典色散理论，积分吸收与气态原子中吸收辐射的原子数的关系，可用下式表示：

$$\int K_\nu \mathrm{d}\nu = \frac{\pi e^2}{mc} N_0 f \tag{4-4}$$

式中，e 为电子电荷；m 为电子质量；c 为光速；N_0 为单位体积内基态原子数；f 为振子强度，即能被入射辐射激发的每个原子的平均电子数，在一定条件下，对一定元素，f 可视为一定值。当分析线确定后，式中 $\dfrac{\pi e^2}{mc} f$ 是一个常数，可用 k 表示，式（4-4）可简化为

$$\int K_\nu \mathrm{d}\nu = kN_0 \tag{4-5}$$

由式（4-5）可见，谱线的积分吸收与基态原子数成正比。由于激发态原子数极少，基态原子数 N_0 几乎等于被测元素原子的总数 N。因此，谱线的积分吸收与被测元素原子的总数成正比。这是原子吸收光谱法的重要理论基础。

如能测得积分吸收，则可求出原子浓度。然而原子吸收线非常窄，需要极高分辨率的单色器，这是很难做到的。因此，目前原子吸收法均以峰值吸收测量代替积分吸收测量。

2. 峰值吸收

1955 年澳大利亚 Walsh 指出，在温度不太高的稳定火焰条件下，峰值吸收系数与火焰中被测元素的原子浓度也成正比。吸收线中心频率处的吸收系数 K_0，称为峰值吸收系数，简称为峰值吸收。

当一束光通过气态原子吸收层时，在一定条件下，使用锐线光源发射线轮廓与吸收线轮廓中心频率相同和半宽度比吸收线更窄，这时可得

$$K_0 = b \frac{2}{\Delta \nu} \int K_\nu \, \mathrm{d}\nu \tag{4-6}$$

将式(4-5)代入，得

$$K_0 = b \frac{2}{\Delta \nu} k N_0 \tag{4-7}$$

式中，b 为与谱线变宽有关的常数；$\Delta \nu$ 为吸收线的半宽度。可见，峰值吸收 K_0 与基态原子数成正比。

按朗伯-比尔定律，由式(4-3)，可得

$$A = \lg \frac{I_0}{I_t} \tag{4-8}$$

式中，I_0 和 I_t 分别为在 $\Delta \nu$ 频率范围内入射光和透射光的强度，则

$$I_0 = \int_0^{\Delta \nu} I_{0\nu} \, \mathrm{d}\nu$$

$$I_t = \int_0^{\Delta \nu} I_{0\nu} \mathrm{e}^{-K_\nu l} \, \mathrm{d}\nu$$

由于使用锐线光源，$\Delta \nu$ 很小，在 $\Delta \nu$ 范围内可近似地将 K_ν 作为常数，与频率变化无关，用峰值吸收系数 K_0 代替吸收系数 K_ν，结合以上三式得

$$A = \lg \frac{I_0}{I_t} = \lg \frac{\int_0^{\Delta \nu} I_{0\nu} \, \mathrm{d}\nu}{\int_0^{\Delta \nu} I_{0\nu} \mathrm{e}^{-K_\nu l} \, \mathrm{d}\nu} = \lg \frac{\int_0^{\Delta \nu} I_{0\nu} \, \mathrm{d}\nu}{\mathrm{e} K_0 \int_0^{\Delta \nu} I_{0\nu} \, \mathrm{d}\nu} = 0.4343 K_0 l \tag{4-9}$$

将式(4-7)代入式(4-9)，得

$$A = 0.434 \frac{2b}{\Delta \nu} k N_0 l \tag{4-10}$$

在一定条件下，N_0 与被测元素在试样中的浓度成正比，即

$$N_0 = K' c \tag{4-11}$$

将式(4-11)代入式(4-10)，得

$$A = K' K'' l c \tag{4-12}$$

因气态原子吸收层长度 l 是一定的，故

$$A = Kc \tag{4-13}$$

由式(4-13)表明，在一定条件下，吸光度 A 与被测元素的浓度 c 成正比。这是原子吸收光谱法定量分析的基础。

4.3　原子吸收分光光度计

原子吸收光谱仪又称为原子吸收分光光度计,它由光源、原子化器、单色器和检测器四部分组成,如图 4-1 所示。

4.3.1　光源

光源的作用是发射被测元素的特征光谱。对光源的要求为:①能辐射锐线,即发射线的半宽度比吸收线的半宽度窄得多;②辐射的强度大;③辐射的光强稳定且背景小;④光谱纯度要高,在光源通带内无其他干扰光谱。空心阴极灯是符合上述要求的锐线光源,应用最广。

空心阴极灯的结构如图 4-3 所示。它是由一个圆柱形空心阴极和一个棒状阳极组成的气体放电灯。空心阴极由被测元素的金属或合金直接制作而成;阳极为钨棒,装有钛丝或钽片作为吸气剂,吸收灯内的杂质气体。阴极和阳极被密封在充有低压惰性气体 (Ne 或 Ar)的带有石英窗(或玻璃窗)的玻璃套管内。

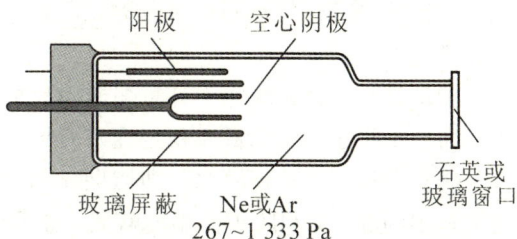

图 4-3　空心阴极灯示意图

当适当电压(300~500 V)加在阴、阳两极时,电子将从空心阴极的内壁射向阳极,并在运动过程中与充入的惰性气体原子相互碰撞而使之电离,产生带正电荷的惰性气体离子。该正离子在电场作用下高速射向阴极,使阴极表面溅射出的金属原子又与电子、惰性气体原子及离子发生碰撞而被激发,发射出相应元素的特征共振辐射。

灯的发光强度与灯的电流有关。灯电流过小,放电不稳定;灯电流过大,谱线变宽,甚至引起自吸。

空心阴极灯有单元素、多元素空心阴极灯和高强度空心阴极灯等。

4.3.2　原子化器

原子化器的作用是使试液蒸发和原子化。因为入射光被原子化器基态原子所吸收,所以原子化器也被视为“吸收池”。对原子化器的要求:①有足够高的原子化效率;②有良好的稳定性和重现性;③噪声低和记忆效应小。常用的原子化器有火焰原子化器和非火焰原子化器。

1. 火焰原子化器

火焰原子化器由雾化器和燃烧器组成。燃烧器又可分为全消耗型和预混合型。前者是将试样直接喷入火焰,原子化效率低,很少采用;后者是由雾化器将试样雾化,并在雾化室内除去较大的雾滴,使试样均匀地喷雾进入火焰,应用很广泛。预混合型雾化器由雾化器、雾化室和燃烧器组成。图 4-4 为其结构示意图。

（1）雾化器　又称为喷雾器，其作用是吸入试液并将其雾化，使之形成直径为微米级的气溶胶。气溶胶粒子直径越小，火焰中生成的基态原子越多。

（2）雾化室　其作用是使气溶胶粒度更小、更均匀，使燃气、助燃气充分混合。因此，雾化室设有撞液球、扰流器和废液管等装置。

（3）燃烧器　其作用是通过火焰燃烧，使试液雾滴在火焰中经过干燥、蒸发、熔融和热解等过程，将被测元素原子化。原子吸收的灵敏度取决于光路中的基态原子数。

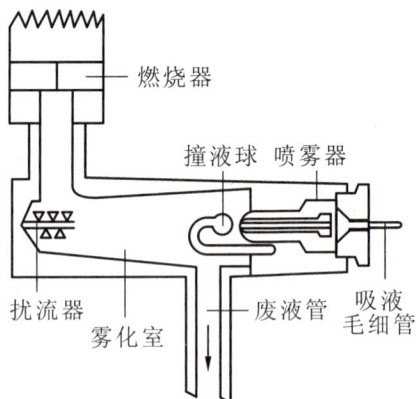

图4-4　预混合型原子化器示意图

火焰由燃气和助燃气燃烧而成。火焰按燃气和助燃气的比例（燃助比）不同，可分为正常焰、富燃焰和贫燃焰三类。

①正常焰　也称为化学计量焰或中性焰，即其燃助比与化学计量关系相近的焰。具有温度高、干扰小、背景低及稳定性好等特点。适于许多元素的测定。

②富燃焰　又称还原焰，即燃助比超过正常焰。此类火焰中有大量燃气未燃烧完全，含有较多的碳、—OH等。温度略低于正常焰，有还原性。适于易形成难离解氧化物的元素测定。

③贫燃焰　燃助比小于正常焰。燃烧完全，氧化性强。由于助燃气充分，冷的助燃气带走火焰中的热量，使火焰温度降低。适于易离解、易电离的元素测定。

选择适宜的火焰条件是很重要的，可根据试样的具体情况，或通过实验或文献资料来确定。一般来说，选用火焰的温度应使被测元素恰能分解成基态自由原子。如温度过高，会增加原子的电离和激发，使基态原子数减少，导致分析灵敏度降低。常用火焰的燃烧特性见表4-2。

表4-2　几种常用火焰的燃烧特性

燃　气	助燃气	最高燃烧速度/$cm \cdot s^{-1}$	最高火焰温度/K
乙　炔	空　气	160	2 500
乙　炔	氧　气	1 140	3 160
乙　炔	氧化亚氮	160	2 990
氢　气	空　气	310	2 318
氢　气	氧　气	1 400	2 933
氢　气	氧化亚氮	390	2 880
丙　烷	空　气	82	2 198

几种常用的火焰：①最常用的是乙炔-空气焰。它的温度较高、燃烧稳定、噪声小、重现性好，能用于30多种元素的测定。②乙炔-氧化亚氮焰。它的温度高（可达3 000 K），干扰少，具有很强的还原性，可使许多难解离元素的氧化物分解并原子化，如Al，B，

Ti，Zr 和稀土等。可测定 70 多种元素。③氢-空气焰。它是氧化性焰，温度较低，特别适于共振线在短波区的元素，如 As，Se，Sn，Zn 等的测定。

火焰原子化器操作简单、火焰稳定、重现性好、精密度高、应用范围广。但其原子化效率较低(仅有 10%)，原子在光路中滞留时间短以及燃烧气体的膨胀对基态原子产生稀释，通常只用于液体试样。

2. 非火焰原子化器

非火焰原子化法分为利用电加热使其原子化的方法和利用化学还原等使其原子化的方法。前者最常用的是石墨炉原子化器；后者常用的是汞低温原子化法和氢化物原子化法。

(1)石墨炉原子化器　它与火焰原子化器的加热方式不同。前者靠电加热；后者则靠火焰加热。石墨炉原子化器的结构示意图如图 4-5 所示。它由电源、保护气系统和石墨管炉三部分组成。电源提供较低的电压(为 10~25 V)和较大的电流(可达 500 A)。电流通过石墨管时，产生高温，最高温度可达 3 000 ℃。石墨管长约 30 mm，内径约 8 mm，管中心有一孔用以加入试样。管两端有使光束通过的石英窗。通电后，石墨管迅速加热，使试样蒸发和原子化。为保护管体。管外通入冷却水。管内外都有保护性惰性气体，如 N_2 或 Ar 等通过。外气路的惰性气体沿石墨管外壁流动，以

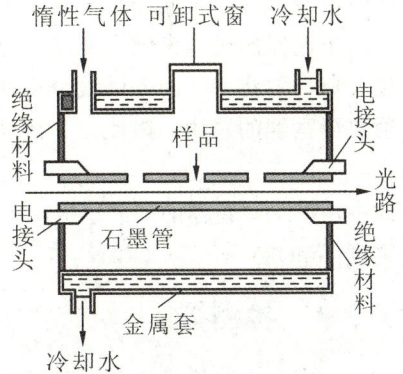

图 4-5　石墨炉原子化器

防止石墨管被烧蚀；内气路的惰性气体由管两端流向管中心，由管中心孔流出，以除去测定过程中产生的基体蒸气，也保护已经原子化的原子不再被氧化。

石墨炉电热原子化法一般分四个过程：干燥、灰化、原子化和净化。测定时，先通入小电流，在 100 ℃ 左右干燥试样，除去溶剂；升温到 100~1 800 ℃ 灰化试样，除去基体；再升高温度，将被测元素原子化，并测定吸光度值；最后，高温下空烧石墨管，使管内遗留的被测元素挥发掉，消除它对下一试样产生的记忆效应，即净化。

石墨炉原子化器的优点为：①原子化效率高，自由原子在石墨炉吸收区内停留时间长，约为火焰原子化器的 1 000 倍；②灵敏度高，其检出限可达 $10^{-14}~10^{-12}$ g；③试样原子化是在惰性气体和强还原性介质中进行的，有利于难熔氧化物的原子化；④取样少。液体试样量仅需 1~50 μL，固体试样约为 0.1~10 mg；⑤液体、固体均可直接进样。其缺点是：基体效应和化学干扰较多；背景较强；重现性较差。

(2)化学原子化法　化学原子化法又称低温原子化法，其原子化温度为从室温至摄氏数百度。常用的有汞低温原子化法和氢化物原子化法。

①汞低温原子化法　汞在室温下，有一定的蒸气压，沸点仅为 356.6 ℃。只要对试样进行化学预处理，如用 $SnCl_2$ 将试样中汞离子还原为汞原子，由载气(Ar 或 N_2)将汞蒸气带入吸收池内进行测定。现有专门的测汞仪出售。

②氢化物原子化法　用于测定易形成氢化物的元素，如 As，Sb，Bi，Se，Te，Sn，Pb 和 Ge 等。在一定酸度下，将这些元素用 $NaBH_4$ 还原成极易挥发的氢化物，经载气带入石英管中，由于氢化物不稳定，发生分解，产生自由原子，完成原子化过程，即可进行

测定。

本法可将被测元素从大量溶剂中分离出来，其灵敏度比火焰法高 1～3 个数量级，而且干扰少，选择性好。

4.3.3 单色器

单色器由入射和出射狭缝、反射镜和色散元件所组成。色散元件通常用的是光栅。单色器可将被测元素的共振吸收线与邻近谱线分开。单色器置于原子化器后面，防止原子化器内有干扰的发射辐射进入检测器，也避免检测器光电倍增管的疲劳。由于锐线光源的谱线较简单，对单色器分辨率要求不高。

单色器的操作参数主要是光谱通带。所谓光谱通带是指单色器出射光束波长区间的宽度。单色器将相邻两条谱线分开的能力，不仅与色散元件的色散能力有关，也受单色器出射狭缝宽度的制约。因此，光谱通带可表示为

$$W = D_L^{-1} S \tag{4-14}$$

式中，W 为单色器的光谱通带(nm)；D_L^{-1} 为色散元件的倒线色散率(nm·mm^{-1})；S 为狭缝宽度(mm)。

4.3.4 检测器

常用光电倍增管，其原理已在第三章第三节叙述。

4.4 原子吸收光谱法的分析方法

4.4.1 测定条件的选择

实验和测量条件的正确选择在很大程度上影响原子吸收光谱法的灵敏度和准确度。

1. 分析线

一般选择元素的共振线为分析线，因为这样可获得较高的灵敏度。但被测元素含量较高时，也可选择灵敏度较低的吸收线，以得到适宜的吸光度值；对于 As，Se，Hg 等元素，其共振线处于远紫外区，火焰的吸收很强烈，因而不宜选择这些元素的共振线为分析线。对于微量元素的测定，应选择最强的吸收线。

2. 狭缝宽度

在原子吸收光谱中，谱线重叠的概率较小，可用较宽的狭缝，这样可增加光强，使用较小的增益以降低检测器的噪声，从而提高信噪比，降低检测限。

狭缝宽度的选择与许多因素有关。当单色器的分辨能力较大，光源辐射较弱或共振线吸收较弱时，可使用较宽的狭缝；当火焰的背景发射较强，在吸收线附近有干扰谱线时，应使用较小的狭缝。

3. 空心阴极灯电流

空心阴极灯的发射特性取决于灯电流的大小。灯电流过小，发射谱线强度小又不稳

定；灯电流过大，发射谱线变宽而使灵敏度下降，又缩短灯的寿命。通常是确保谱线辐射足够强和稳定的前提下，尽量使用较低的灯电流。

4. 原子化条件

（1）火焰原子化法

①火焰的选择　　火焰的选择和调节是保证高原子化效率的关键之一。对于分析线在紫外区的元素，乙炔-空气焰有吸收，可用氢气-空气焰；易电离元素，可用煤气-空气焰；中低温可原子化的元素，可用乙炔-空气焰；易生成难离解化合物的元素，可用乙炔-氧化亚氮焰。氧化物熔点较高的元素，用富燃焰；氧化物不稳定的元素，用正常焰或贫燃焰。

②燃烧器高度　　对不同元素，自由原子浓度随火焰高度的分布是不同的。对于氧化物稳定性高的 Cr，随火焰高度增加，即火焰氧化特性增强，形成氧化物的趋势增大，因而吸收值随之下降；反之，对于氧化物不稳定的 Ag，其原子浓度主要由银化合物的离解速度所决定，故 Ag 的吸收值随火焰高度增加而增大；对于氧化物稳定性中等的 Mg，吸收值开始随火焰的高度的增加而增大，达到极值后则降低。

（2）石墨炉原子化法　　选择适宜的干燥、灰化、原子化和净化的温度和时间，以获得尽可能大的吸收值。干燥温度一般稍高于溶剂的沸点，以免试样溶液飞溅。灰化温度应选择能除去试样中基体和其他组分而被测元素不损失的条件下尽可能高的温度。原子化温度则选择可达到原子最大吸收值的最低温度。净化温度应高于原子化温度，时间为 $3\sim5$ s，以除去试样的残留物产生的记忆效应。

5. 进样量

进样量过小，吸收信号弱；进样量过大，残留物记忆效应大。可通过实验进行选择。

4.4.2　分析方法

1. 标准曲线法

这是最常用的方法。配制一系列浓度不同的被测元素的标准溶液，在与试样测定相同的条件下，依浓度由低到高的顺序测定吸光度 A。绘制吸光度对浓度 c 的标准曲线。测定试样的吸光度，在标准曲线上用内插法求出被测元素的含量。

2. 标准加入法

当配制与试样组成一致的标准样品困难时，可采用标准加入法。将试液分成体积相同的若干份（一般为 5 份），除一份外，其余各份分别加入不同浓度的标准溶液，稀释至相同体积，使之浓度为 0，$1c_s$，$2c_s$，$3c_s$，…，分别测定其吸光度。以加入的标准溶液浓度与吸光度作图，可得一直线。将此直线外推至与浓度轴相交。交点至坐标原点的距离 c_x，即是被测元素经稀释后的浓度，见图 4-6 所示。

图 4-6　标准加入法

根据吸收定律，见式（4-13），得

$$A_x = kc_x$$
$$A_s = k(c_s + c_x)$$

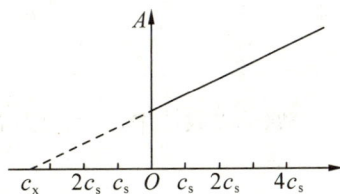

由上两式，可得

$$c_x = \frac{A_x}{A_s - A_x} \cdot c_s \tag{4-15}$$

式中，c_x，c_s 分别为试液中被测元素和加入标准溶液的浓度；A_x，A_s 分别为试液和试液中加入标准溶液后的吸光度。

使用标准加入法时应注意以下几点：

（1）标准加入法是建立在吸光度与浓度成正比的基础上，因此要求相应的标准曲线是一条过原点的直线，被测元素的浓度应在此线性范围内。

（2）为得到较为精确的外推结果，最少取四个点作外推曲线；加入标准溶液的量不能过高或过低，否则直线斜率过大或过小，会引起较大误差。一般使第一个加入量产生的吸收值约为试样原吸收值的一半较好。

（3）标准加入法可消除基体效应带来的影响，但不能消除背景吸收的影响。因此只有扣除了背景之后，才能得到被测元素的真实含量。

4.4.3 灵敏度与检出限

1. 灵敏度

在原子吸收光谱法中，灵敏度可用下式表示：

$$S_c = \frac{\Delta A}{\Delta c} \quad 或 \quad S_m = \frac{\Delta A}{\Delta m} \tag{4-16}$$

式中，S_c 和 S_m 分别为浓度和质量灵敏度。

由此可见，原子吸收法的灵敏度是标准曲线的斜率，即被测元素的浓度或质量改变一个单位时的吸光度的变化量。斜率越大，灵敏度越高。

在火焰原子吸收法中，常用特征浓度 c_c（单位为 $\mu g/mL \cdot 1\%$）表示仪器对某一元素在一定条件下的分析灵敏度。特征浓度是指能产生 1% 吸收或 0.004 4 吸光度值时溶液中被测元素的浓度。

$$c_c = \frac{0.004\ 4 \times \Delta c}{\Delta A} = \frac{0.004\ 4}{S_c} (\mu g/mL/\%) \tag{4-17}$$

在石墨炉原子吸收法中，常用特征质量 m_c（单位为 $\mu g/1\%$）表示分析灵敏度（又称绝对灵敏度）。特征质量即产生 1% 吸收（吸光度为 0.004 4）时的被测元素的质量。

$$m_c = \frac{0.004\ 4 \times \Delta m}{\Delta A} = \frac{0.004\ 4}{S_m} (\mu g/1\%) \tag{4-18}$$

2. 检出限

原子吸收法中，检出限（D）以下式表示：

$$D_c = \frac{3\sigma}{S_c} \quad 或 \quad D_m = \frac{3\sigma}{S_m} \tag{4-19}$$

式中，σ 为空白溶液进行 10 次以上吸光度测定所计算得到的标准偏差；D_c 和 D_m 分别为火焰原子吸收法检出限（单位为 $\mu g/mL$）和石墨炉原子吸收法（绝对）检出限（单位为 g）。

4.4.4 干扰及其消除

总的来说，原子吸收法的干扰较小，但在实际工作中还是不能忽视的。干扰主要有物理干扰、化学干扰、电离干扰、光谱干扰和背景干扰。

1. 物理干扰

是指试液与标准溶液的物理性质有差异而引起的干扰。如溶液的黏度、表面张力或密度等的变化，会影响其雾化和气溶胶到达火焰的传送等而引起原子吸收强度的变化。

消除方法：配制与被测试样组成相近的标准溶液或用标准加入法。如试样溶液的浓度高，可用稀释法。

2. 化学干扰

是由于被测元素原子与共存组分发生化学反应生成稳定的化合物，影响被测元素的原子化。它是原子吸收法的主要干扰。

消除方法有：

(1) 选择适宜的原子化法。提高原子化温度，使难离解的化合物分解，减小化学干扰。如高温火焰中磷酸根不干扰钙的测定。用还原性火焰或石墨炉原子化法，可使难解离的氧化物还原、分解。

(2) 加入释放剂。释放剂的作用是它能与干扰物质生成比被测元素更稳定的化合物，使被测元素释放出来。例如，磷酸根干扰钙的测定，可在试液中加入镧或锶盐，而镧或锶能与磷酸根生成比钙更稳定的磷酸盐，将钙释放出来。

(3) 加入保护剂。保护剂的作用是它能与被测元素生成易分解的和更稳定的配合物，防止被测元素与干扰组分生成难解离的化合物。保护剂一般是有机配合剂，用得最多的是 EDTA 和 8-羟基喹啉。例如，磷酸根干扰钙的测定，当加入 EDTA 后，使钙处于以配合物 EDTA-Ca 的保护下进入火焰，保护剂在火焰中易被破坏而将被测的钙解离出来。

(4) 加入基体改进剂。石墨炉原子化法，在试样中加入基体改进剂，使其在干燥或灰化时与试样发生化学变化，以增加基体的挥发性或改变被测元素的挥发性而消除干扰。

如以上方法均不能消除干扰时，只能采用化学分离的方法，如溶剂萃取、离子交换或沉淀分离等方法。

3. 电离干扰

是指在高温下，由于原子电离使基态原子数减少，灵敏度下降的干扰。

消除这种干扰的最有效的方法是加入过量的消电离剂。消电离剂是比被测元素电离电位低的元素，如钾、钠等碱金属。在相同条件下，消电离剂先电离，产生大量的电子，抑制被测元素的电离。例如，测钙时有电离干扰，加入过量的 KCl 溶液来消除干扰。钙的电离电位为 6.1 eV，而钾的电离电位为 4.3 eV。由于 K 电离产生大量的电子，使 Ca^{2+} 得到电子而生成原子。

4. 光谱干扰

光谱干扰包括谱线干扰和背景干扰。

(1) 谱线干扰　谱线干扰主要有以下几种：

①吸收线重叠　共存元素吸收线与被测元素分析线波长很接近时，两谱线重叠或部分重叠，会使测定结果偏高。可另选分析线。

②光谱通带内非吸收线干扰　这些非吸收线可能是被测元素的其他共振线和非共振

线，也可能是光源中杂质的谱线。这种干扰可减小狭缝宽度或灯电流，可另选谱线。

③原子化器内直流发射干扰　这种干扰主要通过调制发射电源、放大器采用隔直放大或配合同步检波等电子技术来消除。

（2）背景干扰　背景干扰是一种特殊形式的光谱干扰。它主要包括分子吸收和光散射引起的干扰。

分子吸收是指在原子化过程中生成的气体分子、氧化物、盐类和氢氧化物等分子对光的吸收。分子吸收与干扰元素的浓度成正比，浓度越大，分子吸收越强，它与火焰条件和火焰温度有关。某些分子吸收可用高温火焰来消除。

光散射是在原子化过程中产生的固体微粒对光产生散射，使透过光减小，吸收值增加。

非火焰法的背景吸收比火焰法高得多，如不扣除，有时测定根本无法进行。为扣除背景干扰，通常采用下列背景校正技术：邻近非共振线校正、氘灯自动背景校正和塞曼效应背景校正。

①邻近非共振线校正　以分析线测量原子吸收和背景吸收的总吸光度 A_T，因非共振线不产生原子吸收，可用于测量背景吸收的吸光度 A_b，两次测量值之差 $A_T - A_b$，则为校正背景后的被测元素的吸光度 A_x。例如，镍的共振线 232.0 nm 邻近有一非共振线 231.6 nm，可在 232.0 nm 测定 Ni 原子的吸收和背景吸收的总吸光度 A_T，再在 231.6 nm 测定背景吸收 A_b，两者之差 A_x 即为 Ni 的吸光度。

②氘灯自动背景校正　也称连续光源背景校正。先用锐线光源测定分析线的原子吸收和背景吸收的总吸光度，再用氘灯（紫外区）或碘钨灯、氙灯（可见区）在同一波长测定背景吸光度（这时原子吸收可忽略不计），两者之差，即为扣除了背景吸收后的元素吸光度。由于许多仪器用氘灯连续光源扣除背景，因此称为氘灯自动背景校正。

③塞曼效应背景校正　塞曼效应是指在磁场作用下，简并的谱线发生分裂的现象。塞曼效应背景校正是基于光的偏振特性，分为光源调制法和吸收线调制法，以后者应用广。吸收线调制法又分为恒定磁场调制和可变磁场调制两种方式。见图 4-7 和图 4-8 所示。

图 4-7　恒定磁场调制方式

恒定磁场调制方式是在原子化器上施加一恒定磁场，磁场垂直于光束方向。在磁场的作用下，吸收线分裂为 π 和 σ^+，σ^- 三条分线，强度相等的 π 和 $\sigma^\pm$ 组分。π 平行于磁场方向，中心波长和吸收线相同；σ^+，σ^- 垂直于磁场方向，波长偏离原吸收线，如图 4-9 所示。光源共振发射线通过起偏器后，变为偏振光，随着起偏器的旋转，π 和 σ^+，σ^- 组分交替通过。π 组分通过时，测得原子吸收和背景吸收的总吸光度，σ^+，σ^- 组分通过时，不产生原子吸收，但仍有背景吸收。两次测得的吸光度之差，即为校正了背景吸收后的原子吸收的吸光度。由于 π 和 σ^+，σ^- 组分强度相等，波长非常接近，两者对背景的吸收几乎

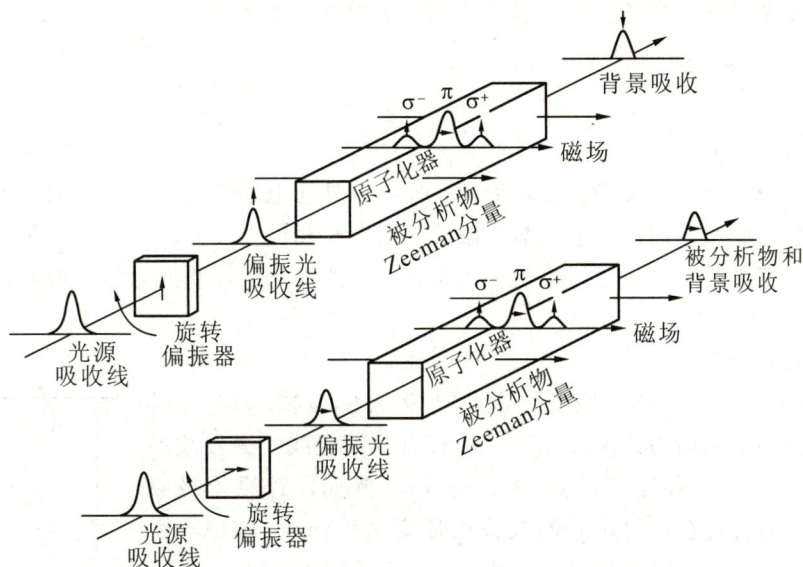

图 4-8　可变磁场调制方式

完全一样，因此这种消除背景干扰的方法是很有效的。

可变磁场调制方式是在原子化器上加一电磁铁，后者仅在原子化时被激磁，偏振器是固定的，用以控制只让垂直于磁场的偏振光通过气态原子。零磁场时，测得原子吸收和背景吸收的总吸光度。激磁时，只测得背景吸收的吸光度。两次测得的吸光度之差，即为原子吸收的吸光度。

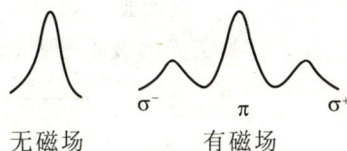

图 4-9　塞曼效应示意图

塞曼效应背景校正法是当前最为理想的背景校正法。它应用波长范围很宽，可在 $190 \sim 900$ nm 内进行，背景校正的准确度高。与常规原子吸收法相比，测定的灵敏度稍低，仪器价格较高。

4.5　原子荧光光谱法

4.5.1　概述

原子荧光光谱法是通过测量被测元素的气态原子在特定频率辐射能的激发下所产生的荧光强度而进行分析的方法。它属于光致激发的原子发射光谱法。但由于所用的仪器与原子吸收法的相近，故在本章中一起讨论。

原子荧光光谱法的优点：(1)灵敏度高，特别是对 Zn，Cd 等元素的检出限可分别达 0.04 ng/mL 和 0.001 ng/mL。对 Ag，Bi，Cu，Ga，Hg 等也有相当高的灵敏度。已有 20 多种元素的检出限已优于原子吸收光谱法；(2)谱线较简单，干扰较少；(3)线性范围宽，可达 3～5 个数量级；(4)由于原子荧光是向空间各个方向发射的，较易制作多道仪器，实现多元素的同时测定；(5)仪器结构较简单，价格较便宜。但由于荧光猝灭效应和散射光的影响，在复杂基体试样和高含量试样的测定上尚存在困难。

4.5.2 基本原理

1. 原子荧光光谱的产生及其类型

气态自由原子吸收光源的特征辐射后，原子的外层电子跃迁到较高能级，然后又跃迁返回基态或较低能级，同时发射出与原激发辐射波长相同或不同的辐射，这种辐射即为原子荧光。原子荧光是光致发光，也是二次发光。当激发光源停止照射后，再发射过程便立即停止。

原子荧光可分为共振荧光、非共振荧光和敏化荧光三种类型。

（1）共振荧光　气态原子吸收共振线被激发后，再发射与原吸收线波长相同的荧光即为共振荧光。它的特点是荧光线与激发线的波长相同。其产生过程见图 4-10 中 A 所示。例如，锌原子吸收 213.86 nm 的辐射，它发射荧光的波长也是 213.86 nm。如原子受热激发处于亚稳态，再吸收辐射进一步激发，然后再发射相同波长的共振荧光，这种荧光称为热助共振荧光，见图 4-10 中 B。

（2）非共振荧光　如荧光与激发光的波长不相同，则为非共振荧光。这类荧光的波长比吸收线的波长要长，如图 4-11 所示。

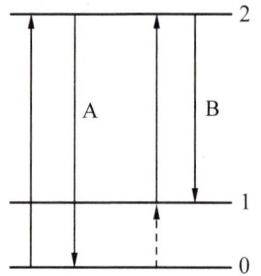

图 4-10　共振荧光

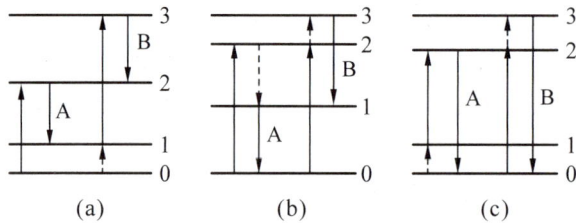

图 4-11　非共振荧光

非共振荧光又分为直跃线荧光、阶跃线荧光和 anti-Stokes（反斯托克斯）荧光。

①直跃线荧光　激发态原子跃迁回到高于基态的亚稳态时所发射的荧光，称为直跃线荧光。见图 4-11(a)。由于荧光的能级间隔小于激发光的能级间隔，因而荧光的波长大于激发光的波长。例如，铅原子吸收 283.31 nm 的光，而发射 405.78 nm 的荧光。

②阶跃线荧光　又分为正常阶跃线荧光和热助阶跃线荧光。前者是激发态原子先以非辐射的形式失去部分能量回到较低的激发态，然后再跃迁回到基态而产生的荧光，见图 4-11(b)A，这种荧光的波长大于激发光的波长；后者是激发态原子跃迁至中间能级，又发生热激发至较高能级，然后返回至低能级而发射的荧光，见图 4-11(b)B。

③anti-Stokes（反斯托克斯）荧光　是自由原子从光源获得一部分激发能和一部分热能跃迁至高能级，然后返回低能级而发射的荧光。其荧光能大于激发能，荧光波长小于激发光波长，见图 4-11(c)。

（3）敏化荧光　也称增敏荧光。当激发态原子 A 与另一种原子 B 碰撞时，将激发能传递给 B 使其成激发态，激发态的 B 再以辐射形式去激发而发射的荧光，称为敏化荧光。

2. 原子荧光强度与原子浓度的关系

在以上讨论的各种原子荧光中，共振荧光强度最大，应用最广。荧光强度 I_f 正比于基态原子对激发光的吸收强度 I_a

$$I_f = \Phi I_a \tag{4-20}$$

式中，Φ 为荧光量子效率，表示发射荧光光量子数与吸收激发光光量子数之比。受光激发的原子，可能发射共振荧光，也可能发射非共振荧光，还可能无辐射跃迁至低能级，因此，荧光量子效率一般小于 1。

若激发光源稳定，光强度可近似看作为一常量 I_0，入射光是平行而均匀的光束，又忽略自吸，则基态原子对光吸收强度 I_a 为

$$I_a = I_0 A (1 - e^{-\varepsilon l N}) \tag{4-21}$$

式中，A 为受光源照射的在检测器中观察到的有效面积；l 为吸收光程长；ε 为峰值吸收系数；N 为单位体积内的基态原子数。

由式(4-21)代入式(4-20)，得

$$I_f = \Phi A I_0 (1 - e^{-\varepsilon l N}) \tag{4-22}$$

将式(4-22)括号内展开，得

$$I_f = \Phi A I_0 \left[\frac{\varepsilon}{N} - \frac{(\varepsilon l N)^2}{2!} + \frac{(\varepsilon l N)^3}{3!} - \frac{(\varepsilon l N)^4}{4!} + \cdots \right]$$

$$= \Phi A I_0 \varepsilon l N \left[1 - \frac{\varepsilon l N}{2} + \frac{(\varepsilon l N)^2}{6} - \cdots \right]$$

当原子浓度较低时，$\varepsilon l N/2$ 项及其后的高次项，可忽略，则

$$I_f = \Phi A I_0 \varepsilon l N \tag{4-23}$$

由式(4-23)可见，当条件一定时，除 N 外，均为常数。N 与试样中被测元素的浓度 c 成正比。因此，原子荧光强度与被测元素的浓度成正比

$$I_f = Kc \tag{4-24}$$

式中，K 为常数。

式(4-24)是原子荧光定量分析的基础。由此式可知：

(1) 荧光强度随激发光源强度的增加而增加，因而用强度大的光源，可提高灵敏度，降低检出限。但当激发光源强度达到一定值之后，共振荧光的低能级与高能级间的跃迁原子数达到动态平衡，出现饱和效应，原子荧光强度不再随激发光源强度的增加而增大。

(2) 增大吸收光程，可提高灵敏度。

(3) 上式只有在被测元素浓度较低时才能成立。当浓度较高时，产生荧光自吸现象，使荧光强度减弱，标准曲线弯曲。因此，原子荧光光谱法适于痕量元素的测定。

(4) 荧光量子效率 Φ 随火焰的组成和温度而变化，因而要严格控制这些因素。

必须注意，荧光猝灭会降低量子效率，减弱荧光强度。所谓荧光猝灭，是指受激原子与其他粒子(包括分子、原子和电子)碰撞，将一部分能量变为热运动或其他形式的能量，因而发生无辐射的去激化现象。

4.5.3　原子荧光分析仪器

原子荧光分析仪器分为非色散型和色散型，其光路图如图 4-12 所示。这两类仪器的

结构基本相似，只是单色器不同。前者用滤光器，用以分离分析线和邻近谱线，降低背景；后者通常用光栅。由图可见，原子荧光仪中，激发光源与检测器为直角装置，以避免激发光源对检测原子荧光信号的影响。

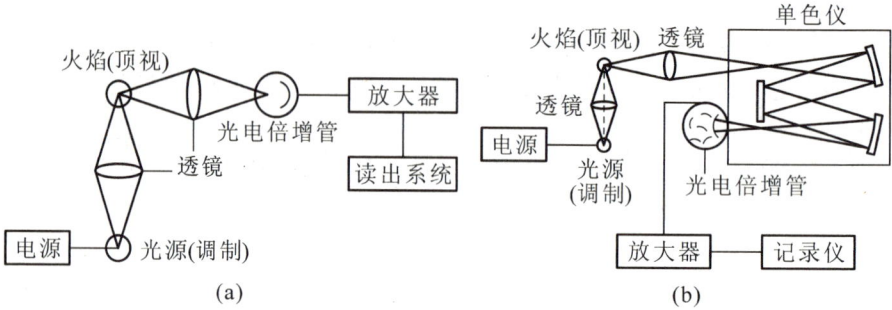

图 4-12　原子荧光分析仪示意图
(a)非色散型　　(b)色散型

对于激发光源，可用连续光源或锐线光源。常用的连续光源有氙弧灯。这种光源稳定，操作简单，寿命长，能用于多元素的同时测定，但检出限较差。锐线光源辐射强度大，稳定，检出限低。

对于原子化器的要求，与原子吸收光谱仪基本相同。

对于单色器，分辨能力要求不高，但要求有较高的集光本领。

对于检测器，常用光电倍增管，在多元素原子荧光分析仪中，也用光导摄像管或析像管。

4.5.4　分析方法及应用

可采用标准曲线法，即以荧光强度为纵坐标，浓度为横坐标作图，进行定量分析。在相同条件下，测得被测元素的荧光强度后，从标准曲线上查得含量。

原子荧光分析法具有很高的灵敏度，标准曲线的线性范围宽，能进行多元素的同时测定，在冶金、地质、石油、农业、生物医学、地球化学、材料科学和环境科学等领域得到广泛的应用。

习题

1. 试述原子吸收光谱法分析的基本原理，并从原理、仪器基本结构和方法特点上比较原子吸收光谱与原子发射光谱的异同点。

2. 试述原子吸收光谱法比原子发射光谱灵敏度高、准确度好的原因。

3. 原子吸收光谱法中为什么要用锐线光源？试从空心阴极灯的结构及工作原理方面，简要说明使用空心阴极灯可以得到强度较大、谱线很窄的待测元素共振线的道理。

4. 阐述下列术语的含义：灵敏度、检出限、特征浓度和特征质量。它们之间有什么关系，影响它们的因素是什么？

5. 通常为何不用原子吸收光谱法进行定性分析? 用原子吸收光谱法进行定量分析的依据是什么?

6. 简述光源调制的目的及其方法。

7. 解释原子吸收光谱分析工作曲线弯曲的原因。并比较标准曲线法和标准加入法的特点。

8. 解释下列名词:

(1)原子吸收;　　　　(2)吸收线的半宽度;

(3)自然宽度;　　　　(4)多普勒变宽;

(5)压力变宽;　　　　(6)积分吸收;

(7)峰值吸收;　　　　(8)光谱通带。

9. 原子吸收光谱分析中存在哪些干扰? 如何消除?

10. 比较火焰法与石墨炉原子化法的优缺点。

11. 原子荧光产生的类型有哪些? 各自的特点是什么?

12. 比较原子荧光分析仪、原子发射光谱分析仪和原子吸收光谱分析仪三者之间的异同点。

13. 已知钠的 3p 和 3s 间跃迁的两条发射线的平均波长为 589.2 nm,计算在原子化温度为 2 500 K 时,处于 3p 激发态的钠原子数与基态原子数之比。

提示:在 3s 和 3p 能级分别有 2 个和 6 个量子状态,故 $\dfrac{g_i}{g_0}=\dfrac{6}{2}=3$。

14. 原子吸收光谱法测定某元素的灵敏度为 $0.01\ \mu g \cdot mL^{-1}/1\%A$,为使测量误差最小,需要得到 0.436 的吸收值,在此情况下待测溶液的浓度应为多少?

15. 原子吸收分光光度计三档狭缝调节,以光谱通带 0.19 nm,0.38 nm 和 1.9 nm 为标度,其所对应的狭缝宽度分别为 0.1 mm,0.2 mm 和 1.0 mm,求该仪器色散元件的线色散率倒数;若单色仪焦面上的波长差为 2.0 nm/mm,狭缝宽度分别为 0.05 mm,0.1 mm,0.2 mm 和 2.0 mm 四档,求所对应的光谱通带各为多少?

16. 有 A,B,C 三台原子吸收分光光度计,它们的部分技术指标如下表所示。仅从消除光谱干扰性能考虑,试计算并指出哪一台仪器稍好些。

仪器序号	光谱通带/nm	狭缝宽度/mm
A	0.1, 0.2, 0.4, 4.0	0.05, 0.1, 0.2, 2.0
B	0.21, 0.42, 2.1	0.1, 0.2, 1.0
C	0.19, 0.38, 1.9	0.1, 0.2, 1.0

17. 运用标准加入法分析某试样中的镁含量。估计试样中的镁约为 2 $\mu g/mL$。测定时取 5 个点,每个取试样 5.0 mL,分别加入不同体积的镁标准溶液后,再稀释到总体积为 10.0 mL。计算各点应加入 10 $\mu g/mL$ 的镁标准溶液多少毫升。若各点的百分吸光度为 18,37,56,74,94,绘图并计算试样中镁的浓度。

18. 用原子吸收光谱法分析尿样中的铜,分析线为 324.8 nm。用标准加入法,分析结果列于下表中,试计算样品中铜的浓度。

加入铜的浓度/(μg / mL)	吸光度 A
0（样品）	0.280
2.0	0.440
4.0	0.600
6.0	0.757
8.0	0.912

19. 制成的储备溶液含钙 0.1 mg/mL，取一系列不同体积的储备溶液于50.00 mL 容量瓶中，以蒸馏水稀释至刻度。取 5.00 mL 天然水样品于 50.00 mL 容量瓶中，并以蒸馏水稀释至刻度。上述系列溶液的吸光度的测量结果列于下表，试计算天然水中钙的含量。

储备溶液的体积/mL	吸光度 A
1.00	0.224
2.00	0.447
3.00	0.675
4.00	0.900
5.00	1.122
稀释的天然水溶液	0.475

20. 用原子荧光光谱法分析废水中的镉，在 228.8 nm 处测得 $CdCl_2$ 标准溶液和样品溶液的荧光强度如下表，试计算废水中镉的含量。

c_{Cd}/(10^{-6} mol/L)	相对荧光强度
250	13.6
500	30.2
750	45.3
1 000	60.7
1 250	75.4
样品	50.5

21. 欲测定下列物质，应选用哪一种原子光谱法，并说明理由。

(1)血清中锌和镉($\sim$20 μg/mL，Zn 和 0.003 μg/mL，Cd)；

(2)鱼肉中汞的测定($x.0$ ppm)；

(3)水中砷的测定($0.x$ ppm)；

(4)矿石中 Hf，Ce，Pr，Nd，Sm 的测定；

(5)废水中 Fe，Mn，Al，Ni，Co，Cr 的测定(ppm$\sim$0.x ppm)。

第5章　紫外-可见吸收光谱法
（Ultraviolet and Visible Spectrophotometry）

5.1　概述

紫外-可见吸收光谱法，又称紫外-可见分光光度法。它是基于溶液中物质的分子（或离子）对紫外和可见光区（200～800 nm）辐射能的吸收而进行分析的方法。

按所用的光谱区域不同，可分为紫外吸收光谱法和可见吸收光谱法，统称为紫外-可见吸收光谱法。

紫外光是波长 10～400 nm 的电磁辐射，可分为远紫外光（10～200 nm）和近紫外光（200～400 nm）。远紫外光能被大气吸收，不易利用。可见光是波长 400～800 nm 的电磁辐射。因此，通常所说的紫外-可见吸收光谱是指物质分子吸收 200～800 nm 波长范围内的辐射能而产生的吸收光谱。紫外-可见吸收光谱是基于物质分子中电子能级间的跃迁，又称为电子光谱。

紫外-可见吸收光谱法是仪器分析中应用最广的方法之一。它具有如下的优点：

（1）灵敏度较高。测定物质的含量，一般为 μg 级或浓度为 $10^{-4}\sim10^{-5}$ mol/L，在某些条件下，可达 ng 级或浓度为 10^{-7} mol/L。

（2）选择性较好。一般在多组分共存的溶液中，可不经分离而直接测定某种被测定的组分。

（3）准确度较好。一般情况下，相对误差约为 2%。它适于微量组分的测定，而不适于中、高含量组分的测定。如采取适当措施，例如，采用示差分析法，可提高准确度，也可测定高含量组分。

（4）通用性强，应用广泛。可用于一般的定性和定量分析，以及有机化合物的鉴定和结构分析，也可用于有关物理化学常数的测定。

（5）设备简单，价格低廉，操作方便，分析快速。

5.2　紫外-可见吸收光谱法的原理

5.2.1　紫外-可见吸收光谱的产生及其类型

1. 紫外-可见吸收光谱的产生

紫外-可见吸收光谱属于分子光谱。分子和原子一样，具有特征的分子能级。分子具有电子能级、振动能级和转动能级。图 5-1 是双原子分子能级示意图。图中 A 和 B 是电子能级。在同一电子能级 A 中，因振动能量的不同而分为若干"支级"，称为振动能级。图中

$\upsilon'=0$，1，2，…表示电子能级 A 的各振动能级，而 $\upsilon''=0$，1，2，…表示电子能级 B 的各振动能级；当分子在同一电子能级和同一振动能级时，又因转动能量的不同分为若干"分级"，称为转动能级。图中，$j'=0$，1，2，…为 A 电子能级和 $\upsilon'=0$ 的振动能级的各转动能级。

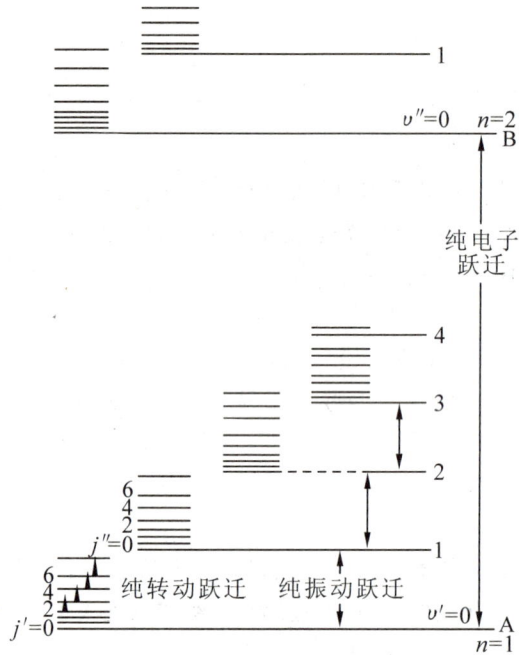

图 5-1　双原子分子能级示意图

当分子吸收外加辐射能后，分子总能量的变化 ΔE 为

$$\Delta E = \Delta E_e + \Delta E_\nu + \Delta E_j \tag{5-1}$$

式中，ΔE_e 为分子中电子相对于原子核运动所具有能量的变化；ΔE_ν 为分子内原子在平衡位置附近振动能量的变化；ΔE_j 为分子绕着重心转动能量的变化。

以上三种能量大小的顺序为

$$\Delta E_e > \Delta E_\nu > \Delta E_j \tag{5-2}$$

通常情况下，发生分子转动能级间跃迁所需能量为 0.004～0.025 eV，相应的波长为 300～50 μm，属于远红外光区。由转动能级间跃迁产生的分子吸收光谱，称为转动光谱或远红外光谱。

分子振动能级间的跃迁所需能量较大，一般在 0.025～1 eV，相应的波长为 50～1 μm，属于红外光区。这种分子吸收光谱称为红外吸收光谱或振动-转动光谱。

发生电子能级间跃迁需要更大的能量，约为 1～20 eV，相应的波长为 1 230～62 nm。这种分子吸收光谱称为紫外-可见吸收光谱或电子光谱。

因为 $\Delta E_e > \Delta E_\nu > \Delta E_j$，所以，当分子吸收外加辐射能而引起电子能级跃迁时，必然伴有振动和转动能级的跃迁；发生振动能级跃迁时，也一定伴有转动能级的跃迁。因此，分子光谱远比原子光谱复杂，它是带光谱，而原子光谱是线光谱。

物质对不同的光有不同的吸收能力，也就是说，只能选择性地吸收那些能量相当于该分子电子能量变化 ΔE_e，振动能量变化 ΔE_v 或转动能量变化 ΔE_j 的辐射。由于物质分子内部结构的不同，分子的能级及其能级间的不同，因此决定了不同物质对不同波长光的选择性吸收。如以波长为横坐标，以相应的吸光度为纵坐标所得的图谱，称为吸收曲线或吸收光谱。不同物质，其吸收光谱是不同的。可从其波形以及波峰的强度、位置和其数目，研究物质的内部结构。

2. 紫外-可见吸收光谱类型

物质的紫外-可见吸收光谱是由于分子中价电子跃迁而产生的。与紫外吸收光谱有关的有机化合物的价电子有三种：形成单键的 σ 电子，形成双键的 π 电子和氧、氮、硫、卤素等杂原子中含有的未成键的孤对电子，即 n 电子。当吸收一定的能量后，这些价电子将跃迁到较高的能级（激发态），这时电子所占的轨道称为反键轨道，而这种跃迁是与分子内部结构有关的。这些电子所处的能级轨道和可能发生的能级跃迁，如图 5-2 所示。

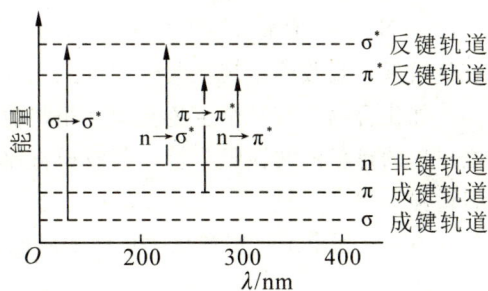

图 5-2　电子能级及跃迁类型

电子经常发生的跃迁有 σ→σ*，π→π*，n→σ* 和 n→π*。前两种属于从成键轨道向相应的反键轨道的跃迁；后两种是杂原子的未成键电子从非键轨道被激发到反键轨道的跃迁。从图 5-2 可见，各种跃迁所需能量是不同的，其大小顺序为：

$$\sigma \rightarrow \sigma^* > n \rightarrow \sigma^* > \pi \rightarrow \pi^* > n \rightarrow \pi^*$$

（1）σ→σ* 跃迁　是单键中的 σ 电子从 σ 成键轨道向反键轨道间的跃迁。σ 与 σ* 之间的能级差很大，引起 σ→σ* 跃迁所需能量很大，其吸收光谱波长一般处于小于 200 nm 的真空紫外区。一般 σ→σ* 跃迁发生在饱和烃中，例如，甲烷和乙烷的最大吸收峰分别为 125 nm 和135 nm。

（2）n→σ* 跃迁　一般含有 n 电子的杂原子的饱和烃衍生物均可发生 n→σ* 跃迁。例如，—OH，—NH₂，—X，—S 等含有杂原子的基团连接在分子上，杂原子上未成键电子跃迁到 σ* 键，形成 n→σ* 跃迁。这类跃迁所需能量比 σ→σ* 小。吸收峰波长在 200 nm 附近。大部分在真空紫外区，小部分在紫外区，其吸收峰的摩尔吸收系数 ε 较小。例如，甲醇和氯仿的 n→σ* 跃迁的最大吸收峰分别为 184 nm 和 173 nm。

（3）π→π* 跃迁　这是不饱和烃双键中的 π 电子吸收能量后跃迁到 π* 反键轨道。不饱和烃、共轭烯烃和芳香烃类可发生这种跃迁。由于 π→π* 跃迁所需能量较小，吸收峰大多位于紫外区。ε 值很大，为强吸收。例如，乙烯和苯的吸收峰为 180 nm 和 203 nm。

（4）n→π* 跃迁　含有杂原子的双键化合物（如—C＝O，—C＝N)中杂原子上的 n 电子跃迁到 π* 轨道。在有机化合物中，只有同时存在未成键电子的原子和 π 键时，才会发生这种跃迁。这种跃迁所需能量小，吸收峰波长大于 200 nm，强度一般较弱。例如，丙酮吸收峰为 280 nm，ε＝10～30。

5.2.2　有机化合物的紫外-可见吸收光谱

1. 紫外-可见吸收光谱与有机化合物分子结构的关系

有机化合物的紫外-可见吸收光谱主要取决于分子中特定基团的性质。分子中能吸收紫外或可见光的基团，称为生色团，主要是一些具有不饱和键和未成对电子的基团，例如，乙烯基 $C{=}C$ ，乙炔基 $-C{\equiv}C-$ ，羰基 $C{=}O$ ，亚硝基 $-N{=}O$ ，偶氮基 $-N{=}N-$ ，腈基 $N{\equiv}C-$ …这些基团能产生 $\pi \rightarrow \pi^*$ 或 $n \rightarrow \pi^*$ 跃迁。由于跃迁时的吸收能量较低，吸收峰出现在紫外和可见光区。

如化合物中有几个生色基团互相共轭，则各个生色基团所产生的吸收带将消失，而代之出现的是新的共轭吸收带，其波长将比原单个生色基团的吸收波长长，吸收强度也将显著增强。

表 5-1 列出了一些常见生色团的吸收特性。

表 5-1　一些常见生色团的吸收特性

生色团	例　子	溶　剂	λ_{max}/nm	$\varepsilon_{max}/$ $(L \cdot mol^{-1} \cdot cm^{-1})$	跃迁类型
链烯	$C_6H_{13}CH{=}CH_2$	正庚烷	177	13 000	$\pi \rightarrow \pi^*$
炔	$C_5H_{11}{\equiv}C-CH_3$	正庚烷	178	10 000	$\pi \rightarrow \pi^*$
			196	2 000	—
			225	160	—
羰基	$CH_3\overset{O}{\overset{\|}{C}}CH_3$	正己烷	186	1 000	$n \rightarrow \sigma^*$
			280	16	$n \rightarrow \pi^*$
	$CH_3\overset{O}{\overset{\|}{C}}H$	正己烷	180	10 000	$n \rightarrow \sigma^*$
			203	12	$n \rightarrow \pi^*$
羰基	$CH_3\overset{O}{\overset{\|}{C}}OH$	乙醇	204	41	$n \rightarrow \pi^*$
酰胺基	$CH_3\overset{O}{\overset{\|}{C}}NH_2$	水	214	60	$n \rightarrow \pi^*$
偶氮基	$CH_3N{=}NCH_3$	乙醇	339	5	$n \rightarrow \pi^*$
硝基	CH_3NO_2	异辛烷	280	22	$n \rightarrow \pi^*$
亚硝基	C_4H_3NO	乙醚	300	100	—
			665	20	$n \rightarrow \pi^*$
硝酸酯	$C_2H_5ONO_2$	二氧杂环己烷	270	12	$n \rightarrow \pi^*$

有些基团本身不能吸收波长大于 200 nm 的光，但它与生色团相连时，可使生色团的吸收峰波长变长和强度增大，这样的基团称为助色团。例如—OH，—OR，—NH₂，—NHR，—SH，—SR，—Cl，—Br，—I 等。饱和烷烃本身只有 $\sigma \rightarrow \sigma^*$ 跃迁，若与助色

团相连接，则产生 $n \to \sigma^*$ 跃迁，使吸收峰向长波移动，见表 5-2。

表 5-2　助色团在饱和化合物中的吸收峰

助色团	化合物	溶　剂	$\lambda_{max}/\mu m$	$\varepsilon_{max}/(L \cdot mol^{-1} \cdot cm^{-1})$
—	CH_4，C_2H_6	气态	<150，165	—
—OH	CH_3OH	正己烷	177	200
—OH	C_2H_5OH	正己烷	186	—
—OR	$C_2H_5OC_2H_5$	气态	190	1 000
—NH_2	CH_3NH_2	—	173	213
—NHR	$C_2H_5NHC_2H_5$	正己烷	195	2 800
—SH	CH_3SH	乙醇	195	1 400
—SR	CH_3SCH_3	乙醇	$\begin{cases} 210 \\ 229 \end{cases}$	$\begin{cases} 1\ 020 \\ 140 \end{cases}$
—Cl	CH_3Cl	正己烷	173	200
—Br	$CH_3CH_2CH_2Br$	正己烷	208	300
—I	CH_3I	正己烷	259	400

某些有机化合物因引入取代基或改变溶剂而使最大吸收波长发生移动，向长波方向移动的称为红移，向短波方向移动的称为蓝移；而使吸收强度，即摩尔吸收系数增大或减小的现象，称为增色效应或减色效应。

表 5-3 列出对吸收带的划分，其中 E，K，B，R 等为各吸收带的符号。

表 5-3　吸收带的划分

跃迁类型	吸收带	特　征	$\varepsilon_{max}/(L \cdot mol^{-1} \cdot cm^{-1})$
$\sigma \to \sigma^*$	远紫外区	远紫外区测定	
$n \to \sigma^*$	端吸收	紫外区短波长端至远紫外区的强吸收	
$\pi \to \pi^*$	E_1	芳香环的双键吸收	>200
	$K(E_2)$	共轭多烯、 —C=C—C=O— 等的吸收	$>10\ 000$
	B	芳香环、芳香杂环化合物的芳香环吸收，有的具有精细结构	>100
$n \to \pi^*$	R	含 CO，NO_2 等 n 电子基团的吸收	<100

(1)饱和烃　饱和烃类化合物只含有单键(σ键)，只能产生 $\sigma \to \sigma^*$ 跃迁。由于这种跃迁所需的能量高，吸收带处在真空紫外区，在所研究的近紫外、可见光区不产生吸收。因此，这类化合物在紫外-可见光谱分析中常用作溶剂。

有助色团相连的饱和烃，除有 $\sigma \to \sigma^*$ 跃迁外，还有 $n \to \sigma^*$ 跃迁，使吸收峰红移(见表 5-2)。

(2) 不饱和烃

①简单的碳-碳双键　在不饱和烃类分子中，除有 σ 键外，还有 π 键，它们可产生 $\sigma \to$

σ^* 和 $\pi \to \pi^*$ 两种跃迁。其中 $\pi \to \pi^*$ 跃迁所需的能量较小。例如，乙烯的吸收峰为 180 nm。

烯基若与含有杂原子的双键，例如，$\diagdown C\!=\!O$，$\diagdown C\!=\!S$，$\diagdown C\!=\!N\!-\!$，$-N\!=\!O$ 等连接，则在紫外光谱上除了短波区出现 $\pi \to \pi^*$ 跃迁外，在长波区还有 $n \to \sigma^*$ 或 $n \to \pi^*$ 跃迁吸收。例如，丙烯醛 $CH_2\!=\!CH\!-\!CHO$，除了 208 nm 的 $\pi \to \pi^*$ 吸收外，在 328 nm 附近有一个 $n \to \pi^*$ 吸收。

②共轭双键　当两个双键被一个单键隔开时称为共轭双键。由于共轭降低了 $\pi \to \pi^*$ 跃迁所需的能量，故吸收峰红移，吸收强度增大。随着共轭体系的延长，红移也随之增大，当有 5 个以上双键共轭时，吸收峰已落在可见光区(见表 5-4)。

表 5-4　一些共轭多烯的吸收特性

化合物	λ_{max}/nm	$\varepsilon_{max}/(L \cdot mol^{-1} \cdot cm^{-1})$	观察到颜色
己三烯($C\!=\!C$)$_3$	258	35 000	无色
二甲基八碳四烯($C\!=\!C$)$_4$	296	52 000	无色
十碳五烯($C\!=\!C$)$_5$	335	118 000	微黄
二甲基十二碳六烯($C\!=\!C$)$_6$	360	70 000	微黄
双氢-β-胡萝卜素($C\!=\!C$)$_8$	415	210 000	黄
双氢-α-胡萝卜素($C\!=\!C$)$_{10}$	445	63 000	橙
番茄红素($C\!=\!C$)$_{11}$	470	185 000	红

(3)醛和酮

醛和酮中均含有羰基，存在 σ，π，n 三种电子，能实现 $n \to \pi^*$ 跃迁(λ_{max} 270 ～ 300 nm)，$n \to \sigma^*$ 跃迁(λ_{max} 180 nm 左右)和 $\pi \to \pi^*$ 跃迁(λ_{max} 150 nm 左右)。一般紫外-可见吸收光谱法测量的是 $n \to \pi^*$ 跃迁产生的 R 吸收带，而 R 带是醛和酮的特征吸收带，是判断醛和酮存在的重要依据。表 5-5 列出某些脂肪醛、酮的紫外-可见吸收光谱数据。

表 5-5　一些醛和酮的紫外-可见光谱数据

化合物	溶剂	$n \to \pi^*$ 跃迁		$n \to \sigma^*$ 跃迁	
		λ_{max}/nm	$\varepsilon_{max}/(L \cdot mol^{-1} \cdot cm^{-1})$	λ_{max}/nm	$\varepsilon_{max}/(L \cdot mol^{-1} \cdot cm^{-1})$
甲醛	蒸气	304	18	175	18 000
	异戊烷	310	5		
乙醛	蒸气	289	12.5	180	10 000
	异辛烷	290	17		
丙醛	异辛烷	292	21		
丙酮	蒸气	274	13.6	195	9 000
	环己烷	275	22	190	1 000

续表

化合物	溶剂	n→π* 跃迁		n→σ* 跃迁	
		λ_{max}/nm	$\varepsilon_{max}/(L \cdot mol^{-1} \cdot cm^{-1})$	λ_{max}/nm	$\varepsilon_{max}/(L \cdot mol^{-1} \cdot cm^{-1})$
丁酮	异辛烷	278	17		
2-戊酮	乙烷	278	15		
4-甲基-2-戊酮	异辛烷	283	20		
环丁酮	异辛烷	281	20		
环戊酮	异辛烷	300	18		
环己酮	异辛烷	291	15		

当羰基双键与乙烯基双键共轭时，形成了 α，β不饱和醛酮 $-\overset{|}{C}=\overset{|}{C}-\overset{|}{\underset{\underset{\alpha}{}}{C}}=O$，由于共轭效应使乙烯基 π→π* 跃迁吸收带红移至 220～260 nm，成为 K 带，羰基双键 R 带红移至 310～330 nm。表 5-6 列出了 α，β不饱和醛酮的吸收光谱数据。从 5-6 表可知，前一吸收带（K 带）强度较高，其 ε_{max} 为 10^4 $L \cdot mol^{-1} \cdot cm^{-1}$ 左右，后一吸收带（R 带）强度较低，其 ε_{max} 小于 10^2 $L \cdot mol^{-1} \cdot cm^{-1}$。利用这一特征，可识别 α，β不饱和醛和酮。

表 5-6　一些 α、β不饱和醛酮的吸收光谱数据

化合物	取代基	π→π* 带（K 带）		n→π* 带（R 带）	
		λ_{max}/nm	$\varepsilon_{max}/(L \cdot mol^{-1} \cdot cm^{-1})$	λ_{max}/nm	$\varepsilon_{max}/(L \cdot mol^{-1} \cdot cm^{-1})$
甲基乙烯基甲酮	无	219	3 600	324	24
2-乙基己-1-烯-3-酮	单基	221	6 450	320	26
甲基异丙烯基—酮	单基	218	8 300	319	27
亚乙基丙酮	单基	224	9 750	314	38
丙炔醛	无	<210	—	328	13
巴豆醛	单基	217	15 650	321	19
柠檬醛	双基	238	13 500	324	65
β-环柠檬醛	三基	245	8 300	328	43

（4）芳香族化合物

①苯　在紫外-可见光谱中有三个吸收带，均是由 π→π* 跃迁引起的。在 180～184 nm 处（ε 为 60 000 $L \cdot mol^{-1} \cdot cm^{-1}$）有强吸收的 E_1 带，因在远紫外区，实用意义不大。在 204 nm 处（ε 为 7 900 $L \cdot mol^{-1} \cdot cm^{-1}$）有一强吸收的 E_2 带，E_2 带在末端吸收部分，也不常用。在 230～270 nm（ε 为 204 $L \cdot mol^{-1} \cdot cm^{-1}$）范围内有弱吸收的 B 带。虽强度较弱，但在气相或非极性溶剂中测定时呈现明显的精细结构（见图 5-3），使其成为芳香族化合物（包括杂环芳香族）的重要特征吸收带，常被用于识别芳香族化合物。这种精细结构是由于电子能级跃迁

产生的吸收上叠加振动能级跃迁造成的。在极性溶剂中，溶质与溶剂分子的相互作用，使这种精细结构减弱或消失。

②取代苯　取代基能影响苯原有的 3 个吸收带，其中影响较大的是 E_2 带和 B 带。当苯环上引入—OH，—CHO，—NO_2 和—NH_2 时，苯的 B 带显著红移，吸收强度也有所增加，但 B 带的精细结构消失。这是由于杂原子上未成键 n 电子与苯环上 π 电子发生了共轭作用。表 5-7 列出了某些取代基对苯环谱带的影响。

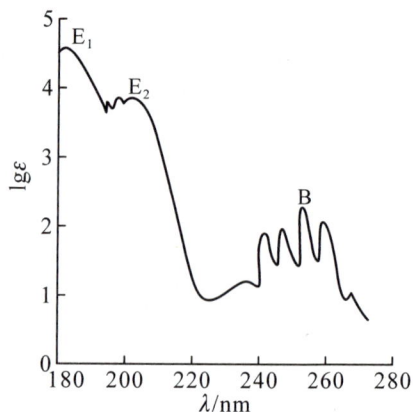

图 5-3　苯的紫外吸收光谱（乙醇中）

表 5-7　苯及其衍生物的吸收光谱

化合物	E_2 吸收带		B 吸收带		R 吸收带	
	λ_{max}/nm	ε_{max}/(L·mol^{-1}·cm^{-1})	λ_{max}/nm	ε_{max}/(L·mol^{-1}·cm^{-1})	λ_{max}/nm	ε_{max}/(L·mol^{-1}·cm^{-1})
苯	204	7 900	254	204		
甲苯	206	7 000	261	225		
苯酚	210	6 200	270	1 450		
苯甲酸	230	11 600	273	970		
苯胺	230	8 600	287	1 430		
苯乙烯	248	14 000	282	750		
苯甲醛	249	11 400	*		320	50
硝基苯	268	11 000	*		330	200

＊　为强的吸收带 E 所掩盖。

③稠环芳香族化合物　稠环芳香族化合物紫外吸收光谱的最大特征是共轭体系增加，使波长红移和吸收强度增大。表 5-8 列出几种稠环芳香族化合物的吸收光谱数据。

表 5-8　几种稠环芳烃的吸收光谱

化合物	E_1 吸收带		E_2 吸收带		B 吸收带	
	λ_{max}/nm	ε_{max}/(L·mol^{-1}·cm^{-1})	λ_{max}/nm	ε_{max}/(L·mol^{-1}·cm^{-1})	λ_{max}/nm	ε_{max}/(L·mol^{-1}·cm^{-1})
苯	184	47 000	204	7 900	254	204
萘	220	110 000	275	5 600	314	316
菲	252	50 000	295	13 000	330	250

续表

化合物	E₁ 吸收带		E₂ 吸收带		B 吸收带	
	λ_{max}/nm	ε_{max}/(L·mol⁻¹·cm⁻¹)	λ_{max}/nm	ε_{max}/(L·mol⁻¹·cm⁻¹)	λ_{max}/nm	ε_{max}/(L·mol⁻¹·cm⁻¹)
蒽	252	200 000	375	7 900	被掩盖	
并四苯	278	130 000	473	11 000	被掩盖	
芘	240	89 000	334	50 000	352	630

2. 影响紫外-可见吸收光谱的因素

各种因素对吸收谱带的影响表现为谱带位移、谱带强度的变化、谱带精细结构的出现或消失等。

（1）共轭效应的影响

①π 电子共轭体系增大，吸收峰红移，吸收强度增大。

见表 5-9 列出了一些共轭多烯的吸收特性。

表 5-9　共轭多烯[H—(CH═CH)ₙ—H]的 π→π* 跃迁

n	λ_{max}/nm	ε_{max}/(L⁻¹·mol⁻¹·cm⁻¹)
1	180	10 000
2	217	21 000
3	268	34 000
4	304	64 000
5	334	121 000
6	364	138 000

②空间阻碍使共轭体系破坏，吸收峰蓝移，吸收强度减弱。

取代基越大，分子共平面性越差，吸收峰蓝移，吸收强度减弱。如表 5-10 所示。

表 5-10　α-及 α'-位有取代基的二苯乙烯化合物的紫外光谱

R	R'	λ_{max}/nm	ε_{max}/(L⁻¹·mol⁻¹·cm⁻¹)
H	H	294	27 600
H	CH₃	272	21 000
CH₃	CH₃	243.5	12 300
CH₃	C₂H₅	240	12 000
C₂H₅	C₂H₅	237.5	11 000

（2）取代基的影响

如取代基为给电子基，即含有未共用电子对原子的基团，例如，—NH$_2$，—OH 等。由于这些基团能与共轭体系中 π 电子相互作用，降低吸收能量，使吸收峰红移。如取代基为吸电子基，即易吸引电子而使电子容易流动的基团，例如，—NO$_2$，$\diagdown$C=O，

$\diagdown$C=NH 等，也使吸收峰红移，吸收强度增加。

给电子基的给电子能力顺序为：

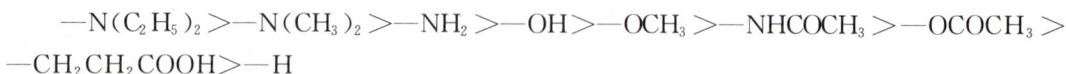

—N(C$_2$H$_5$)$_2$>—N(CH$_3$)$_2$>—NH$_2$>—OH>—OCH$_3$>—NHCOCH$_3$>—OCOCH$_3$>—CH$_2$CH$_2$COOH>—H

吸电子基的作用强度顺序为：

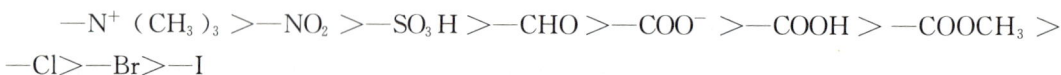

—N$^+$(CH$_3$)$_3$>—NO$_2$>—SO$_3$H>—CHO>—COO$^-$>—COOH>—COOCH$_3$>—Cl>—Br>—I

表 5-11 列出了不同取代基对取代苯 π→π* 跃迁吸收特性的影响。

表 5-11　取代苯的 π→π* 跃迁吸收特性

取代苯	K-吸收带		B-吸收带	
	λ_{max}/nm	ε_{max}/(L·mol^{-1}·cm^{-1})	λ_{max}/nm	ε_{max}/(L·mol^{-1}·cm^{-1})
C$_6$H$_5$—H	204	7 400	254	204
C$_6$H$_5$—CH$_3$	207	7 000	261	225
C$_6$H$_5$—OH	211	6 200	270	1 450
C$_6$H$_5$—NH	230	8 600	280	1 430
C$_6$H$_5$—NO$_2$			268	
C$_6$H$_5$—COCH$_3$			278.5	
C$_6$H$_5$—N(CH$_3$)$_2$	251	14 000	298	2 100
p—NO$_2$，OH	314	13 000	分子内电荷转移吸收	
p—NO$_2$，NH$_2$	373	16 800	分子内电荷转移吸收	

（3）溶剂的影响

溶剂的极性强弱能影响紫外-可见吸收光谱的吸收峰波长、吸收强度和形状。表 5-12 列出了溶剂对异亚丙基丙酮 CH$_3$COCH=C(CH$_3$)$_2$ 紫外-可见吸收光谱的影响。从表 5-12 可见，溶剂极性越大，由 n→π* 跃迁的吸收峰蓝移，而 π→π* 跃迁吸收峰红移。因此，测定时应注明所用的溶剂，所用的溶剂应在试样的吸收谱区内无明显的吸收。

关于溶剂极性使吸收谱带红移或蓝移的原因，一般认为，在 π→π* 跃迁中，激发态极性大于基态，当使用极性大的溶剂时，由于溶剂与溶质相互作用，激发态 π* 比基态 π 的能量下降较多，因而激发态与基态之间的能量差减小，导致吸收谱带红移。而在 n→π* 跃迁中，基态 n 电子与极性溶剂形成氢键，降低了基态能量，使激发态与基态之间的能量差增大，导致吸收谱带蓝移。

表 5-12　异亚丙基丙酮的溶剂效应

溶　剂	正己烷	氯　仿	甲　醇	水	波长位移
$\pi \rightarrow \pi^{*}$	230 nm	238 nm	237 nm	243 nm	向长波移动
$n \rightarrow \pi^{*}$	329 nm	315 nm	309 nm	305 nm	向短波移动

5.2.3　无机化合物的紫外-可见吸收光谱

无机化合物的电子跃迁形式，一般分为两类：电荷转移跃迁和配位场跃迁。

1. 电荷转移跃迁

某些分子同时具有电子给予体部分和电子接受体部分。它们在外加辐射激发下会强烈吸收紫外光或可见光，使电子从给予体外层轨道向接受体跃迁，这种跃迁称为电荷转移跃迁。它所产生的吸收光谱称为电荷转移光谱。许多无机配合物能产生这种光谱。如用 M 和 L 分别表示配合物的中心离子和配位体，一个电子由配位体的轨道向中心离子相关轨道跃迁，可用下式表示：

$$M^{n+} - L^{b-} \xrightarrow{h\nu} M^{(n-1)+} - L^{(b-1)-}$$

例如

$$Fe^{3+} - SCN^{-} \xrightarrow{h\nu} Fe^{2+} - SCN$$

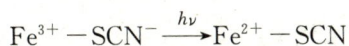

一般来说，在配合物的电荷转移过程中，金属离子是电子接受体，配位体是电子给予体。许多水合离子或不少过渡金属离子与含有生色团试剂作用，例如 Fe^{2+} 或 Cu^{+} 与 1，10-邻二氮菲作用生成的配合物，可产生电荷转移吸收光谱。

电荷转移吸收光谱谱带的最大特点是摩尔吸收系数大，一般 $\varepsilon_{max} > 10^{4}$ L·mol^{-1}·cm^{-1}。因此，用这类谱带进行定量分析可获得较高的灵敏度。

2. 配位场跃迁

配位场跃迁有 d—d 和 f—f 两种跃迁。元素周期表中第 4、5 周期的过渡元素分别含有 3d 和 4d 轨道，镧系和锕系元素分别含有 4f 和 5f 轨道。这些轨道的能量通常是相同（简并）的，而当配位体按一定的几何方向配位在金属离子周围时，使得原简并的 5 个 d 轨道和 7 个 f 轨道分别分裂成几组能量不等的 d 轨道和 f 轨道。如这些轨道未充满，则当它们的离子吸收光后，低能态的 d 电子或 f 电子可分别跃迁至高能态 d 或 f 轨道上去。这两类跃迁分别称为 d-d 跃迁和 f-f 跃迁。这两类跃迁必须在配位体的配位场作用下才有可能产生，因此称之为配位场跃迁。

由于配位场跃迁的基态与激发态间的能量差不大，这类跃迁的光谱一般位于可见光区，而摩尔吸收系数较小，一般 $\varepsilon_{max} < 100$ L·mol^{-1}·cm^{-1}，因此，较少用于定量分析。但可用于研究配合物的结构，并为现代无机配合物键合理论的发展提供有用的信息。图 5-4 为 Fe(Ⅲ)和 Cr(Ⅲ)的电荷转移和配位场光谱。

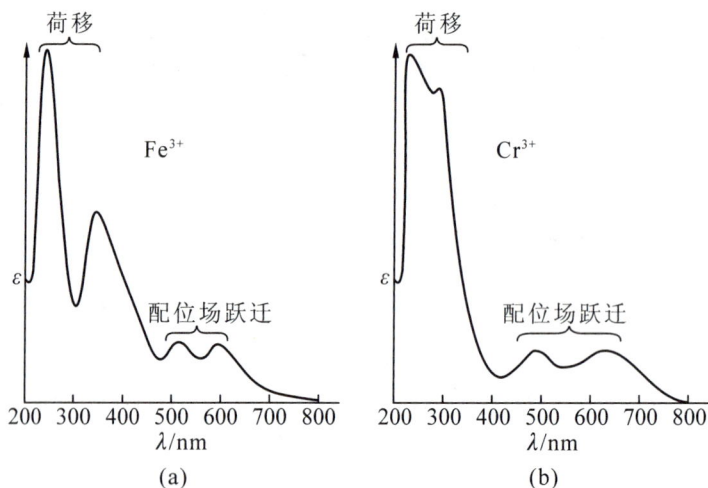

图 5-4　(a)Fe(Ⅲ)和(b)Cr(Ⅲ)的荷移和配位场光谱

5.2.4　朗伯-比尔定律

1. 朗伯-比尔定律

紫外-可见吸收光谱法的定量分析依据是朗伯-比尔定律。当一束平行的单色光通过含有吸光物质的溶液时，由于溶液吸收光，透过溶液后光的强度要减弱。透过光强度 I_t 与入射光强度 I_0 之比，称为透光率或透光度，以 T 表示，即

$$T = \frac{I_t}{I_0} \tag{5-3}$$

由式(5-3)可见，T 越大，对光的吸收越小；反之，T 越小，对光的吸收越大。

透光率倒数的对数称为吸光度 A

$$A = \lg \frac{1}{T} = \lg \frac{I_0}{I_t} \tag{5-4}$$

A 表示溶液对光的吸收程度。A 越大，对光的吸收越大。

朗伯指出，如溶液浓度一定，则光的吸收程度 A 与溶液层的厚度 l 成正比，即朗伯定律：

$$A = \lg \frac{I_0}{I_t} = k_1 l \quad (k_1 \text{ 为比例常数}) \tag{5-5}$$

比尔又指出，当单色光通过液层厚度一定的含有吸光物质的溶液时，溶液吸光度 A 与溶液浓度成正比，即比尔定律：

$$A = \lg \frac{I_0}{I_t} = k_2 c \quad (k_2 \text{ 为比例常数}) \tag{5-6}$$

合并这两个定律，即得朗伯-比尔定律：

$$A = \lg \frac{I_0}{I_t} = alc \tag{5-7}$$

上式的物理意义是，当一束平行的单色光通过均匀的含有吸光物质的溶液时，溶液的

吸光度与吸光物质浓度和吸收层厚度成正比。这是紫外-可见吸收光谱法的定量分析的基础。其中 a 是比例常数，称为吸光系数。当浓度 c 以 g/L 为单位，液层厚度 l 以 cm 为单位时，吸光系数 a 的单位为 L/(g·cm)。

如溶液浓度以 mol/L 表示，则此时的吸光系数称为摩尔吸光系数 ε，则

$$A=\lg \frac{I_0}{I_t}=\varepsilon l c \tag{5-8}$$

式中，ε 表示吸光物质的浓度 c 为 1 mol/L，液层厚度 l 为 1 cm 时溶液的吸光度，单位为 L·mol^{-1}·cm^{-1}。它是各种吸光物质对一定波长单色光吸收的特征常数。ε 越大，表示该物质对该波长光的吸收能力越大。

朗伯-比尔定律成立的前提是：①入射光是单色光；②吸收发生在均匀的介质中；③吸收过程中，吸收物质不发生作用。

朗伯-比尔定律用于相互不作用的多组分体系测定时，总吸光度是各组分吸光度之和：

$$A_{总}=\varepsilon_1 l c_1+\varepsilon_2 l c_2+\cdots+\varepsilon_i l c_i \tag{5-9}$$

2. 偏离朗伯-比尔定律的因素

偏离朗伯-比尔定律是由朗伯-比尔定律本身的局限性、溶液的化学因素和仪器因素等引起的。

（1）朗伯-比尔定律本身的局限性　朗伯-比尔定律适用于浓度小于 0.01 mol/L 的稀溶液。摩尔吸光系数或吸光系数与浓度无关，但与折射率有关。在低浓度时，折射率不变，符合朗伯-比尔定律；在高浓度时，由于折射率随浓度增加而增加，因而引起偏离定律。

（2）化学因素　如溶液中发生电离、酸碱反应、配位反应和缔合反应等，则改变吸光物质的浓度，导致偏离定律。如化学反应使吸光物质浓度降低，而产物在测量波长处不吸收，则引起负偏离；如产物比原吸光物质在测量波长处的吸收更强，则引起正偏离。

（3）仪器因素　朗伯-比尔定律只适用于单色光，但一般仪器所提供的入射光，并不是单色光，而是有一定波长范围的复合光。由于同一物质对不同波长光的吸收程度不同，因而导致对定律的偏离。

5.3　紫外-可见分光光度计

5.3.1　基本构造

紫外-可见分光光度计由光源、单色器、吸收池、检测器和读出装置五部分组成。

1. 光源

光源的功能是提供能量激发被测物质分子，使之产生电子光谱谱带。

紫外-可见区的光源有白炽光源和气体放电光源两类。

在可见和近红外光区的常用光源为白炽光源，例如，钨灯和碘钨灯等。钨灯使用的波长范围为 320～2 500 nm。碘钨灯是在钨灯泡中引入少量碘蒸气，以防止在高温下工作时，钨蒸气在灯泡内壁沉积，以延长灯泡的使用寿命。

紫外光区主要用氢灯、氘灯或氙灯等气体放电灯。光谱范围为180～400 nm。氢灯是用石英制成的充满低压氢气的二极管。当外加电压时，两极间产生很强的弧光，发射连续光谱。

氘灯中以同位素氘代替氢。氘灯的强度比氢灯大4～5倍，寿命较长，成本较高。

氙灯是让电流通过氙气而产生强辐射。其强度大于氢灯，但稳定性较差。光谱区为200～1 000 nm，在约500 nm处强度最大。

2. 单色器

常用光栅和棱镜。石英棱镜的光谱区为185～3 300 nm。

3. 吸收池

石英池用于紫外-可见区的测量，玻璃池只用于可见区。按其用途不同，可制成不同形状和尺寸的吸收池，其光程从几毫米到10 cm或更长。常用吸收池光程为1 cm。

4. 检测器

常用的检测器有光电池、光电管和光电倍增管。简易分光光度计上使用的是光电池或光电管。最常用的是光电倍增管，有的用二极管阵列。光电倍增管的特点为：在紫外-可见区灵敏度高、响应快。

5. 读出装置

由于透过试液后的光很弱，射到光电管上产生的光电流很小，因此需要放大，放大后的信号可直接输入记录式电位计。

5.3.2　仪器类型

分光光度计可分为单光束、双光束和双波长三种分光光度计。

1. 单光束分光光度计

单光束分光光度计示意图如图5-5所示，经过单色器的一束光，交替通过参比溶液和样品溶液进行测定。

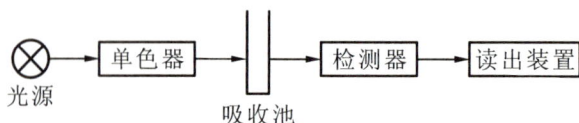

图5-5　单光束分光光度计示意图

这种仪器结构简单，价格便宜，主要用于定量分析。其缺点是受光源波动性影响大，测定结果准确度较差。此外，操作麻烦，不适于作定性分析。

2. 双光束分光光度计

双光束分光光度计示意图如图5-6所示，经过单色器的光一分为二，一束通过参比溶液，另一束通过样品溶液，测量的是样品溶液和参比溶液的吸光度之差。这种仪器克服了单光束仪器由于光源不稳引起的误差，操作简单，又可对全波段进行扫描，得到吸收光谱。

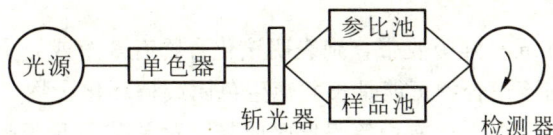

图 5-6　双光束分光光度计示意图

3. 双波长分光光度计

上述单光束和双光束分光光度计，就测量波长而言，都是单波长的。而双波长分光光度计则是让两束波长不同(λ_1 和 λ_2)的单色光交替通过同一吸收池，根据测得的两波长处 λ_1 和 λ_2 的吸光度之差进行定量分析。如图 5-7 是双波长分光光度计示意图。

这种仪器有许多优点：①测量时使用同一吸收池，不用空白溶液作参比，消除了参比池的不同而产生的误差；②可测定多组分混合试样、混浊试样，还可测得导数吸收光谱；③使用同一光源获得两束单色光，减小了由于光源不稳定而产生的误差。

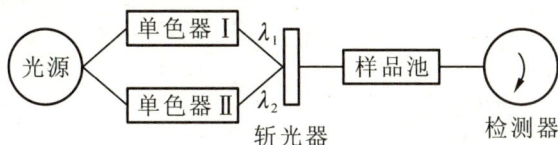

图 5-7　双波长分光光度计示意图

5.4　紫外-可见吸收光谱的应用

5.4.1　定性分析

通常是以紫外-可见吸收光谱的形状、吸收峰的数目、最大吸收峰的位置和相应的摩尔吸收系数进行定性分析的。一般采用比较光谱法，即在相同的测定条件下，比较被测物与已知标准物的吸收光谱。如果它们的吸收光谱完全相同，则可认为是同一物质。进行这种对比法时，也可借助标准谱图进行比较。

5.4.2　结构分析

可根据化合物的紫外-可见吸收光谱推测化合物所含的官能团和判别异构体及构象。

1. 官能团的推测

官能团的推测是依据化合物中不同的官能团具有不同吸收光谱特征。如果某化合物在紫外-可见光谱在 $220\sim800$ nm，无吸收峰，则它可能不含双键或环状共轭体系，它可能是饱和烃、脂环烃或其他饱和的脂肪族化合物。

如果化合物只在 $250\sim350$ nm 有弱吸收带，则该化合物含有一个简单的非共轭的并含有未成键的生色团，如羰基、硝基等，该谱带往往是 $n\rightarrow\pi^*$ 跃迁产生的吸收带。

如果化合物在 $210\sim250$ nm 有强吸收带，这是 K 吸收带的特征，则该化合物可能是含有共轭双键的化合物。

如果在 260～300 nm 有强吸收带，则表明该化合物有 3 个或 3 个以上共轭双键。如吸收带进入可见光区，则该化合物可能是长共轭生色团或稠环化合物。

如果化合物在 250～300 nm 有中等强度吸收带，这是苯环 B 吸收带的特征，则该化合物往往含有苯环。

按上述规律一般可初步判断化合物的归属范围，再用对比法进一步加以确定。

2. 异构体及构象的判别

具有相同化学组成的不同异构体或不同构象的化合物，它们的紫外-可见吸收光谱是不同的。据此，可判别异构体及构象。

（1）顺反异构体的判别　对于取代烯烃，取代基在空间的排列位置不同，可构成顺式异构体和反式异构体。通常，反式异构体的最大吸收峰和摩尔吸收系数比其顺式的大。例如，1，2-二苯乙烯具有顺式和反式两种异构体：

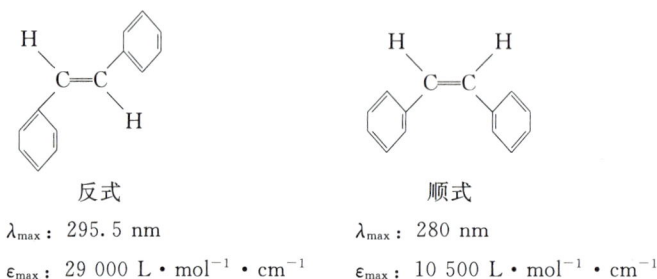

反式
λ_{max}：295.5 nm
ε_{max}：29 000 L·mol^{-1}·cm^{-1}

顺式
λ_{max}：280 nm
ε_{max}：10 500 L·mol^{-1}·cm^{-1}

反式 1,2-二苯乙烯中，因为苯环和烯键处于同一平面，$\pi \rightarrow \pi^*$ 共轭作用比较完全，电子的非定域性较大，受的束缚力较小，使 $\pi \rightarrow \pi^*$ 跃迁所需能量降低，故吸收峰红移，吸收系数较大；而在顺式中，由于位阻效应而影响平面性，使共轭程度降低，使 $\pi \rightarrow \pi^*$ 跃迁所需能量较高，因而吸收峰蓝移，吸收系数较小。

（2）互变异构体的判别　某些有机化合物在溶液中存在互变异构现象，常见的互变异构体有酮—烯醇式互变异构体和内酰胺—内酰亚胺互变异构体等。在溶液中两种异构体处于平衡状态，在互变过程中常伴随双键位置的变动，因而其吸收光谱发生变化。例如，乙酰乙酸乙酯在溶液中存在酮式和烯式的平衡：

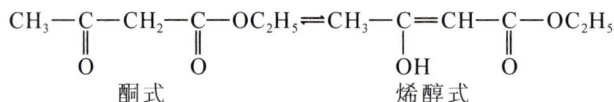

酮式　　　　　　　烯醇式

在酮式中，两个 C＝O 双键未共轭，$\pi \rightarrow \pi^*$ 跃迁所需能量较高，最大吸收峰在 204 nm 处；而烯醇式中两个双键（C＝C 和 C＝O）共轭，$\pi \rightarrow \pi^*$ 跃迁能量较低，最大吸收峰红移至 243 nm 处，有一强吸收。因此，可根据其吸收光谱，对其进行判别。

上述两种互变异构体浓度的比例与溶剂的性质有关。在极性溶剂水中，酮式异构体可与水分子形成氢键使体系能量降低，酮式占优势。反之，在非极性正己烷溶剂中，烯醇式生成分子内氢键而使之稳定，烯醇式占绝对优势。

$$CH_3-C-CH_2-C-OC_2H_5 \qquad CH_3-C=CH-C-OC_2H_5$$

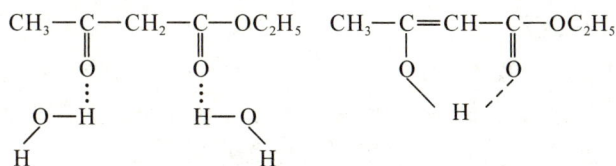

酮式与水形成分子间氢键　　烯醇式形成分子内氢键

图 5-8 是乙酰乙酸乙酯在不同溶剂中的吸收光谱。由图可见，烯醇式所产生的 K 带吸收（λ_{max}＝243 nm）ε 值，在正己烷中最大，乙醇中次之，水中最小。可利用其吸收光谱在 λ_{max} 处吸光度与浓度的关系，测得平衡体系中各互变异构体的相对含量，并计算其平衡常数。

（3）构象的判别　由于单键的旋转使分子中原子在空间产生不同的排列而形成不同的构象。例如，叔丁基环己酮的 α 位氢原子被卤素取代后，可产生两种不同的构象，Ⅰ型和Ⅱ型。Ⅰ型构象的卤原子以竖键与环上碳原子相连，羰基的 π 电子云与 C—X 键的 σ 电子云重叠，使 $n \rightarrow \pi^*$ 跃迁的能量降低，R 吸收带波长比未取

图 5-8　乙酰乙酸乙酯在不同溶剂中的吸收光谱
1—在正己烷中　2—在乙醇中　3—在水中

代的环己酮长；而Ⅱ型构象的卤原子以横键与环上碳原子相连，构象中存在偶极场效应，使羰基上氧原子电子云密度降低，$n \rightarrow \pi^*$ 跃迁的能量升高，R 吸收带波长变短。据此，可区别竖键和横键，从而判别被测物的构象。

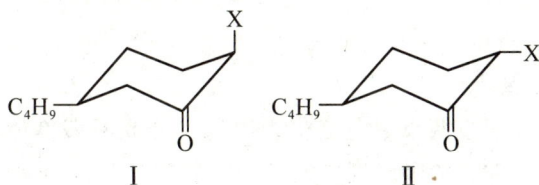

5.4.3　化合物纯度的检查

如果某一化合物在紫外-可见区没有明显的吸收峰，而其杂质有较强的吸收峰，则可根据试样的吸收光谱来确定是否含有杂质。例如，乙醇中含有杂质苯，苯的最大吸收峰为 256 nm，而乙醇在此波长处无吸收。

如果某化合物在紫外-可见区有较强吸收，有时还可用摩尔吸收系数检查其纯度。例如，菲的氯仿溶液在 296 nm 处有强吸收（$\lg\varepsilon$＝4.10），用某种方法制得的菲，测得其 $\lg\varepsilon$ 值比标准菲低 10%，这表明制品中菲的含量只有 90%。

5.4.4　定量分析

紫外-可见光谱法定量分析的基础是朗伯-比尔定律，即物质在一定波长处的吸光度与它的浓度成正比。因此，通过测量溶液在一定波长处的吸光度，就可求得溶液的浓度或含量。

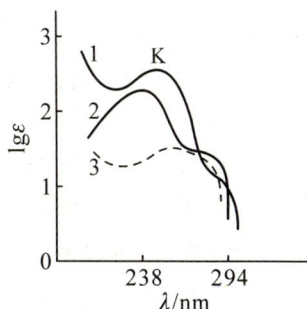

1. 一般定量分析方法

（1）单一组分的测定　单一组分是指试样中只含有一种组分，或在混合物中被测组分的最大吸收处无其他共存物质的吸收。此时，可先绘制被测物质的吸收曲线，然后选择最大吸收波长进行定量测定。这种方法多用校准曲线法。

（2）多组分的测定　可根据各组分吸收曲线的情况分别处理。

①吸收光谱不重叠　当混合物中各组分的吸收峰互不干扰时，可按单组分的测定方法测定。

②吸收光谱相重叠　见图 5-9。可根据吸光度具有加和性的原理，即多组分试液在某一波长处的总吸光度等于各组分吸光度之和，可通过求解联立方程求得各组分的浓度。如图 5-9 所示，在 A 和 B 的

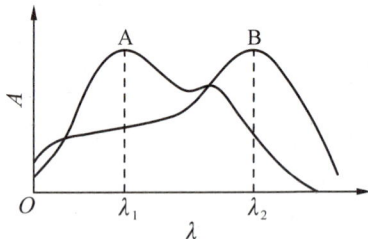

图 5-9　两组分混合物的测定

最大吸收波长 λ_1 和 λ_2 处，分别测得混合物的吸光度 $A_{\lambda_1}^{A+B}$ 和 $A_{\lambda_2}^{A+B}$，再通过解下列方程，求得其浓度。

$$\begin{cases} A_{\lambda_1}^{A+B}=\varepsilon_{\lambda_1}^{A} \cdot c^{A} \cdot l+\varepsilon_{\lambda_1}^{B} \cdot c^{B} \cdot l & (5\text{-}10) \\ A_{\lambda_2}^{A+B}=\varepsilon_{\lambda_2}^{A} \cdot c^{A} \cdot l+\varepsilon_{\lambda_2}^{B} \cdot c^{B} \cdot l & (5\text{-}11) \end{cases}$$

式中，$\varepsilon_{\lambda_1}^{A}$ 和 $\varepsilon_{\lambda_1}^{B}$ 分别为纯物质 A 和 B 在波长 λ_1 处测得的摩尔吸光系数；同样，$\varepsilon_{\lambda_2}^{A}$ 和 $\varepsilon_{\lambda_2}^{B}$ 则在波长 λ_2 处的测得值；c^{A} 和 c^{B} 分别为被测组分 A，B 的浓度；l 为液槽的厚度，通常为 1 cm。解上述方程，可求得 A 和 B 的浓度。

同理，当溶液中有 N 个组分同时存在时，也可用类似方法处理，但随着组分的增加，实验结果的误差也将增大。

2. 双波长分光光度法

双波长分光光度法是通过两个单色器将光源的光分成两束单色光 λ_1 和 λ_2，并交替通过同一吸收池，以测量两波长的吸光度之差进行定量分析。

设两波长 λ_1 和 λ_2 的入射光强度、通过吸收池后的透射光强度分别为 I_{01}，I_{t1} 和 I_{02}，I_{t2}，根据朗伯-比尔定律，得

$$A_{\lambda_1}=\lg \frac{I_{01}}{I_{t1}}=\varepsilon_{\lambda_1}\ lc+A_{s1} \tag{5-12}$$

$$A_{\lambda_2}=\lg \frac{I_{02}}{I_{t2}}=\varepsilon_{\lambda_2}\ lc+A_{s2} \tag{5-13}$$

式中，A_{s1}，A_{s2} 为背景吸收，与波长关系不大，主要取决于样品的浑浊度等；I_{01} 和 I_{02} 差别很小。通常，$I_{01}=I_{02}$，$A_{s1}=A_{s2}$，故

$$\Delta A=A_{\lambda_2}-A_{\lambda_1}=\lg \frac{I_{t2}}{I_{t1}}=(\varepsilon_{\lambda_2}-\varepsilon_{\lambda_1})lc \tag{5-14}$$

即，两束光通过吸收池后的吸光度之差与被测组分浓度成正比。

双波长分光光度法的特点：

（1）可用于悬浊液和悬浮液的测定，消除背景吸收。使用双波长分光光度法，可不用配制难以配制的悬浊液参比溶液。测定中，将 λ_2 放在试样吸收峰上，测得的是试样本身的

吸收和背景吸收之和，λ₁ 放在试样无特征吸收峰上，测得的只是背景吸收，由于 λ₁ 和 λ₂ 处的背景吸收相对，因此，可消除试样的背景吸收，准确进行测定。

（2）可用于吸收峰相互重叠的混合物的同时测定，而不必分离。

（3）可用于测定高浓度溶液中的痕量组分。

（4）可测绘导数光谱。

3. 导数光谱法

导数光谱法又称微分光谱法。对吸收曲线进行一阶或二阶等求导，即可得各种导数光谱曲线。根据朗伯-比尔定律 $A_\lambda = \varepsilon_\lambda lc$，对波长 λ 进行 n 次求导。由于在上式中，只有 A_λ 和 ε_λ 是波长 λ 的函数，于是可得

$$\frac{d^n A_\lambda}{d\lambda^n} = \frac{d^n \varepsilon_\lambda}{d\lambda^n} lc \tag{5-15}$$

由上式可见，经 n 次求导后，吸光度 A 的导数值仍与吸收物质的浓度 c 成正比。因此，导数光谱法仍可用于定量分析。

导数光谱曲线，通常是通过电子学电路来获得。一般，零阶导数为一吸收峰，则一阶导数光谱有一正峰和一负峰，二阶导数光谱有正、负、正三个峰等，如图 5-10 所示。由图可见，随导数阶数增加，谱带变得尖锐，分辨率更好。

用导数光谱法进行定量分析时，要对导数光谱进行测量。测量方法有三种，如图 5-11 所示。

（1）正切法 画一条直线正切于两个相邻的极大值或极小值，然后测量中间极值至切线的距离 t。这种方法可用于线性背景干扰的样品的测量。

（2）峰谷法 如基线平坦或稍有倾斜，可测量两个极值间的距离 p。这是较常用的方法。

（3）峰零法 测量极值至零线（基线）间的垂直距离 z。

导数光谱法的优点：（1）灵敏度高，再现性好；（2）吸收光谱的分辨率高，能分辨两个或两个以上完全重叠的吸收峰；（3）可消除胶体和悬浮物的散射影响和背景吸收。

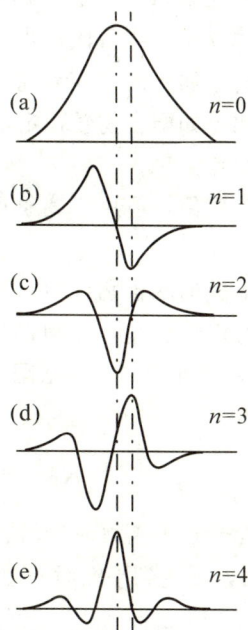

图 5-10 吸收光谱曲线(a)及其 1 阶至 4 阶(b~e)导数曲线

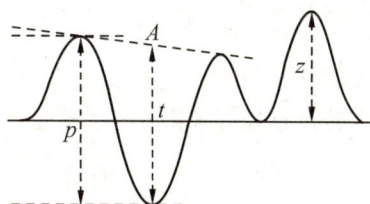

图 5-11 导数光谱的测量法
t—正切法 p—峰谷法 z—峰零法

5.4.5 配合物组成及其稳定常数的测定

以紫外-可见光谱法测定配合物组成及其稳定常数的方法有多种，只介绍两种常用的方法。

1. 摩尔比法

它是根据金属离子 M 在与配位体 R 反应过程中被饱和的原则来测定配合物组成的。设配合反应为

$$M + nR \rightleftharpoons MR_n$$

如 M 和 R 均不干扰 MR_n，且其分析浓度分别为 c_M，c_R，则固定金属离子 M 的浓度，改变配位体 R 的浓度，可得一系列 c_R/c_M 值不同的溶液。在适宜波长下，测定各溶液的吸光度，以吸光度 A 对 c_R/c_M 作图，得图 5-12。当加入的配位体 R 还没有使 M 定量转为 MR_n 时，曲线处于直线阶段；当加入的配体 R 已使 M 定量转为 MR_n，并稍有过量时，曲线便出现转折；加入的 R 继续过量，曲线成水平直线。转折点所对应的摩尔比数，即为配合物的组成比。如配合物较稳定，则转折点较明显，反之，则不明显，这时可用外推法求得两直线的交点。

此法简便，适用于离解度小、组成比高的配合物组成的测定。

如形成的配合物稳定，可得到两条相交于转折点的直线；如稳定性较差，则得曲线。由于配合物的离解，使吸光度 A'，减小至 A(参见图 5-12)。配合物的稳定常数表示为

$$K_{稳} = \frac{[MR_n]}{[M][R]^n} \qquad (5\text{-}16)$$

设配合物不离解时在转折点处的浓度为 c，配合物的离解度为 α，则达到平衡时

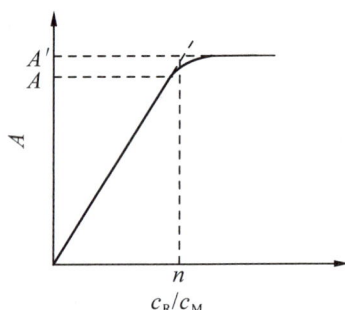

图 5-12　摩尔比法

$$[MR_n] = (1-\alpha)c$$

$$[M] = \alpha c$$

$$[R] = n\alpha c$$

故

$$K_{稳} = \frac{(1-\alpha)c}{\alpha c \cdot (n\alpha c)^n} = \frac{1-\alpha}{n^2 \alpha^{n+1} c^n} \qquad (5\text{-}17)$$

在转折点处可求得 n，吸光度 A 由实验测得，A' 由外推法求得，式(5-17)可表示为

$$K_{稳} = \frac{1 - \left(\dfrac{A'-A}{A}\right)}{n^n \left(\dfrac{A'-A}{A}\right)^{n+1} c^n} \qquad (5\text{-}18)$$

因此，由式(5-18)，可求得配合物的稳定常数。

2. 等摩尔连续变化法

设配合反应为

$$M + nR \rightleftharpoons MR_n$$

c_M 和 c_R 分别为溶液中 M 和 R 的浓度。配制一系列溶液，保持 $c_M + c_R = c$(c 值恒定)，改变 c_M 与 c_R 的相对比值，在 MR_n 的最大吸收波长下，测定各溶液的吸光度 A。当 A 值

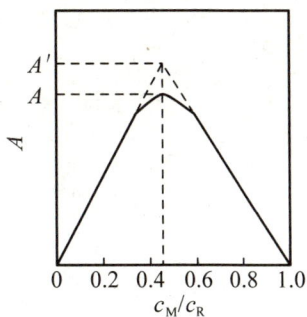

图 5-13　连续变化法

达到最大时，即 MR_n 浓度最大，这时溶液中 c_M/c_R 比值，即为配合物的组成比。如以吸光度 A 为纵坐标，c_M/c_R 比值为横坐标作图，即得图 5-13。两曲线外推的交点所对应的 c_M/c_R 比值，即为配合物的组成 M 与 R 之比（n 值）。

该法适于溶液中只形成一种离解度小的、配合比低的配合物组成的测定。

例如，以 $[M]$，$[R]$ 和 $[MR_n]$ 分别表示金属离子、配位体和配合物平衡时的浓度，f 为金属离子在总浓度中所占的分数，即 $f=c_M/c$，则

$$[M]=c_M-[MR_n]=fc-[MR_n]$$

$$[R]=c_R-n[MR_n]=(1-f)c-n[MR_n]$$

$$K_{稳}=\frac{[MR_n]}{[M][R]^n}=\frac{[MR_n]}{(fc-[MR_n])\{(1-f)c-n[MR_n]\}^n}$$

由上式就可求得配合物的稳定常数。

习题

1. 试从基本原理和仪器结构两方面比较紫外可见光谱法与原子吸收光谱法的异同。

2. 电子跃迁有哪几种类型？跃迁所需的能量大小顺序如何？具有什么样结构的化合物产生紫外吸收光谱？紫外吸收光谱有何特征？

3. 以有机化合物的官能团说明各种类型的吸收带，并指出各吸收带在紫外可见吸收光谱中的大致位置和各吸收带的特征。

4. 简述紫外分光光度计的主要部件、类型和基本性能。

5. 紫外分光光度计从光路分有哪几类？各有何特点？

6. 简述产生分子光谱的机理。

7. 指出下列化合物可能产生的跃迁类型

(1) 甲醛

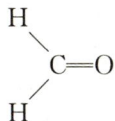

(2) 乙烯

$$H_2C =\!\!=CH_2$$

(3) 3-庚烯

$$CH_3CH_2CH_2CH =\!\!=CHCH_2CH_3$$

(4) 三乙胺

$$(CH_3-CH_2)_3N$$

8. 已知某化合物可能有下列两种结构：

(1)   (2)

从该化合物吸收光谱曲线发现有两个吸收峰，一个强吸收，一个弱吸收，指出可能属于哪一种结构，并指明其跃迁的类型。

9. 有两种异构体，α-异构体的吸收峰在 228 nm（ε＝14 000），而 β-异构体的吸收峰在 296 nm（ε＝11 000），试指出这两种异构体分别属于下列两种结构的哪一种？

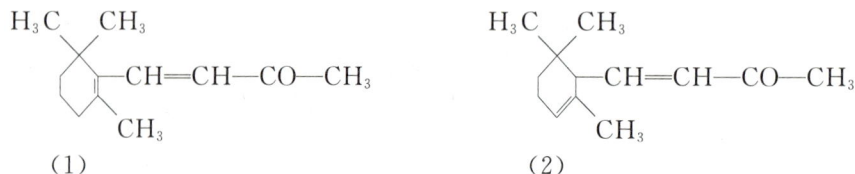

(1)   (2)

10. 已知酚酞在酸性溶液中为无色分子(结构Ⅰ)，而在碱性溶液中为红色离子(结构Ⅱ)。

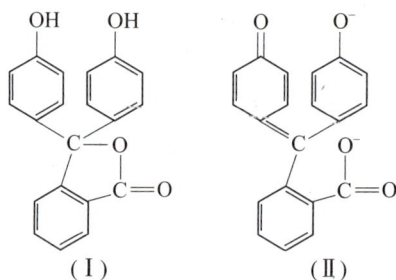

（Ⅰ）   （Ⅱ）

(1)指出结构Ⅰ中的生色团有哪些？

(2)指出结构Ⅱ中的生色团有哪些？

(3)试解释结构Ⅰ为无色，而结构Ⅱ为红色的原因。

11. 化合物 A 在环己烷中于 220 nm（ε_{max}＝15 500）和 330 nm（ε_{max}＝37)处显示最大吸收；化合物 B 在环己烷中于 190 nm（ε_{max}＝4 000）和 290 nm（ε_{max}＝10)处显示最大吸收。试在下面的结构式中选择 A 与 B，并指出最可能发生的跃迁类型，将结果填入表格中。

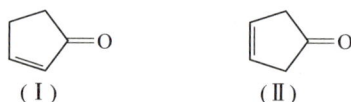

（Ⅰ）   （Ⅱ）

化合物	结构式（填Ⅰ或Ⅱ）	跃迁类型			
		$\pi \rightarrow \pi^*$		$n \rightarrow \pi^*$	
		λ_{max}/nm	ε_{max}	λ_{max}/nm	ε_{max}
A					
B					

12. 试解释甲基睾丸素与丙酸睾丸素分子式和结构式均不同，但却具有相同的紫外吸收光谱 $\lambda_{max} = 240$ nm。

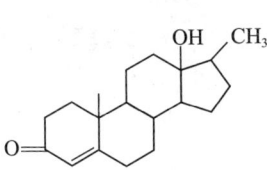

甲基睾丸素

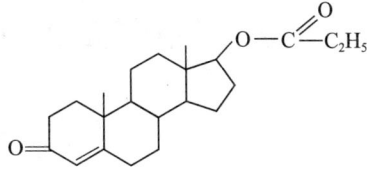

丙酸睾丸素

13. 已知水杨酸和阿司匹林纯品的紫外光谱如下：

(1)欲用双波长分光光度法测定含有水杨酸和阿司匹林混合样品中的阿司匹林时，在图上标出应选用的波长 λ_1 和 λ_2 的位置。

(2)结合本例简要说明根据图谱选择 λ_1 和 λ_2 位置的原则，及其定量分析的依据。

(3)画出双波长分光光度计结构的示意图，并注明主要部件的名称。

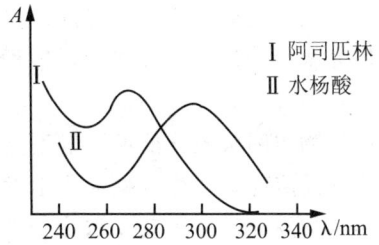

第6章　分子发光分析法
（Molecular Luminescence Analysis）

6.1　概述

　　物质的分子吸收一定的能量后，其电子能级由基态跃迁到激发态，当其返回基态时，以光辐射的形式释放能量，这种现象称为分子发光。基于分子发光现象的分析方法，称为分子发光分析法。

　　物质因吸收光能而激发发光，称为光致发光；吸收电能而发光，称为电致发光；吸收化学反应能而发光，称为化学发光；而发生在生物体内有酶类物质参与的化学发光，则称为生物发光。分子荧光和分子磷光属于光致发光。分子发光分析法通常包括光致发光分析法、电致发光分析法、化学发光分析法和生物发光分析法。而光致发光分析法又包括分子荧光分析法和分子磷光分析法。

　　分子发光分析法有如下的特点：

　　（1）灵敏度高。检测限通常比吸收光谱法低 1～3 个数量级，一般可达 ng/mL。

　　（2）线性范围宽。线性范围比吸收光谱法宽得多。

　　（3）发光参数多，所提供的信息量大。

　　（4）选择性优于吸收光谱法。因为能产生紫外-可见吸收的分子不一定能发射荧光或磷光。

　　（5）由于能产生分子发光的体系有限，因而应用范围不及吸收光谱法广。但如采用探针技术可大大拓宽发光分析的应用范围。

　　分子发光分析法是一种痕量的分析方法，可定量测定许多无机物和有机物，在生物、环境、医药、免疫、食品、卫生等领域得到广泛的应用。

　　本章主要讨论分子荧光分析法、分子磷光分析法和化学发光分析法。

6.2　分子荧光分析法原理

6.2.1　分子荧光的产生

　　通常分子处于稳定的基态，当其吸收一定的能量后，被激发到激发态，处于激发态的分子是不稳定的，会经历碰撞和发射等的去活化过程。一般可用 Jablonski 能级图（见图 6-1）来描述分子这个吸收和发射过程。

1. 分子的激发态

　　分子的总能量主要包括电子能量、振动能量和转动能量三部分。图 6-1 中，基态用 S_0

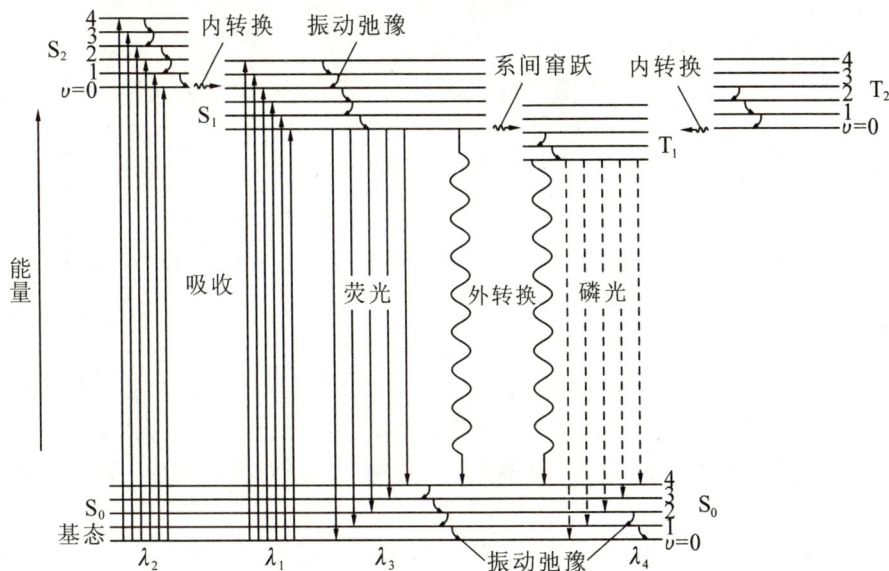

图 6-1 分子吸收和发射过程的 Jablonski 能级图

表示，第一电子激发单重态和第二电子激发单重态分别用 S_1 和 S_2 表示，第一电子和第二电子激发三重态分别用 T_1 和 T_2 表示，$\upsilon=0$，1，2，3，…表示振动能级。

大多数有机化合物分子的电子数是偶数的。基态分子的这些电子在分子轨道中自旋成对。所谓自旋成对是指分子内同一轨道中两个电子的自旋方向相反。如果分子中全部轨道的电子均是自旋成对，则电子自旋量子数的代数和 S 为 0，分子光谱项的多重性 $M=2S+1=1$，该分子处于单重态，用 S 表示。基态单重态以 S_0 表示。分子吸收能量后，原处于基态的自旋成对的电子(↑↓)中的一个电子被激发到较高能级时，如不发生自旋方向的变化(↑↑)，则分子处于激发单重态，用 S_1 和 S_2 分别表示第一(最低)激发单重态和第二(较高)激发单重态。激发单重态的平均寿命很短，为 $10^{-8}\sim10^{-6}$ s；如发生自旋方向的变化(↑↑)，即两个电子的自旋平行，这时，$S=1$，多重性 $M=3$，分子处于激发三重态，用 T 表示。用 T_1 和 T_2 分别表示第一激发三重态和第二激发三重态。激发三重态的平均寿命较长，为 $10^{-4}\sim10$ s。由于自旋平行比自旋成对的状态稳定，因此三重态的能级比单重态的能级低。由基态单重态到激发单重态的跃迁，因为不涉及电子自旋方向的改变而易于发生，是允许的跃迁；而基态单重态到激发三重态的跃迁，涉及电子自旋方向的变化，这种跃迁的概率很小，相当于前者的 10^{-6}，是禁阻跃迁。

2. 分子的去活化过程

分子被激发到较高的能级后，不稳定，将以不同途径释放多余的能量回到基态。这个过程称为分子的去活化过程。去活化过程包括辐射跃迁和非辐射跃迁。辐射跃迁主要是荧光和磷光的发射；非辐射跃迁是指分子以热的形式失去多余的能量，包括振动弛豫、内转换、外转换和系间窜跃等。

（1）振动弛豫 同一电子能级内，激发态分子以热的形式将多余的能量传递给周围的分子,自己则由高的振动能级回到低的振动能级,这种现象称为振动弛豫(见图 6-1)。产生振动弛豫的时间极短,约为 10^{-12} s。

(2)内转换　是指同一多重态的不同电子能级间的一种非辐射跃迁过程。例如,当 S_2 或 T_2 的较低振动能级与 S_1 或 T_1 较高振动能级的能量相当而发生重叠时,分子可由 S_2 或 T_2 振动能级以非辐射跃迁形式至 S_1 或 T_1 振动能级,这种去活化的过程称为内转换(见图 6-1)。此过程效率高,速度快,内转换发生的时间一般在 10^{-13} s 以内。

(3)荧光发射　激发态分子从第一激发单重态 S_1 的最低振动能级回到基态 S_0 的各振动能级时所产生的光辐射,称为荧光(见图 6-1)。它是相同多重态间的跃迁,概率较大,速度很快,一般约在 10^{-8} s 完成,因而也称为瞬间荧光。

(4)系间窜跃　是一种不同多重态之间的非辐射跃迁(见图 6-1)。它涉及受激电子自旋状态的改变和分子多重性的变化。这种跃迁是禁阻的。但当两个不同多重态电子能级的振动能级有较大重叠时,这种跃迁的概率增大,可能发生系间窜跃。系间窜跃不如内转换那么容易,一般需 10^{-6} s。

(5)磷光发射　激发态分子从第一激发三重态 T_1 的最低振动能级回到基态 S_0 的各振动能级时所产生的光辐射,称为磷光(见图 6-1)。由于磷光产生伴随自旋多重态的改变,系间窜跃的概率很小,因此辐射速度远远小于荧光。磷光寿命 $10^{-4} \sim 10$ s 或更长,激发光消失后还能在一定时间内观察到磷光。

(6)外转换　是由激发态分子与溶剂或其他溶质分子碰撞引起的能量转换,从而使荧光或磷光减弱甚至消失。这一过程称为外转换(见图 6-1),又称为"熄灭"或"猝灭"。

6.2.2　荧光激发光谱和荧光发射光谱

任何荧光分子均具有两种特征光谱:荧光激发光谱和荧光发射光谱。它是荧光分析法定性和定量分析的基本参数和依据。

1. 荧光激发光谱

荧光激发光谱简称为激发光谱,它是在固定发射波长下,绘制荧光强度对激发波长的关系曲线。激发光谱反映了在固定某一发射波长下,不同激发波长激发的荧光的相对效率。激发光谱可用于荧光物质的鉴别,并为进行荧光测定时选择适宜的激发波长。

2. 荧光发射光谱

荧光(磷光)发射光谱简称为发射光谱或荧光(磷光)光谱。它是在固定激发波长下,绘制荧光(磷光)强度对发射波长的关系曲线(见图 6-2)。它反映了物质分子在相同的激发条件下,不同的发射波长处的相对荧光(磷光)强度。发射光谱也可用于荧光(磷光)物质的鉴别,并为进行荧光(磷光)测定时选择适宜的发射波长。

荧光光谱的特点:

(1)斯托克斯(Stokes)位移　物质的荧光光谱总

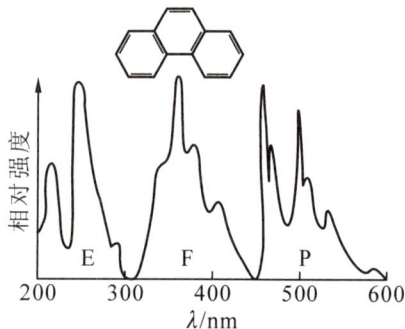

图 6-2　菲的激发(E)、荧光(F)和磷光(P)光谱图

是位于物质激发光谱的长波一侧，即荧光波长一般大于激发光波长。这种现象称为斯托克斯位移。这是由于激发分子是经过非辐射跃迁到达第一激发单重态 S_1 的最低振动能级，然后再回到基态各振动能级而发射荧光，非辐射跃迁时已损失了部分能量，因而荧光波长总是比激发光波长要长。

(2) 荧光光谱与激发波长无关 分子吸收光谱可有几个吸收带，而荧光光谱只有一个发射带。分子吸收光谱是由于分子吸收了不同能量后，可从基态跃迁到不同能级的激发态，因而具有几个吸收带；荧光光谱是由于荧光分子吸收能量后，无论被激发到哪一激发态，均经振动弛豫和内转换等过程回到第一激发态的最低振动能级，再跃迁到基态的各振动能级上。因此，荧光光谱只有一个发射带，并与激发波长无关。

(3) 荧光光谱和吸收光谱成镜像对称 吸收光谱是分子从基态 S_0 跃迁到激发态 S_1 各振动能级时所产生的。其形状决定于分子 S_1 中各振动能级能量间隔的分布（称为该分子的第一吸收带），而荧光光谱是分子从激发态 S_1 的最低振动能级跃迁到基态 S_0 的各振动能级所产生的。它的形状决定于基态 S_0 的各振动能级的分布。由于分子的 S_0 和 S_1 的各振动能级的分布相似，因此，荧光光谱和吸收光谱形状相似，并成镜像对称，如图 6-3 为芘在苯溶液中的荧光光谱和吸收光谱。

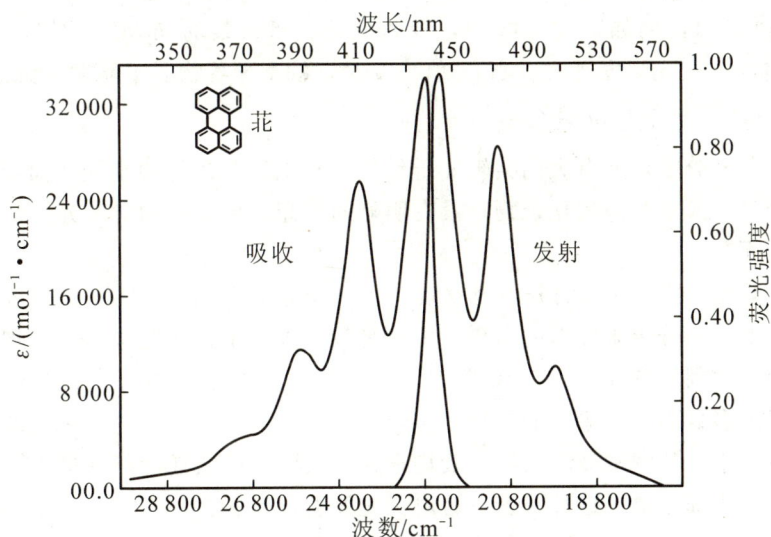

图 6-3 芘在苯溶液中的荧光光谱和吸收光谱

6.2.3 荧光与分子结构的关系

荧光的产生和强度与物质分子结构密切相关。分子产生荧光必须具备两个条件：①物质分子必须具有能吸收一定波长的紫外-可见光的特征结构，这是产生荧光的前提；②被激发分子必须具有高的荧光量子效率。有些物质之所以不能产生荧光，就因为其荧光量子效率低。

1. 荧光量子效率(ϕ_f)

荧光量子效率也称为荧光量子产率，表示激发态的分子发射荧光的概率，可用下式表示：

$$\phi_f = \frac{发射光量子数}{吸收光量子数}$$

或

$$\phi_f = \frac{发射荧光分子数}{激发分子总数}$$

荧光产生的过程中，涉及许多辐射和非辐射跃迁过程。显然，荧光量子效率与上述各过程的速率常数有关。可用下式表示：

$$\phi_f = \frac{k_f}{k_f + \sum k_i} \qquad (6\text{-}1)$$

式中，k_f 为荧光发射过程的速率常数，主要决定于物质的化学结构；$\sum k_i$ 为其他有关过程的速率常数的总和，主要决定于产生荧光的化学环境，也与化学结构有关。

从上式可见，凡能使 k_f 值升高而使其他过程 k_i 值降低的因素均可增强荧光。多数物质的 ϕ_f 值均小于 1，例如，在乙醇中，罗丹明 B、蒽、萘的 ϕ_f 值分别为 0.97，0.30，0.12。ϕ_f 值越大，荧光强度越大。当 ϕ_f 值为 0 时，就意味着物质不能发射荧光。

2. 荧光与分子结构的关系

通常，强荧光分子均具有大的共轭 π 键结构、给电子取代基和刚性平面结构等。而饱和的化合物和只有孤立双键的化合物，没有明显的荧光。分子结构对荧光的影响主要表现在以下几个方面：

（1）跃迁类型　处于基态的分子吸收紫外-可见光后，其价电子由成键或非成键轨道跃迁到反键轨道上，是分子激发态的本质。无论受激分子处于什么能级（S_n），均将通过振动弛豫和内转换过程到达 S_1 能级的最低振动能级，即第一激发单重态，再跃迁到基态而产生荧光。对于大多数不含杂原子的芳香族化合物及共轭双烯，均发生 π→π* 跃迁，而这种跃迁所需能量较小，其摩尔吸收系数一般均很大，表明这种跃迁可能性极大。处于激发单重态的电子中，大部分属于这种跃迁，这对荧光发射很有利。

（2）共轭 π 键体系　最强且最有用的荧光物质多是含有 π→π* 跃迁的有机芳香族化合物及其金属离子配合物。电子共轭程度越大，越容易产生荧光；环越大，荧光峰红移程度越大，荧光强度也往往越大，如表 6-1 所示。

表 6-1　几种线状多环芳烃的荧光

化　合　物	ϕ_f	λ_{ex}/nm	λ_{em}/nm
苯	0.11	205	278
萘	0.29	286	321

续表

化　合　物	ϕ_f	λ_{ex}/nm	λ_{em}/nm
蒽	0.46	365	400
并四苯	0.60	390	480
并五苯	0.52	580	640

　　共轭环数相同的芳香族化合物，线性环结构的荧光波长比非线性的要长。例如，蒽和菲，后者为"角"形结构，荧光峰波长为 350 nm，而前者为线性结构，波长为 400 nm。

　　(3) 刚性平面结构　强荧光物质的分子多数具有刚性平面结构。因为这种结构可减少分子的振动和分子与溶剂或其他溶质的相互作用，降低碰撞去活性的可能性。例如，荧光素和酚酞结构十分相似，荧光素呈平面构型，是强荧光物质；而酚酞没有氧桥，其分子不易保持平面，不是荧光物质。又如，芴在强碱溶液中的荧光效率接近于 1，而联苯仅为 0.20，这是由于芴中引入了亚甲基，使芴刚性增强的缘故。又如，萘和维生素 A 均有 5 个共轭双键，萘是平面刚性结构，而维生素 A 为非刚性结构，因而萘的荧光强度是维生素 A 的 5 倍。

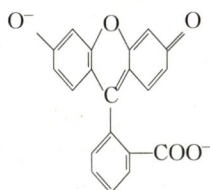

荧光素发强荧光　　　　酚酞不发荧光

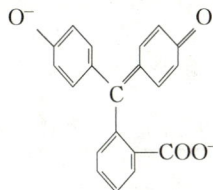

　　如果非刚性配位体与金属离子配位后变为平面构型，就会出现荧光或荧光加强。例如，8-羟基喹啉是弱荧光物质，在一定条件下与 Al^{3+} 或 Mg^{2+} 等离子配位后，荧光显著增强，拓展了荧光分析的应用范围。

　　(4) 取代基效应　取代基的种类和位置对荧光物质的荧光光谱和强度有较大的影响。

　　①给电子基团。—OH，—OR，—CN，—NH_2，—NR_2 等为给电子基团能使荧光增强。因为这些基团上的非键电子 n 的电子云几乎与芳香环上 π 轨道平行，产生 p-π 共轭作用，增强 π 电子的共轭程度，使荧光增强和波长红移。表 6-2 列出部分给电子基团对苯荧光的影响。

表 6-2　取代基对苯的荧光的影响

化合物	分子式	荧光波长 λ_f/nm	荧光相对强度
苯	C_6H_6	270~310	10
苯酚	C_6H_5OH	285~365	18
苯胺	$C_6H_5NH_2$	310~405	20
苯甲腈	C_6H_5CH	280~390	20
苯甲醚	$C_6H_5OCH_3$	285~345	20

②吸电子基团。—COOH，—NO，—NO₂，—C＝O，—N＝N—卤素等为吸电子基团能使荧光减弱甚至猝灭，而使磷光加强。这些基团中虽也含有 n 电子，但其 n 的电子云不与芳香环上 π 电子共平面，不能构成 p—π 键，不能增大共轭程度，反而使 $S_1 \rightarrow T_1$ 的系间窜跃增强，使荧光减弱，磷光增强。例如，二甲苯酮的 $S_1 \rightarrow T_1$ 的系间窜跃量子产率接近于 1，它在非酸性介质中的磷光很强。又如，苯胺和苯酚的荧光比苯强，而硝基苯则为非荧光物质。

③重原子效应。一般是指在发光分子中，引入质量相对较重的原子时而出现磷光增强和荧光减弱的现象。例如，芳香环取代上 F，Cl，Br，I 后，使系间窜跃加强，其化合物荧光强度随卤素原子质量的增加而减弱，而磷光则相应增强。这种重原子效应称为内部重原子效应。如用含重原子的溶剂，也会使磷光增强和荧光减弱，这种效应称为外部重原子效应。表 6-3 列出卤素取代的重原子效应。

表 6-3　卤素取代的"重原子效应"

化合物	ϕ_p/ϕ_f	荧光波长 λ_f/nm	磷光波长 λ_p/nm	τ /s
萘	0.093	315	470	2.6
1-甲基萘	0.053	318	476	2.5
1-氟萘	0.086	316	473	1.4
1-氯萘	5.2	319	483	0.23
1-溴萘	6.4	320	484	0.014
1-碘萘	>1 000	没有观察到	488	0.003

④取代基位置。对位、邻位取代增强荧光，而间位取代抑制荧光。例如，1,3,5-三苯基苯的荧光强度比对联三苯和对联四苯明显降低。取代基之间如能形成氢键增加分子的平面性，则荧光加强。两种性质和作用不同的取代基共存时，其中一个取代基起主导作用。

⑤影响小的取代基。如—SO₃H，—NH₃⁺，—R 等对分子发光的影响很小，这是由于这些取代基与 π 电子体系的相互作用很小。可在发光分子上引入磺酸基以增加其在水中的溶解度，而不改变荧光强度。

⑥杂环化合物。分子中含有 N，O，S 原子的杂环化合物，它们均含有非成键 n 电子，激发跃迁属 n→π* 类型。这类化合物的摩尔吸光系数小，荧光弱甚至没有。但其激发态 $S_1 \rightarrow T_1$ 系间窜跃强烈，在低温和极性溶剂中有较强的磷光。含氮杂环化合物在非极性溶液中，其荧光很弱，随溶剂的极性提高，其荧光强度也提高。例如，喹啉在苯、酒精和水中的荧光强度之比为 1∶30∶100。又如，8-羟基喹啉和铁试剂(7-碘-6-羟基-5-磺酸)在强酸性介质中质子化，使分子中的非成键电子和质子生成配位键，非成键电子 n 失去原来的特性，激发跃迁由 n→π* 变为 π→π*，荧光则由弱变强。

6.2.4　溶液的荧光强度

1. 荧光强度与溶液浓度的关系

溶液的荧光强度 I_f 与溶液吸收光的强度 I_a 和荧光量子效率 ϕ_f 成正比：

$$I_f = \phi_f I_a$$

根据朗伯-比尔定律：

$$I_a = I_0 - I_t$$

$$\frac{I_t}{I_0} = 10^{-\varepsilon lc}$$

$$I_a = I_0 - I_0 \cdot 10^{-\varepsilon lc} = I_0(1 - e^{-2.303\varepsilon lc}) \tag{6-2}$$

式中，I_0 和 I_t 分别为入射光和透射光的强度。

因 $e^x = 1 + x + \frac{x^2}{2!} + \frac{x^3}{3!} + \cdots + \frac{x^n}{n!}$

故 $e^{-2.303\varepsilon lc} = 1 - 2.303\varepsilon lc + \frac{(-2.303\varepsilon lc)^2}{2!} + \frac{(-2.303\varepsilon lc)^3}{3!} + \cdots \tag{6-3}$

当溶液很稀，吸光度 $\varepsilon lc \leqslant 0.05$ 时，可省略第二项后各项。式(6-3)可简化为

$$e^{-2.303\varepsilon lc} = 1 - 2.303\varepsilon lc \tag{6-4}$$

将上式代入式(6-2)，得

$$I_a = I_0(1 - 1 - 2.303\varepsilon lc) = 2.303 I_0 \varepsilon lc \tag{6-5}$$

将式(6-5)代入式(6-1)，则得

$$I_f = 2.303 \phi_f I_0 \varepsilon lc \tag{6-6}$$

当荧光量子效率 ϕ_f、入射光强度 I_0、物质的摩尔吸收系数 ε、液层厚度 l 一定时，上式可简化为

$$I_f = Kc \tag{6-7}$$

即荧光强度 I_f 与溶液浓度 c 成正比。这种线性关系只在极稀的溶液中，当 $\varepsilon lc \leqslant 0.05$ 时才成立。对于较浓的溶液，由于自猝灭和自吸收等原因，使荧光强度与浓度不呈线性关系。

2. 影响荧光强度的因素

(1)溶剂的影响　溶剂对物质荧光特性有较大影响。同一种物质在不同溶剂中，其荧光光谱的位置和强度有明显的不同。一般说来，许多共轭芳香烃化合物的荧光强度随溶剂极性的增加而增强，荧光波长向长波方向移动。表 6-4 列出了 8-巯基喹啉在不同溶剂中的荧光峰波长和荧光效率。

表 6-4　巯基喹啉在不同溶液中的荧光峰和荧光效率

溶　　剂	相对介电常数	荧光峰 λ_f/nm	荧光效率 ϕ_f
四氯化碳	2.24	390	0.002
氯　　仿	5.2	398	0.041
丙　　酮	21.5	405	0.055
乙　　腈	38.8	410	0.064

在含有重原子的溶剂如碘乙烷和四溴化碳中，与将这些成分引入荧光物质中所产生的重原子效应相似，导致荧光减弱，磷光增强。如溶剂与荧光物质形成氢键或溶剂使荧光物质电离状态改变，则荧光波长和荧光强度也会发生变化。

(2)温度的影响　温度对荧光强度的影响较敏感，因而在荧光分析中一定要严格控制温度。一般说来，温度降低，荧光效率和荧光强度增加；反之，温度上升，荧光强度则下降。如荧光素的乙醇溶液在 0℃ 以下，每降低 10℃，荧光效率增加 3％；降至 −80℃ 时，荧光效率为 100％。这是因为温度降低时，溶液中分子的活动性减弱，溶液的黏度增大，溶质分子与溶剂分子间碰撞机会减少，降低了各种无辐射去活化概率，使荧光效率增加，荧光强度增强。

由于荧光物质在低温下荧光强度比室温明显增强，为提高灵敏度，目前低温荧光分析技术已发展成为荧光分析中一个重要分支。

(3)溶液 pH 的影响　当荧光物质是弱酸或弱碱时，溶液 pH 的改变对荧光强度有很大的影响。这是由于其分子和离子在电子构型上的差异。例如，苯酚和苯胺离子化后，其荧光消失：

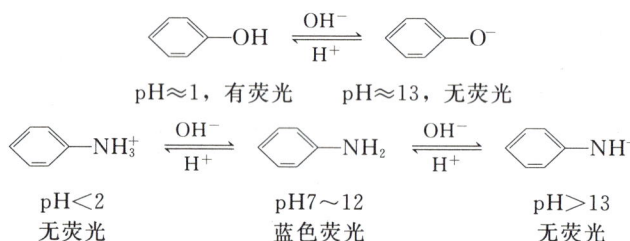

$$\text{————OH} \underset{\text{H}^+}{\overset{\text{OH}^-}{\rightleftharpoons}} \text{————O}^-$$

pH≈1，有荧光　　　　pH≈13，无荧光

$$\text{————NH}_3^+ \underset{\text{H}^+}{\overset{\text{OH}^-}{\rightleftharpoons}} \text{————NH}_2 \underset{\text{H}^+}{\overset{\text{OH}^-}{\rightleftharpoons}} \text{————NH}^-$$

pH＜2　　　　　　　pH7～12　　　　　　pH＞13
无荧光　　　　　　　蓝色荧光　　　　　　无荧光

这表明发生荧光的是苯酚和苯胺分子，而苯酚的负离子和苯胺的正负离子均不产生荧光。但对于两个苯环相连的化合物，例如，α-萘酚和对羟基联苯，却表现相反的性能，分子形式无荧光，离子化后有荧光：

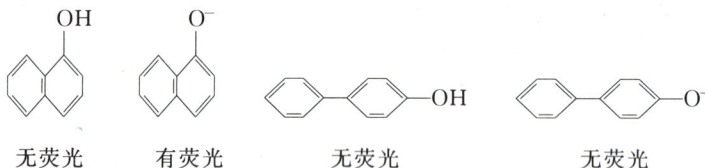

无荧光　　　　有荧光　　　　　　无荧光　　　　　　　无荧光

金属离子与有机试剂所形成的荧光配合物，在 pH 改变时，配位比也会发生改变，从而影响荧光及其强度。例如，镓与 2,2-二羟基偶氮苯在 pH3～4 溶液中形成有荧光的 1:1 的配合物；而在 pH6～7 溶液中则形成非荧光的 1:2 配合物。因此，在荧光分析中应严格控制溶液的 pH。

(4)荧光的猝灭　荧光物质分子与溶剂分子或其他溶质分子的相互作用引起荧光强度降低的现象称为荧光猝灭。能引起荧光强度降低的物质称为猝灭剂。引起荧光猝灭的因素很多，机理各不相同，下面讨论几种主要类型。

①碰撞猝灭　这是产生荧光猝灭的主要原因。它是指处于激发单重态的荧光分子 M^* 与猝灭剂 Q 相互碰撞后，激发分子以无辐射跃迁方式返回基态，产生猝灭作用。在没有猝灭剂 Q 时，发生荧光发射的速率可表示为

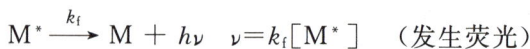

$$M^* \xrightarrow{k_f} M + h\nu \quad \nu = k_f[M^*] \quad \text{（发生荧光）}$$

有猝灭剂 Q 时，产生猝灭过程的速率可表示为

$$M^* + Q \xrightarrow{k_q} M + Q + \text{热量} \quad \nu = k_q[M^*][Q] \quad \text{（猝灭）}$$

式中，k_f 和 k_q 为相应的反应速率常数。很明显，荧光猝灭程度取决于 k_f 和 k_q 的相对大小及猝灭剂的浓度。

温度升高，分子间碰撞概率增大，使非辐射失活的外转换增加，从而增大猝灭程度。溶剂黏度减小，也会增大分子间的碰撞概率，增大猝灭程度。

②组成化合物的猝灭（又称静态猝灭）　部分荧光物质分子 M 与猝灭剂分子 Q 生成非荧光的配合物 MQ，就是一种组成化合物的猝灭。

③氧的猝灭作用　溶液中溶解的氧常常使荧光强度减弱，尤其是对于无取代基的芳香化合物的荧光影响更为显著。这可能是由于顺磁性的氧分子与处于单重激发态的荧光物质分子相互作用，促进了形成顺磁性的三重激发态荧光分子，即加速系间窜跃所致。

④荧光物质的自猝灭　在高浓度的荧光物质溶液中，荧光强度因其浓度高而减弱称为自猝灭。蒽和苯的自猝灭便是例子。这可能是由于荧光物质分子之间（包括激发态分子之间和激发态分子与未激发的荧光物质分子之间）以及激发态分子与溶剂分子之间的碰撞引起的非辐射的能量转换所造成的。此外，还有些荧光物质分子在高浓度溶液中生成二聚体或多聚体，使其吸收光谱发生了变化，也会引起荧光的减弱或消失。

6.3　荧光分析仪器

荧光分析仪器是由光源、激发单色器、样品池、发射单色器、检测器和记录仪等组成。其结构示意图如图 6-4 所示。

由光源发出的光经激发单色器分光后得到特定波长的激发光，然后入射到样品池，使荧光物质激发产生荧光。为消除入射光和散射光的影响，通常与激发光成 90°方向上进行荧光检测。为消除可能共存的其他光，如由激发光所产生的反射光、瑞利散射光、拉曼光和溶液中杂质所产生的荧光等的干扰，在样品池和检测器之间设了发射单色器。荧光经发射单色器分光后，到达检测器和记录仪而被检测和记录。

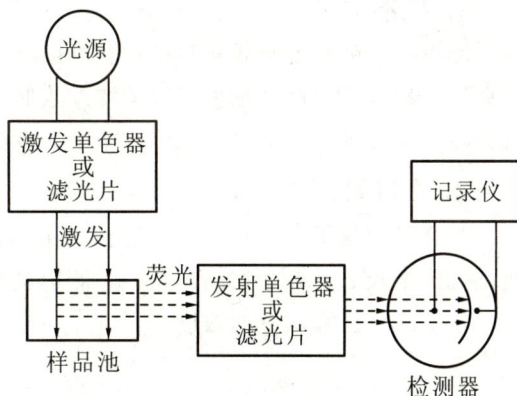

图 6-4　荧光分析仪结构示意图

6.3.1　光源

常用的光源是氙灯和高压汞灯。氙灯能在紫外-可见光区给出较好的连续光谱，可用于 200～700 nm 波长范围，而在 250～400 nm 波段内辐射线强度几乎相等。但需要稳压电源以保证光源的稳定。

高压汞灯产生的是强的线性光谱，而不是连续光谱，因而不能用于对入射光波长进行扫描的仪器上。常用其发射的 365 nm，405 nm 和 436 nm 等谱线为激发光。

此外，可用各种激发器作为激发光源。激光光源的单色性好，强度大，是一种极为有用的激发光源。

6.3.2 单色器

多采用光栅作为单色器。它具有较高的灵敏度和较宽的波长范围，能扫描光谱。光栅的主要缺点是杂散光较大，有不同级次的谱线干扰，但可用前置滤光片加以消除。荧光仪中用了两个单色器：第一个是激发单色器，用于选择激发波长；第二个是发射单色器，用于分离荧光发射波长。

6.3.3 样品池

通常用四面均透光的石英方形池。

6.3.4 检测器

荧光强度比较弱，要求检测器有较高的灵敏度，一般采用光电倍增管作为检测器，并与激发光成 $90°$ 配置。

6.4 荧光分析法及其应用

6.4.1 定量分析方法

1. 校准曲线法

将已知量的标准物质在与试样相同的条件下处理后，配成一系列标准溶液，并测其荧光强度，以荧光强度对标准溶液的浓度绘制校准曲线。然后在相同的条件下测定试样的荧光强度，从校准曲线上求出试样的浓度。校准曲线法适于大批量样品的测定。

2. 标准对照法

如样品数量不多，则采用此法测定。取已知量的纯荧光物质配制的与试液浓度 c_x 相近的标准溶液 c_s，并在相同的条件下测得其荧光强度 I_{fx} 和 I_{fs}，如试剂空白有荧光 I_{f0} 须扣除，按下式可计算试液的浓度 c_x：

$$c_x = \frac{I_{fx} - I_{f0}}{I_{fs} - I_{f0}} \cdot c_s \qquad (6\text{-}8)$$

3. 多组分的荧光测定

如各组分的荧光峰相互不干扰，可分别在不同的波长处测定，直接求出其浓度。

如荧光峰互相干扰，而激发光谱有显著差别，其中一组分在某一激发光下不吸收光，不会产生荧光，因而可选择在不同的激发光进行测定。例如，Al^{3+} 和 Ga^{3+} 的 8-羟基喹啉配合物的氯仿萃取液，荧光峰均在 520 nm，但激发峰分别为 365 nm 和 435.8 nm。因此，可分别用 365 nm 和 435.8 nm 激发，在 520 nm 分别测定 Al^{3+} 和 Ga^{3+}。

如在同一激发光波长下荧光光谱互相干扰，则利用荧光强度的加和性，在适宜的荧光波长处测定，用联立方程的方法求得。另外可利用不同的反应条件实现多组分的测定。例如，Zn^{2+} 和 Cd^{2+} 与 7-碘-8-羟基喹啉的配合物在微酸性或碱性溶液中均能发射 524 nm 的荧光，但在 pH5.0 的溶液中，在过量 KI 的存在下，Cd^{2+} 配合物的荧光完全消失而 Zn^{2+} 仍不减弱。因此，先将试液 pH 调至 7.4 测定其总量，再将 pH 调至 5.0 并加入过量 KI 测定 Zn^{2+} 的含量，根据两者之差求得 Cd^{2+} 的含量。

6.4.2 应用

1. 无机化合物的分析

在紫外光照射下能发生荧光的无机化合物很少，但很多无机离子能与一些有机试剂形成荧光配合物而被测定。这种试剂称为荧光试剂，这种方法称为直接荧光法。还有一些无机离子虽不能形成荧光配合物，但能使其他物质的荧光减弱，可用荧光猝灭法测定。

(1)直接荧光法 利用金属离子或非金属离子与有机配位体生成能产生荧光的配合物，通过测量配合物的荧光强度进行测定。例如，Al^{3+} 与 8-羟基喹啉配合物的 $CHCl_3$ 萃取液，能产生绿色荧光，反应如下：

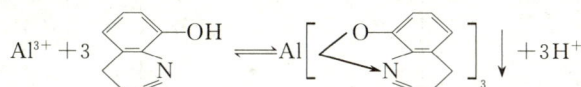

$$Al^{3+} +3 \quad \underset{N}{\overset{OH}{\bigcirc}} \rightleftharpoons Al\left[\underset{N}{\overset{O}{\bigcirc}}\right]_3 \downarrow +3H^+$$

在激发光波长 520 nm 和荧光波长 570 nm 处测定荧光强度，可测定浓度范围为 0.002～0.24 $\mu g/mL$ 的铝。

利用直接荧光法可测定 60 多种元素，其中铍、铝、硼、镓、硒、镁及某些稀土元素等常用荧光法进行分析。

(2)荧光猝灭法 某些无机离子虽不能形成荧光配合物，但它可从金属离子与有机试剂生成的荧光配合物中夺取金属离子或与有机试剂形成更稳定的配合物，使荧光配合物的荧光强度降低，可通过测量荧光减弱的程度来测定无机离子的含量。这种方法称为荧光猝灭法。利用该法可间接测定的元素有氟、硫、铁、银、钴、镍等。

某些无机化合物的荧光测定法见表 6-5。

表 6-5　某些无机化合物的荧光测定法

离子	试　剂	λ/nm		检测限/$(\mu g \cdot mL^{-1})$	干　扰
		吸收	荧光		
Al^{3+}	石榴茜素 R （Al，F^-）	470	500	0.007	Be, Co, Cr, Cu, F^-, NO_3^-, Ni, PO_4^{3-}, Th, Zr
F^-	石榴茜素 R-Al 络合物(猝灭)	470	500	0.001	Be, Co, Cr, Cu, Fe, Ni, PO_4^{3-}, Th, Zr

续表

离子	试　剂	λ/nm		检测限/	干　扰
		吸收	荧光	$(\mu g \cdot mL^{-1})$	
$B_4O_7^{2-}$	二苯乙醇酮 O　OH ‖　｜ C—C— ｜ H （B，Be，Zn，Ge，Si）	370	450	0.04	Be，Sb
Cd^{2+}	2-(邻羟基苯)-间氮杂氧	365	蓝色	2	NH_3
Li^+	8-羟基喹啉 OH N （Al，Be，Ca，Li，Na，K 等）	370	580	0.2	Mg
Sn^{4+}	黄酮醇 O OH O （Zr，Sn）	400	470	0.008	F^-，PO_4^{3-}，Zr
Zn^{2+}	二苯乙醇酮	—	绿色	10	Be，B，Sb，显色离子

2. 有机化合物的分析

（1）脂肪族有机化合物　在脂肪族有机化合物中，本身能发生荧光的并不多，如醇、醛、酮、有机酸和糖类等。但可利用其与某种有机试剂作用生成产生荧光的化合物以进行测定。例如，测定甘油三酸酯时，先将其水解为甘油，再氧化为甲醛，而甲醛能与乙酰丙酮和氨反应生成 3,5-二乙酰基-1,4-二氢卢剔啶荧光物质。其激发峰为 405 nm，发射峰为 505 nm，测定浓度范围为 400～4 000 $\mu g/mL$。

具有高度共轭体系的脂肪族化合物，如维生素 A、胡萝卜素等本身能产生荧光，可直接测定。例如，血液中维生素 A，可用环己烷萃取后，在激发光 345 nm，测量 490 nm 波长处的荧光强度，可测定其含量。

（2）芳香族有机化合物　芳香族有机化合物具有共轭的不饱和体系，多能产生荧光，可直接测定。例如，测定致癌芳烃之一的 2,3-苯并芘，在 H_2SO_4 介质中，用 520 nm 激发光测定 545 nm 波长处的荧光强度，可测定其在大气和水中的含量。

此外，药物中胺类、甾体类、抗生素、维生素、氨基酸、蛋白质和酶等大多具有荧光，可用荧光法测定。

3. 基因研究及检测

遗传物质脱氧核糖核酸(DNA)，自身的荧光很弱，一般条件下几乎检测不到 DNA 的荧光。因此，常选用某些荧光分子作探针，通过探针分子的荧光变化以研究 DNA 与小分子及药物的作用机理，从而探讨致病原因及筛选和设计新的高效低毒药物。目前典型的荧光分子探针为溴乙啶(EB)。此外也用 Tb^{3+}、吖啶类染料、钙的配合物等。在基因检测方面，已逐步使用荧光染料作为标记物以代替同位素标记，克服了同位素标记物产生的污染、价格昂贵和难保存等不足。

6.5　磷光分析法

6.5.1　磷光分析法原理

磷光分析法在原理、仪器和应用等方面与分子荧光分析法相似，其差别在于磷光是由第一激发单重态的最低能级，经系间窜跃至第一激发三重态，并经振动弛豫至最低振动能级，然后经禁阻跃迁回到基态而产生的，因而发光速率较慢。荧光则来自短寿命的单重态，磷光的平均寿命比荧光长，在光照停止后还能保持一段时间。与荧光相比，磷光具有如下特点：

(1) 光辐射的波长比荧光长。这是因为分子的 T_1 态能量比 S_1 态低。

(2) 光的寿命比荧光长。荧光是 $S_1 \rightarrow S_0$ 跃迁产生的，这种跃迁不涉及电子自旋方向的改变，容易发生，是自旋许可的跃迁，因而 S_1 态的辐射寿命通常在 $10^{-9} \sim 10^{-7}$ s；磷光是 $T_1 \rightarrow S_0$ 跃迁产生的，这种跃迁要求电子自旋反转，属于自旋禁阻的跃迁，其速率常数要小得多，因而辐射寿命较长，约在 $10^{-4} \sim 10$ s 或更长。

(3) 磷光的寿命和辐射强度对于重原子和顺磁性离子是极其敏感的。

1. 低温磷光

由于激发三重态的寿命长，使激发态分子发生 $T_1 \rightarrow S_0$ 这种分子的内转化非辐射去活化过程，激发态分子与周围的溶剂分子间发生碰撞和能量转移过程，或发生某些光化学反应的概率增大，这些均将使磷光强度减弱，甚至完全消失。为减少这些去活化过程的影响，通常应在低温下测量磷光。

如将溶液温度降至液氮温度(77 K)，则许多介质将形成透明的刚性玻璃体。此时，振动耦合和碰撞等无辐射去活化过程降至最低限度，几乎所有处于激发三重态的分子均会发出明亮的磷光。一般说来，大多具有共轭体系的环状化合物在低温下均会发出明亮的磷光。

2. 重原子效应

含重原子的溶剂，由于重原子的高核电荷引起或增强溶质分子的自旋-轨道耦合作用，增大了 $S_0 \rightarrow T_1$ 吸收跃迁和 $S_1 \rightarrow T_1$ 系间窜跃的概率，有利于磷光的发生和增大强度。这种作用称为外部重原子效应。当分子中引入重原子取代基时，也会发生这种效应，称为内部重原子效应。利用重原子效应是提高磷光分析灵敏度简单而有效的方法。

3. 室温磷光

通常，溶液中磷光物质的室温磷光很弱，不能用于分析。为在室温下测定磷光，可采用下列方法。

(1)固体基质室温磷光法　该法基于测量被测的在室温下吸附于固体基质(载体)上的有机化合物所发射的磷光。理想的载体是能将被分析物牢固地束缚在表面基质上，以增加其刚性，并减小激发三重态的碰撞猝灭等无辐射跃迁的去活化过程，而本身不产生磷光背景。用得较多的载体有滤纸、硅胶、氧化铝、硅橡胶、石棉、玻璃纤维、乙酸钠和纤维素膜等。

(2)胶束增稳溶液室温磷光法　该法是在试液中加入适宜的表面活性剂，使其与被测物质形成胶束缔合物，以增加被测物的刚性，减小因碰撞引起的能量损失，从而可在溶液中测量室温磷光。胶束作用、重原子效应和溶液中除氧是胶束稳定溶液室温磷光法的三要素。例如，在含有表面活性剂十二烷基磺酸钠溶液中，加入重原子 Tl(Ⅰ)或 Pb(Ⅱ)，用化学法除氧，可测定$10^{-6} \sim 10^{-7}$ mol/L的萘、芘和联苯等。

(3)敏化溶液室温磷光法　该法在没有表面活性剂存在下获得溶液的室温磷光。被测物质被激发后并不产生荧光，而是经过系间窜跃过程衰减至最低激发三重态。当有某种适宜的能量受体存在时，发生了由被测物质到受体的三重态能量的转移，最后通过测量受体所生成的室温磷光强度而间接测定该被测物质。在这种方法中，被测物质本身并不发磷光，而是引发受体发磷光。

6.5.2　磷光分析仪器

磷光分析仪与荧光分析仪相似，由光源、样品池、单色器和检测器等组成。此外，磷光分析还需配上两个附件：装有液氮的石英杜瓦瓶和由同步电动机带动的磷光镜。

装液氮的杜瓦瓶用于低温磷光的测定。

磷光镜有转筒式磷光镜和转盘式磷光镜两种，如图 6-5 所示。它们的原理是相同的。现以转筒式磷光镜说明之。转筒式磷光镜是一个空心圆筒，在其圆周面上有两个以上的等间距的狭缝，当电动机带动圆筒旋转时，来自激发单色器的入射光交替地照射到样品池，由样品发射的光也交替(但与入射光异相)地到达发射单色器的入口狭缝。当磷光镜不遮断激发光时，测到的是磷光和荧光的总强度；当磷光镜遮断激发光时，由于荧光的寿命短，很快消失，而磷光寿命长，因而测到的仅是磷光。

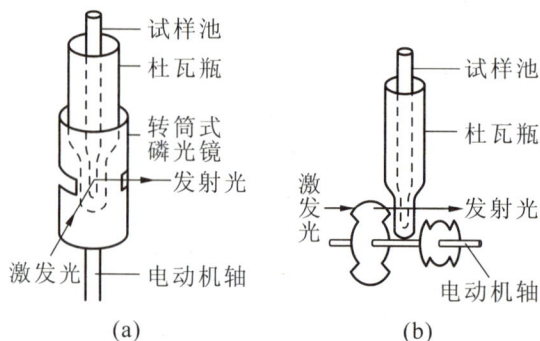

图 6-5　磷光镜

(a)转筒式磷光镜　(b)转盘式磷光镜

6.5.3　应用

磷光分析在无机化合物测定中应用较少。它主要用于环境分析、药物研究等方面的有机化合物的测定。一些有机化合物的磷光分析见表 6-6。

表 6-6　一些有机化合物的磷光分析

化合物	溶剂	λ_{ex}/nm	λ_{em}/nm	化合物	溶剂	λ_{ex}/nm	λ_{em}/nm
腺膘呤	WM	278	406	吡啶	EtOH	310	440
	RTP	290	470	吡哆素盐酸	EtOH	291	425
蒽	EtOH	300	462	水杨酸	EtOH	315	430
	EPA	240	380		RTP	320	470
阿司匹林	EtOH	310	430	磺胺二甲基吡啶	EtOH	280	405
苯甲酸	EPA	240	400	磺胺	EtOH	297	411
咖啡因	EtOH	285	440		RTP	267	426
柯卡因盐酸	EtOH	240	400	磺胺吡啶	EtOH	310	440
	RTP	285	460	色氨酸	EtOH	295	440
可待因	EtOH	270	505		RTP	280	448
DDT	EtOH	270	420	香草醛	EtOH	332	519

①WM 为水-甲醇，RTP 为室温磷光。

6.6　化学发光分析法

化学发光是由化学反应所释放的化学能激发了体系中某种化学物质分子，当受激的分子跃迁回到基态时而产生的光辐射。基于化学发光现象建立的分析方法称为化学发光分析法。该法具有灵敏度高、线性范围宽、设备简单、分析速度快和易于实现自动化等优点。它广泛应用于生物科学、食品科学、药物检验、环境检测、临床和免疫分析、农林科研等领域。可测定数十种元素、大量无机物质和有机化合物。但该法可用的发光体系并不多，无机物质测定的选择性较差。

6.6.1　化学发光分析的基本原理

1. 化学发光反应的基本要求

一个反应要成为化学发光反应，必须满足如下基本要求：

（1）化学反应必须提供足够的化学能，并被发光物质吸收形成电子激发态。如在 760～280 nm 的可见、紫外光区产生化学发光，则要求化学反应提供 160～420 kJ/mol 之间的能量，具有过氧化物中间产物的氧化还原反应一般能满足这种要求。因此，化学发光反应大多有 H_2O_2，O_3 等参加的高能氧化还原反应。

（2）吸收化学能处于电子激发态的分子返回到基态时，能以光的形式释放出能量，或将能量转移到一个适宜的接受体上，该接受体能以光的形式释放能量。如果反应物或产物本身不发光，加入某种能量接受体后产生的化学发光，称为敏化化学发光。在气相、液相和固相中进行的化学发光，分别称为气相、液相和固相化学发光。如果化学发光反应在两相界面上进行，称为异相化学发光。如果由电极过程诱发化学发光，则称为电生化学发光。

2. 化学发光效率 Φ_{CL}

化学发光是吸收化学反应过程中释放的化学能而使分子激发所发射的光。任何一个发光反应均包括化学激活和发光两个关键步骤，可用下式表示：

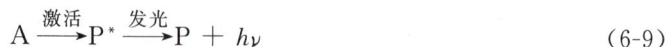

$$A \xrightarrow{\text{激活}} P^* \xrightarrow{\text{发光}} P + h\nu \tag{6-9}$$

式中，A 为反应物；P^* 为产物 P 的激发态；ν 为化学发光的频率；h 为普朗克常量。

从式(6-9)可见，化学发光的效率 Φ_{CL} 取决于生成激发态分子的效率 Φ_{CE} 和激发态分子的发光效率 Φ_{EM}。Φ_{CE} 和 Φ_{EM} 定义分别为

$$\Phi_{CE} = \frac{\text{激发态分子数}}{\text{参加反应分子数}}$$

$$\Phi_{EM} = \frac{\text{发光分子数}}{\text{激发态分子数}}$$

因此，化学发光效率

$$\Phi_{CL} = \frac{\text{发光分子数}}{\text{参加反应分子数}} = \Phi_{CE} \cdot \Phi_{EM}$$

通常，化学发光反应的发光效率较低，超过 1% 的反应体系不多。

3. 化学发光的强度与反应物浓度间的关系

化学发光反应的发光强度 I_{CL} 以单位时间内发射的光子数表示，它等于化学发光效率 Φ_{CL} 与化学发光反应的转化速率，即单位时间内反应物 A 浓度的变化的乘积。

$$I_{CL}(t) = \Phi_{CL} \cdot \frac{dc_A}{dt} \tag{6-10}$$

式中，$I_{CL}(t)$ 表示 t 时刻的化学发光强度。如果反应是一级动力学反应，此时反应速率可表示为

$$\frac{dc_A}{dt} = kc_A \tag{6-11}$$

式中，k 为反应速率常数。

式(6-10)可写为

$$I_{CL}(t) = \Phi_{CL} \cdot kc_A \tag{6-12}$$

由此可见，在适宜的条件下，t 时刻的发光强度 $I_{CL}(t)$ 与该时刻的被测物的浓度成正比。在化学发光中，常用峰高表示发光强度，即峰值与被测物浓度成线性关系。也可将式(6-10)进行积分，可得总发光强度 S 为

$$S = \int I_{CL} \cdot dt = \Phi_{CL} \int \frac{dc_A}{dt} \cdot dt = \Phi_{CL} \cdot c_A \tag{6-13}$$

由此可见，当 Φ_{CL} 一定时，总发光强度 S 与被测物的浓度 c_A 成正比，这是化学发光定量分析的基础。

6.6.2　化学发光的类型

1. 直接化学发光和间接化学发光

化学发光反应可分为直接化学发光和间接化学发光。

(1)直接发光　是被测物作为反应物直接参加化学发光反应，生成电子激发态产物分子，该激发态能直接发光，可表示如下：

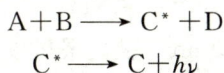

$$A+B \longrightarrow C^* +D$$
$$C^* \longrightarrow C+h\nu$$

式中，A 或 B 是被测物，通过反应生成电子激发态产物 C^*，当 C^* 跃迁回基态时发光。例如，NO 与 O_3 化学发光反应：

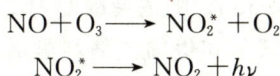

$$NO+O_3 \longrightarrow NO_2^* +O_2$$
$$NO_2^* \longrightarrow NO_2+h\nu$$

(2)间接发光　是被测物 A 或 B 通过化学反应后生成激发态 C^*，C^* 并不直接发光，而是将其能量转给 F，使 F 处于激发态 F^*，当 F^* 跃迁回基态时发光，可表示如下：

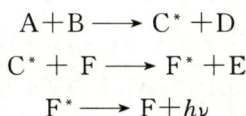

$$A+B \longrightarrow C^* +D$$
$$C^* + F \longrightarrow F^* +E$$
$$F^* \longrightarrow F+h\nu$$

式中，C^* 为能量给予体，F 为能量接受体。例如，用罗丹明 B-没食子酸的乙醇溶液测定大气中的 O_3，其化学发光反应为：

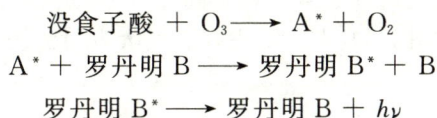

$$没食子酸 + O_3 \longrightarrow A^* + O_2$$
$$A^* + 罗丹明 B \longrightarrow 罗丹明 B^* + B$$
$$罗丹明 B^* \longrightarrow 罗丹明 B + h\nu$$

没食子酸被 O_3 氧化时吸收反应所产生的化学能，形成受激中间体 A^*，而 A^* 又迅速将能量转给罗丹明 B，并使罗丹明 B 分子激发，处于激发态的罗丹明 B^* 分子回到基态时而发光。该光辐射的最大发射波长为 584 nm。

2. 气相化学发光和液相化学发光

(1)气相化学发光　气相化学发光已广泛用于大气污染检测，测定对象主要有两类：一类是常温下呈气态的氰化物、氮化合物、臭氧和乙烯等；另一类是在火焰中易生成气态原子的 P，N，S 和 Te 等元素，这一类也称火焰气相发光。

①臭氧的化学发光反应　臭氧可与 40 多种有机化合物进行化学发光反应。例如，臭氧与乙烯的化学发光反应，该反应对 O_3 是特效的。其反应机理是 O_3 氧化乙烯生成羰基化合物，并化学发光，发光物质是激发态的甲醛。

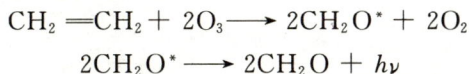

$$CH_2 =CH_2 + 2O_3 \longrightarrow 2CH_2O^* + 2O_2$$
$$2CH_2O^* \longrightarrow 2CH_2O + h\nu$$

臭氧与一氧化氮的化学发光的反应，其化学发光效率较高。其机理已讨论过。该法可间接测定 NO_2 和 NH_3。测定 NO_2 时，可将其还原为 NO 后再测定；测定 NH_3 时，可将其先在高温下氧化为 NO_2。

②利用氧原子的化学发光反应　一般使臭氧在 1 000 ℃的石英管中分解为 O_2 和 O，提供反应所需的氧原子。氧原子与 SO_2，NO，CO 等的化学发光反应分别为

$$SO_2 + O + O \longrightarrow SO_2^* + O_2$$
$$SO_2^* \longrightarrow SO_2 + h\nu$$

该反应的最大发射波长为 200 nm，测定灵敏度可达 1 ng/mL SO_2。

$$NO + O \longrightarrow NO_2^*$$
$$NO_2^* \longrightarrow NO_2 + h\nu$$

该反应的发射光谱范围为 400～1 400 nm，测定灵敏度可达 1 ng/mL NO。

$$CO + O \longrightarrow CO_2^*$$
$$CO_2^* \longrightarrow CO_2 + h\nu$$

该反应的发射光谱范围为 300～500 nm，测定灵敏度为 1 ng/mL CO。

(2)液相化学发光　很多化学试剂和生物试剂均可通过在水溶液中进行化学发光反应进行分析，因此，液相化学发光在痕量分析中十分重要。液相化学发光需发光物质，常用的有鲁米诺、光泽精、洛粉碱、没食子酸和过氧草酸等，此外，还需合适的氧化剂和催化剂。

鲁米诺(3-氨基苯二甲酰肼)是化学发光分析中研究和应用最多的试剂之一。与鲁米诺化学发光反应进行测定的化合物有 Cl_2，HOCl，OCl^-，H_2O_2，O_2 和 NO_2。产生化学发光时量子效率介于 0.01～0.05，最大发射波长为 425 nm。

鲁米诺在碱性溶液中形成叠氮醌(a)，叠氮醌在碱性溶液中在催化剂 Fe(Ⅱ)的作用下，与氧化剂 H_2O_2 生成不稳定的跨环过氧化物中间体(b)，然后再转化为激发态的 3-氨基邻苯二甲酸根阴离子(c)，当其回到基态时而发光。最大发射波长为 425 nm。整个反应历程如图 6-6 所示。

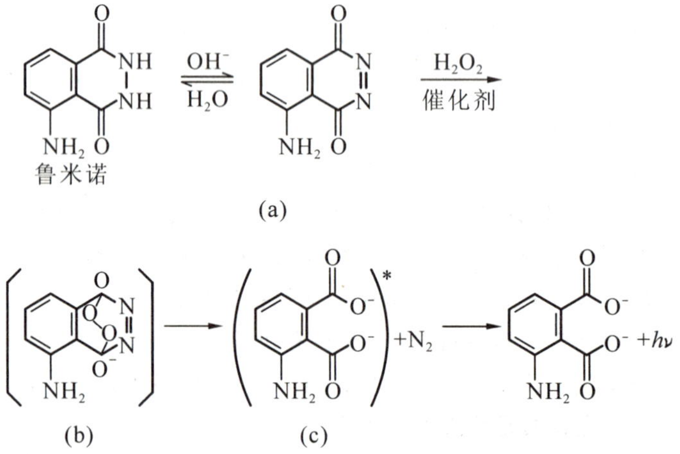

图 6-6　鲁米诺的化学发光

利用上述反应可检测低至 10^{-9} mol/L 的 H_2O_2。

鲁米诺与 H_2O_2 反应，可被一些痕量的过渡族金属离子所催化，使其发光强度大大增加。利用这一现象可测定 Co(Ⅱ)，Cr(Ⅲ)，Cu(Ⅱ)，Fe(Ⅱ)，Mn(Ⅱ)，Ni(Ⅱ)和 V(Ⅳ)

等金属离子。此外，还可利用某些金属离子对其化学发光的抑制效应，间接测定这些金属离子，如 $Ce(Ⅳ)$，$Hf(Ⅳ)$等。

鲁米诺化学发光体系还可用于许多生物物质的测定和生化反应的研究。在这些反应中，通常均涉及 H_2O_2 的产生或 H_2O_2 参加反应。例如，氨基酸的测定，首先作为酶促反应的底物，在氨基酸氧化酶的作用下，可产生定量的 H_2O_2：

$$氨基酸 + O_2 \xrightarrow{\text{氨基酸氧化酶}} 酮酸 + NH_3 + H_2O_2$$

然后 H_2O_2 与鲁米诺产生化学发光反应：

$$鲁米诺 + H_2O_2 \longrightarrow 产物 + h\nu$$

通过测定发光强度，可求得氨基酸的含量。

6.6.3　化学发光的测量仪器

化学发光的测量仪器比较简单，主要包括试样室、光检测器、放大器和信号输出装置，如图 6-7 所示。

化学发光反应在试样室中进行。试样与试剂的混合方式有间歇式不连续和流动注射连续两种。从试样室中产生的化学发光直接进入检测器进行光电转换，再通过放大器进入信号输出装置。

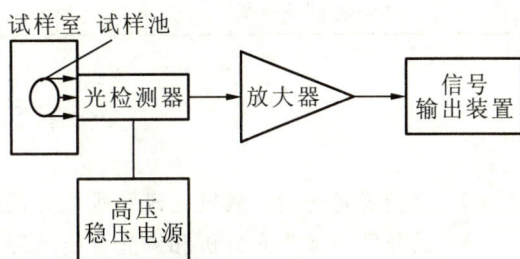

图 6-7　化学发光测量仪原理方框图

6.6.4　应用

化学发光分析法由于灵敏度高、设备简单、分析速度快等优点，应用非常广泛。表 6-7 和表 6-8 列了一些应用实例。

表 6-7　鲁米诺化学发光体系用于微量金属离子的测定

金属离子	氧化剂-添加剂	检出限/$(mol \cdot mL^{-1})$	灵敏度/$(\mu g \cdot mL^{-1})$
$CO(Ⅱ)$	H_2O_2	10^{-10}	
$Cu(Ⅱ)$	H_2O_2	10^{-9}	
$Ni(Ⅱ)$	H_2O_2	10^{-8}	
$Cr(Ⅲ)$	H_2O_2	$10^{-10} \sim 10^{-9}$	
$Fe(Ⅱ)$	O_2	10^{-10}	
$Mn(Ⅱ)$	H_2O_2-amine	10^{-8}	
$V(Ⅳ)$	O_2-$P_2O_7^{4-}$		0.002
$Ce(Ⅳ)$	H_2O_2-Cu^{2+}		0.1*
$Th(Ⅳ)$	H_2O_2-Cu^{2+}		1.0*
$Ti(Ⅳ)$	H_2O_2-Cu^{2+}		0.02*
$Hf(Ⅳ)$	H_2O_2-Cu^{2+}		0.01*

＊采用化学发光抑制法。

表 6-8　某些物质生物发光分析的检测水平

化　合　物	检测水平/pmol
烟酰胺腺嘌呤二核苷酸(NADH)	0.5～1 000
6-磷酸葡萄糖	2～100
乙醇	(0.003～0.012)×10^{-2}
睾酮	0.8～1 000
乳酸脱氢酶	0.001～1
6-磷酸葡萄糖脱氢酶	0.001～1
乙醇脱氢酶	0.001～10
氨甲蝶吟	0.5～2
三硝基甲苯	10 amol(a=10^{-18})

习题

1. 比较荧光光谱、激发光谱和吸收光谱的异同。

2. 试分别列举荧光分析和磷光分析的环境影响因素。

3. 试写出荧光分析的定量公式，并指出该公式的应用条件。

4. 解释下列术语：

单重态、三重态、荧光、磷光、振动弛豫、内转换、系间窜跃、激发光谱、荧光猝灭

5. 何谓荧光量子效率？哪些分子结构的物质有较高的荧光效率？

6. 比较紫外-可见分光光度计和荧光光度计的异同点。

7. 为什么荧光发射光谱的形状与激发光谱的波长无关？

8. 为什么物质的荧光发射光谱与激发光谱之间呈镜像对称关系？

9. 为什么荧光分析法的灵敏度高于紫外-可见分光光度？

10. 为什么发射磷光的时间要比发射荧光的时间迟？

11. 下列化合物中哪种的荧光最强。

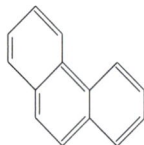

Ⅰ　　　　　　Ⅱ　　　　　　　　Ⅲ

第 7 章　红外吸收光谱法
（Infrared Spectrometry）

7.1　概述

红外吸收光谱法也称红外分光光度法，其光谱区域是处于 0.75～200 μm，即介于可见光到微波区的波段范围。它是定性鉴定化合物和测定分子结构最常用的方法。

红外吸收光谱按红外辐射的波长，可分为近红外区（0.75～2.5 μm）、中红外区（2.5～25 μm）和远红外区（25～200 μm）。红外光谱通常以微米（μm）表示波长单位，或用波数 $\sigma(cm^{-1})$ 表示其频率，两者之间的关系为：

$$\sigma(cm^{-1}) = \frac{10^4}{\lambda(\mu m)} \tag{7-1}$$

中红外区在红外吸收光谱分析中的应用最广，该区的吸收是由分子的振动能级跃迁引起的（伴随分子转动能级跃迁），故也称振动光谱。

有机化合物的红外吸收光谱具有特征性，每种化合物都具有本身特有的红外吸收光谱，两种化合物不可能具有完全相同的吸收曲线，故可进行定性鉴定。

若以一定频率的红外辐射照射某有机化合物分子时，分子中某一基团的振动频率与红外辐射频率一致，则分子吸收该辐射能，由基态振动能级跃迁到较高振动能级。以红外光谱仪记录，测得红外吸收光谱图。横坐标为波长或波数，表示吸收峰的位置；纵坐标为透射率（$T\%$），表示吸收强度。图 7-1 为聚乙烯薄膜的红外吸收光谱图。图中 4 个吸收峰的位置分别在 3.4 μm，6.8 μm，7.3 μm 和 14 μm，且其吸收强度不等。

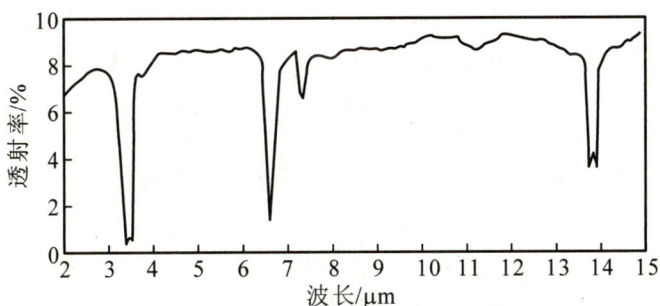

图 7-1　聚乙烯薄膜的红外吸收光谱图

红外吸收光谱定性分析分为官能团分析和结构分析。前者是根据化合物的红外光谱特征谱带确定化合物含有何种官能团，从而确定有关化合物的类别；后者是由化合物的红外光谱，结合其他性质，测定有关化合物的化学结构或立体结构，从而得出分子内原子的排布情况。

红外光谱定性分析的特点是：特征性高，灵敏快速，所需试样量少，不破坏试样，气、液、固态试样均可进行测定。

7.2 基本原理

7.2.1 红外吸收光谱的产生

分子整体呈电中性。由于构成分子的各原子电负性不相同，因此分子呈现不同的极性，以偶极矩表示。偶极矩大小与分子中电荷大小和正负电荷中心距离有关。分子内原子不停地振动，振动时正负电荷不变，但其中心距离发生变化，因此，分子的偶极矩可能会发生变化。

当以一定频率的红外辐射照射分子时，如果分子中某种基团的振动频率与其一致，则产生共振。光的辐射能通过分子偶极矩的变化传递给分子，此时分子中某种基团就吸收了该频率的红外辐射，从基态振动能级跃迁到较高的振动能级，产生红外吸收光谱。对于同核分子如 N_2，O_2，Cl_2 等，由于正负电荷中心重叠，分子振动没有偶极矩的变化，这类分子不吸收红外辐射，故不产生红外吸收光谱。

因此，红外光谱是由分子振动能级的跃迁而产生的，但并不是所有的振动能级跃迁都能在红外光谱中产生吸收峰，物质吸收红外光发生振动和转动能级跃迁必须满足两个条件：①红外辐射光量子具有的能量等于发生分子振动跃迁的两能级的能级差；②分子振动时，偶极矩的大小或方向必须有一定的变化，即具有偶极矩变化的分子振动是红外活性振动，否则是非红外活性振动。

7.2.2 分子的转动光谱

分子本身可以围绕许多轴不停地转动，如双原子分子 CO，可以围绕价键和通过分子质量中心并垂直价键的轴转动，见图 7-2。后一种情况的转动，分子偶极矩发生变化，吸收红外辐射并以高频率转动，吸收光谱出现在远红外区，其转动能量为

$$E_J = \frac{J(J+1)h^2}{8\pi^2 I} \tag{7-2}$$

式中，J 为转动量子数，取值 0，1，2，3，…；I 为分子的惯性矩。如果该双原子分子为刚性，则

$$I = \mu R_0^2 \tag{7-3}$$

式中，R_0 为两原子间的中心距离；μ 为分子的折合质量，

$$\mu = \frac{m_1 m_2}{m_1 + m_2} \tag{7-4}$$

对双原子分子 CO，

$$m_1 = \frac{12.00 \text{ g} \cdot \text{mol}^{-1}}{6.02 \times 10^{23} \text{ mol}^{-1}} = 1.99 \times 10^{-23} \text{ g}$$

$$m_2 = \frac{16.00 \text{ g} \cdot \text{mol}^{-1}}{6.02 \times 10^{23} \text{ mol}^{-1}} = 2.66 \times 10^{-23} \text{ g}$$

它在平衡位置的 R_0 为 1.13×10^{-8} cm，惯性矩 I 为 14.5×10^{-40} g·cm^2。

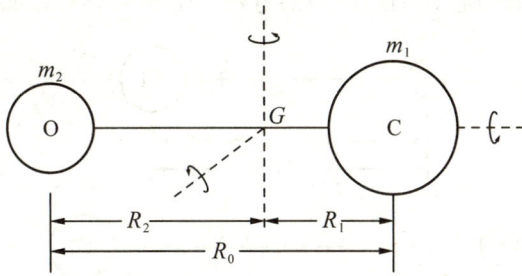

图 7-2 CO 刚性转子

G—分子质量中心　R_0—两原子间的中心距离　R_1，R_2—碳原子、氧原子到
分子质量中心的距离　m_1，m_2—碳原子、氧原子的静止质量

对于双原子分子，允许转动能量跃迁的选律为 $\Delta J=\pm1$，但在吸收光谱中，$\Delta J=-1$ 无意义。当转动量子数 $J=0$ 的能态向 $J=1$ 的能态跃迁时，转动能级由 $E_0=0$ 变为 $E_1=\dfrac{2h^2}{8\pi^2 I}$，所吸收红外辐射的波数 σ 可由 Bohr 条件得到：

$$E_1-E_0=hc\sigma \tag{7-5}$$

则

$$\sigma=\frac{2h}{8\pi^2 Ic}=2B \tag{7-6}$$

其中，B 为转动常数，

$$B=\frac{h}{8\pi^2 Ic}=27.99\times10^{-40}/I \tag{7-7}$$

选律所允许的其他跃迁相应的波数，也同样可以进行计算。结果表明刚性双原子分子的转动光谱，包括一系列波数为 $2B$，$4B$，$6B$，…的等距离谱线。谱线间的距离与惯性矩成反比，故从纯转动光谱可以测得双原子分子的惯性距，从而求出核间距离。

完全刚性的双原子分子并不存在。当转动能增大时，离心力使价键伸长，惯性矩增大。因此，随着波数增大（转动能增大），转动谱线之间的距离减小。

同核双原子分子如 O_2，H_2，N_2 等，因为它们没有永久偶极矩，不产生纯转动光谱。对多原子分子来说，除少数几个线状分子如 HC≡CH 或 HCN 之外，在相互垂直的轴上都有三个惯性矩。因此它们的光谱比双原子分子复杂。

引起转动能级跃迁所需的能量很小，相当于波长大于 $100~\mu m$（波数 <100 cm^{-1}）的远红外辐射。因为转动能级是量子化的，故气体在远红外区的吸收是一系列不连续的特征谱线。液体和固体由于其分子间的碰撞和相互作用，谱线加宽成为连续光谱。远红外区的吸收光谱测量有一定困难，因此不讨论纯转动光谱。

7.2.3　分子的振动光谱

分子发生振动能级跃迁时，伴随有转动能级的跃迁，因此无法测得纯振动光谱。为便于理解，以双原子分子 HCl 的纯振动光谱为例进行讨论。两个原子以较小振幅围绕其平衡位置振动形成的体系，类似于一谐振子。这种振动的不同时刻，如两原子核间距分别为 r_e 和 r 时，则两核至质量中心 G 的距离分别为 r_1，r_2 与 r_1'，r_2'，如图 7-3 所示。

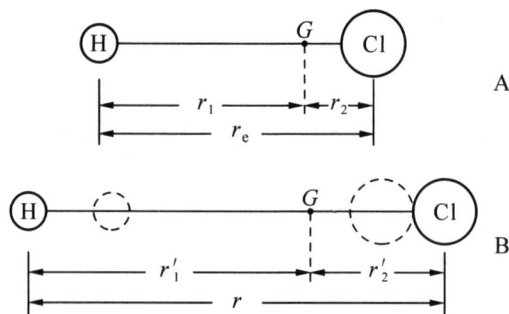

图 7-3 双原子分子振动
A—平衡状态   B—伸缩振动

体系的动能为

$$T = \frac{1}{2} m_1 (r_1')^2 + \frac{1}{2} m_2 (r_2')^2 = \frac{1}{2} \mu r^2 \tag{7-8}$$

式中，μ 为折合质量；m_1，m_2 分别为氢原子和氯原子的质量。体系的势能为

$$V = \frac{1}{2} K (r - r_e)^2 \tag{7-9}$$

式中，K 为键力常数。根据量子力学可知分子振动总能量为

$$E_\nu = \left(\upsilon + \frac{1}{2} \right) hc\nu \tag{7-10}$$

式中，$\upsilon = 1，2，3，\cdots$ 为振动量子数；ν 为振动频率。根据胡克定律

$$\nu = \frac{1}{2\pi c} \sqrt{\frac{K}{\mu}} \tag{7-11}$$

将式(7-11)代入式(7-10)，得

$$E_\nu = \frac{h}{2\pi} \sqrt{\frac{K}{\mu}} \left(\upsilon + \frac{1}{2} \right) \tag{7-12}$$

双原子分子谐振子模型的选律是：

（1）非极性的同核双原子分子在振动过程中，偶极矩不发生变化，$\Delta \upsilon = 0$，无振动光谱。

（2）极性分子 $\Delta \upsilon = \pm 1$。若振动能级由 $\upsilon = 0$ 向 $\upsilon = 1$ 跃迁，其能量变化为

$$\Delta E_\nu = \frac{h}{2\pi} \sqrt{\frac{K}{\mu}} \tag{7-13}$$

因为 $\Delta E_\nu = E_1 - E_2 = hc\sigma$，所以

$$hc\sigma = \frac{h}{2\pi} \sqrt{\frac{K}{\mu}} \tag{7-14}$$

$$\sigma = \frac{1}{2\pi c} \sqrt{\frac{K}{\mu}} = \nu \tag{7-15}$$

式(7-11)和式(7-15)表明：当振动量子数由 $\upsilon = 0$ 变到 $\upsilon = 1$ 时，双原子分子所吸收光

的波数 σ 值等于谐振子的振动频率 ν。

若键力常数以 N/cm 为单位，折合质量 μ 以原子质量单位为单位，式(7-15)可改写为

$$\sigma=1\,303\sqrt{\frac{K}{\mu}} \tag{7-16}$$

式(7-16)表明，当把 HCl 看成是一个谐振子时，只要知道键力常数 K，即可求出吸收峰位置 $\sigma(\mathrm{cm}^{-1})$。常见化学键的键力常数见表 7-1。而求双原子分子键力常数的经验公式为

$$K=aN\left(\frac{X_{\mathrm{A}}X_{\mathrm{B}}}{d^2}\right)^{3/4}+b \tag{7-17}$$

式中，a 和 b 是和 A，B 原子在周期表中的位置有关的常数；N 为两原子间的价键数；d 是核间距；X_{A}，X_{B} 分别为两原子的电负性。理论计算得 HCl 键伸缩振动的基频为 $2\,993\ \mathrm{cm}^{-1}$，而实验得其红外吸收频率为 $2\,885.9\ \mathrm{cm}^{-1}$，两者基本一致。因此，可以通过式(7-16)和式(7-17)估计各种基团基本吸收峰的波数；反过来可由振动光谱求键力常数。

此外还可以由式(7-16)求得具有相同原子对的单键、双键和三键的吸收位置间的关系。双键和三键的键力常数大致分别为单键的两倍和三倍。例如，C—C 键的基频为 $1\,195\ \mathrm{cm}^{-1}$，推算出 C＝C 键的基频为 $1\,195\sqrt{2}=1\,685\ \mathrm{cm}^{-1}$，C≡C 键的基频为 $1\,195\sqrt{3}=2\,070\ \mathrm{cm}^{-1}$。这些计算值均与实验观察值相接近。

表 7-1 某些化学键的键力常数和成键原子折合质量

原子对	$K/(\mathrm{N/cm})$	$\mu=\frac{m_1 m_2}{m_1+m_2}$
C—C	4.5	6
C＝C	9.6	6
C≡C	15.6	6
C—O	5.0	6.86
C＝O	12.1	6.86
C—H	5.1	0.923
O—H	7.7	0.941
C—N	5.8	6.46
N—H	6.4	0.933

上述是将分子按谐振子讨论的，实际上分子为非谐振子。因此，能量公式(7-10)用于实际的双原子分子时需加以修正。非谐振子的选律不局限于 $\Delta\upsilon=\pm1$，它可以为 $\Delta\upsilon=\pm1$，±2，±3，…这就是在红外光谱中除了观察到强的基频吸收外，还可以看到弱的倍频和组频吸收的原因。由 $\upsilon=0$ 跃迁到 $\upsilon=1$ 产生的吸收谱带，称为基本谱带或基频；由 $\upsilon=0$ 跃迁到 $\upsilon=2$，$\upsilon=3$ 产生的吸收谱带分别称为二倍频谱带和三倍频谱带。

当振动量子数由 $\upsilon=0$ 变到 $\upsilon=1$ 时，非谐振子的基频吸收位置 σ' 由下式给出：

$$\Delta E_{\upsilon}=E_1-E_2=hc\sigma' \tag{7-18}$$

非谐振子的总能量 E_{υ} 可从量子力学求得，

$$E_\nu = hc\nu\left(\upsilon + \frac{1}{2}\right) - hc\nu x\left(\upsilon + \frac{1}{2}\right)^2 + \cdots \qquad (7\text{-}19)$$

为了简化，式(7-19)取到第二项。与式(7-10)比较，式(7-19)多了第二项。式中 x 为非谐振常数，表示分子振动的非谐振性大小。从式(7-18)及式(7-19)可计算：

$$\sigma'(\mathrm{cm}^{-1}) = \frac{\Delta E_\nu}{hc} = \nu\left[\left(1 + \frac{1}{2}\right) - \left(0 + \frac{1}{2}\right)\right] - \nu x\left[\left(1 + \frac{1}{2}\right)^2 - \left(0 + \frac{1}{2}\right)^2\right]$$
$$= \nu - 2\nu x$$

式中，ν 为双原子分子作为谐振子处理时的振动频率。做非谐振动的双原子分子的真实吸收峰波数为 σ'。σ' 不等于 ν，比 ν 低 $2\nu x$。这就是以谐振子计算的 HCl 伸缩振动基频 2 993 cm^{-1}，比实际观测值 2 885.9 cm^{-1} 大的原因。

由式(7-19)也可计算非谐振子的倍频吸收。当振动量子数由 0 变到 2 时，得到倍频吸收位置为

$$\sigma''(\mathrm{cm}^{-1}) = 2\nu - 6\nu x \qquad (7\text{-}20)$$

式(7-20)表明，其倍频吸收并不在基频吸收位置的 2 倍处，要低 $6\nu x$ 波数，这也与实验观测结果相吻合。

7.2.4　分子的振动-转动光谱

振动能级跃迁伴随转动能级的跃迁。当红外光照射分子时，测不到纯振动的谱线，得到的是由很多相隔很近的谱线(转动吸收)所组成的吸收带。利用高分辨仪器测低压简单气体分子的红外光谱，可观测到这种精细结构。

如分子振动以谐振子处理，转动以刚体处理，则振-转能级的能量为式(7-2)和式(7-10)的加和，即

$$E_{V+J} = \left(\upsilon + \frac{1}{2}\right)hc\nu + \frac{J(J+1)h^2}{8\pi^2 I} = \left(\upsilon + \frac{1}{2}\right)hc\nu + BhcJ(J+1) \qquad (7\text{-}21)$$

式中，$B = \dfrac{h}{8\pi^2 Ic}$ 称为转动常数。令 J 为 $\upsilon = 0$ 时的转动量子数，J' 为 $\upsilon = 1$ 时的转动量子数，若由 $\upsilon = 0$，$J = J$ 向 $\upsilon = 1$，$J = J'$ 跃迁，则吸收的红外光的波数为

$$\sigma(\mathrm{cm}^{-1}) = \frac{\Delta E_{V+J}}{hc} = \nu\left[\left(1 + \frac{1}{2}\right) - \left(0 + \frac{1}{2}\right)\right] + B[J'(J'+1) - J(J+1)]$$
$$= \nu + B[J'(J'+1) - J(J+1)] \qquad (7\text{-}22)$$

对多原子线形分子，若偶极矩变化平行于分子轴，其选律为 $\Delta J = \pm 1$；若偶极矩变化垂直于分子轴，其选律为 $\Delta J = 0, \pm 1$，由式(7-22)分别得出吸收辐射的波数 σ。

当 $\Delta J = 0$，即 $J' = J$ 时，

$$\sigma(\mathrm{cm}^{-1}) = \nu \qquad (7\text{-}23)$$

这个与 J 无关的方程式给出的吸收带，称为 Q 支。

当 $\Delta J = 1$，即 $J' = J + 1$ 时，

$$\sigma(\mathrm{cm}^{-1}) = \nu + 2B(J+1) \qquad (7\text{-}24)$$

式中，$J = 0, 1, 2, 3, \cdots$ 式(7-24)表示的一系列谱线，称为振动光谱的基本谱带的 R 支。

当 $\Delta J = -1$，即 $J' = J - 1$ 时，

$$\sigma(\mathrm{cm}^{-1})=\nu-2BJ \tag{7-25}$$

式中，$J=0$，1，2，3，…式(7-25)表示的一系列谱线，称为振动光谱的基本谱带的 P 支。在式(7-25)中，J 不能等于 0，因为 J' 是比 J 低的整数。例如，异核双原子的 HCl 分子，在振动过程中，偶极变化平行于价键轴，根据选律，只能有 $\Delta J=\pm 1$，因此得到振动和转动相结合的 P 支和 R 支光谱带。图 7-4 中，(a)是用高分辨率红外光谱仪得到的精细结构，P 支和 R 支的每一条谱线的波数与用上述公式计算的数值基本上是吻合的。(b)是用低分辨率红外光谱仪得到的 HCl 的基本谱带，其中 R 支和 P 支表现为两个宽的吸收峰。通常进行结构分析时所得到的红外光谱就是这种吸收峰。

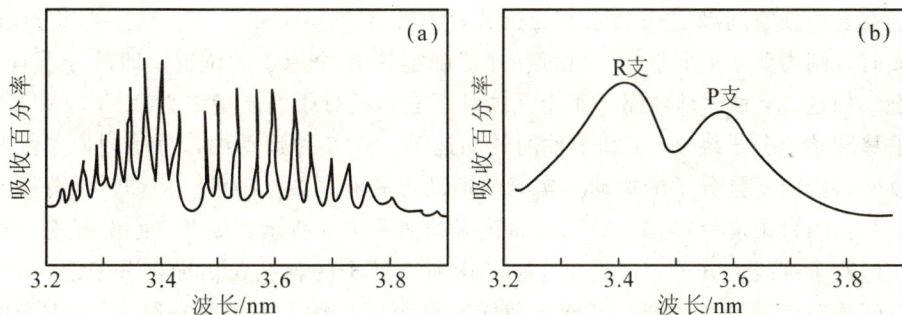

图 7-4　HCl 的振动-转动光谱的基本谱带

7.2.5　分子的振动形式

分子中各种化学键的振动形式分为两大类。

(1) 伸缩振动　原子沿键轴方向往复运动，即改变键长度的振动，分为对称(以 ν_s 表示)和反对称伸缩振动(ν_{as})。反对称振动的吸收频率要稍稍高于对称振动的吸收频率。图 7-5(a)和(b)为亚甲基的 ν_s 和 ν_{as} 振动。

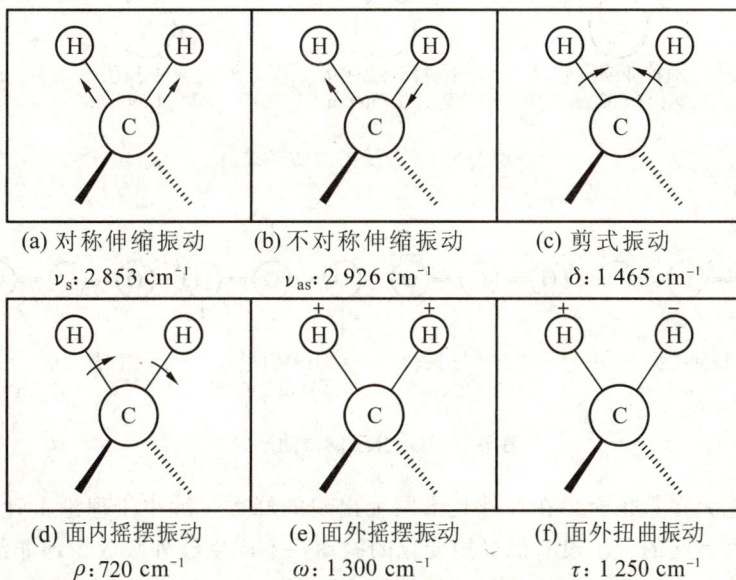

(a) 对称伸缩振动
ν_s: 2 853 cm^{-1}

(b) 不对称伸缩振动
ν_{as}: 2 926 cm^{-1}

(c) 剪式振动
δ: 1 465 cm^{-1}

(d) 面内摇摆振动
ρ: 720 cm^{-1}

(e) 面外摇摆振动
ω: 1 300 cm^{-1}

(f) 面外扭曲振动
τ: 1 250 cm^{-1}

图 7-5　分子的振动形式(以亚甲基为例)

(2)弯曲振动　原子垂直于价键方向的运动，又称变形振动，分为平面内和平面外(简称面内和面外)弯曲振动。面内弯曲振动在几个原子所构成的平面内进行，分为剪式弯曲振动和面内摇摆弯曲振动，以 CH_2 为例，见图 7-5(c)和(d)。面外弯曲振动在垂直于以价原子所在平面内进行，分为面外摇摆弯曲振动和扭曲振动，见图 7-5(e)和(f)。符号＋和－分别表示垂直纸平面，方向相反的振动，在弯曲振动中，键长不发生变化而键角发生变化。

7.2.6　基本振动的理论数

基频吸收带的数目等于分子的振动自由度，即等于确定分子中各原子在空间的位置所需坐标的总数。在空间确定一个原子的位置，需要 3 个坐标(x, y 和 z)。当分子由 N 个原子组成时，则需要 $3N$ 个坐标(自由度)才能确定其 N 个原子的位置，即该分子有 $3N$ 种运动状态。但这 $3N$ 种运动状态并不全是振动，它包括分子的质量中心沿 x，y 和 z 3 个坐标方向平移和整个分子绕 x，y 和 z 轴的转动运动。这 6 种运动中，分子内原子的相对位置没有改变，因而不是分子的振动。实际的振动形式有($3N-6$)种。例如，水分子是非线形分子，其振动自由度＝$3 \times 3 - 6 = 3$，简正振动如图 7-6 所示。因此，水分子有 3 个红外吸收峰。但对于直线形分子，假设贯穿分子中所有原子的轴在 x 方向，分子绕 x 轴转动，原子的空间绝对位置没有改变，不能形成转动自由度。整个分子只有绕 y，z 方向的转动自由度，因此直线形分子的振动形式有($3N-5$)种。例如，CO_2 分子是直线形，振动自由度＝$3 \times 3 - 5 = 4$，其振动形式如图 7-7 所示。由于 CO_2 分子对称伸缩振动偶极矩变化为零，不产生红外吸收；而面内弯曲和面外弯曲的吸收频率相同，两个振动发生简并，吸收峰重叠。因此，CO_2 分子虽然有 4 个振动自由度，但只在 2 349 cm^{-1} 和 667 cm^{-1} 处有两个吸收峰。

对称伸缩振动　　　　　不对称伸缩振动　　　　　弯曲振动
ν_s: 3 652 cm^{-1}　　　ν_{as}: 3 756 cm^{-1}　　　δ: 1 595 cm^{-1}

图 7-6　水分子的振动形式

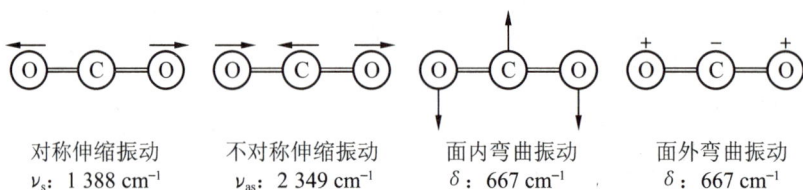

对称伸缩振动　　　不对称伸缩振动　　　面内弯曲振动　　　面外弯曲振动
ν_s: 1 388 cm^{-1}　　ν_{as}: 2 349 cm^{-1}　　δ: 667 cm^{-1}　　δ: 667 cm^{-1}

图 7-7　CO_2 分子的振动形式

实际上，绝大多数化合物在红外光谱图上出现的峰数，远小于理论上计算的振动数，这是由以下原因引起的：①没有偶极矩变化的振动，不产生红外吸收，即非红外活性；②相同频率的振动吸收重叠，即简并；③仪器不能区别那些频率十分相近的振动，或因吸收带很弱，仪器检测不出；④有些吸收带落在仪器检测范围之外。

7.3　红外光谱与分子结构

7.3.1　基团振动与红外光谱区域的关系

红外光谱分析在中红外区应用最广。按照红外光谱与分子结构的特征，可将红外光谱分为官能团区（4 000～1 330 cm^{-1}）和指纹区（1 330～400 cm^{-1}）。官能团区为化学键和基团的特征振动频率区，该区的吸收光谱主要反映分子中特征基团的振动，鉴定基团主要在该区进行。指纹区的吸收光谱很复杂，能反映分子结构的细微变化。每一种化合物在该区的谱带位置、强度和形状都不相同，如人的指纹一样，可用于认证有机化合物。此外，在指纹区也有一些特征吸收峰，有助于鉴定官能团。

利用红外光谱鉴定化合物的结构，需要熟悉重要的红外光谱区域基团与频率的关系。一般将中红外区分为四个区，如图 7-8 所示。下面对各区的基团振动作一介绍：

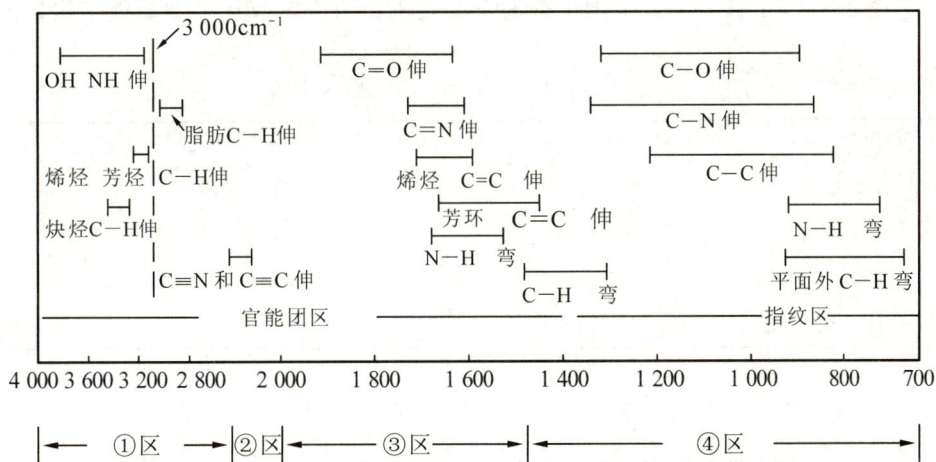

图 7-8　重要的基团振动和红外光谱区域

1. X—H 伸缩振动区（X 代表 C，O，N，S 等原子）

频率范围为 4 000～2 500 cm^{-1}。该区主要包括 O—H，N—H，C—H 等键的伸缩振动。O—H 伸缩振动在 3 700～3 100 cm^{-1}，氢键的存在使频率降低，谱峰变宽，它是判断有无醇、酚和有机酸的重要依据。C—H 伸缩振动分饱和烃与不饱和烃两种。饱和烃 C—H 伸缩振动在 3 000 cm^{-1} 以下；但三元环的 C—H 伸缩振动除外，它的吸收在 3 000 cm^{-1} 以上。不饱和烃 C—H 伸缩振动（包括烯烃、炔烃、芳烃的 C—H 伸缩振动）在 3 000 cm^{-1} 以上。N—H 伸缩振动在 3 500～3 300 cm^{-1} 区域，它和 O—H 谱带重叠，但峰形比 O—H 尖锐。伯、仲酰胺和伯、仲胺类在该区都有吸收谱带。

2. 三键和累积双键区

频率范围在 2 500～2 000 cm^{-1}。该区红外谱带较少，主要包括 —C≡C—，—C≡N 等

三键的伸缩振动和 —C=C=C—，—C=C=O 等累积双键的反对称伸缩振动。

3. 双键伸缩振动区

振动频率在 $2\ 000\sim1\ 500\ cm^{-1}$ 区域。该区主要包括 $C=O$，$C=C$，$C=N$，$N=O$ 等键的伸缩振动以及苯环的骨架振动、芳香族化合物的倍频谱带。羰基 $C=O$ 的伸缩振动在 $1\ 600\sim1\ 900\ cm^{-1}$ 区域，如醛、酮、羧酸、酯、酰卤、酸酐等在该区有强吸收带。$C=O$ 伸缩振动吸收带的位置还与邻接基团有密切关系，因此对判断羰基化合物的类型有重要价值。$C=C$ 伸缩振动出现在 $1\ 600\sim1\ 660\ cm^{-1}$，一般强度较弱，当各邻接基团差别比较大时，如正己烯的 $C=C$ 吸收带就很强。单核芳烃的 $C=C$ 伸缩振动出现在 $1\ 500\sim1\ 480\ cm^{-1}$ 和 $1\ 600\sim1\ 590\ cm^{-1}$ 两个区域。这两个峰是鉴别有无芳核存在的重要标志之一，一般前者谱带较强，后者较弱。

苯的衍生物在 $2\ 000\sim1\ 667\ cm^{-1}$ 区域出现 C—H 面外弯曲振动的倍频或组频峰，强度很强，该区吸收峰的数目和形状与芳核的取代类型有关，在鉴定苯环取代类型上非常有用。苯环上 H 原子面外变形的吸收峰在 $900\sim600\ cm^{-1}$ 区域，吸收峰的特征取决于环上的取代形式，即与苯环上相邻的 H 原子数有关，而与取代基的性质无关(见表7-2)。这些特征连同它在 $2\ 000\sim1\ 650\ cm^{-1}$ 范围出现的泛频吸收，为决定取代类型提供了很好的依据(图7-9)。

表 7-2　苯环取代类型在 $900\sim650\ cm^{-1}$ 的面外变形振动 σ_{C-H}

取代类型	相邻氢数	σ_{C-H}/cm^{-1}
单取代	5H	770～730，710～690
邻位取代	4H	770～735
间位取代	3H	810～750，725～680
对位取代	2H	860～800

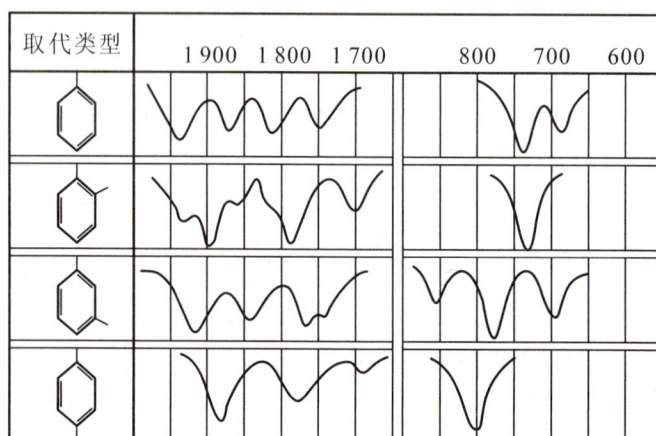

图 7-9　苯环取代类型在 $2\ 000\sim1\ 667\ cm^{-1}$ 和 $900\sim600\ cm^{-1}$ 的图形

4. 部分单键振动及指纹区

在 1 500～670 cm^{-1} 区域的光谱比较复杂，出现的振动形式多。对鉴定有用的主要特征谱带有 C—H，O—H 的变形振动，以及 C—O，C—N，C—X 等的伸缩振动。

饱和的 C—H 弯曲振动有甲基和亚甲基。前者有对称和反对称弯曲振动，以及平面摇摆振动。对称弯曲振动特征吸收谱带在 1 370～1 380 cm^{-1} 范围，受取代基影响小，可作为判断甲基的依据。亚甲基有四种弯曲振动，以平面摇摆振动在结构分析中最为有用。当四个以上的—CH$_2$—成直链时，亚甲基的平面摇摆振动出现在 722 cm^{-1} 处。

烯烃的 C—H 弯曲振动波数在 1 000～800 cm^{-1} 范围内的非平面摇摆振动最为有用，可借助这些吸收峰鉴别各种取代类型的烯烃。

芳烃的 C—H 弯曲振动主要为 900～650 cm^{-1} 范围内的面外弯曲振动（见表 7-2），在确定苯环的取代类型时是特征的。甚至可以利用这些峰对苯环的邻、间、对位异构体混合物进行定量分析。

C—O 伸缩振动常常是该区中最强的峰，容易识别。通常，醇的 C—O 伸缩振动在 1 200～1 000 cm^{-1}；酚的 C—O 伸缩振动在 1 300～1 200 cm^{-1}。在酯、醚中有 C—O—C 的对称伸缩振动和反对称伸缩振动，后者比较强。

C—Cl 伸缩振动出现在 800～600 cm^{-1}，C—F 在 1 400～1 000 cm^{-1}，两者都有强吸收。

上述四个重要基团振动光谱区域的分布与用振动频率公式(7-15)计算出的结果基本相符，即键力常数大的（如—C≡C—）、折合质量小的（如 X—H）基团都在高波数区；反之，键力常数小的（如单键）、折合质量大的（如 C—Cl）基团都在低波数区。

7.3.2　化合物的红外吸收特征

1. 常见有机基团的特征吸收

用红外光谱鉴定化合物时，通常需要查阅有关的基团频率表，一些主要基团的红外吸收带情况见表 7-3。

表 7-3　有机基团的特征吸收

基　团	吸收频率/cm^{-1}	振动形式	吸收强度	说　明
—OH(游离)	3 650～3 580	伸缩	m，sh	判断有无醇类、酚类和有机酸的重要依据
—OH(缔合)	3 400～3 200	伸缩	s，b	判断有无醇类、酚类和有机酸的重要依据
—NH$_2$，—NH(游离)	3 500～3 300	伸缩	m	
—NH$_2$，—NH(缔合)	3 400～3 100	伸缩	s，b	
—SH	2 600～2 500	伸缩		
C—H 伸缩振动				
不饱和 C—H				不饱和 C—H 伸缩振动出现在 3 000 cm^{-1} 以上

续表

基 团	吸收频率/cm^{-1}	振动形式	吸收强度	说 明
≡C—H（三键）	3 300 附近	伸缩	s	
=C—H（双键）	3 040～3 010	伸缩	s	末端=CH$_2$ 出现在 3 085 cm^{-1} 附近
苯环中 C—H	3 030 附近	伸缩	s	强度上比饱和 C—H 稍弱，但谱带较尖锐
饱和 C—H				饱和 C—H 伸缩振动出现在 3 000 cm^{-1} 以下（3 000～2 800 cm^{-1}），受取代基影响小
—CH$_3$	2 960±5	反对称伸缩	s	
—CH$_3$	2 870±10	对称伸缩	s	
—CH$_2$	2 930±5	反对称伸缩	s	三元环中的 >CH$_2$ 出现在 3 050 cm^{-1}
—CH$_2$	2 850±10	对称伸缩	s	三级碳上的 C—H 振动吸收出现在 2 890 cm^{-1}，很弱
—C≡N	2 260～2 220	伸缩	s, 针状	干扰少
—N≡N	2 310～2 135	伸缩	m	
—C≡C—	2 260～2 100	伸缩	v	R—C≡CH，2 100～2 140 cm^{-1}；R'—C≡C—R，2 190～2 260 cm^{-1}；若 R'=R，对称分子，无红外谱带
—C=C=C—	1 950 附近	伸缩	v	
C=C	1 680～1 620	伸缩	m, w	
芳环中 C=C	1 600，1 580 1 500，1 450	伸缩	v	苯环的骨架振动
—C=O	1 850～1 600	伸缩	s	其他吸收带干扰少，是判断羰基（酮类、酸类、酯类、酸酐等）的特征频率，位置变动大
—NO$_2$	1 600～1 500	反对称伸缩	s	
—NO$_2$	1 300～1 250	对称伸缩	s	
S=O	1 220～1 040	伸缩	s	
C—O	1 300～1 000	伸缩	s	C—O 键（酯、醚、醇类）的极性很强，故强度大，常成为谱图中最强的吸收
C—O—C	900～1 150	伸缩	s	醚类中 C—O—C 的 σ_{as} = 1 100±50 cm^{-1}，是最强的吸收。C—O—C 对称伸缩在 900～1 000 cm^{-1}，较弱
—CH$_3$，—CH$_2$	1 460±10	CH$_3$ 反对称变形，CH$_2$ 变形	m	大部分有机化合物都含—CH$_3$ 和—CH$_2$，此峰经常出现

续表

基　团	吸收频率/cm^{-1}	振动形式	吸收强度	说　明
—CH$_3$	1 370~1 380	对称变形	s	很少受取代基的影响，且干扰少，是—CH$_3$的特征吸收
$R-\overset{\overset{\displaystyle CH_3}{\mid}}{\underset{\underset{\displaystyle CH_3}{\mid}}{C}}-H$	1 385~1 380 1 375~1 365	CH$_3$ 对称变形裂分为双峰	两峰强度相等	还在 1 140~1 170 cm^{-1} 出现中等或弱峰
$R-\overset{\overset{\displaystyle CH_3}{\mid}}{\underset{\underset{\displaystyle CH_3}{\mid}}{C}}-CH_3$	1 400~1 395 1 375~1 365	CH$_3$ 对称变形裂分为双峰	v	还在 1 200~1 250 cm^{-1} 出现弱的中等峰，较低频率是较高频率的 2 倍
—NH$_2$	1 650~1 560	变形	m, s	
C—F	1 400~1 000	伸缩	s	
C—Cl	800~600	伸缩	s	
C—Br	600~500	伸缩	s	
C—I	500~200	伸缩	s	
=CH$_2$	910~890	面外摇摆	s	
—(CH$_2$)$_n$—, $n>4$	720	面内摇摆	v	
$R-\overset{\overset{\displaystyle O}{\parallel}}{C}-H$	1 740~1 720 2 900, 2 720	伸缩（C=O） 伸缩（C—H）	s w	一般为双峰
$R-\overset{\overset{\displaystyle O}{\parallel}}{C}-O-R'$	1 750~1 735 1 300~1 000	伸缩（C=O） 伸缩（C—O—C）	s s	$\sigma_{as}=1\ 300~1\ 150\ cm^{-1}$, $\sigma_{as}=1\ 140~1\ 030\ cm^{-1}$
$R-\overset{\overset{\displaystyle O}{\parallel}}{C}-OH$	1 760~1 700 3 300~2 500 955~915	伸缩（C=O） 伸缩（O—H） 摇摆（O—H）	s m s	峰很宽，特征 较特征
$R-\overset{\overset{\displaystyle O}{\parallel}}{C}-O-\overset{\overset{\displaystyle O}{\parallel}}{C}-R'$	1 860~1 800 1 800~1 750 1 170~1 050	伸缩（=O） 双峰 伸缩 （C—O—C）	s s s	
$R-\overset{\overset{\displaystyle O}{\parallel}}{C}-NH_2$	1 690~1 650 3 350~3 050 1 650~1 620 ~1400	伸缩（C=O） 伸缩（N—H） 变形（N—H） 变形（C—H）和变形（N—H）的混合峰	s m m w	胺Ⅰ带 胺Ⅱ带 胺Ⅲ带

说明：s~强吸收　b~宽吸收带　w~弱吸收　sh~尖锐吸收峰　v~吸收强度可变。

2. 高分子化合物的红外光谱

高分子化合物的红外光谱是和其结构特征相联系的。高分子链是由许多重复单元组成的，各个重复单元中的原子振动几乎都相同，对应的振动频率也相同，使得它们的光谱图有时显得简单。故对于重复单元的同一个基团的振动可近似地按小分子来考虑。但由于高分子的结构和构型不同，在红外光谱上测得的高分子谱带分为构象谱带、立体规正性谱带和结晶谱带。正是由于这些特点，使红外光谱法在研究高分子物质的结构和组成上得到了广泛的应用，利用红外光谱确证高分子化合物的结构时，可以查阅高分子化合物的红外标准谱。

3. 无机化合物的红外光谱

无机化合物在中红外区的吸收，主要是由阴离子特别是含氧无机阴离子的晶格振动引起的，无机化合物的红外光谱要比有机化合物简单得多，在 $4\,000\sim600\ \mathrm{cm^{-1}}$ 区只显示少数几个宽吸收峰(见图 7-10)。由于组成无机化合物的原子质量比较大，加上晶格振动的力常数小，使不少无机化合物中大部分的特征吸收出现在低波数区域。阴离子吸收峰位置和阳离子的关系较小。

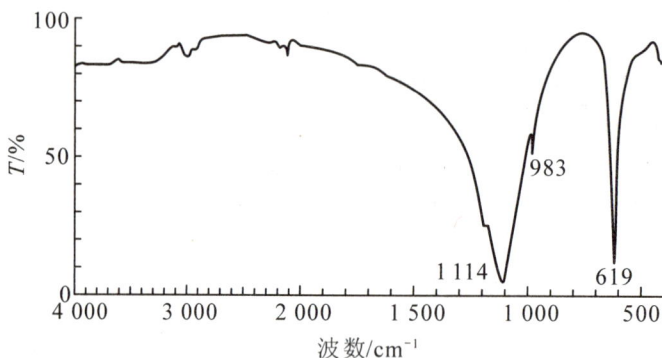

图 7-10　K_2SO_4 的红外光谱

7.3.3　影响基团频率位移的因素

分子中各基团的振动不是孤立的，是受到分子其他部分以及测定状态外部条件的影响。因此，同一基团的振动在不同结构中或不同环境中其吸收频率都或多或少要有所移动。影响基团频率位移的因素有：

1. 内部因素

主要是结构因素，如相邻基团的影响、分子结构的空间分布等因素，使基团频率位移。下面对各个因素进行阐述。

(1)诱导效应(I 效应)　由于取代基具有不同的电负性，通过静电诱导作用，引起分子中电子分布的变化，从而引起键力常数的变化，改变了基团的特征频率。一般电负性大的基团(或原子)吸电子能力强，因此，在烷基酮分子中，$C{=\!=}O$ 键上的电子云偏向 O 原子。当有电负性比 C 原子大的原子与烷基酮的羰基碳相连时，由于诱导效应就会发生 $C{=\!=}O$ 上的电子云转向中间的趋势，使羰基的双键性增强，从而增加了 C＝O 的键力常数，使其吸收频率升高，吸收峰向高波数移动。随着羰基碳原子上连接的吸电子基团或原子数目的增加，吸收峰向高波数移动的程度越显著；若取代原子的电负性增加，同样也会使 C＝O 的吸收频率升高。

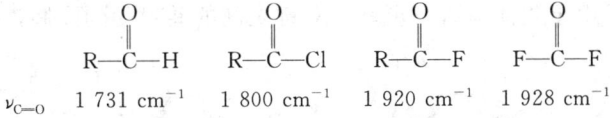

$$\underset{\nu_{C=O}\ \ 1\,731\ cm^{-1}}{R-\overset{\displaystyle O}{\overset{\|}{C}}-H} \qquad \underset{1\,800\ cm^{-1}}{R-\overset{\displaystyle O}{\overset{\|}{C}}-Cl} \qquad \underset{1\,920\ cm^{-1}}{R-\overset{\displaystyle O}{\overset{\|}{C}}-F} \qquad \underset{1\,928\ cm^{-1}}{F-\overset{\displaystyle O}{\overset{\|}{C}}-F}$$

(2)共轭效应(C 效应)　共轭体系中电子离域的现象，可通过 π 键传递。结果使共轭体系中的电子云密度平均化，使原来双键的电子云密度略有降低，双键增长，键力常数 K 减小，因而往往使吸收频率向低波数方向移动。

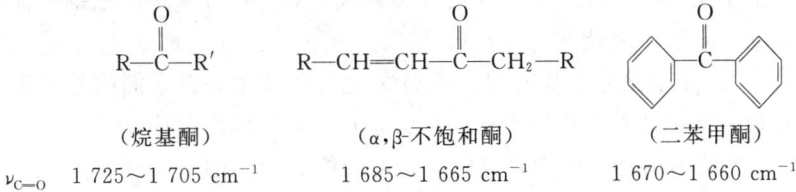

$$\underset{(烷基酮)}{R-\overset{\displaystyle O}{\overset{\|}{C}}-R'} \qquad \underset{(\alpha,\beta\text{-不饱和酮})}{R-CH=CH-\overset{\displaystyle O}{\overset{\|}{C}}-CH_2-R} \qquad \underset{(二苯甲酮)}{\text{二苯甲酮结构}}$$

$$\nu_{C=O}\quad 1\,725\sim1\,705\ cm^{-1}\qquad\quad 1\,685\sim1\,665\ cm^{-1}\qquad\quad 1\,670\sim1\,660\ cm^{-1}$$

(3)中介效应(M 效应)　当含有孤对电子的原子(如 O，N，S 等)与羰基碳原子相连时，也可以产生类似的共轭作用(p-π 共轭)，称之为中介效应。

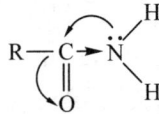

在酰胺分子中，N 原子与羰基碳原子相连，由于中介效应，N 原子上孤对电子向羰基方向移动，使电子云向氧原子方向移动，造成 C＝O 键力常数下降，使吸收频率移向低波数。对于同一基团来说，若诱导效应 I 和中介效应 M 同时存在，则振动频率最后的移动方向和程度，取决于这两种效应竞争的结果。当 I 效应＞M 效应时，振动频率向高波数移动；反之，振动频率向低波数移动。例如：

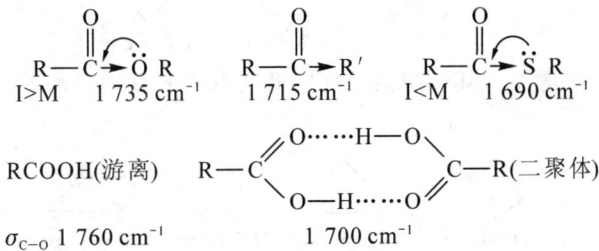

$$\underset{I>M\quad 1\,735\,cm^{-1}}{R-\overset{\displaystyle O}{\overset{\|}{C}}-\ddot{O}\,R} \qquad \underset{1\,715\,cm^{-1}}{R-\overset{\displaystyle O}{\overset{\|}{C}}-R'} \qquad \underset{I<M\quad 1\,690\,cm^{-1}}{R-\overset{\displaystyle O}{\overset{\|}{C}}-S\,R}$$

RCOOH(游离)　　二聚体结构　(二聚体)

$$\sigma_{C=O}\ 1\,760\ cm^{-1}\qquad\qquad 1\,700\ cm^{-1}$$

(4)氢键的影响　氢键的形成往往对吸收峰的位置和强度都有极明显的影响，使伸缩振动频率向低波数方向移动。分子中的一个质子给予体 X—H 和一个质子接受体 Y 形成氢键 X—H⋯Y，使氢原子周围力场发生变化，从而使 X—H 振动的键力常数和其相连的 H⋯Y 的键力常数均发生变化，造成 X—H 的伸缩振动频率往低波数侧移动，吸收强度增大，谱带变宽。此外，对质子接受体也有一定的影响。若羰基是质子接受体，则 $\nu_{C=O}$ 也向低波数移动。以羧酸为例，当用其气体或非极性溶剂的极稀溶液测定时，可以在 1 760 cm^{-1}

处看到游离C=O伸缩振动的吸收峰；若测定液态或固态的羧酸，则只在 1 710 cm⁻¹ 处出现一个缔合的C=O伸缩振动吸收峰，这说明分子以二聚体的形式存在。

氢键可分为分子间氢键和分子内氢键。分子间氢键受样品浓度影响较大，而分子内氢键受到的影响较小。

(5) 立体障碍 由于立体障碍，羰基与双键之间的共轭受到限制，$\nu_{C=O}$ 较高。例如：

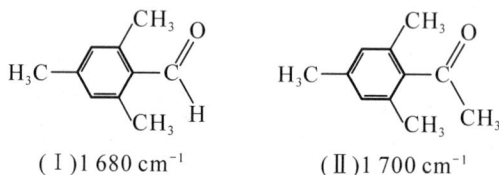

(Ⅰ)1 680 cm⁻¹   (Ⅱ)1 700 cm⁻¹

在(Ⅱ)中由于接在C=O上的CH₃的立体障碍，C=O与苯环的双键不能处在同一平面，结果共轭受到限制，因此其 $\nu_{C=O}$ 比(Ⅰ)稍高。

(6)场效应 在互相靠近的基团间，不是通过化学键而是以它们的静电场通过空间相互作用，引起相应键的红外吸收谱带产生位移，这一效应叫场效应。

如：1,3-二氯代丙酮有三种构象异构体，它们的 $\nu_{C=O}$ 不同。

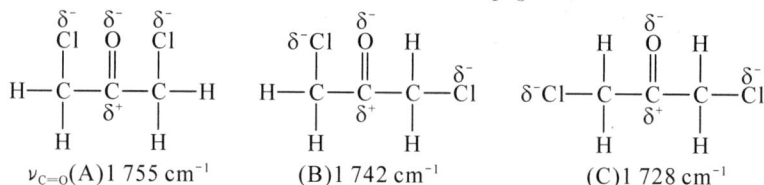

$\nu_{C=O}$(A)1 755 cm⁻¹   (B)1 742 cm⁻¹   (C)1 728 cm⁻¹

由于氯原子与氧原子都是键偶极的负极，在(A)(B)中发生负负相斥的作用使C=O键上电子云向 C 原子转移，C=O的双键性增加，力常数增加，因而(A)和(B)的 $\nu_{C=O}$ 比(C)高。

(7)环张力 对于环状化合物，环外双键随环张力的增加，其波数也相应增加，如：

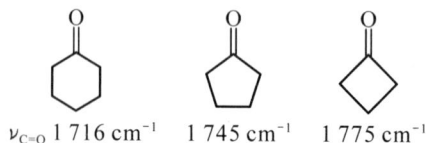

$\nu_{C=O}$ 1 716 cm⁻¹   1 745 cm⁻¹   1 775 cm⁻¹

环内双键随张力的增加，其伸缩振动峰向低波数方向移动，而 C—H 伸缩振动却向高波数方向移动，如：

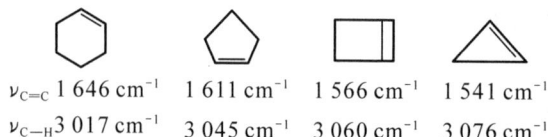

$\nu_{C=C}$ 1 646 cm⁻¹   1 611 cm⁻¹   1 566 cm⁻¹   1 541 cm⁻¹

ν_{C-H} 3 017 cm⁻¹   3 045 cm⁻¹   3 060 cm⁻¹   3 076 cm⁻¹

(8)振动耦合 振动耦合是指当两个化学键振动的频率相等或相近并具有一个公共原子时，由于一个键的振动通过公共原子使另一个键的长度发生改变，产生一个"微扰"，从而形成了强烈的相互作用，这种相互作用的结果，使振动频率发生变化，一个向高频移动，一个向低频移动。振动耦合常常出现在一些二羰基化合物中。

例如，在酸酐中，由于两个羰基的振动耦合，使 $\nu_{C=O}$ 的吸收峰分裂成两个峰，分别出现在 1 820 cm^{-1} 处和 1 760 cm^{-1} 处。

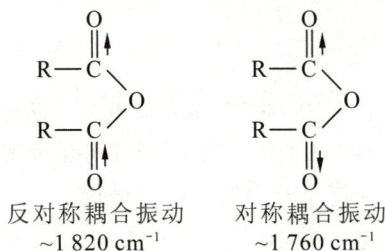

反对称耦合振动   对称耦合振动
~1 820 cm^{-1} ~1 760 cm^{-1}

(9)费米(Fermi)共振 当弱的倍频(或组合频)峰位于某强的基频吸收峰附近时，它们的吸收峰强度常常随之增加，或发生谱峰分裂。这种倍频(或组合频)与基频之间的振动耦合，称为费米共振。例如：⟨◯⟩—COCl 中苯基与羰基间的 C—C 变形振动(880～860 cm^{-1})的倍频与羰基的 $\nu_{C=O}$(1 774 cm^{-1})发生 Fermi 共振，结果是在 1 773 cm^{-1} 处和 1 736 cm^{-1} 处出现 2 个 C=O 吸收峰。

2. 外部因素

主要是由于样品的测定状态不同及溶剂极性等引起的频率位移。

(1)样品测定状态的影响。红外光谱可在气、液、固等不同相中测定，一般情况下气态测定时，伸缩振动频率最高，在液态或固态测定时，由于分子间作用力较强，在有极性基团存在时，可能发生分子间缔合或形成氢键，伸缩振动频率降低。

(2)溶剂影响。同一物质在不同溶剂中，由于溶质和溶剂间的相互作用不同，测得的吸收光谱也不同。通常，极性基团的伸缩振动频率随溶剂极性增大而向低频移动。因此在红外光谱测定中，应尽量采用非极性溶剂。

7.3.4 影响谱带强度的因素

振动能级的跃迁概率和振动过程中偶极矩的变化是影响谱峰强弱的两个主要因素。从基态向第一激发态跃迁时，跃迁概率大，因此，基频吸收带一般较强。从基态向第二激发态的跃迁，虽然偶极矩的变化较大，但能级的跃迁概率小，因此，相应的倍频吸收带较弱。另一方面，基频振动过程中偶极矩的变化越大，其对应的峰强度也越大。基团的偶极矩与结构的对称性有关，对称性越强，振动时偶极矩变化越小，吸收谱带越弱。如果化学键两端连接的原子的电负性相差越大，或分子的对称性越差，伸缩振动时，其偶极矩的变化越大，产生的吸收峰也越强。例如，$\nu_{C=O}$ 的强度大于 $\nu_{C=C}$ 的强度。一般来说，反对称伸缩振动的强度大于对称伸缩振动的强度，伸缩振动的强度大于变形振动的强度。

一般按照摩尔吸收系数 ε(L·cm^{-1}·mol^{-1})划分吸收峰的强弱，其具体划分如下：

$\varepsilon > 100$ 非常强峰(vs)

$20 < \varepsilon < 100$ 强峰(s)

$10 < \varepsilon < 20$ 中强峰(m)

$1 < \varepsilon < 10$ 弱峰(w)

7.4 红外光谱仪

红外光谱仪由光源、单色器、吸收池、检测器和记录器等部分组成。但就其每个组成部分而言，它的结构、所用材料以及性能等均与紫外可见分光光度计不同。目前，商品红外光谱仪有色散型红外光谱仪和傅里叶变换红外光谱仪。

7.4.1 光源

红外光源应是能够发射高强度连续红外光的物体。常用的光源有能斯特灯和硅碳棒。各种光源见表 7-4。

1. 能斯特灯

由锆、钇、铈或钍等氧化物烧结制成的直径为 2 mm，长约 30 mm 的中空棒，两端绕有铂线作为导体。在室温下不导电；加热到 800 ℃ 左右成为导体，开始发光。工作温度在 1 500 ℃ 左右，功率为 $50 \sim 200$ W。发光强度高，除 $2 \sim 5$ μm 区域外，其发出的光强二倍于同温度的硅碳棒或镍铬丝光源。使用寿命为 $6 \sim 12$ 个月。由于其具有负的电阻特性，因此在工作前要由辅助加热器预热，光源供电线路还应有限流装置。性脆易碎，机械强度差，受压或受扭易被损坏。

2. 硅碳棒

一般制成两端粗中间细的实心棒，中间为发光部分，直径约 5 mm，长 50 mm；因两端粗，电阻低，因此其在工作状态时两端呈冷态。工作前不需预热，工作温度大约为 1 300 ℃，功率为 $200 \sim 400$ W。硅碳棒的特点是坚固、寿命长、发光面积大，但工作时需用水冷却，以免高温影响仪器部件性能。

表 7-4　红外光谱仪常用的光源

名　称	使用波数范围/cm^{-1}	附　注
能斯特灯	$5\,000 \sim 400$	ZrO_2，ThO_2 等烧结而成
碘钨灯	$10\,000 \sim 5\,000$	
硅碳棒	$5\,000 \sim 400$	需用水冷却
炽热镍铬丝圈	$5\,000 \sim 200$	
高压汞灯	<400	用于远红外区

7.4.2 单色器

单色器是色散型红外光谱仪的核心部件。早期使用棱镜作色散元件，目前多采用反射型平面衍射光栅。光栅较棱镜分辨本领高，对恒温恒湿设备要求不高。但由于其他级次光谱的干扰，通常在光栅的前面或后面加滤光器或棱镜。

7.4.3　吸收池及样品的制备

试样有气、液、固三种状态。在红外光谱分析中试样的制备占有重要地位，如处理不当，即使仪器性能好也不能得到满意的红外光谱图。制样时需注意：(1)样品的浓度或厚度要选择适当，以测得理想的谱图。(2)样品中不应含游离水，否则腐蚀吸收池的盐窗；此外，水分本身在红外区有吸收，将使测得的光谱图变形。(3)样品应为单一组分纯物质，多组分应先分离，否则光谱重叠，致使图谱无法辨认和分析。

由于玻璃、石英对红外线几乎全部吸收，因此吸收池窗口的材料一般为盐类的单晶，如 NaCl，KBr，LiF 或 TlBr-TlI 结晶等。表 7-5 中列出不同光学材料的透光范围。这些单晶中除 KRS-5 和氯化银外都易吸湿，吸湿后会引起吸收池窗口模糊，因此，红外光谱仪需在特定的恒湿环境中工作。

表 7-5　常用光学材料的某些性质

名　称	透光范围/μm	折射率/n	室温下的溶解度/(g/100 g 水)
熔融石英	0.16~4.0	1.45	0
氟化锂	0.12~8	1.38	0.27
氟化钙	0.13~11	1.42	1.6×10^{-3}
氯化钠	0.2~22	1.50	35.7(0℃)
氯化银	0.4~25	1.98	0
溴化钾	0.2~33	1.53	54
溴化铯	0.2~42	1.66	124
碘化铯	0.24~55	1.74	44
KRS-5(包括 TlBr 43% 和 TlI 57%)	0.5~40	2.37	0.05

测定气体样品时用气体池，如图 7-11所示，先把气体池中的空气抽掉，然后吸入被测气体，测绘谱图。测定液体样品时，常用可拆卸的液体池，即将样品滴于两块盐片之间形成液体薄膜(液膜法)进行测谱。固体样品一般常用三种方法制样：①压片法，把 1~2 mg 固体样品放在玛瑙研钵中研细，加入 100~200 mg 磨细干燥的碱金属卤化物(KBr)粉末，混匀后加入压片模内，在压片机上边抽真空边加压，制成厚度约 1 mm，直径约10 mm左右的透明片测绘图谱。②糊状法，将固体样品研成细末，

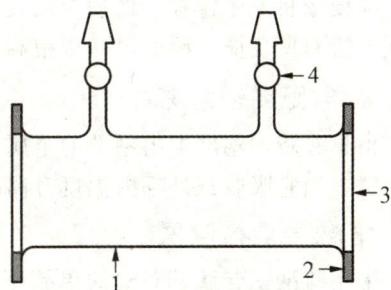

图 7-11　红外气体吸收池
1—玻璃槽体　2—金属槽架　3—盐窗　4—活塞

与糊剂(液体石蜡油)混合成糊状，然后夹在两窗片之间测谱。③薄膜法，直接将样品放在盐窗上加热，熔融样品涂成薄膜，也可先把样品溶于挥发性溶剂中制成溶液，然后滴在盐片上，待溶剂挥发后，样品在窗片上形成薄膜。

7.4.4　检测器

红外辐射光源强度弱，光量子能量低，因此电信号输出很小，要求检测器能灵敏地接收红外光，响应快、热容量低，由电子热波动产生的噪音小等。常用的检测器有：

1. 热电偶

热电偶是色散型红外光谱仪中常用的检测器。它利用不同导体构成回路时的温差电现象，将温差转变为电位差。如以一小片涂黑的金箔作为吸收元件，将两种不同性质的具有较大热电动势的金属丝与金箔焊接构成热电偶的"热端"。将其安放在具有红外透明窗的真空腔内。"冷端"由电热丝与较大的铜接线柱连接构成，"冷端"应有较大的热容量。由于热电偶的阻抗很低(约 10)，在和前置放大器耦合时需要用升压变压器。

2. 高莱池(Gloay Cell)

高莱池即灵敏的气体温度计。其构造如图 7-12 所示。红外单色光通过盐窗($NaCl$，KBr 或 KRS-5)被一涂黑了的低热容量薄膜吸收。由于薄膜温度升高，气室中的气体(低热容量的 He)受热膨胀，使封闭气室另一端的软镜膜受压变形。为了防止室温变化影响检测器，在气室的储气槽间有一个细小的沟槽，这样在入射光没有变化的情况下，两边的压力是相等的，软镜膜保持平面状态。

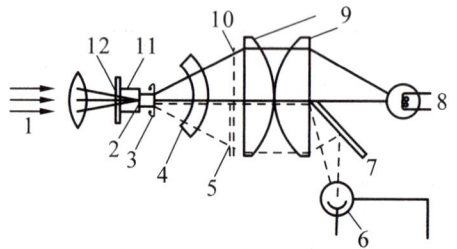

图 7-12　高莱池检测器示意图

1—红外单色光　2—涂黑金属薄膜　3—软镜膜
4—凹面镜 M　5—线栅像 S　6—光电管
7—平面镜 P　8—光源 E　9—聚光透镜 L
10—线栅 G　11—气室　12—盐窗

另一方面从检测器的光源 E 射出的光经聚光透镜 L、线栅 G 和凹面镜 M 到达软镜膜上。如果软镜膜处于平面状态，则 M 使软镜膜反射出来的上半部线栅像 S 和下半部线栅 G 完全重合，通过平面镜，反射至光电管的光最强。但当软镜膜因气室气体受热膨胀发生变形时，线栅像将发生位移，而使射向光电管的光强变弱。微小的线栅像位移(10^{-9} cm)就能使光电管有所反应。因而灵敏度很高。

3. 电阻测辐射热计

由具有较大温度电阻系数的金属或半导体薄膜构成。把这一接受元件作为惠斯顿电桥的一臂，当它吸收红外辐射温度升高时，电阻改变，使电桥失去平衡，便有信号输出。

4. 热释电检测器

采用硫酸三甘肽(TGS)的单晶片作为检测元件。TGS 的居里点为 49 ℃，在一定温度下能产生激化效应，温度升高，激化强度降低。将厚度为 $10\sim20$ μm 的 TGS 片正面真空镀铬(半透明)，背面镀金，形成两个电极。红外辐射照射到薄片上，引起温度升高，TGS 激化度改变，表面电荷减少，相当于释放了一部分电荷，产生的信号经放大后进行测量。TGS 响应速度快，噪声小，能实现高速扫描，故被用于傅里叶变换红外光谱仪中。目前较常用的是氘化了的 TGS(简称 DTGS)，其热电系数小于 TGS。

5. 半导体检测器

红外光能量低，不足以激发一般光电检测器的电子，而一些半导体材料的带隙所需的激发能较小，人们利用半导体的这种性质制成了可用于红外光谱的检测器。半导体检测器属于量子化检测器。目前使用的半导体检测器为 HgTe-CdTe 的混合物，即碲化汞镉（MCT）检测器。MCT 检测器比 TGS 检测器有更快的响应时间和更高的灵敏度。因此，MCT 检测器更适合于傅里叶变换红外光谱仪。但 MCT 检测器工作时需用液氮冷却。

7.4.5 红外光谱仪

1. 色散型红外光谱仪

图 7-13 为红外光谱仪的方块图，图 7-14 为双光束红外光谱仪光路图。

从光源 S 来的光经反射镜组 M_1，M_2，M_3，M_4 后分成两束，一束通过样品池，一束通过参比池。两束光分别经反射镜 M_5 和 M_6 改变方向，当切光器 C 处于图上所示位置时，M_5 反射的样品光束被切光器挡住，而 M_6 反射的参比光

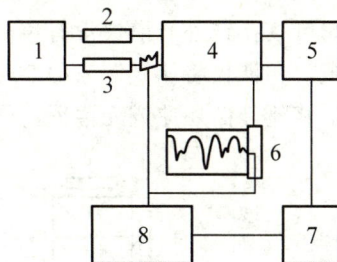

图 7-13 色散型双光束红外光谱仪方块图
1—光源 2—样品池 3—参考池
4—单色器 5—检测器 6—记录仪
7—电子放大器 8—笔和梳状光栏驱动装置

束则被切光器上的反射面反射到反射镜 M_7，经滤光调节器 F、狭缝 S_1、反射镜 M_8、M_9 到光栅 G。经光栅分光后，通过 M_9 聚焦，最后进入检测器 TC。同样，当切光器由图上所示位置转动 $90°$ 或 $180°$ 时，空面由所示的右边转到左边位置，这时，由 M_5 反射出的样品光束穿过切光器的空面射向 M_7，与参比光束一样，经 F，S_1，M_8，M_9，G 到达 TC。而此时参比光束则穿过切光器 C 的空面，因达不到 M_7 而不能与样品光束同时进入 TC。切光器 C 按匀速转动，样品光束和参比光速交替地到达检测器上，信号经放大器放大后，通过伺服系统进行记录。

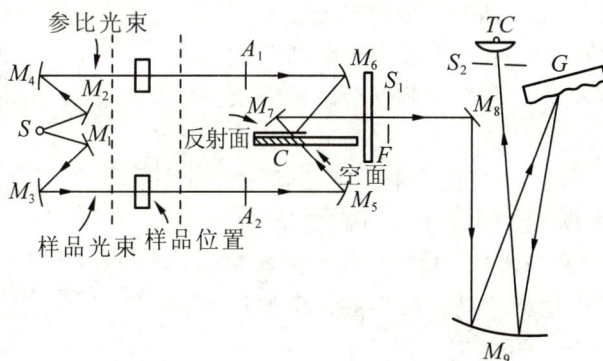

图 7-14 色散型双光束红外光谱仪光路图
S—光源 M—反射镜 C—切光器 G—光栅 F—滤光旋转调节器 A—衰减器
S_1—入口狭缝 S_2—出口狭缝 TC—热电偶检测器 A_2—$100\% T$ 调节

如果样品光路中没有放置样品，或样品光路和参比光路吸收相同时，检测器上就没有信号产生。当有样品吸收红外光时，则到达检测器的样品光束减弱，两光束不平衡，检测器就有信号产生。信号经放大后驱动衰减器(梳状光栏或双向剪式光栏)A_1，衰减参比光路的

光束，直到参比光路的辐射强度与样品光路的辐射强度相等为止。这就是双光束光路中的"光学零位平衡系统"。衰减器和记录笔属同一个驱动装置。当衰减器 A_1 移动时，记录笔同时进行绘图。记录纸与光栅同步运动，这样就可绘出吸收强度随波数变化的红外光谱图。

2. 傅里叶变换红外光谱仪

傅里叶变换红外光谱仪（FTIR）是 20 世纪 70 年代问世的，属于第三代红外光谱仪，它是基于光相干性原理而设计的干涉型红外光谱仪。

傅里叶变换红外光谱仪没有色散元件，主要由光源、干涉仪、检测器、计算机和记录仪等组成。干涉仪将从光源来的信号以干涉图的形式送往计算机进行傅里叶变换的数学处理，最后将干涉图还原成光谱图。图 7-15 是傅里叶变换红外光谱仪工作原理示意图。

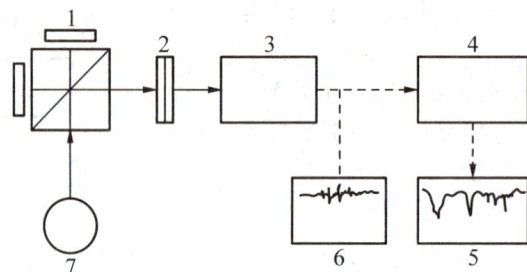

图 7-15 傅里叶变换红外光谱仪工作原理图
1—干涉仪 2—试样 3—检测器 4—计算机 5—红外光谱 6—干涉图 7—光源

FTIR 的核心部分是迈克尔逊干涉仪，图 7-16 是它的光学示意和工作原理图。图中 M_1 和 M_2 为两块平面镜，它们相互垂直放置，M_1 固定不动，称为定镜；M_2 则可沿图示方向做微小的移动，称为动镜。在 M_1 和 M_2 之间放置一呈 45° 角的半透膜光束分裂器 BS，可使 50% 的入射光透过，其余部分被反射。当光源发出的入射光进入干涉仪后就被光束分裂器分成两束光——透射光 I 和反射光 II，其中透射光 I 穿过 BS 被动镜 M_2 反射，沿原路回到 BS 并被反射到达检测器 D，反射光 II 则由固定镜 M_1 沿原路反射回来通过 BS 到达 D。这样，在检测器 D 上所得到的 I 光和 II 光是相干光。如果进入干涉仪的是波长为 λ 的单色光，开始时，因 M_1 和 M_2 离

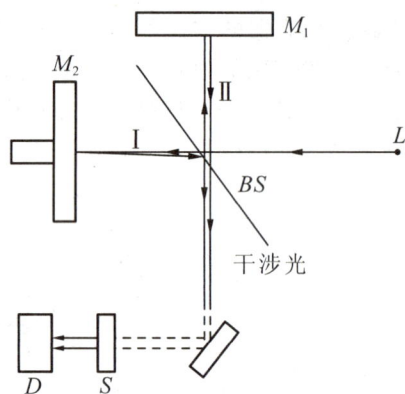

图 7-16 迈克尔逊干涉仪工作原理图
M_1—定镜 M_2—动镜 L—光源
BS—光束分裂器 S—样品池 D—检测器

BS 距离相等（此时称 M_2 处于零位），I 光和 II 光到达探测器时位相相同，发生相长干涉，亮度最大。当动镜 M_2 移动入射光的 $1/4\lambda$ 距离时，则 I 光的光程变化为 $1/2\lambda$，在探测器上两光位相差为 180°，则发生相消干涉，亮度最小。以此类推，当动镜 M_2 移动 $1/4\lambda$ 的奇数倍，则 I 光和 II 光的光程差为 $\pm 1/2\lambda$，$\pm 3/2\lambda$，$\pm 5/2\lambda$，…时，都会发生相消干涉。同理，M_2 位移 $1/4\lambda$ 的偶数倍时，即两光的光程差为 λ 的整数倍时，则都将发生相长干涉。

随动镜 M_2 的往复运动而周期性地变化。这样，由于光的干涉原理，在 D 处得到的是

一个强度变化为余弦形式的信号。其变化方程为

$$I_{(x)} = B_{(\nu)} \cos(2\pi\nu x) \tag{7-26}$$

式中，x 为光程差；$I_{(x)}$ 为干涉图的强度，是光程差 x 的函数；$B_{(\nu)}$ 为光源（被测对象）的强度，是光源波长的函数；ν 为频率。

当入射光为连续波长的多色光时，得到的多色光干涉图是所有各单色光干涉图的加合。当多色光通过试样时，由于试样对不同波长光的选择吸收，干涉图曲线发生变化，经计算机进行快速傅里叶变换，就可得到透光率随波数变化的普通红外光谱图。

在数学上，多色光干涉图信号中的变化部分可表示为

$$I_{(x)} = \int_{-\infty}^{+\infty} B_{(\nu)} \cos(2\pi\nu x)\,\mathrm{d}\nu \tag{7-27}$$

式中，$I_{(x)}$ 是单色光源方程式(7-27)在所有频率范围内积分的结果。由傅里叶变换的可逆性，可计算出光源的光谱分布 $B_{(\nu)}$，即

$$B_{(\nu)} = \int_{-\infty}^{+\infty} I_{(x)} \cos(2\pi\nu x)\,\mathrm{d}x \tag{7-28}$$

这样计算机就将光源的干涉图（时间域的强度谱）转变成光源的光谱图（频率域的强度谱）。可见，实际上干涉仪并没有把光按频率分开，而只是将各种频率的光信号经干涉作用调制为干涉图函数，再由计算机通过傅里叶逆变换计算出原来的光谱，这就是 FTIR 最基本的原理。

傅里叶变换红外光谱仪有以下优点：

(1) 大大提高了谱图的信噪比。FTIR 仪器所用的光学元件少，无狭缝和光栅分光器，因此到达检测器的辐射强度大，信噪比大。

(2) 波长(数)精度高($\pm 0.01~\mathrm{cm}^{-1}$)，重现性好。

(3) 分辨率高。

(4) 扫描速度快。傅里叶红外变换仪器动镜一次运动完成一次扫描所需时间仅为 1 至数秒，可同时测定所有的波数区间。而色散型仪器在任一瞬间只观测一个很窄的频率范围，一次完整的扫描需数分钟。

7.5　红外光谱的应用和特点

根据红外光谱图吸收峰位置和形状可以进行定性分析，推断未知物的结构；根据吸收峰的强度可以进行定量分析。此外，还可以利用红外光谱在催化、高聚物、络合物等领域进行结构、聚合过程、反应机理、动力学等方面的研究。

7.5.1　定性分析

用红外光谱图验证已知物较为方便，只要制备样品得当，测绘其谱图与纯物质的标准谱图对照即可鉴别。对照时应注意：①测试样品的物态应与标准谱图相同。②同一物质结晶形状不同，红外光谱不完全一致。③溶剂效应。应采用同一溶剂，一般情况下用非极性溶剂。④由于其他原因可能出现"杂峰"。

未知物结构测定是红外光谱的重要用途。对于简单的化合物,根据所提供的分子式,利用红外谱图就可测定出结构式;对于比较复杂的化合物,仅用红外光谱难以确定,需和核磁共振、有机质谱、紫外光谱配合才能确定其结构式。测得未知物的红外光谱图后,需要对谱图进行解析。

为了从红外光谱中获得尽可能多的结构信息,需要了解各类有机化合物中基团的特征吸收和解析红外光谱的方法。

1. 已知物及其纯度的定性鉴定

在有纯标准物质时通常采用此法。在得到试样的红外谱图后,与纯物质的谱图进行对照,如果两张谱图各吸收峰的位置和形状完全相同,峰的相对强度一样,就可认为试样是该种已知物。如果两谱图形状不一样,或者峰位不一致,则说明两者不为同一物,或试样中含有杂质。

2. 未知物结构的确定

确定未知的结构是红外光谱法定性分析的一个重要用途,它涉及图谱的解析。

在解析红外光谱时,要同时注意吸收峰的位置、强度和峰形。吸收峰的位置与待分析的振动的键的强度、参与振动原子的折合质量以及该键所处的环境相关;峰的强度决定于振动过程中偶极矩的变化;吸收峰的形状取决于官能团的种类,从峰形可以辅助判断官能团。以缔合羟基、缔合伯胺基及炔氢为例,它们的吸收峰位只略有差别,但主要差别在于峰形:缔合羟基峰宽、圆滑而钝;缔合伯胺基吸收峰有一个小小的分支;炔氢则显示尖锐的峰形。

任何一个官能团由于存在伸缩振动(某些官能团同时存在对称和反对称伸缩振动)和多种弯曲振动,因此,会在红外谱图的不同区域显示出几个相关吸收峰。所以,只有当几处应该出现吸收峰的地方都显示吸收峰时,方能得出该官能团存在的结论。

图谱解析一般遵循以下步骤:

(1)收集试样的有关资料和数据:在解析图谱前,必须对试样有透彻的了解,例如试样的纯度、外观、来源、试样的元素分析结果(获得分子式的信息)及其他物性(如沸点、熔点等)。

(2)由分子式计算不饱和度 U:

$$U = 1 + n_4 + \frac{n_3 - n_1}{2} \tag{7-29}$$

式中,n_4 为四价原子数目,例如碳;n_3 为三价原子数目,例如氮;n_1 为一价原子数目,例如氢;二价原子如氧、硫等不参加计算。

当 $U=0$ 时,表示分子是饱和的;$U=1$ 时,表示分子中有 1 个双键或 1 个环;$U=2$ 时,表示分子中有 1 个三键或 2 个双键或含 1 个双键的环,等等。

(3)根据红外图谱中的吸收峰推断化合物可能含有的基团,并考虑化学合理性,推测可能的结构。

(4)进一步的确认需要与标样、标准谱图对照并结合其他仪器分析手段的结论。

例 1 图 7-17 是某化合物 $C_8H_8O_2$ 的红外光谱图,试推断其结构。

解:不饱和度 $U = 1 + 8 + \frac{(0-8)}{2} = 5$

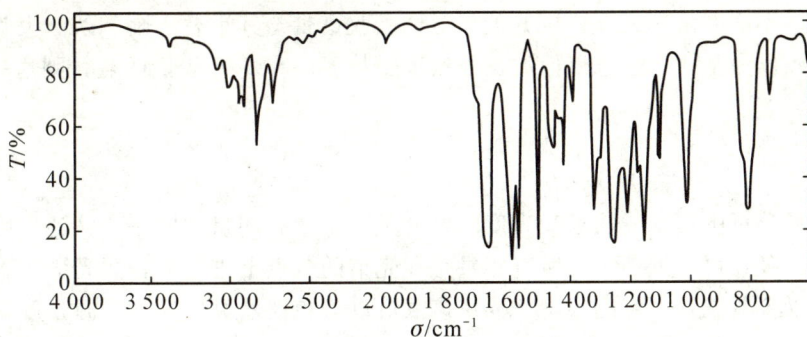

图 7-17　化合物 $C_8H_8O_2$ 的红外光谱图

不饱和度为 5，可能有 1 个苯环。

在红外图谱上，$3\ 000\ cm^{-1}$ 左右有吸收，对应不饱和碳上碳氢键的振动吸收。靠近 $1\ 700\ cm^{-1}$ 的强吸收，表明有 C═O 基团。结合 $2\ 730\ cm^{-1}$ 的特征峰，进一步说明有

$$\overset{O}{\underset{\|}{C}}$$—H 基团存在。$1\ 600\ cm^{-1}$ 左右的两个峰以及 $1\ 520\ cm^{-1}$ 和 $1\ 430\ cm^{-1}$ 的吸收峰，说明有苯环存在。根据 $820\ cm^{-1}$ 吸收带的出现，可以判断苯环上为对位取代。$1\ 460\ cm^{-1}$ 和 $1\ 390\ cm^{-1}$ 两个峰是—CH_3 的特征吸收。根据以上的解析及化合物的分子式，可推断该化合物的结构可能为 CH_3O—⬡—CHO 。

依照上述结构式，找出其特征吸收峰并与图 7-17 相对照，没有发现矛盾，因此，上述推论正确。

7.5.2　定量分析

紫外-可见分光光度法定量分析的基本理论，对于红外定量分析也是适用的。但由于红外光谱谱图的复杂性，红外吸收谱带较窄，以及仪器上的某些局限性，给红外光谱定量分析带来一些困难和实验技术上的差别。

（1）在红外区的定量测定中，发生比尔定律偏离的情况要比紫外及可见区更为常见。这是由于红外吸收谱带较窄，红外光源能量低，红外检测器灵敏度较差，以及狭缝相应较宽，使单色器通带宽度和吸收峰宽度在同一个数量级。此外，由于存在杂散光和散射光，用糊状法制备的试样不适宜于进行定量分析。鉴于以上原因，常常造成吸光度与浓度之间的非线性关系，偏离了比尔定律。所以在红外定量分析中，吸光度与浓度之间的关系应从实验工作曲线中获得。

（2）吸光度的测定方法与紫外及可见区方法不同。在紫外和可见区是把参比溶液和待测溶液放在相同的液池中，测量并比较它们透射光的强度。这样可以抵消界面的反射、溶剂和液池窗面的吸收和散射等所造成的光能量损失。在红外吸收测定中，由于液池光程长度较短。很难做到完全相同，液池的透明特性也不完全一致，因此常常不用参比液池或仅放一盐片与参比光束进行比较。

（3）在红外定量测定中，通常采用基线法求得试样的经验吸光度。该法的原理如图 7-18 所示。在透光度线性坐标的图谱上，选择一个适当的被测物质的吸收谱带。在该谱带

波长范围内，不应有溶剂或试样中其他组分的吸收谱带与其重叠。画一条与吸收谱带两肩相切的线 KL 作为基线。通过峰值波长处的垂线与 KL 基线相交于 M 点，则这一波长的吸光度为

$$A = \lg \frac{I_0}{I_t} \tag{7-30}$$

红外定量分析中用基线法求吸光度的好处是：①所有测量用同一个液池，因此，液池与其他组分的吸收可以抵消。②所有测量是在光谱的各点上进行的，而光谱图本身是固定不变的，不受仪器波长设定的限制。③用该法可以避免仪器灵敏度、光源强度或光学系统变化的影响，工作曲线可长期使用。如操作仔细，基线法的准确度可达到 $\pm 1\%$。

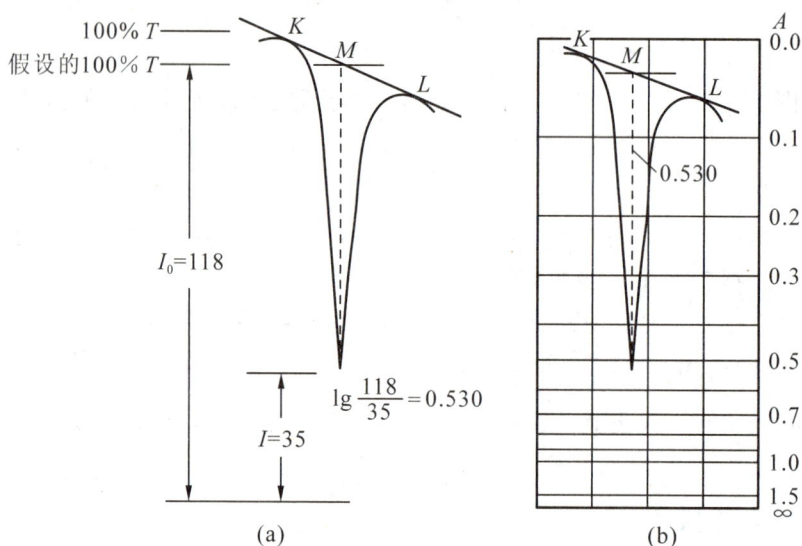

图 7-18　用基线法测定吸光度

(a)线性透光度纵坐标　(b)非线性吸光度纵坐标

7.5.3　红外吸收光谱的特点

有机化合物的红外吸收光谱代表了该化合物的一种真正独特的物理性质，除光学异构体外，没有两种化合物会具有相同的吸收曲线。其次，红外吸收光谱对分析性质十分相近的多组分混合物具有独到之处。例如，它可以定量分析邻二甲苯、间二甲苯、对二甲苯和乙苯的混合物。另外，紫外和可见光谱法主要用于具有 π 键电子和共轭双键的化合物，以及有色分子等的分析，而不能测定饱和烃及其简单衍生物。红外光谱除一些同核分子外，大多数有机和无机分子都在红外区有吸收，因此红外分光光度法的应用范围要比紫外和可见光谱法广泛得多。

红外光谱定量分析灵敏度远不如紫外可见分光光度法。前者的摩尔吸光系数小于 10^3，后者可达 10^5 左右。红外光谱对含量小于 1% 的组分，除具有强吸收外，一般检测不出来。原子和单原子离子不吸收红外光，不能分析惰性气体和金属阳离子。同质双原子分子 (H_2，O_2，N_2，Cl_2 等)由于分子的对称性，振动时无偶极变化，不产生红外光谱。由重原子组成的官能团，振动吸收峰位于低波数区；旋光异构体具有相同的红外光谱，用红外光

谱法也无法鉴别。水分子在红外区强烈地吸收，用一般透过法测定水溶液样品较困难。此外，红外分光光度法仅具有鉴别能力而无分离作用，对于复杂的样品不能直接进行定性和定量分析，需和分离技术配合。

　　一般而言，不同的化合物具有不同的红外光谱，但也有例外，如 $CH_3(CH_2)_{20}CH_3$ 和 $CH_3(CH_2)_{21}CH_3$ 的红外光谱就不可区分。这是因为组成这两种分子的官能团相同，而且各基团周围的环境也几乎一致。此外，红外光谱法能区分单体、二聚体、三聚体等，但不能区分高分子聚合物。例如相对分子质量为 100 000 和相对分子质量为 150 000 的聚苯乙烯在 $2\sim15\ \mu m$ 区将找不出光谱上的明显差异。

习题

1. 试计算下列红外辐射的波数所对应的红外吸收峰的波长为多少 μm。

(1) $1.59\times10^3\ cm^{-1}$;

(2) $9.52\times10^2\ cm^{-1}$;

(3) $7.94\times10^2\ cm^{-1}$;

(4) $7.25\times10^2\ cm^{-1}$。

2. 已知近红外区、中红外区、远红外区的波长范围分别为 $0.75\sim2.5\ \mu m$，$2.5\sim25\ \mu m$，$25\sim200\ \mu m$，试求它们的波数和频率范围各为多少。

3. 简述红外光谱定性及定量分析的基本原理。它与紫外吸收光谱有何异同？

4. 在定量分析中，为什么红外光谱法比紫外和可见分光光度法更容易偏离比尔定律？如何克服？

5. 红外光谱仪与紫外可见光谱仪在仪器部件和基本构造上有什么不同？

6. 试述红外吸收光谱法的主要特点及应用。

7. 试说明影响红外吸收峰强度的主要因素。

8. 下列振动中哪些不会产生红外吸收峰？

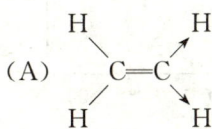
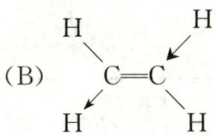
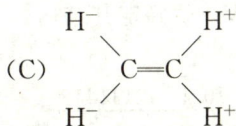
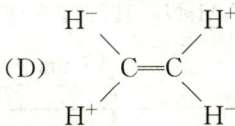

9. 指出下列化合物的红外特征吸收带，并试写出它们的吸收波数范围。

A   B

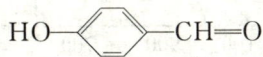

C   D

10. CS_2 是线形分子，试画出它的基本振动类型，并指出哪些振动是红外活性的。

11. 下面两个化合物中，哪一个化合物的 $\nu_{C=O}$ 吸收带出现在较低频率？为什么？

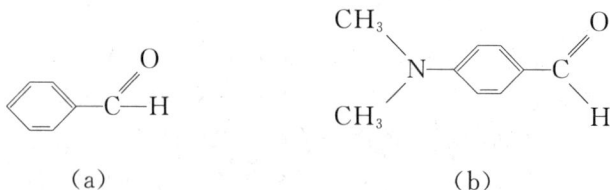

（a）　　　　　　　　　　　（b）

12. 试用红外光谱法区分下列异构体，并说明理由。

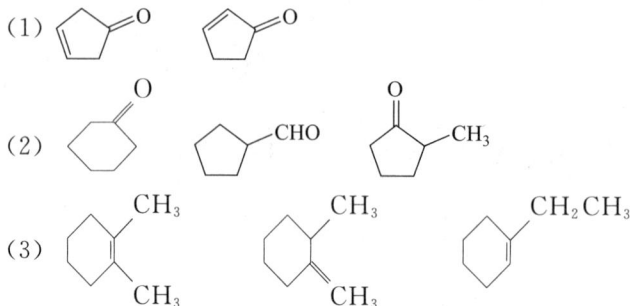

(1)

(2)

(3)

13. 某化合物的分子式为 $C_8H_8O_2$，根据红外光谱判断其结构。

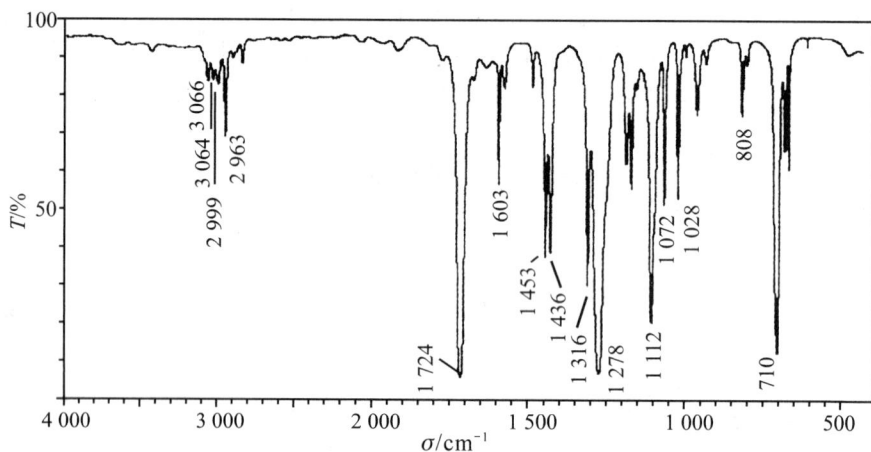

14. 一个化合物的分子式是 C_8H_7N，其红外光谱图如下图所示，试确定其结构式。

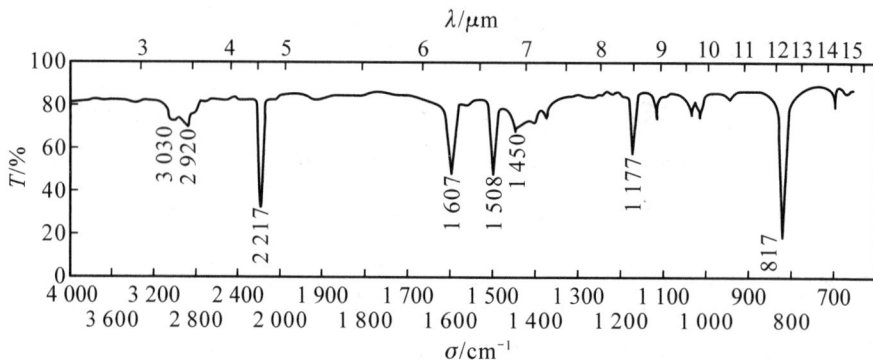

第 8 章　核磁共振波谱法
（Nuclear Magnetic Resonance Spectroscopy）

核磁共振波谱是以电磁波作用于磁场中的原子核时，原子核产生自旋跃迁所得的吸收波谱。从广义上说，它也属于一种吸收光谱。它与通常的吸收光谱不同在于：（1）试样必须放在强磁场中，核才能吸收一定波长的电磁辐射。否则，核自旋能级不会裂分，不可能发生能级间的跃迁；（2）这种跃迁通常是由电磁辐射的磁场而不是它的电场所激发的，即它们是磁偶而不是电偶的跃迁。

由于各原子核所处的化学环境不同，使不同的有机化合物呈现不同的核磁共振谱，因此可用核磁共振谱法测定和确证有机化合物的结构，检验化合物的纯度和进行混合物的分析。

8.1　核磁共振基本原理

8.1.1　跃迁与弛豫

1. 原子核的磁性质和磁能级

原子核为带电粒子。有的原子核不旋转，如$_6^{12}C$，$_8^{16}O$和$_{16}^{32}S$等，没有磁性，不发生核磁共振，不能用核磁共振谱法研究。有的原子核能自旋，如$_1^1H$，$_6^{13}C$，$_9^{19}F$和$_{15}^{31}P$等，有核磁共振现象。一些原子核的核磁性质参见表 8-1。自旋量子数等于 1 或大于 1 的原子核，它们的原子核核电荷分布可看作一个椭圆体，电荷分布不均匀。它们的共振吸收常会产生复杂情况，目前在核磁共振的研究上应用还很少。自旋量子数等于 1/2 的原子核可当作一个电荷均匀分布的球体，并像陀螺一样地自旋，故有磁矩形成，这些核易于测定，特别适合于核磁共振实验。氢核是组成有机化合物的主要元素之一，因此氢核核磁共振谱应用最广。这里仅限于讨论氢核。

表 8-1　核自旋量子数与质量数以及原子序数的关系

质量数	原子序数 Z	自旋量子数 I	自旋核电荷分布	NMR 信号	原子核
偶数	偶数	0	—	无	$_6^{12}C$, $_8^{16}O$, $_{16}^{32}S$
奇数	奇或偶数	1/2	球形	有	$_1^1H$, $_6^{13}C$, $_9^{19}F$, $_7^{15}N$, $_{15}^{31}P$
奇数	奇或偶数	3/2，5/2，…	扁平椭圆形	有	$_8^{17}O$, $_{16}^{33}S$
偶数	奇数	1，2，3	伸长椭圆形	有	$_1^2H$, $_7^{14}N$

氢核自旋时会产生磁场，转动产生的磁场方向可由右手定则确定。氢核自旋量子数为1/2。在外加磁场中，它只能有 2 种（2I+1 种）取向，亦即发生能级分裂。如图 8-1 所示，

一种与外磁场平行且同向，为低能级 E_1，以磁量子数 $m=+1/2$ 表征；一种与外磁场逆平行，为高能级 E_2，以 $m=-1/2$ 表征。

在旋转的氢核中，如果有些氢核的磁场与外磁场不完全平行，外磁场就要使它趋向于外磁场的方向。也就是说，当具有磁矩的核置于外磁场中，它在外磁场的作用下，核自旋产生的磁场与外磁场发生相互作用，因而原子核的运动状态除了自旋外，还要附加一个以外磁场方向为轴线的回旋，它一面自旋，一面围绕着磁场方向发生回旋。这种回旋类似于陀螺的运动。陀螺旋转时，

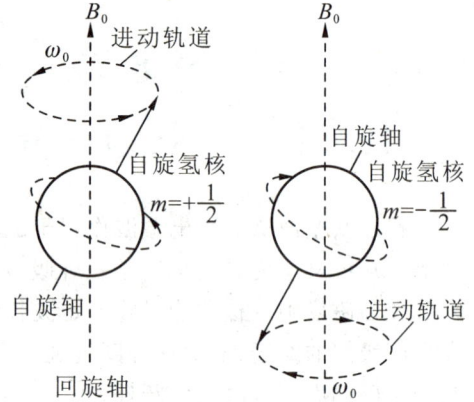

图 8-1　氢核在外磁场中的自旋取向

当陀螺的旋转轴与重力的作用方向有偏差时，就产生摇头运动，这种回旋运动称进动（precession）或拉摩尔进动（Larmor precession），进动时有一定的频率，称拉摩尔频率。

根据电磁理论，原子核在磁场中具有的势能 E 为：

$$E=-\frac{h}{2\pi}m\gamma B_0 \tag{8-1}$$

式中，γ 为磁旋比，为各种核的特征值。对于一定原子核，γ 为一定值（见表 8-2）；m 为磁量子数；h 为普朗克常数；B_0 为磁场强度。

表 8-2　一些原子核的磁性质

核	I	μ 核磁子	γ $A\cdot m^2\cdot J^{-1}\cdot s^{-1}$	同位素 丰度/%	相对 灵敏度	1.409 2 T 时共振频率/MHz	2.350 0 T 时共振频率/MHz
^1H	1/2	2.792 7	2.675×10^8	99.98	1.00	60.0	100
^2H	1	0.857 4	0.411×10^8	0.02	0.009 6	9.2	15.4
^{13}C	1/2	0.702 3	0.673×10^8	1.07	0.015 9	15.08	25.2
^{19}F	1/2	2.627 3	2.52×10^8	100	0.834	56.5	94.2
^{31}P	1/2	1.130 5	1.09×10^8	100	0.064	24.29	40.5
^{14}N	1	0.403 7	0.193×10^8	99.64	0.001 01	4.33	7.2

氢核两能级之差 ΔE 为：

$$\Delta E=E_2-E_1=\gamma\frac{h}{2\pi}B_0 \tag{8-2}$$

从式（8-2）可见，ΔE 与 B_0 成正比，核能级的大小以及能级差受外磁场强度影响。

若氢核受到电磁波辐射，辐射所提供的能量恰好等于其能量差（ΔE）时，氢核就吸收电磁辐射的能量，从低能级跃迁至高能级，这种现象称为核磁共振。

$$\Delta E=h\nu_0=\gamma\frac{h}{2\pi}B_0 \tag{8-3}$$

电磁辐射频率与磁场强度满足以下关系式：

$$\nu_0 = \frac{\gamma}{2\pi} B_0 \qquad\qquad (8\text{-}4)$$

式(8-3)和式(8-4)表明：对于不同的原子核，由于 γ 不同，发生共振的条件不同；即发生共振时 ν_0 和 B_0 的相对值不同；对于同一种核，当磁场强度改变时，其能级差也改变，因而，共振频率也随着改变。可通过改变照射电磁波的频率 ν_0(扫频)，或外磁场的强度 B_0(扫场)来满足共振条件。通常多采用后者。

2. 弛豫过程

当磁场不存在时，$I = 1/2$ 的原子核对两种可能的磁量子数并不优先选择任何一个。从统计观点看，m 等于 $+1/2$ 及 $-1/2$ 的核的数目完全相等。在外加磁场中，$m = +1/2$ 比 $m = -1/2$ 的能态更为有利，即核倾向于具有 $m = +1/2$ 的定向有序排列，但此种趋向又不断地为热运动所打破。在热平衡时，这两种取向的原子核分布服从 Boltzmann 分布。可以计算，在室温(300 K)及 1.409 T 强度的磁场中，处于低能态的核仅比高能态的核稍多一些。

$$\frac{N_{(-1/2)}}{N_{(+1/2)}} = \mathrm{e}^{-\Delta E/kT} = \mathrm{e}^{-\gamma \hbar B_0/2\pi kT} = \frac{1\,000\,000}{1\,000\,007}$$

由此可知，在常温下，低能级的 ^{1}H 核数仅比高能级的 ^{1}H 核数多7 ppm。核磁共振正是依据这微弱过量的低能态核吸收射频辐射跃迁到高能态而产生核磁共振信号进行研究的，所以核磁共振的灵敏度低。

在射频电磁波的照射下(尤其是在强照射下)，氢核吸收能量发生跃迁，其结果就使处于低能态氢核数逐渐减少，能量的净吸收也逐渐减少，共振吸收峰渐渐降低，甚至消失，使吸收无法测量，这时发生"饱和"现象。但是，由于较高能态的核能够及时回复到较低能态，就可以保持稳定信号。高能态的原子核通过非辐射形式放出能量而回到低能态的过程叫弛豫过程。

弛豫过程有两种，即自旋-晶格弛豫和自旋-自旋弛豫：

自旋-晶格弛豫又称纵向弛豫。处于高能级的核将其能量转移给周围分子骨架(晶格)中的其他核，而使自己返回到低能级，这种方式称纵向弛豫。一个体系内的能量是守恒的，因此被转移的能量在晶格中变为平动和转动能，纵向弛豫可用弛豫时间 T_1 来表示，它是处于高能级的磁核的寿命的量度。

自旋-自旋弛豫又称横向弛豫。当两个相邻的核处于不同能级，但进动频率相同时发生横向弛豫。高能级核与低能级核互相通过自旋状态的交换而实现能量转移，每种自旋状态的总数并未改变，也不能改变两种能级上的核数目比例，但确实使某些高能级核的寿命缩短了。横向弛豫时间用 T_2 来表征。

8.1.2　化合物结构与质子核磁共振波谱

1. 化学位移

根据核磁共振条件 $\nu_0 = \frac{\gamma}{2\pi} B_0$，同种核的共振频率只取决于外磁场强度 B_0 和核的磁旋比 γ。例如，对于 ^{1}H 核来说，若照射频率为 60 MHz，则使其产生核磁共振的磁场强度为

1.409 T，也就是说所有的 ^1H 核都在磁场强度为 1.409 T 处产生一个单一的吸收峰。如果确是这样，NMR 对结构分析就毫无意义了。实验发现，各种化合物中不同种类的氢原子所吸收的频率有所不同，即吸收峰的位置不同。这种差别取决于被测原子核周围的化学环境，因为在分子中的磁性核都不是裸核，它们都被不断运动着的电子云所包围。核外电子云产生环形电流，在外加磁场的作用下，这种环形电流会感生出一个对抗外磁场的次级磁场，如图 8-2 所示。这种对抗外磁场的作用称为屏蔽效

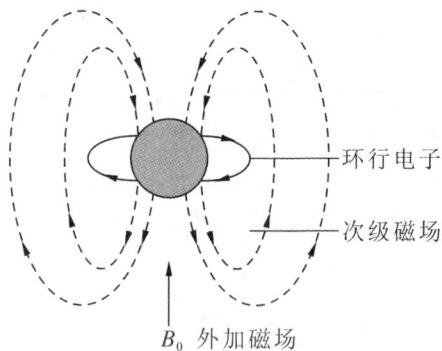

图 8-2　核外电子所产生的抗磁屏蔽

应。由于核外电子云的屏蔽效应，使原子核实际受到的磁场作用减小，为此，引入屏蔽常数 σ，核实际受到的磁场强度应为

$$B = B_0 - \sigma B_0 = B_0(1-\sigma) \tag{8-5}$$

实际上，该核发生核磁共振时吸收电磁波的频率与磁场强度之间服从以下关系：

$$\nu_0 = \frac{\gamma}{2\pi} B_0 (1-\sigma) \tag{8-6}$$

σ 由核外电子云密度决定，电子云密度越大，σ 越大，共振时所需的外加磁场强度也越强。而电子云密度又与核在分子中所处的化学环境有关。

由此可见，处于不同化学环境的氢核，屏蔽常数 σ 不同，共振峰将分别出现在核磁共振谱图中的不同磁场强度区域（或不同频率区域）。这种由于核所处化学环境不同，而在不同磁场下显示吸收峰的现象称为化学位移。

2. 化学位移的表示方法

在恒定的外加磁场作用下，不同化学环境中的氢核共振时吸收的频率亦不同，但频率的差异范围不大，约为 10 ppm。因此，要精确测量化学位移的绝对值是非常困难的。通常是采用测定化学位移相对值的办法来代替测定绝对值。一般是将某一标准物质，常用的是四甲基硅烷（TMS）加入到样品溶液中，以 TMS 中氢核共振时的磁场强度作为标准，规定它的化学位移 δ 值为零。测出样品吸收频率（ν_x）与 TMS 吸收频率（ν_s）的差值，并用相对值表示，以消除不同频源的差别。

$$\delta = \frac{\nu_x - \nu_s}{\nu_s} \times 10^6 \tag{8-7}$$

或

$$\delta = \frac{B_s - B_x}{B_s} \times 10^6 \tag{8-8}$$

式中，δ 为化学位移；B_s 为 TMS 氢核共振时的外加磁场强度；B_x 为样品中氢核共振时的外加磁场强度。

由于相对值很小，约为 10^{-6} 数量级，故再乘 10^6，使所得数值易于使用。需要说明的是，δ 表示相对位移，是无量纲的，但也有些文献以 ppm 为单位。

早期的文献中用 τ 表示化学位移，它是将 TMS 的化学位移定为 10，τ 与 δ 的关系为

$$\tau = 10 - \delta \tag{8-9}$$

用 TMS 作标准是由于下述几个原因：

(1) TMS 中的 12 个氢核处于完全相同的化学环境中，谱图中只出现一个尖峰；

(2) TMS 中氢核的屏蔽常数大于一般有机物，由于较大的屏蔽效应，其信号处于高磁场，与样品信号不会互相重叠；

(3) TMS 化学惰性，易溶，易回收。

表 8-3　不同基团质子化学位移范围

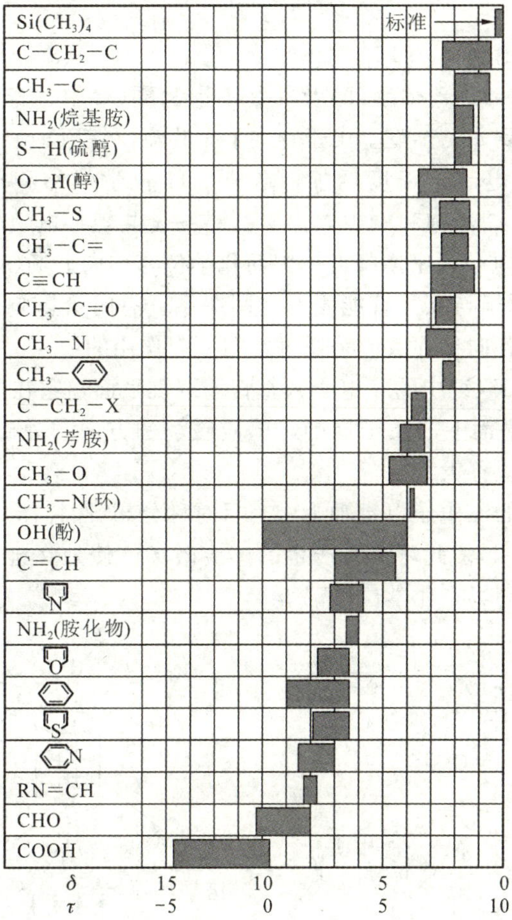
Si(CH3)4
标准
C—CH2—C
CH3—C
NH2(烷基胺)
S—H(硫醇)
O—H(醇)
CH3—S
CH3—C=
C≡CH
CH3—C=O
CH3—N
CH3—
C—CH2—X
NH2(芳胺)
CH3—O
CH3—N(环)
OH(酚)
C=CH
N
NH2(胺化物)
O
S
N
RN=CH
CHO
COOH
δ 15 10 5 0
τ -5 0 5 10

3. 影响化学位移的因素

凡是使氢核外电子云密度改变的因素都能影响化学位移。如结构变化使氢核外电子云密度降低会使信号移向低场(δ 增加)，如使氢核外电子云密度增加则使信号移向高场(δ 减小)。

(1)诱导效应　电负性较高的取代基(如卤素、硝基、氰基等)具有吸电子能力，它们通过诱导作用使与之邻接的核的外围电子云密度降低，从而减少电子云对该核的屏蔽。在没有其他影响因素存在时，屏蔽作用将随相邻基团的电负性的增加而减小，因而化学位移随之增加。

项目	CH$_3$F	CH$_3$OH	CH$_3$Cl	CH$_3$Br	CH$_3$I	CH$_4$	TMS
δ	4.06	3.40	3.05	2.68	2.16	0.23	0

(2)共轭效应 共轭效应也可使电子云密度发生变化,使化学位移向高场或低场移动。

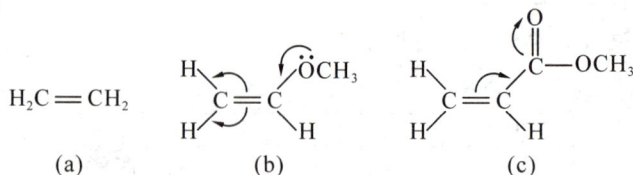

(a)   (b)   (c)

例如在化合物乙烯(a)、乙烯醚(b)及 α,β-不饱和酮(c)中,若以(a)为标准($\delta=5.28$)来进行比较,则可以看到,乙烯醚上由于存在 p-π 共轭,氧原子上未共享的 p 电子对向双键方向推移,使 β-H 的电子云密度增加,造成 β-H 化学位移移至高场($\delta=3.57$ 和 $\delta=3.99$)。另一方面,在 α,β-不饱和酮中,由于存在 π-π 共轭,电负性强的氧原子把电子拉向自己一边,使 β-H 的电子云密度降低,因而化学位移移向低场($\delta=5.50$ 和 $\delta=5.87$)。

(3)磁各向异性 质子与某一官能团的空间关系,有时会影响质子的化学位移,这称为磁各向异性效应。磁各向异性效应是通过空间而起作用的。

例如 C=C 或 C=O 双键中的 π 电子云垂直于双键平面,它在外磁场作用下产生环流。由图 8-3 可见,在双键平面上的质子周围,感应磁场的方向与外磁场相同而产生去屏蔽,吸收峰位于低场,化学位移大。

乙炔基中碳碳三键的 π 电子以键轴为中心呈对称分布(圆柱体),在外磁场诱导下形成绕键轴的电子环流(图 8-4)。此环流所产生的感应磁场,使处在键轴方向上下的质子受屏蔽,因此吸收峰位于较高场,化学位移偏小。

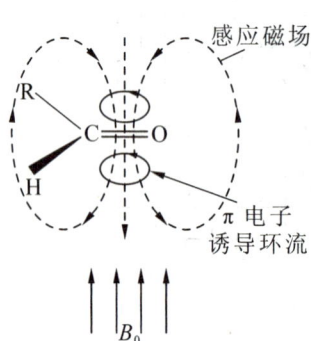

图 8-3　双键质子的去屏蔽　　　图 8-4　乙炔质子的屏蔽作用

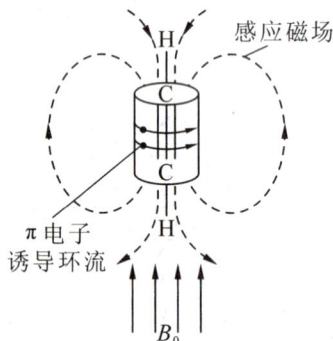

芳环有三个共轭双键,它的电子云可看作上下两个面包圈似的 π 电子环流,环流半径与芳环半径相同,如图 8-5 所示。在芳环中心是屏蔽区,而四周则是去屏蔽区。因此芳环质子共振吸收峰位于显著低场(δ 在 7 左右)。

由上可见,磁各向异性效应对化学位移的影响,可以是反磁屏蔽(感应磁场与外磁场反方向),也可能是顺磁屏蔽(去屏蔽)。

(4)氢键 当分子形成氢键时,氢键中质子的信号明显地移向低磁场,化学位移 δ 变大。一般认为这是由于形成氢键时，质子周围的电子云密度降低所致。

对于分子间形成的氢键，化学位移的改变与溶剂的性质以及浓度有关。在惰性溶剂的稀溶液中，可以不考虑氢键的影响。这时各种氢质子显示它们固有的化学位移。但是，随着浓度的增加，它们会形成氢键。例如，正丁烯-2-醇的质量分数从 1‰增至纯液体时，羟基的化学位移从 $\delta=1$ 增至 $\delta=5$，变化了 4 个单位。对于分子内形成的氢键，其化学位移的变化与溶液浓度无关，只取决于它自身的结构。

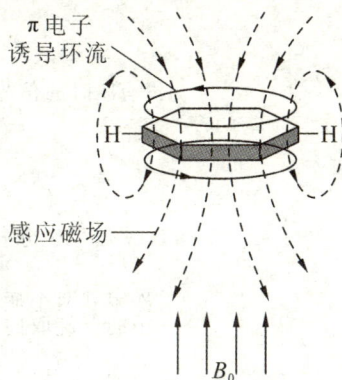

图 8-5　芳环质子的去屏蔽作用

（5）氢交换对化学位移的影响　化合物中的氢可分为不可交换氢（与 C，Si，P 等原子相连接的 H）和可交换氢（与 N，O，S 等原子相连接的 H）两类，可交换氢又称活泼氢。活泼氢交换速度的顺序为：OH＞NH＞SH。活泼氢可与同类分子或与溶剂分子的氢进行交换，如

$$ROH_{(a)} + R'OH_{(b)} \rightleftharpoons ROH_{(b)} + R'OH_{(a)}$$

$$ROH_{(a)} + HOH_{(b)} \rightleftharpoons ROH_{(b)} + HOH_{(a)}$$

以乙酸水溶液为例。纯乙酸中有两种质子：CH_3 上的质子和羧基上的质子；纯水有一种质子，它的化学位移较羧基上质子小，较甲基上质子大。因此，预料乙酸水溶液的 NMR 图谱上应该有三组质子峰。但结果不然，只有两组峰，一组是 CH_3 上的质子吸收峰，其化学位移不变；羧基与 H_2O 的质子峰均在原处消失，代之以在两峰之间产生一个新峰，它代表了由乙酸及 H_2O 中两个 OH 氢核快速交换所产生的平均峰。

由于交换反应速度与溶液浓度、温度和溶剂等因素有关，故可交换氢的化学位移值取决于交换速度的快慢，是不固定的，易干扰其他质子的测定，故常用重水把其交换掉。

8.1.3　自旋耦合及裂分

1. 自旋耦合裂分现象

从 CH_3CH_2I 的核磁共振图谱中可看到，$\delta=1.6\sim2.0$ 处的—CH_3 峰是个三重峰，在 $\delta=3.0\sim3.5$ 处的—CH_2—峰是个四重峰。这种峰的裂分是由于质子自旋间相互作用所引起的，称为自旋-自旋耦合或自旋耦合。

在碘乙烷分子中，—CH_3 上的 H（用 H_b 表示）附近有—CH_2—上的两个 H（以 H_a 表示），如图 8-6 所示。两个 H_b 的自旋有三种组合，即（1）↑↑，（2）↓↓，（3）↑↓和↓↑。假设（1）产生的核磁与外磁场方向一致，则 H_a 受到的磁场力增强，H_a 的共振信号将出现在比原来稍低的磁场强度处；（2）与外磁场方向相反，则 H_a 受到的磁场力降低，H_a 的共振信号出现在比原来稍高的磁场强度处；（3）对 H_a 的共振不产生影响，共振峰仍在原处出现。由于 H_b 的影响，H_a 的共振峰将要一分为三，形成三重峰。又由于（3）这种组合出现的概率 2 倍于（1）或（2），于是中间的共振峰的强度也将 2 倍于（1）或（2），其强度比为 1∶2∶1。

同样，—CH_2—上的 H_b 受—CH_3 上三个 H_a 的影响，其信号裂分为四重峰。其强度之比为 1∶3∶3∶1。

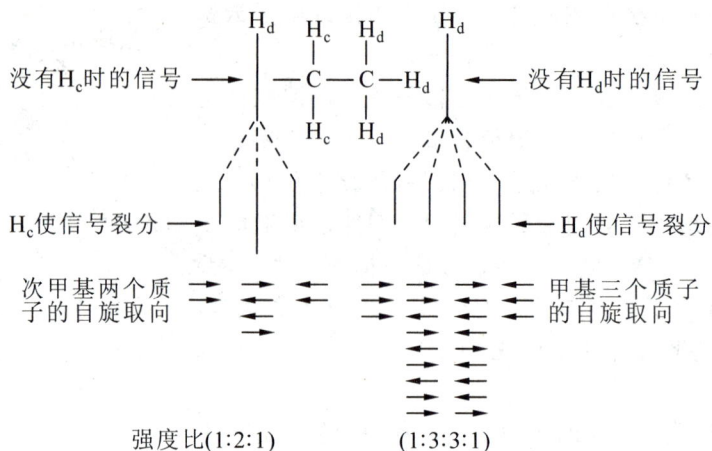

图 8-6　裂分示意图

自旋耦合使核磁共振谱中信号裂分为多重峰，对于氢核，峰的数目等于$(n+1)$，这就是氢核裂分的"$n+1$ 规则"。峰的强度比为$(a+b)^n$ 展开后各次的系数，其中 n 为邻近 H 的数目。

	$n=0$					1					单峰
	$n=1$				1		1				二重峰
$(a+b)^n$	$n=2$			1		2		1			三重峰
n 为相邻质子数	$n=3$		1		3		3		1		四重峰
	$n=4$	1		4		6		4		1	五重峰
	$n=5$	1	5	10	10	5	1				六重峰

2. 耦合常数

裂分后各个多重峰之间的距离称为耦合常数，以 J 表示，其单位为赫兹（Hz）。由于耦合裂分是质子间相互作用所引起的，因此耦合常数 J 值的大小表示了相邻质子间相互作用力的大小，与外磁场强度无关，同时，它受外界条件如溶剂、温度、浓度变化等影响很小。

耦合常数分为三类：同碳耦合（也叫偕耦）为相同碳上两质子的耦合，相隔两个键，写作 $^2J_{HH}$；邻碳耦合为相邻碳上两质子的耦合，相隔三个键，写作 $^3J_{HH}$，在 NMR 中相当普遍；远程耦合，即质子间的耦合通过了四个或四个以上的键，这种耦合一般是通过 π 键或张力环传递的，通常比较弱，常在炔烃、烯烃、芳烃、杂芳烃、小环或桥环中出现。

3. 核的化学等价和磁等价

在核磁共振谱中，有相同化学环境的核具有相同的化学位移。这种有相同化学位移的核称为化学等价。例如，在对硝基苯甲醚中的 H_a 和 $H_{a'}$（或 H_b 和 $H_{b'}$）：

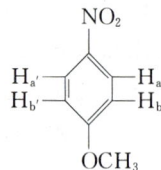

如果两个原子核不仅化学等价（化学位移相等），而且以相同的耦合常数与分子中的其他核耦合，则这两个原子核是磁等价的。例如二氟甲烷中：

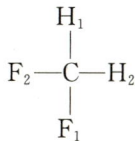

$$\begin{array}{c} H_1 \\ | \\ F_2-C-H_2 \\ | \\ F_1 \end{array}$$

H_1 和 H_2 化学环境相同，即化学位移相同，它们是化学等价的。并且它们对 F_1 或 F_2 的耦合常数也相等，即 $J_{H_1F_1}=J_{H_2F_1}$，$J_{H_1F_2}=J_{H_2F_2}$，因此 H_1 和 H_2 称为磁等价。同理，F_1 和 F_2 也为磁等价。

化学等价的核不一定是磁等价的，如上述的对硝基苯甲醚分子中，$J_{H_aH_{b'}}\neq J_{H_{a'}H_{b'}}$，因此，虽然 H_a 和 $H_{a'}$ 化学等价，但它们磁不等价。同理，H_b 和 $H_{b'}$ 磁不等价。可见，磁等价要求的条件比化学等价要求的条件更高，磁等价的核一定是化学等价的。

磁等价的核相互之间虽然有耦合作用，但不产生峰的裂分；而只有磁不等价的核之间发生耦合时，才会产生峰的裂分。

4. 产生自旋耦合的条件

与相邻的氢核发生自旋耦合的原子核有以下的性质：

(1) 自旋量子数 $I\neq 0$ 的元素的原子核，因为 $I=0$ 的核不是自旋核（如 ^{12}C，^{16}O），无磁矩，无自旋干扰；

(2) 氯、溴虽然 $I=3/2\neq 0$，但它们的原子核的电四极矩较大，引起相邻氢核的自旋去耦合作用，见不到自旋裂分；

(3) 丰度不能太小，^{13}C 的 $I=1/2\neq 0$，但由于天然丰度太小也看不到自旋裂分；

(4) 自旋耦合作用主要来自分子中不同的氢核。磁等价氢核间则不产生自旋裂分。如乙烷中 2 个甲基的 6 个 H 是磁等价的，只有 1 个单峰。

总之，从核磁共振图谱上可以获得三个重要信息，即化学位移、耦合常数和峰面积（或积分高度），对于确定化合物的结构非常有意义。

8.1.4　一级谱图和高级谱图

核磁谱图分类一级谱图和高级谱图。

产生一级谱图需要满足以下两个条件：

① 相互耦合的两个核组化学位移的差 $\Delta\nu$ 至少是耦合常数 J 的 6 倍。

② 同一核组的核（化学等同的核）均为磁等价的。这一条件很重要，如上述的对硝基苯甲醚中的两对氢核不是磁等价核，其谱图就不是一级谱图。

一级耦合裂分峰的数目服从 $n+1$ 规则，耦合峰相对强度关系可以用 $(a+b)^n$ 展开式的系数来预测，化学位移 δ 和耦合常数 J 能从谱图上直接读出。

若不能满足一级谱图的条件，产生的谱图与一级谱图有很大差别，称之为高级谱图或二级谱图。高级谱图有以下特点：

① 耦合裂分不符合 $n+1$ 规则，通常裂分峰的数目超过用 $n+1$ 规则计算得到的数目；

② 耦合峰相对强度关系复杂，不能用 $(a+b)^n$ 展开式的系数来预测；

③ 化学位移 δ 和偶合常数 J 一般不能从谱图上直接读出，需要进行计算才能得到。

通常可以通过加大核磁共振的磁场强度、加入位移试剂和双共振技术等对复杂谱图进行简化，使谱图便于解析。

8.1.5 复杂谱图的简化

自旋耦合和自旋裂分使 NMR 谱图形成许多精细结构,对确定有机物的结构很有价值。但在比较复杂的分子中,它会使图谱过于复杂而难以辨认。可以借助于一些辅助方法使谱图简化。

1. 使用强磁场的核磁共振仪

因为两共振吸收峰的频率差 $\Delta\nu$ 正比于外加磁场强度,即

$$\Delta\nu = \frac{\gamma}{2\pi} B_0 (\sigma_1 - \sigma_2) \tag{8-10}$$

上式表明,增大外加磁场强度 B_0 能增大 $\Delta\nu$ 值。而耦合常数 J 不随外加磁场强度变化,从而使 $\Delta\nu/J \geqslant 6$,这样就可以将相当数量的高级谱简化为一级谱。超导磁铁核磁共振仪的出现,为此目的的实现提供了条件。这就是人们设法制造尽可能大磁场强度的核磁共振仪的原因。

2. 位移试剂

当镧系元素(如 Eu 或 Pr)的离子与孤对电子配位时,与具有该孤对电子的原子相邻近的质子的化学位移会发生显著的改变,距离较远的质子的化学位移改变较少,这样就可以使原来密集而无法分辨的图谱变得比较容易解释。这种试剂叫作位移试剂,其作用原理是,Eu^{3+} 或 Pr^{3+} 有强烈的吸电子性,与孤对电子配位后使邻近的质子去屏蔽,因而使之移向低场。常用的是 Eu 或 Pr 的 β-二酮配合物,称镧系位移试剂,如

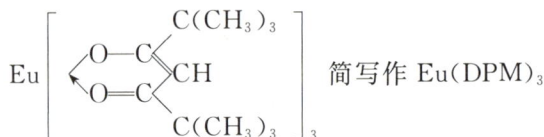

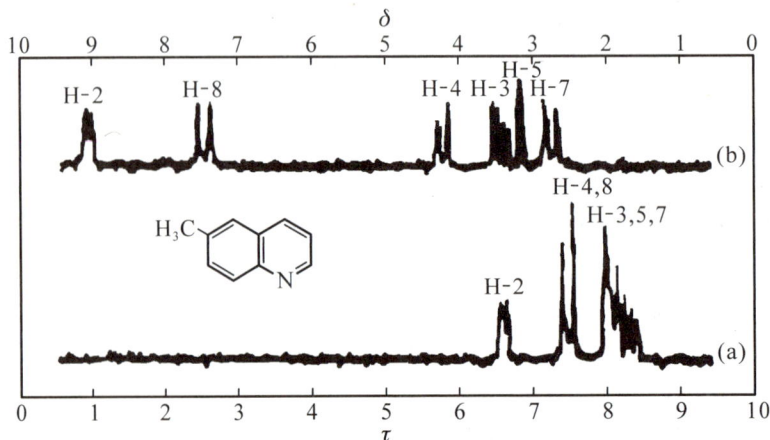

$$Eu \left[\begin{array}{c} O-C \\ O=C \end{array} \begin{array}{c} C(CH_3)_3 \\ CH \\ C(CH_3)_3 \end{array} \right]_3 \quad \text{简写作 } Eu(DPM)_3$$

图 8-7　6-甲基喹啉的核磁共振图谱
(a)$CDCl_3$ 溶液　(b)加入 0.3 mmol $Eu(DPM)_3$

如图 8-7(a)所示,6-甲基喹啉共振峰密集,无法分辨。加入 0.3 mmol $Eu(DPM)_3$ 后,

Eu^{3+} 与 6-甲基喹啉中 N 的孤对电子配位，与 N 靠近的质子 H-2 显著移向低场，其次是 H-8 移向较低场，较远的质子也有不同程度的位移，这样图谱就变得较易分辨。

3. 双共振技术

核间耦合是有一定条件的，即相互耦合的核在某一自旋状态的时间必须大于耦合常数的倒数。利用双共振技术可以破坏耦合条件，达到去耦目的。这种技术是两种频率的电磁波同时照射样品，故称为双照射，又因两种共振同时发生，也称为双共振。常用的双共振技术包括自旋去耦以及核奥佛好塞效应等。

(1)自旋去耦　若化学位移不同的 H_a 和 H_b 核之间存在耦合，在正常扫描 H_a 的同时，采用另一强的射频照射 H_b 核，并且使照射的频率恰好等于 H_b 核的共振频率，如果照射 H_b 核的电磁波足够强烈，此时，H_b 核在 $-1/2$ 和 $+1/2$ 两个自旋态间迅速往返，从而使 H_b 核如同一非磁性核，不仅其共振吸收峰消失，而且不再对 H_a 产生耦合作用。在这种情况下，H_a 核的谱线将变为单峰。这种技术称为自旋去耦法或双照射法。去耦法不仅可以简化图谱，而且可以确定哪些核与去耦质子有耦合关系，从而获得有关结构的信息，有助于确定分子结构。

图 8-8 是巴豆醛的核磁共振谱。各基团间的耦合使烯烃质子峰形十分复杂[图 8-8(a)]，但是，通过对甲基质子去耦之后，烯烃质子的信号便大为简化[图 8-8(b)]，从而有利于图谱解析。

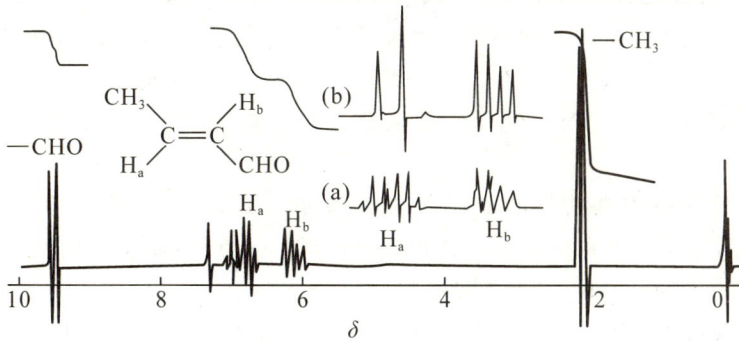

图 8-8　巴豆醛 NMR 谱(CDCl$_3$，90 MHz)
(a)烯烃质子重峰　(b)去耦甲基后烯烃质子重峰

(2)核奥佛好塞效应(Nuclear Overhauser Effect)　与去耦法类似，也是一种双共振技术，不同的是在核的 Overhauser 效应中，照射的两个核在空间上紧密靠近(小于 0.3 nm)。假设有两个氢核 H_a 和 H_b，由于距离近，相互弛豫较强，因此，当 H_b 受到照射达到饱和时，它要把能量转移给 H_a，于是，通过去耦不仅消除了 H_b 核的干扰，同时将会使 H_a 核的信号强度增加。

8.2　核磁共振波谱仪

按施加射频的方式，核磁共振仪可分为两类：连续波核磁共振仪和脉冲傅里叶变换核磁共振仪。

8.2.1　连续波核磁共振仪（CW-NMR）

为满足式(8-6)要求的核磁共振条件，采用连续扫描的方式进行扫场（固定电磁波频率）或扫频（固定磁场强度）的核磁共振仪称为连续波(continuous wave)核磁共振波谱仪。

核磁共振波谱仪主要由磁铁、扫场线圈、射频振荡器、射频接收器、样品管及记录器组成（见图 8-9）。

用射频振荡器 3 产生的固定频率的电磁波照射样品。在扫场线圈 2 中通直流电流，产生一微小磁场，使总场强度逐渐增加。当磁场强度达到一定的值 B_0 时，样品（装有样品溶液的玻璃管 5 放在磁铁两极之间）中某一类型的氢核发生能级的跃迁，产生吸收，经射频接收器 4 接收、放大后，在记录器 6 上绘出化合物的质子核磁共振吸收图谱。

（1）磁铁　用来产生一个恒定、均匀的磁场，是决定核磁共振仪灵敏度及分辨率的最重要部分。目前常用的磁铁有三种：永磁铁、电磁铁和超导磁铁。磁

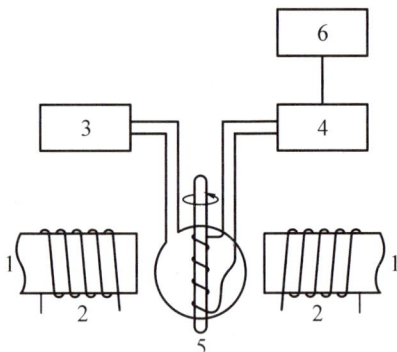

图 8-9　核磁共振仪示意图
1—磁铁　2—扫场线圈　3—射频振荡器
4—射频接收器　5—样品管　6—记录器

场要求在足够大的范围内十分均匀。当磁场强度为 1.409 T 时，其不均匀性应小于六千万分之一。这个要求很高，即使细心加工也极难达到。因此在磁铁上备有特殊的绕组，以抵消磁场的不均匀性。磁铁上还备有扫描线圈，可以连续改变磁场强度的百万分之十几。可在射频振荡器的频率固定时，改变磁场强度进行扫描。改变磁场强度以进行扫描的称扫场。

由永久磁铁和电磁铁获得的磁场一般不超过 2.4 T，这相应于氢核的共振频率为 100 MHz。为了得到更高的分辨率，使用超导磁体，可获得高达超过 10 T 的磁场，目前已经有共振频率为 900 MHz 商品核磁共振仪。

（2）射频振荡器　从一个很稳定的晶体振荡器发生一定频率的电磁波以进行氢核的核磁共振测定。磁场固定，改变频率以进行扫描的方式，称扫频。但一般以扫场较方便，扫频应用较少。为了提高分辨率，频率的波动必须小于 10^{-8}，输出功率小于 1 W，且在扫描时间内波动小于 1%。

（3）射频接收器　射频接收器的线圈在样品管周围，在一定的磁场强度下，当某种氢核的进动频率与振荡器的频率一致时就发生共振而吸收能量，为接收器线圈所感受，放大后即可显示于示波器上，并由记录器自动描绘谱图，纵坐标表示共振信号强度，横坐标表示磁场强度或频率。电子自动积分仪以阶梯形的曲线表示出峰面积的相对大小。

（4）探头　探头是一种用来使样品管保持在磁场中某一固定位置的器件。探头中有射频振荡线圈、射频接收线圈和扫描线圈，样品管插入探头内。发射线圈轴线与样品管垂直，接收线圈绕在样品管外的玻璃管上，探头与外电路相连。样品的微弱核磁共振信号从探头里检测出来送入波谱仪。样品管顶部固定在旋转涡轮上，压缩空气从探头顶部小孔吹入使涡轮连同样品管旋转，使样品受到均匀磁场。

随着计算机技术的发展，一些连续波核磁共振仪配有信号累计平均仪，可对极稀的溶

液进行多次重复扫描并将信号进行累加，从而有效地提高了仪器的灵敏度。

CW-NMR 连续变化一个参数（如 B_0），使不同基团的原子核依次满足共振条件而获得核磁谱图，在某一瞬间只有一种原子核处于共振状态，其他核则处于"等待"状态，为记录无畸变的核磁谱，扫描速度必须很慢（如扫描一张氢谱的时间一般为 250 s）；另一方面，CW-NMR 的灵敏度很低，对于低浓度或小量试样须采用累加的方法以增强信号。信号强度 s 与累加次数 n 成正比，但噪声 N 与 $\sqrt{n}$ 成正比，因此，信噪比 s/N 与 $\sqrt{n}$ 成正比，若使 s/N 提高 10 倍就需要累加 100 次，即 25 000 s，进一步提高还需更长时间，这不仅耗时，且波谱仪也难于保证信号长期不漂移。

8.2.2　脉冲傅里叶变换核磁共振波谱仪（PFT-NMR）

PFT 技术是指恒定磁场中，在整个频率范围内施加具有一定能量的强而短的脉冲，使射频场中包括样品中各种氢核（对于氢谱）的共振频率，这样在给定的谱宽范围内所有的氢核都被激发而跃迁，从低能态跃迁到高能态，然后弛豫逐步恢复玻尔兹曼平衡。此时在感应线圈中可接收到一个随时间衰减的信号，称为自由感应衰减信号（FID），FID 信号中包含了各个激发核的时间域上的波谱信号，经快速傅里叶变换后以得到频域上的谱图，即常见的 NMR 谱。

与 CW-NMR 相比，PFT-NMR 使检测灵敏度大为提高，对氢谱而言，试样可由几十毫克降低至 1 毫克甚至更低；测量时间大为降低，对试样的累加测量大为有利。由于其分析速度快，可用于核的动态过程、瞬时过程和反应动力学等方面的研究，PFT-NMR 已成为当前主要的 NMR 波谱仪器。

8.3　核磁共振波谱法的应用

8.3.1　试样制备

样品纯度应大于 98%，用量取决于仪器的灵敏度，低灵敏度仪器需 10～30 mg，高灵敏度仪器只需 1～2 mg。核磁共振一般只测样品溶液，固体或液体样品要溶于溶剂中，样品浓度一般为 10%～30%。常用氘代物质如 $CDCl_3$（氘代氯仿）、$(CD_3)_2C=O$（氘代丙酮）、D_2O（重水）等或 CCl_4，CS_2 等不含氢核的有机物作溶剂。氘代试剂一般氘代并不完全，留有残存质子信号。

常用 10% 的四甲基硅烷（TMS）的四氯化碳溶液作内标，一般样品中滴入 1～2 滴即可。当用 D_2O 作溶剂时改用 4,4-二甲基-4-硅代戊磺酸钠（DSS）作内标。

8.3.2　定性分析

1. 图谱解析的一般步骤

（1）由分子式计算不饱和度 U：

$$U = 1 + n_4 + \frac{n_3 - n_1}{2} \tag{8-11}$$

式中，n_4，n_3，n_1 分别为四价、三价和一价原子数目；二价原子如氧、硫等不参加运算。

当 $U=0$ 时，表示分子是饱和的；$U=1$ 时，表示分子中有 1 个双键或 1 个环；$U=2$ 时，表示分子中有 1 个三键或 2 个双键或含 1 个双键的环，等等。

(2) 根据峰面积计算分子中各类氢核的数目。在 NMR 谱图中，共振吸收峰的峰面积与引起共振吸收的氢核数成正比，因此各吸收峰的峰面积之比或阶梯式积分曲线的高度之比即为对应的氢核数之比。若已知分子中总的氢核数，则可从积分曲线求出每个或每组峰代表的氢核数；若总氢核数不知道，则可由甲基信号或其他孤立的亚甲基信号来推算各峰的氢核数。

(3) 看峰的位置，利用 δ 值确定各吸收峰所对应的氢核类型。

(4) 看峰的裂分，根据峰裂分数、耦合常数及峰形确定基团的连接关系。先识别谱图中的一级光谱，利用 $n+1$ 规律，根据重峰数目(峰裂分数)推断相邻的氢核数。若这一步分析的难度比较大，可以采用高磁场强度的仪器、双共振技术、位移试剂及重水交换等辅助手段协助解析。

(5) 根据核磁共振图谱中的吸收峰推断化合物可能含有的基团，并考虑化学合理性，推测可能的结构。

(6) 将推断的结构式与 NMR 图谱核对。不同类型的氢核均应在谱图上找到相应的峰组，峰组的 δ 值、峰形，J 值大小和相对面积应该和结构式相符，否则应予否定，重新推断。

2. 解谱示例

例 1 图 8-10 是一种无色化合物的核磁共振谱图，其分子式是 C_9H_{12}，试鉴定此化合物。

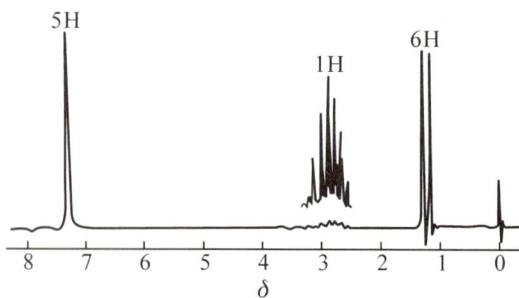

图 8-10 未知物 1 的核磁共振图谱

解：该分子式的不饱和度为：

$$U=1+9-\frac{12}{2}=4、$$

不饱和度为 4，说明该化合物可能含有 1 个苯环。

从左至右出现单峰、七重峰和双重峰。$\delta=7.2$ 处的单峰表明有 1 个苯环结构，这个峰的相对面积相当于 5 个质子。因此可推测此化合物是苯的单取代衍生物。在 $\delta=2.9$ 处出现单一质子的七个峰和在 $\delta=1.25$ 处出现 6 个质子的双重峰，说明结构中可能有异丙基存在。这是由于异丙基的 2 个甲基中的 6 个质子是等效的。而且苯环质子以单峰出现，表明异丙基对

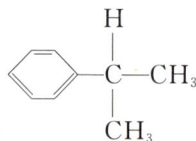

136

苯环的诱导效应很小，不致使苯环质子发生裂分。所以可以初步推断这一化合物为异丙苯：

将推断的结构式与 NMR 图谱核对，没有发现矛盾。

例 2 已知一化合物的化学式为 C_4H_7OCl，其氢谱如图 8-11，试推测其结构。

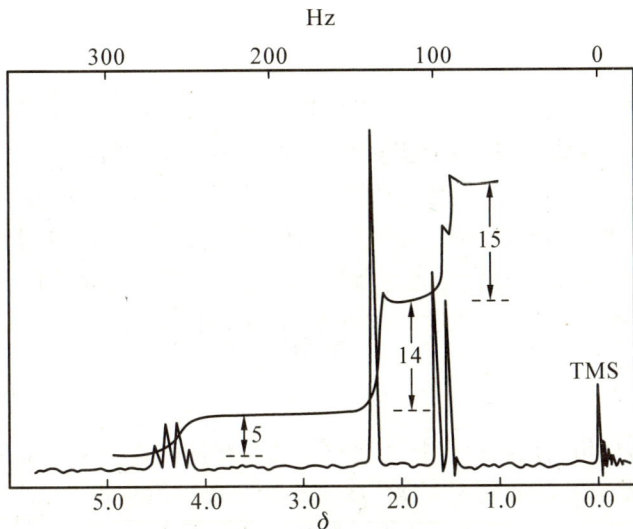

图 8-11 未知物 2 的核磁共振图谱

解：化合物的不饱和度为 1，说明存在双键。

积分线高度之比为 3∶3∶1，因此从高场至低场的三组峰的质子数之比应为 3∶3∶1。

存在孤立峰，δ 值在 2.3 附近，由表 8-3 可知，最可能的基团为 $—\overset{\overset{\text{O}}{\|}}{\text{C}}CH_3$，与不饱和度为 1 相吻合。

从化学式和以上结论可大致模拟出以下结构：

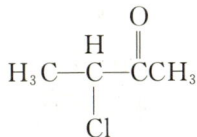

$$H_3C—\overset{\overset{\text{H}}{|}}{\underset{\underset{\text{Cl}}{|}}{C}}—\overset{\overset{\text{O}}{\|}}{C}CH_3$$

由于氯的电负性影响，次甲基上氢的去屏蔽作用强烈，移向低场，且受甲基 3 个质子的自旋-自旋裂分而产生四重峰。与羰基相连的甲基质子，因为没有 $^3J_{HH}$ 耦合，观察不到耦合裂分，因而 H 质子以孤立峰出现。与次甲基相连的甲基上氢质子与次甲基上氢质子产生耦合，裂分成二重峰。

将上述结构式与图谱对照，没有发现矛盾。

8.3.3 定量分析

核磁共振波谱法独特的优点是信号峰的面积与产生该峰的质子数成正比。因此在分析混合物试样中某一特定组分时，只要用于测定的峰不被其他组分的峰所重叠，这个峰的面积就可直接用于浓度的测定，而不需要用被测组分的纯品作校正曲线。每个质子的信号面积可从已知浓度的内标得到。此法被用于 APC 药片中阿司匹林、非那西汀和咖啡因的含量测定。

8.4 ^{13}C 核磁共振波谱法

^{13}C 的天然丰度很低，在自然界中，它仅是 ^{12}C 的 1.1%，另外，^{13}C 的磁旋比约为 ^{1}H 核的 1/4（见表 8-2），因此，^{13}C 谱的相对灵敏度仅是 ^{1}H 谱的 1/5 600，对 ^{13}C 核的测定是十分困难的。此外，^{13}C 核的纵向弛豫时间明显大于质子，使得 ^{13}C 的谱线易于饱和。因此，^{13}C 核磁共振谱的发展较其他核（如 ^{19}F，^{31}P 等）缓慢得多。随着傅里叶变换核磁共振仪的出现和发展，^{13}C 核磁共振技术才逐渐发展成为可进行常规测试的手段。

与 ^{1}H-NMR 一样，化学位移、耦合常数是 ^{13}C-NMR 的重要参数。

8.4.1 化学位移

^{13}C 化学位移所使用的内标化合物的要求与质子相同，近年来，也采用 TMS 作为 ^{13}C 化学位移的零点。绝大多数有机化合物的碳核化学位移都出现在 TMS 低场，因而它们的化学位移都为正值。表 8-4 列出了一些碳原子的化学位移范围。

对比氢谱和碳谱的化学位移，可以发现它们有许多相似之处。

（1）从高场到低场，碳谱共振位置的顺序为饱和碳原子、炔碳原子、烯碳原子、羧基碳原子；氢谱为饱和氢、炔氢、烯氢、醛基氢等。

（2）与电负性基团相连，化学位移都移向低场。

这种相似性对解析谱图以及偏共振去耦辐射位置的选取都有参考意义。

表 8-4　几种不同碳原子的化学位移范围

化合物类型	碳	δ	化合物类型	碳	δ
链烷	R_4C	0～82	腈	$R—C≡N$	117～126
炔烃	$R—C≡C—R$	65～100	酮和醛	$R—C=O$	174～225
链烯	$R_2C=CR_2$	82～160	羧酸衍生物	$R'—COX$	150～186
醇	$C—OH$	40～90	芳香环		82～160
醚	$C—O—C$	55～90			
硝基	$C—NO_2$	60～80			

结构因素对 ^{13}C 谱化学位移的影响规律与 ^{1}H 谱类似。碳上缺电子，使碳核显著去屏蔽，处于低场。化学位移和碳原子的杂化类型有关，sp^3 杂化的碳在高场共振，sp^2 杂化的碳在低场共振。此外，^{13}C 谱的化学位移还受溶剂、pH、温度等因素影响。

8.4.2 质子去耦

由于 ^{13}C 的天然丰度仅为 1.1%，^{13}C-^{13}C 自旋耦合通常可以忽略。而 ^{13}C-^{1}H 之间的耦

合常数很大，常达到几百赫兹。对于结构复杂的化合物，因耦合裂分峰太多，导致图谱复杂，难以解析。为了克服这一缺点，最大限度地得到^{13}C-NMR 谱的信息，一般选用三种质子去耦法：^{1}H 宽带去耦法；偏共振去耦法；选择性质子去耦法。下面简要介绍前两种。

^{1}H 宽带去耦法是在测定^{13}C 核的同时，用在质子共振范围内的另一强频率照射质子，以除掉^{1}H 对^{13}C 的耦合。质子去耦法使每个磁性等价的^{13}C 核成为单峰，这样使图谱大为简化，容易对信号进行分别鉴定并确定其归属。同时去耦时伴随有核奥佛好塞效应（NOE 效应）也使吸收强度增大。质子去耦法的缺点是完全除去了与^{13}C 核直接相连的^{1}H 的耦合信息，因而也失去了对结构解析有用的有关碳原子类型的信息，这对分析图谱是不利的。

偏共振去耦法是使用低能量射频照射^{1}H 核，使与^{13}C 核直接相连的^{1}H 和^{13}C 核之间还留下部分自旋耦合作用。通常从偏共振去耦法测得的裂分峰数，可以得到与碳原子直接相连的质子数。如，对 sp^3 碳原子有下列裂分峰数：甲基，四重峰；亚甲基，三重峰；次甲基，二重峰；季碳原子，单峰。

习题

1. 振荡器的射频为 56.4 MHz 时，欲使^{19}F 及^{1}H 产生共振信号，外加磁场强度各需多少？

2. 何谓化学位移？它有什么重要性？在^{1}H-NMR 中影响化学位移的因素有哪些？

3. 某核的自旋量子数 I 为 5/2，试指出该核在磁场中有多少种磁能级？并指出每种磁能级的磁量子数。

4. 使用 60 MHz 核磁共振仪时，TMS 的吸收与化合物中某质子间的频率差为 180 Hz。如果使用 40 MHz 仪器时，它们之间的频率差应是多少？

5. 下列化合物中 OH 的氢核，何者处于较低场？为什么？

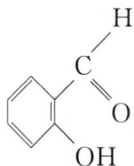　　　　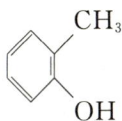

　　　（Ⅰ）　　　　　　　　（Ⅱ）

6. 何谓自旋耦合、自旋裂分？它们各有什么重要性？

7. 试述下列化合物 NMR 图谱的特征。

(1) ClCH$_2$—CH$_2$Cl

(2) CH$_3$—CCl$_2$—CH$_2$Cl

(3) Cl—CH$_2$—O—CH$_3$

8. 对于酚类化合物，随着温度的升高，对 OH 质子共振吸收峰带来什么影响？

9. 在下面的化合物中，标记的质子在核磁共振波谱图的什么区域产生吸收？

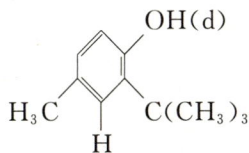

　　　（a）　　（b）　　（c）

10. 某化合物的分子式为 $C_4H_8O_2$，其 NMR 波谱如下图所示，试推测其结构。

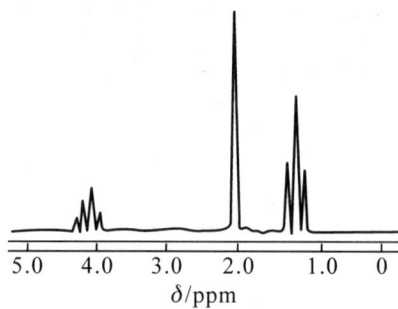

11. 已知某化合物的分子式为 $C_{10}H_{12}O_2$，其 NMR 波谱如下图所示，试推测其结构。

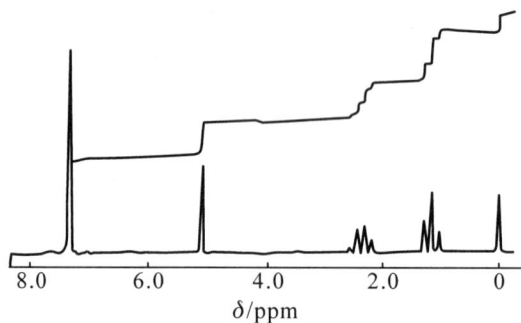

12. 某化合物的分子式为 $C_9H_{13}N$，其 NMR 图谱如下图所示，试推断其结构。

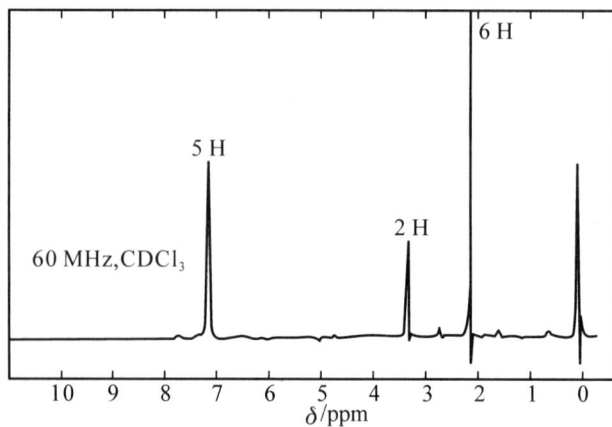

13. 某化合物 $C_{11}H_{14}O$，试根据 ^{1}HNMR 谱图推断其结构，并说明依据。

^{1}H NMR

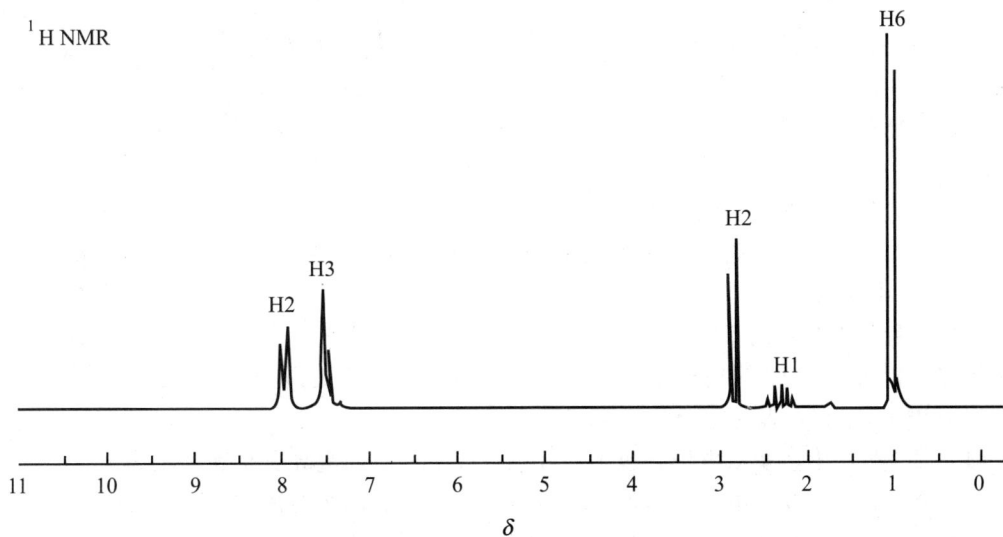

14. 某化合物 $C_5H_7O_2N$，试根据红外和核磁谱图判断其结构。

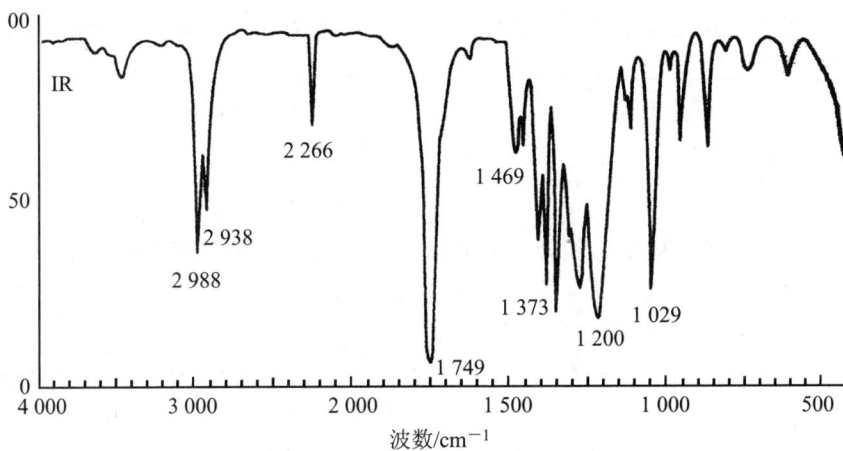

^{1}H NMR

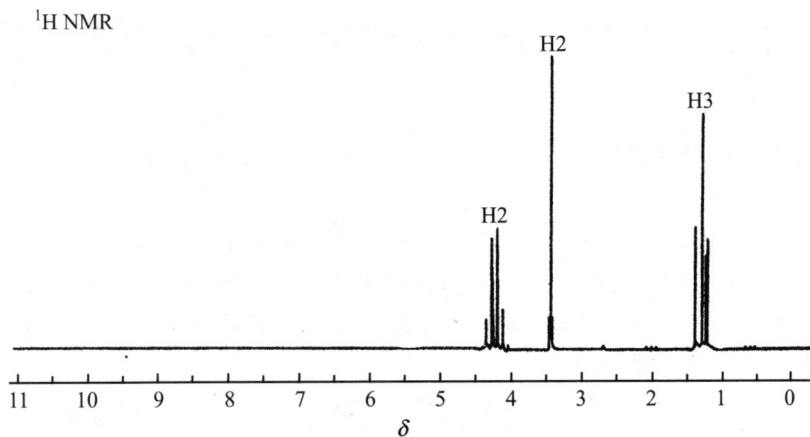

第9章　电化学分析法导论

（An Introduction to Electroanalytical Methods）

电化学分析方法是根据物质的电化学性质而进行分析的方法。具体来说，它是将试液作为化学电池的一个组成部分，通过测量该电池的某种电参数(如电导、电位、电流或电量等)进行检出和测定的方法。

根据测量的电参数的不同，可分为电导分析法、电位分析法、电解分析法、库仑分析法和伏安分析法等。而伏安分析法中使用滴汞电极的又称为极谱分析法。

按 IUPAC 建议，电化学分析法可分为三类：

(1) 第一类，不涉及双电层，也不涉及电极反应的，如电导分析和高频滴定。

(2) 第二类，涉及双电层，但不涉及电极反应，如表面张力法和非法拉第阻抗法。

(3) 第三类，涉及电极反应，如电位分析法、库仑分析法、电解分析法、极谱和伏安分析法等。

电分析化学的特点是灵敏度高、准确度好、选择性强、仪器简单、方法灵活多样、应用范围广。

9.1　化学电池

化学电池是化学能与电能互相转换的装置。组成化学电池的条件为：①电极之间以导线相连；②电解质溶液之间以一定方式保持接触，使离子可从一方迁移到另一方；③电极上发生电子转移，即发生电极反应。

化学电池按化学能与电能转换的方式不同，可分为原电池和电解池两类。原电池是化学能自发转换为电能的装置，在外电路接通下，反应就能进行，并向外电路提供电能。电解池是电能转换为化学能的装置，它不能自发进行，需要从外部电源提供电能迫使电池内部发生电极反应，将电能转化为化学能。上述两种化学电池在电化学分析中均有应用。

9.1.1　原电池

将金属锌和金属铜分别插入 $ZnSO_4$ 和 $CuSO_4$ 溶液中，再用盐桥连接，即组成锌-铜原电池，如图 9-1 所示。

由于 Zn 标准电极电位($\varphi_{Zn^{2+}/Zn} = -0.763$ V)比 Cu($\varphi_{Cu^{2+}/Cu} = 0.340$ V)的负，Zn 较 Cu 易失去电子，被氧化为 Zn^{2+} 进入溶液相。Zn 原子将失去的电子留在 Zn 电极，通过外电路流到 Cu 电极上。Cu^{2+} 接受流来的电子还原为金属 Cu，沉积在 Cu 电极上。因此，Zn 电极上发生的是氧化反应，是阳极。

$$Zn \rightleftharpoons Zn^{2+} + 2e^-$$

Cu 电极上发生的是还原反应，是阴极。

$$Cu^{2+} + 2e^- \rightleftharpoons Cu$$

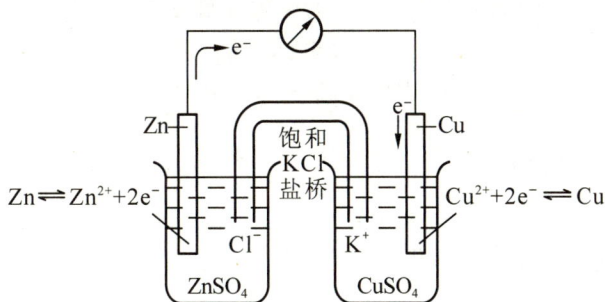

图 9-1　Cu-Zn 原电池

电池的总反应方程式为

$$Zn + Cu^{2+} \rightleftharpoons Zn^{2+} + Cu$$

外电路电子流动的方向是由 Zn 电极流向 Cu 电极。电流流动的方向与电子流动的方向相反。电流由电位较高的 Cu 电极流向电位较低的 Zn 电极，因此，Cu 电极是正极，Zn 电极是负极。

9.1.2　电解池

将一外电源接到锌-铜原电池上，Zn 电极与外电源的负极相连，Cu 电极与外电源的正极相连，并使外电源的电压略大于原电池的电动势。这时成为电解池，如图 9-2 所示。

Zn 电极发生还原反应，称为阴极。

$$Zn^{2+} + 2e^- \rightleftharpoons Zn$$

Cu 电极发生氧化反应，称为阳极。

$$Cu \rightleftharpoons Cu^{2+} + 2e^-$$

电解池的总反应方程式为

$$Zn^{2+} + Cu \rightleftharpoons Zn + Cu^{2+}$$

作用的结果是将外电源所提供的电能转化为化学能。这不是自发进行的。

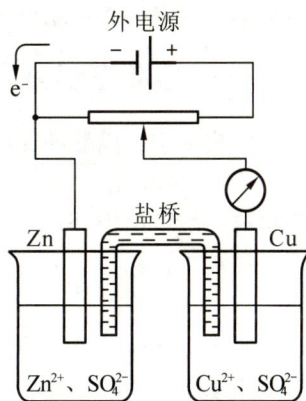

图 9-2　电解池

原电池和电解池之间电极的性质和名称是不同的。正负极是根据电位的高低而分。电位高的为正极，是电子贫乏的极；电位低的为负极，是电子富裕的极。阴阳极是根据电极发生的反应性质而分。发生氧化反应的为阳极，发生还原反应的则为阴极。

9.1.3　电池的符号和表示方法

（1）每一接界面用一条竖线"｜"将其隔开；

（2）盐桥用两条平行线"‖"表示，因为它有两个接界面；

（3）电解质溶液应标明活（浓）度，活（浓）度写在括号内，在电解质分子式（或离子符号）后面。气体应标明分压和温度，分压和温度写在括号内，在气体分子式后面。如不标明，则表示为 101 325 Pa，25 ℃；

（4）阳极写在左边，阴极写在右边。

按上述原则，图 9-1 的原电池和图 9-2 的电解池可分别表示为：

原电池　　　$Zn \mid ZnSO_4(x\ mol/L) \parallel CuSO_4(y\ mol/L) \mid Cu$

电解池　　　$Cu \mid CuSO_4(y\ mol/L) \parallel ZnSO_4(x\ mol/L) \mid Zn$

9.1.4　电池的电动势

电池的电动势是指当流过电池的电流为零或接近于零时两电极间的电位差，以 $E_池$ 表示，单位为 V。按规定电池的电动势为右边电极的电位 $\varphi_右$ 减左边电极的电位 $\varphi_左$，即

$$E_池 = \varphi_右 - \varphi_左 = \varphi_阴 - \varphi_阳 \tag{9-1}$$

由式(9-1)可见，如已知某一电极的电位，就可根据测得的电池的电动势求得另一电极的电位。如 $E_池$ 为正值，表明电池反应能自发地进行，是个原电池；如 $E_池$ 为负值，则表明电池反应不能自发进行，是个电解池，必须外加一至少与 $E_池$ 数值相等、方向相反的外加电压，反应方可进行。

9.2　电极电位

目前对单个电极的绝对电位值还无法测定，但可将其与一个标准电极组成原电池，测定该电池的电动势，就可根据式(9-1)求得被测电极的电位。

9.2.1　标准电极及其电位

电化学中，以标准氢电极作为标准电极，并规定在任意温度下，它的电极电位为零。

将 Pt 片插入离子活度为 1 mol/L 的盐酸溶液中，通入纯 H_2 气，其分压为 101 325 Pa，即构成标准氢电极(SHE)。

按规定，标准氢电极为负极，被测的电极为正极组成原电池：

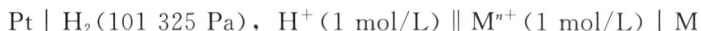

$$Pt \mid H_2(101\ 325\ Pa), H^+(1\ mol/L) \parallel M^{n+}(1\ mol/L) \mid M$$

当组成的电池处于标准状态，即电解质溶液的离子活度均为 1 mol/L；如为气体，其分压为 101 325 Pa；如为固体或液体均为纯净物；温度为 25 ℃，此时电极电位为标准电极电位，以 $\varphi^\ominus$ 表示。$\varphi^\ominus$ 值的大小，仅与电极的本性和温度有关，在温度一定时为常数。它反映了电极上进行氧化还原反应的倾向，$\varphi^\ominus$ 值越正，表示该物质越容易得电子，是较强的氧化剂；$\varphi^\ominus$ 值越负，表示该物质越容易失电子，是较强的还原剂。由于标准氢电极使用条件极为苛刻，在电化学分析中为方便起见，常用电极电位稳定的甘汞电极和银/氯化银电极。

9.2.2　电极电位方程式

表示电极电位与电极表面溶液有关物质活度间的关系的方程式，称为电极电位方程式，即 Nernst 方程。

对于任一电极，其电极反应为

$$Ox + ne^- \rightleftharpoons Red$$

则电极电位为

$$\varphi=\varphi^{\ominus}+\frac{RT}{nF}\ln\frac{a_{\text{Ox}}}{a_{\text{Red}}} \tag{9-2}$$

式中，a 为活度，下标 Ox 和 Red 分别表示氧化态和还原态；R 为标准气体常数；F 为法拉第常数；T 为热力学温度；n 为电极反应的电子数；$\varphi^{\ominus}$ 为该体系的标准电极电位。当 $T=298$ K(25 ℃)时，

$$\varphi=\varphi^{\ominus}+\frac{0.0592}{n}\lg\frac{a_{\text{Ox}}}{a_{\text{Red}}} \tag{9-3}$$

9.2.3　条件电极电位

电极电位实际上受溶液的离子强度、配位效应、酸效应等因素的影响，因此，标准电极电位有其局限性。实际工作中，常采用条件电极电位。条件电极电位是指氧化态和还原态的浓度均等于 1 mol/L 时体系的实际电位。如该体系是可逆的，可用 Nernst 方程表示：

$$\varphi=\varphi^{\ominus}+\frac{0.0592}{n}\lg\frac{a_{\text{Ox}}}{a_{\text{Red}}} \tag{9-4}$$

$$\varphi=\varphi^{\ominus}+\frac{0.0592}{n}\lg\frac{r_{\text{Ox}}c_{\text{Ox}}}{r_{\text{Red}}c_{\text{Red}}} \tag{9-5}$$

当 $c_{\text{Ox}}=c_{\text{Red}}=1$ mol/L 时，上式可写为

$$\varphi=\varphi^{\ominus}+\frac{0.0592}{n}\lg\frac{r_{\text{Ox}}}{r_{\text{Red}}}=\varphi^{\ominus\prime} \tag{9-6}$$

$\varphi^{\ominus\prime}$ 为条件电极电位。从式(9-6)可见，$\varphi^{\ominus\prime}$ 的大小与 $\varphi^{\ominus}$ 有关，也受温度的影响；与活度系数有关，受溶液离子强度的影响；与副反应系数有关，受溶液 pH、配位体的种类及其浓度等因素的影响。因此，只有条件一定时，条件电极电位才是常数。

9.3　液接电位及其消除

9.3.1　液接电位及其形成

在两个不同种类或不同浓度的溶液相接触的界面间所存在的一个微小的电位差，称为液接电位。这种电位差的产生原因是由于在两种溶液的界面之间不同离子的不同扩散速率或不同浓度的离子而产生不同的扩散，破坏了界面附近原来溶液正负电荷分布的均匀性，因而产生电位差。如图 9-3 所示。

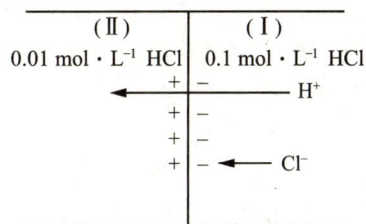

图 9-3　液接电位形成示意图

9.3.2　液接电位的消除——盐桥

液接电位会影响电池电动势的准确测定，应将其消除。消除的方法是在两个溶液之间用盐桥相连接。

盐桥的制法一般是在饱和 KCl 溶液(4.2 mol/L)中，加入 3% 琼脂，加热使琼脂溶解，

趁热移入 U 形管中，冷却成凝胶而得。使用时，将 U 形管两端倒置插入两溶液中，构成连通桥。由于 K^+ 和 Cl^- 的扩散速率很接近，使液接电位大大减小，其减小的程度与所用 KCl 溶液的浓度有关(见表 9-1)。但即使用了盐桥，液接电位也不能完全消除，一般尚有 $1\sim2$ mV。

表 9-1　盐桥中 KCl 溶液浓度对减少液接电位的影响

c_{KCl}/(mol/L)	液接电位/mV	c_{KCl}/(mol/L)	液接电位/mV
0.1	27	2.5	3.4
0.2	20	3.5	1.1
0.5	13	饱和	<1
1.0	8.4		

9.4　电极的极化和超电位

当有较大的电流通过电极时，电极电位将偏离平衡电极电位，这种现象称为电极的极化。电池的两个电极均会发生极化。一般阳极极化时，其电极电位更正；阴极极化时，其电极电位更负。实际电极电位与平衡电极电位的差值称为超电位。阳极超电位和阴极超电位之和称为电池总超电位。超电位的大小可用于衡量电极极化的程度。

通常按产生极化现象的原因不同，将极化分为浓差极化和电化学极化两类。

9.4.1　浓差极化

由 Nernst 方程计算的平衡电极电位，决定于电极表面有关离子的浓度，而不是溶液本体中离子的浓度。电解时，阴极发生如下的电极反应：

$$M^{n+} + ne^- \Longleftrightarrow M$$

使电极表面的离子浓度降低，而离子的扩散作用又不能给予补偿。因此，阴极表面的离子浓度要比溶液本体的浓度小，由 Nernst 方程可知，其电极电位将比平衡电位要负一些，即电位负移。对于阳极反应，由于金属的溶解，阳极表面的金属离子浓度比溶液本体大，使阳极电位变得更正一些，即正移。这种由于浓度差别引起的电极电位与平衡电位的偏离现象，称为浓差极化。

9.4.2　电化学极化

电化学极化是由于电极反应的速率较小而引起的。许多电极反应不仅包括有电子转移过程，还有传质和化学反应等过程。如其中某一过程的速率较小，则总的电极反应速率由较小的过程所控制。在电化学极化的情况下，流过电极的电流受电极反应速率控制。在浓差极化时，电流受扩散传质过程的速率所控制。

以阴极过程为例，在电流密度较大的情况下，单位时间内供给电极的电荷数量相当多，如电极反应速率很大，则可在维持平衡电位不变的条件下使金属离子被还原；如电极反应速率较小，离子来不及与电极表面上过剩的电子结合，于是电子在电极表面上积聚起来，使电极电位变负，这就是阴极极化。而阳极极化将使电极电位变正。由于电化学极化而使电极电位与原来平衡电位产生的差值，称为活化超电位。实验测得的超电位，一般是活化超电位和浓差超电位之和。如果充分搅拌溶液，则可将浓差超电位基本消除。不论哪种原因引起的极化，其结果均使阴极电位变得更负，阳极电位变得更正。

9.4.3　影响超电位的因素

影响超电位的因素较多，其中主要的有：

(1) 电流密度　超电位随电流密度增加而增大。在相同的电流密度下，超电位与电极表面状态有关。表面光滑电极的超电位比表面粗糙的大，这是由于表面粗糙电极的总表面积较大，实际上降低了电流密度。

(2) 温度　通常，温度升高，超电位降低。多数电极超电位的温度系数为 $-2\ \mathrm{mV/℃}$。

(3) 电极材料　例如，氢在一些"软金属"，如 Zn，Pb，Sn 等，特别是 Hg 上的超电位较大。

(4) 析出物形态　析出物为气体时，超电位一般较大，析出物为金属时，则较小。

9.5　经典电极

经典电极也称为金属基电极，它基于可逆的电子交换，可按其组成和作用机理的不同，分为四类。

9.5.1　第一类电极

这类电极是指金属与该金属离子溶液所组成的电极 $\mathrm{M\mid M^{n+}(mol/L)}$，其电极反应为

$$\mathrm{M^{n+}} + n\mathrm{e^-} \rightleftharpoons \mathrm{M}$$

电极电位为

$$\varphi_{\mathrm{M^{n+}/M}} = \varphi_{\mathrm{M^{n+}/M}}^{\ominus} + \frac{0.0592}{n}\lg a_{\mathrm{M^{n+}}}\ (25\ ℃)$$

构成这类电极的常见金属有 Ag，Cu，Zn，Cd，Hg 和 Pb 等。

9.5.2　第二类电极

这类电极是由金属上覆盖其难溶化合物(盐、氧化物或氢氧化物)，并浸在含该难溶化合物的阴离子溶液中构成，$\mathrm{M\mid MA(s)\mid A^{n+}}$($x\ \mathrm{mol/L}$)，其中 MA 表示难溶化合物。其电极反应为

$$\mathrm{MA} + n\mathrm{e^-} \rightleftharpoons \mathrm{M} + \mathrm{A^{n-}}$$

电极电位为

$$\varphi_{\mathrm{MA/M}} = \varphi_{\mathrm{MA/M}}^{\ominus} + \frac{0.0592}{n}\lg\frac{a_{\mathrm{MA}}}{a_{\mathrm{M}}a_{\mathrm{A^{n-}}}}\ (25\ ℃)$$

由于 $a_{\mathrm{M}} = 1$，$a_{\mathrm{MA}} = 1$，故

$$\varphi_{\mathrm{MA/M}} = \varphi_{\mathrm{MA/M}}^{\ominus} - \frac{0.0592}{n}\lg a_{\mathrm{A^{n-}}}$$

由此可见，这类电极的电极电位依赖于溶液中该电极金属难溶化合物的阴离子的活度。由于这类电极的再现性和稳定性较好，常用作参比电极以测定其他电极的电位。常用的参比电极有甘汞电极和银/氯化银电极。

1. 甘汞电极

是由一层纯 Hg 上覆盖一层 Hg/Hg_2Cl_2 的糊浆，浸在 KCl 溶液中组成的，$Hg \mid Hg_2Cl_2(s) \mid Cl^-(x\ mol/L)$。其电极反应为

$$Hg_2Cl_2 + 2e^- \rightleftharpoons 2Hg + 2Cl^-$$

电极电位为

$$\varphi_{Hg_2Cl_2/Hg} = \varphi^{\ominus}_{Hg_2Cl_2/Hg} - \frac{0.059\ 2}{2}\lg a^2_{Cl^-}\ (25\ ℃)$$

由此可见，甘汞电极的电极电位在一定的温度下，只取决于 Cl^- 的活度。常以饱和、1 mol/L 和 0.1 mol/L KCl 溶液制得饱和、1 mol/L 和 0.1 mol/L 甘汞电极。常用的饱和甘汞电极，如图 9-4 所示。在 25 ℃时，各类甘汞电极的电位值如表 9-2 所示。

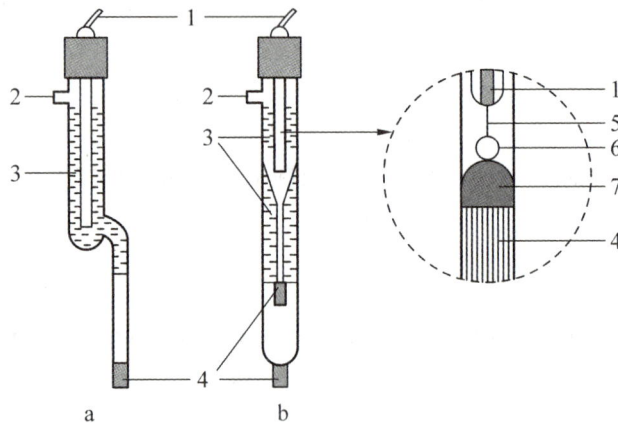

图 9-4 甘汞电极

a—232 型   b—217 型

1—导线   2—加液口   3—KCl 溶液   4—素烧瓷芯   5—铂丝   6—Hg   7——Hg_2Cl_2

表 9-2 甘汞电极的电位(vs. NHE)

种　类	25 ℃电位值/V	t ℃电位值/V
SCE	0.241 6	$0.241\ 6 - 7.6×10^{-4}(t-298)$
MCE	0.280 0	$0.280\ 0 - 2.4×10^{-4}(t-298)$
0.1 MCE	0.333 8	$0.333\ 8 - 7.0×10^{-4}(t-298)$

2. 银/氯化银电极

将金属 Ag 丝在 0.1 mol/L HCl 溶液中电解，在 Ag 丝表面镀一层 AgCl，插入含有 Cl^- 的溶液中，即得 Ag/AgCl 电极，$Ag \mid AgCl(s) \mid Cl^-(x\ mol/L)$。

其电极反应为

$$AgCl + e^- \Longleftrightarrow Ag + Cl^-$$

电极电位为

$$\varphi_{AgCl/Ag} = \varphi_{AgCl/Ag}^{\ominus} - 0.059\ 2\lg a_{Cl^-} \quad (25\ ℃)$$

其电极电位同样取决于溶液中 Cl^- 的活度。Ag/AgCl 电极结构，如图 9-5 所示。

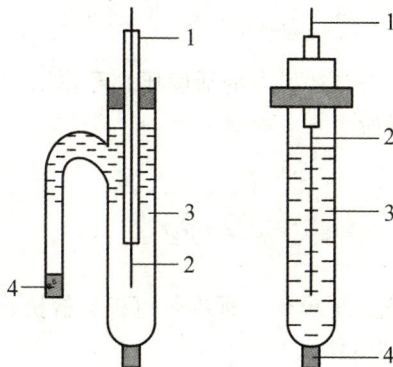

图 9-5　Ag/AgCl 电极

1—导线　2—Ag-AgCl 丝　3—KCl 溶液　4—素烧瓷芯

Ag/AgCl 电极由于内充氯化物浓度的不同，其电极电位也不同，如表 9-3 所示。

表 9-3　Ag/AgCl 电极的电位(25℃)

内充氯化物浓度/(mol/L)	电极电位(vs. NHE)/V
0.10 KCl	0.288
1.0 KCl	0.228
饱和 KCl	0.199

9.5.3　第三类电极

这类电极是由金属与含共同阴离子的两个难溶盐或难离解的配合物构成，例如，$Ag \mid Ag_2S(s)$，$CdS(s)$，$Cd^{2+}(x\ mol/L)$。电极电位可由下法导出，根据

$$\varphi_{Ag^+/Ag} = \varphi_{Ag^+/Ag}^{\ominus} + 0.059\ 2\lg a_{Ag^+} \quad (25\ ℃)$$

由难溶盐的活度积得

$$a_{Ag^+} = \left(\frac{K_{sp,Ag_2S}}{a_{S^{2-}}} \right)^{1/2} \qquad a_{S^{2-}} = \frac{K_{sp,CdS}}{a_{Cd^{2+}}}$$

故

$$\varphi_{Ag^+/Ag} = \varphi_{Ag^+/Ag}^{\ominus} + \frac{0.059\ 2}{2} \lg \frac{K_{sp,Ag_2S}}{K_{sp,CdS}} + \frac{0.059\ 2}{2} \lg a_{Cd^{2+}}$$

该电极可指示 Cd^{2+} 的活度。

9.5.4　零类电极

由铂、金或石墨等惰性导体插入含有物质的氧化态和还原态的溶液中而构成，

$Pt \mid M^{m+}(x \text{ mol/L})，M^{(m-n)+}(y \text{ mol/L})。$

其电极反应为

$$M^{m+} + ne^- \rightleftharpoons M^{(m-n)+}$$

电极电位为

$$\varphi_{M^{m+}/M^{(m-n)+}} = \varphi^{\ominus}_{M^{m+}/M^{(m-n)+}} + \frac{0.059\,2}{n} \lg \frac{a_{M^{m+}}}{a_{M^{(m-n)+}}} \quad (25\ ℃)$$

这类电极可指示物质氧化态与还原态的活度比。导体铂、金或石墨等本身并不参与电极反应，只作为电子交换的场所。

习题

1. 试说明下列术语的含义：原电池、标准氢电极、盐桥、阳极、阴极、液接电位。

2. 原电池和电解池的区别是什么？

3. 计算下列电极的电极电位。

(1)$Pt \mid IO_3^-(0.100\ \text{mol/L})，I_2(0.010\,0\ \text{mol/L})，H^+(1.00 \times 10^{-4}\ \text{mol/L})$

(2)$Pt \mid Fe^{2+}(1.00 \times 10^{-4}\ \text{mol/L})，Fe^{3+}(1.00\ \text{mol/L})$

4. 计算下列电池的电动势。

(1)$NHE \parallel Zn^{2+}(1.00 \times 10^{-3}\ \text{mol/L}) \mid Zn$

(2)$NHE \parallel pH = 4.00，p_{H_2} = 101\,325\ Pa \mid Pt$

5. 计算下列电池的电动势，写出电池反应，指出正、负极，确定自发反应进行的方向。

(1)$Fe \mid Fe^{3+}(1.00\ \text{mol/L}) \parallel Cd^{2+}(1.00 \times 10^{-2}\ \text{mol/L}) \mid Cd$

(2)$Fe \mid Fe^{2+}(2.00 \times 10^{-3}\ \text{mol/L}) \parallel Cd^{2+}(0.200\ \text{mol/L}) \mid Cd$

6. 计算下列电池的电动势，并说明电池是电解池还是原电池。

(1)$Pt \mid Fe(CN)_6^{4-}(8.0 \times 10^{-2}\ \text{mol/L})，Fe(CN)_6^{3-}(4.0 \times 10^{-4}\ \text{mol/L}) \parallel$
$I^-(1.00 \times 10^{-3}\ \text{mol/L})，I_2(4.00 \times 10^{-4}\ \text{mol/L}) \mid Pt$

已知：$Fe(CN)_6^{3-} + e^- \rightleftharpoons Fe(CN)_6^{4-}$ $E^{\ominus} = +0.36\ V$

$I_2 + 2e^- \rightleftharpoons 2I^-$ $E^{\ominus} = +0.62\ V$

(2) $Pt \mid H_2(10\,132.5\ Pa)，HCl(2.00 \times 10^{-3}\ \text{mol/L})，AgCl \mid Ag$

已知：$AgCl + e^- \rightleftharpoons Ag + Cl^-$ $E^{\ominus} = +0.222\,3\ V$

7. 将铂电极和标准甘汞电极放入含亚锡离子溶液中，电池电动势为 0.70 V，标准甘汞电极为正极(25 ℃时电位为 0.28 V)，计算电极 $\varphi_{Sn^{4+}/Sn^{2+}}$ 值等于多少？

第 10 章　电导分析法
（Conductometry）

在外加电场的作用下，电解质溶液中的正、负离子以相反的方向移动，这种现象称为导电。电导分析法是以测量被测溶液的电导为基础的分析方法。因为电导是电阻的倒数，所以测量溶液的电导实际上是测量溶液的电阻。溶液的电导在一定的条件下与溶液中的离子数目、离子所带的电荷数及其淌度有关。而这些量又与电解质的性质及其浓度有关。电导分析法有极高的灵敏度，但由于溶液电导是存在于溶液中所有各种离子单独电导的总和，只能测量离子的总量，而不能鉴别和测定某种离子及其含量，因此其选择性很差。这种方法主要用于监测水的纯度、大气中有害的气体（如 SO_2，CO_2，HCl 和 HF 等）和电导滴定以及测定某些物理化学常数（如弱酸的电离常数和难溶盐的溶度积常数）等。

10.1　基本原理

10.1.1　电导和电导率

金属导体是通过电子的移动来导电的。不同的导体具有不同的导电能力。导体的电导 L 是其电阻 R 的倒数，即

$$L = \frac{1}{R} \tag{10-1}$$

根据欧姆定律，导体的电阻与其长度 l(cm)成正比，而与其横截面积 A(cm^2)成反比，即

$$R \propto \frac{l}{A}$$

因此

$$L \propto \frac{A}{l} = k\,\frac{A}{l} \tag{10-2}$$

式中，k 为比例常数，称为电导率或比电导。其物理意义是当导体的横截面积为 1 cm^2，长度为 1 cm 时的电导。电导的单位为西门子(Siemens)，简称为西，以 S 表示。电导率的量纲为 S·cm^{-1}或 Ω^{-1}·cm^{-1}。用电导率的大小来比较金属导体的导电能力，就可以不必考虑面积和长度对电导的影响，这样可以直接用它比较金属导体的导电能力的大小。

电解质溶液的导电与金属导体不同，是由正离子和负离子的移动来导电的。对这类离子导体来说，电导率是指两个相距 1 cm，面积 1 cm^2 的平行电极间电解质溶液的电导。如果说，电导率是 1 cm^3 电解质溶液的电导，则必须指出，其电极距离为 1 cm 或电极面积为 1 cm^2。当电导池装置一定时，电极距离 l 和面积 A 固定，即 $\frac{l}{A}$ 为一常数，称为电导池常数，以 θ 表示。因此，式(10-2)可写为

$$L = k\frac{A}{l} = k\frac{1}{\theta} \tag{10-3}$$

10.1.2 摩尔电导

电解质溶液的电导不仅与温度、离子的湍度有关，还与电解质的正、负离子所带的电荷和电解质的含量有关。图 10-1 示几种电解质溶液的电导率与浓度的关系。可以看出，除了那些溶解度较小的电解质以外，其他电解质的曲线都有一个极大点。当电解质溶液的浓度较小时，电解质的电导率 k 实际上与其浓度成正比，而浓度过高时，电导率反而下降。电导率随浓度增加是由于单位体积内离子的数目的增加，但浓度过高时，又会使离子间相互作用加大或电解质离解减少，因而电导率反而下降。由此可见，电解质溶液与金属导体不同，用电导率作为直接衡量溶液导电能力的标准就不太理想。为了比较电解质的导电能力，引入"摩尔电导"的概念。

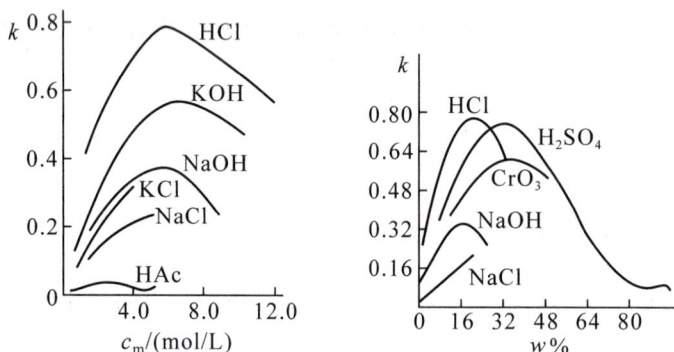

图 10-1　电解质溶液的电导率与其浓度的关系

摩尔电导是指两个距离 1 cm 的平行电极间含有 1 mol 电解质溶液时所具有的电导，以 λ_m 表示。它表示含有 1 mol 电解质溶液的导电能力。显然，溶液的浓度不同，所含 1 mol 电解质的体积也不同，因此，电极面积是不受限制的。如果 1 mol 电解质溶液的体积为 $\overline{V}(cm^3)$，则根据电导率的定义，摩尔电导 λ_m 为

$$\lambda_m = k\overline{V} \tag{10-4}$$

含 1 mol 电解质溶液，其体积随溶液浓度的增加而减小。如溶液的浓度以摩尔浓度 $c_m(mol/L)$ 表示，则式(10-4)可写为

$$\lambda_m = k\frac{1\ 000}{c_m} \tag{10-5}$$

这是电解质溶液的摩尔电导与其浓度的关系式。

电解质溶液的导电是由溶液中正、负离子共同承担的。根据离子独立移动定律，电解质的摩尔电导 λ_m 为

$$\lambda_m = n_+\lambda_{m,+} + n_-\lambda_{m,-} \tag{10-6}$$

式中，n_+，n_- 表示 1 mol 电解质中含正、负离子的摩尔数；$\lambda_{m,+}$，$\lambda_{m,-}$ 表示正、负离子的摩尔电导。

对于 1∶1 型电解质，如 NaCl 和 $CuSO_4$，$n_+ = n_- = 1$，$\lambda_m = \lambda_{m,+} + \lambda_{m,-}$；对于其他类

型电解质，如 $MgCl_2$，$n_+ = 1$，$n_- = 2$，$\lambda_m = \lambda_{m,+} + 2\lambda_{m,-}$。

对于弱电解质，其电导除与电解质的量有关外，还与电解质的电离度有关。由于离子间的相互作用，摩尔电导也随溶液浓度而改变，浓度越稀，摩尔电导越大，如表 10-1 所示。

表 10-1　KCl 和 HAc 在不同浓度时的摩尔电导(18 ℃)

浓度/(mol/L)	$\lambda_{m,KCl}$	$\lambda_{m,HAc}$
1	98.08	1.32
0.5	102.05	2.01
0.1	111.79	4.60
0.05	115.51	6.48
0.01	122.18	14.3
0.005	124.15	20.0
0.001	127.07	41.0
0.000 5	127.86	57.0

10.1.3　无限稀释时的摩尔电导

无限稀释时，离子间的作用力几乎为零，弱电解质的电离度也几乎达到100%，溶液的电导达到最大。这时溶液的电导称为无限稀释时的摩尔电导，以 λ_m^0 表示。

$$\lambda_m^0 = n_+ \lambda_{m,+}^0 + n_- \lambda_{m,-}^0 \tag{10-7}$$

式中，$\lambda_{m,+}^0$，$\lambda_{m,-}^0$ 为无限稀释时正、负离子的摩尔电导。各种离子在一定的温度和溶剂中无限稀释时的摩尔电导是个常数。表 10-2 列出常见离子在无限稀释时的摩尔电导。

由表 10-2 可见，不同离子的无限稀释时的摩尔电导是不同的，这主要是由离子的大小、所带的电荷数及水合程度不同所造成的。例如，Li^+，Na^+，K^+ 中，Li^+ 半径最小，但移动最慢，是由于 Li^+ 周围电场强度大，水合能力强，移动时阻力大。它们的水合离子半径 $Li^+ > Na^+ > K^+$，Li^+ 的水合离子半径最大，故其无限稀释时的摩尔电导最小。

表 10-2　常见离子在无限稀释时的摩尔电导(25℃)

正离子	$\lambda_{m,+}^0$	负离子	$\lambda_{m,-}^0$
H_3O^+	349.8	OH^-	199
Li^+	38.7	Cl^-	76.3
Na^+	50.1	Br^-	78.1
K^+	73.5	I^-	76.8
NH_4^+	73.4	NO_3^-	71.4
Ag^+	61.9	ClO_4^-	67.3
Tl^+	74.7	CH_3COO^-	40.9

续表

正离子	$\lambda_{m,+}^0$	负离子	$\lambda_{m,-}^0$
Mg^{2+}	106.2	HCO_3^-	44.5
Ca^{2+}	119.0	SO_4^{2-}	160.0
Sr^{2+}	119.0	CO_3^{2-}	138.6
Ba^{2+}	127.2	$C_2O_4^{2-}$	148.4
Pb^{2+}	139.0	PO_4^{3-}	240
Cu^{2+}	107.2	$Fe(CN)_6^{3-}$	303.0
Zn^{2+}	105.6	$Fe(CN)_6^{4-}$	442.0
Fe^{3+}	204.0		
La^{3+}	208.8		

从表中还可看出，H^+ 和 OH^- 无限稀释时的摩尔电导特别大。H^+ 的半径最小，在水中形成水合的 H_3O^+，在电场作用下，并不是简单地移动。它和 OH^- 的迁移，实际上是通过水分子来传递的，因而所需能量小得多，移动速度很大。

参考表 10-2 的数值，利用式（10-7）的关系，对于已知组分的电解质溶液，可大致估计一下其电导的大小。

10.2 电导的测量

电导测量系统由电导池和电导仪组成。电导池由电导电极、盛溶液的容器和待测试液组成。电导仪主要由测量电源、测量电路和指示器三部分构成（见图 10-2）。

10.2.1 电导池

分析化学中均采用浸入式的、固定双铂片的电导电极测定溶液的电导。为了测定电导率，必须知道电导电极的池常数。由式（10-2）可得

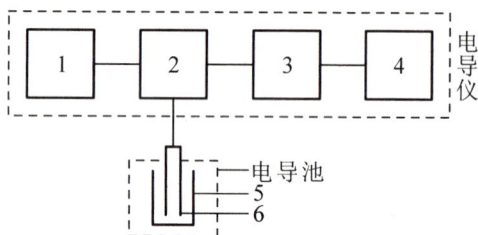

图 10-2　电导测量系统示意图
1—测量电源　2—测量电路　3—放大器
4—指示器　5—容器　6—电导电极

$$k = \theta \cdot L = \frac{\theta}{R} \qquad (10\text{-}8)$$

若电极的池常数 θ 已知，溶液的电阻 R 已经测得，则电导率 k 可由式（10-8）求得。

电导电极的池常数 θ 是通过测量标准氯化钾溶液的电阻，按式（10-8）求得的。一些标准氯化钾溶液的电导率数值列于表 10-3。

表 10-3　KCl 溶液在不同温度下的电导率(S/cm)

浓度/(mol/L)	0 ℃	5 ℃	10 ℃	18 ℃	20 ℃	22 ℃	25 ℃
1	0.065 41	0.074 14	0.083 19	0.098 22	0.102 07	0.105 94	0.111 80
0.1	0.007 15	0.008 22	0.009 33	0.011 19	0.011 67	0.012 15	0.012 88
0.01	0.000 776	0.000 896	0.001 020	0.001 225	0.001 278	0.001 332	0.001 413

　　电导电极一般由铂片制成，可分镀铂黑和光亮两种电极。在测定电导较大的溶液时，要用铂黑电极；在测定电导较小的溶液，如测蒸馏水的纯度时，应选用光亮电极。

10.2.2　测量的电源和电路

　　一般采用交流电源。其中以能产生 1 000 Hz 信号的音频振荡器为最好。

　　常见电导仪的测量电路可分为电桥平衡式、欧姆计式和分压式三种。分压式的读数可为线性刻度，其他类型都是非线性刻度。

　　平衡电桥的线路和原理见图 10-3。振荡器产生 1 kHz 的交流电压加到桥的 AB 端，从桥的 CD 端输出，经交流放大器放大后再整流为直流信号推动电表。当电桥平衡时，电表指示为零，此时

$$R_x = \frac{R_1 \cdot R_3}{R_2}$$

(10-9)

$R_1 \cdot R_2$ 称"比例臂"，由准确电阻构成，可选择 $R_1/R_2 = 0.1$，1.0 及 10。R_3 是一个带刻度盘的可调电阻。因为电导池存在着极间电容 C_x，所以在 R_3 电阻上加一个可变电容以平衡之。

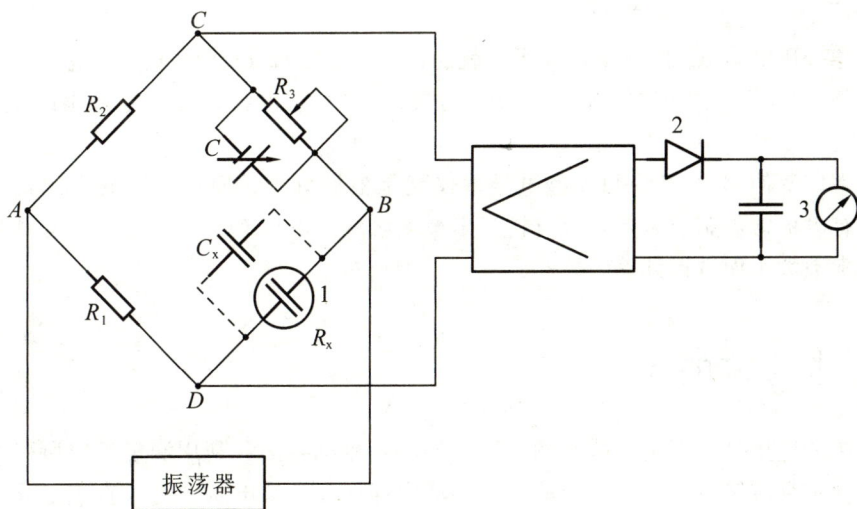

图 10-3　平衡电桥法原理

1—电导池　2—整流器　3—电表

　　欧姆计式原理如图 10-4。被测电阻 R_x 与电源 E、内阻 $R(R = R_a + R_i)$ 和指示电表串联。

由图可见：

$$R_x = 0 \text{ 时, } I_m = \frac{E}{R}$$

$$R_x \neq 0 \text{ 时, } I_x = \frac{E}{R + R_x}$$

$$\frac{I_x}{I_m} = \frac{1}{1 + \dfrac{R_x}{R}}$$

(10-10)

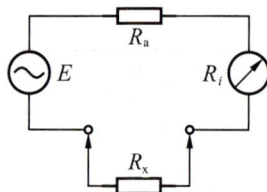

图 10-4　欧姆计式原理图

整个读数是非线性的，而且两端的精度比较低，测量电源的内阻和电压的变化影响也比较大，但由于结构简单，可直接测定读数，精度要求不高时，仍被广泛采用。

分压式原理如图 10-5。从图可见：

$$E_m = \frac{R_m E}{R_x + R_m} = \frac{R_m E}{R_m + \dfrac{1}{L_x}}$$

当 $R_m \ll R_x$ 时，$\dfrac{1}{L_x} + R_m \approx \dfrac{1}{L_x}$，即 $E_m = R_m E L_x$。

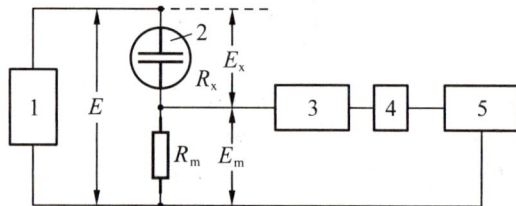

图 10-5　分压式原理图

1—振荡器　2—电导池　3—放大器　4—整流器　5—表头读数

只要把分压电阻 R_m 值取得足够小，就能使 E_m 值与 L_x 成线性关系，电表可实现线性刻度。另外在 L_x 不变的情况下，改变 R_m 的数值，E_m 值也将改变，故可用改变 R_m 来改变量程。

实验室广泛使用的 DDS-11A 型电导率仪就是根据分压式原理制造的直读式线性测量仪。并设有电极常数调节装置，可直接读出被测溶液的电导率，而不必在测量结果中考虑所用电极常数大小而进行计算。

10.3　电导法的应用

电导法的应用分为直接测量被测溶液电导的直接电导法和利用滴定反应所引起溶液电导变化以确定反应终点的电导滴定法。当溶液中存在几种强电解质时，直接电导法只能估计溶液中含盐的总量。如果溶液中除存在被测离子外，还有大量的不参与化学反应的其他离子时，由于在滴定过程中电导变化不大，用电导滴定法就不太适合。

10.3.1　直接电导法

1. 水质的检验

锅炉用水、工厂废水和河水等天然水以及实验室制备去离子水和蒸馏水等都要求检测水的质量，特别是为了检查高纯水的质量，用电导法是最好的。各级水的电阻率和电导率见表 10-4。水的电导率越低（电阻率越高），表明其中的离子越少，即水的纯度越高。通常，离子交换水的电导率在 $1\sim2~\mu\Omega^{-1}\cdot cm^{-1}$ 以下（电阻率在 $0.5\sim1\times10^6~\Omega\cdot cm$ 以上）时可满足日常化学分析的要求。对于要求较高的分析工作，水的电导率应更低。用电导率表达水的质量时，应注意到非导电性物质，如水中的细菌、藻类、悬浮杂质及非离子状态的杂质对水质纯度的影响，是测不出来的。

表 10-4　各级水的电阻率和电导率（25℃）

水的类型	电阻率/$\Omega\cdot cm$	电导率/$\Omega^{-1}\cdot cm^{-1}$
自来水	1 900	5.26×10^{-4}
水试剂	5×10^5	2.9×10^{-6}
一次蒸馏水（玻璃）	3.5×10^5	2.9×10^{-6}
三次蒸馏水（石英）	1.5×10^6	6.7×10^{-7}
28 次蒸馏水（石英）	1.6×10^7	6.3×10^{-8}
复床离子交换水	2.5×10^5	4.0×10^{-6}
混床离子交换水	1.25×10^7	8.0×10^{-8}
绝对纯水	1.83×10^7	5.5×10^{-8}

2. 钢铁中总碳量的测定

碳是钢中的主要成分之一，对钢铁的性能起着决定性的作用。因此分析钢中含碳量是一种常规化验工作。电导法测定碳的原理为：首先将试样在 1 200～1 300 ℃高温炉中通氧燃烧，此时钢铁中的碳全部被氧化生成二氧化碳。然后将生成的 CO_2 与过剩的氧，经除硫后，通入装有 NaOH 溶液的电导池中，吸收其中的 CO_2。吸收 CO_2 后，吸收池的电导率发生了变化，其数值由自动平衡记录仪记录，从事先制作的标准曲线上查出含碳量。

3. 大气中有害气体的测定

例如大气中 SO_2 的测定，可用 H_2O_2 为吸收液。SO_2 被 H_2O_2 氧化为 H_2SO_4 后使电导率增加。由此可计算出大气中 SO_2 的含量。基于相似的原理，也可测定大气中的 HCl，HF 等有害成分。

10.3.2　电导滴定

1. 强酸强碱的滴定

如用 NaOH 滴定 HCl，反应为

$$H^+ + Cl^- + Na^+ + OH^- = Na^+ + Cl^- + H_2O$$

反应的总效果是溶液中摩尔电导大的 H^+($\lambda_{m,H^+}^0=349.8$)被摩尔电导小的 Na^+($\lambda_{m,Na^+}^0=50.11$)所代替。因此，在计量点前随着滴定的进行，溶液的电导不断下降。计量点后，随着过量 NaOH 的加入，溶液中 OH^- 和 Na^+ 浓度增加，溶液电导也增加。其滴定曲线如图 10-6 所示。

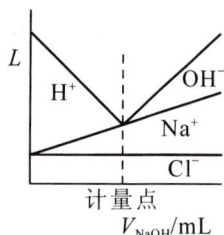

图 10-6　NaOH 滴定 HCl 的电导滴定曲线

因为电导有加和性质，可以把图 10-6 曲线下面的面积分为几个部分，每一部分相应为某一离子对溶液电导所提供的份额。氯离子在整个过程中浓度不变，因此它对电导所提供的份额是常数。随着 NaOH 的加入，钠离子对电导提供的份额缓慢增加。而氢离子份额随着其浓度的下降，对电导提供的份额迅速下降，计量点时接近于零，这时电导由 Na^+ 和 Cl^- 所提供。过计量点后，电导随着 OH^- 浓度增加而增加。

2. 弱酸（或弱碱）的滴定

例如，用 NaOH 滴定醋酸($pK_a=4.76$)，其反应为
$$HAc+Na^++OH^-=\!\!=Na^++Ac^-+H_2O$$
开始时，溶液的电导受弱酸的离解平衡控制。滴定开始后滴定中形成的弱酸盐阴离子抑制了弱酸的离解，电导降低。随着滴定的进行，非电导的弱酸转变为导电比较好的盐(Na^+，Ac^-)，达到足够量时，溶液的电导由极小点开始增加至计量点。计量点后由于强碱过量电导迅速增加，其电导滴定曲线如图 10-7 的 1 所示。

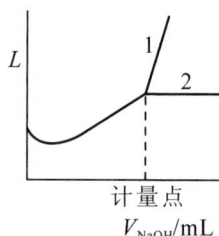

图 10-7　NaOH 滴定 HAc($pK_a=$ 4.76)的电导滴定曲线

若用弱碱($NH_3 \cdot H_2O$)滴定弱酸，由于弱碱很少离解，计量点后溶液电导没有明显改变，其滴定曲线如图 10-7 的 2 所示。

电导滴定的特点是可以测定离解常数较低的弱酸，如 $pK_a=9.24$ 的硼酸。

3. 混合酸碱的滴定

如用 NaOH 滴定盐酸和醋酸的混合溶液，其滴定曲线如图 10-8 所示。相应求出两个计量点，第一个是滴盐酸的计量点；第二个是滴混酸总量的计量点。若混合酸是两种弱酸，计量点就不那么清楚。这类混合物的滴定常常比目视法或电位法更准确一些。

此外，电导滴定还可应用于沉淀反应和络合反应中。

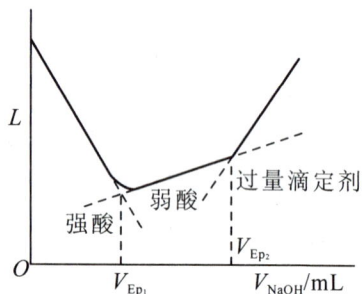

图 10-8　用 NaOH 滴定 HCl-HAc 混合液

10.3.3　电离常数和溶度积常数的测定

1. 弱电解质电离常数的测定

以 HAc 为例，其电离平衡为
$$HAc \rightleftharpoons H^+ + Ac^-$$

电离常数 K_a 为

$$K_a = \frac{a_{H^+} \cdot a_{Ac^-}}{a_{HAc}} \tag{10-11}$$

设 HAc 的分析浓度为 c，电离度为 α，则

$$K_a = \frac{\alpha c \gamma_{H^+} \cdot \alpha c \gamma_{Ac^-}}{(1-\alpha) c \gamma_{HAc}} \tag{10-12}$$

γ 为相应的活度系数。在稀溶液中，可近似认为 $\gamma = 1$，则式(10-12)可近似表示为

$$K_a = \frac{\alpha^2 c}{1-\alpha} \tag{10-13}$$

在 HAc 浓度为 c 时测得溶液的摩尔电导为 λ_m，如浓度为 c 的 HAc 全部电离时的摩尔电导为 λ_d，则电离度 $\alpha = \frac{\lambda_m}{\lambda_d}$。弱电解质在无限稀释的条件下是完全电离的，因此，如忽略无限稀释时和浓度为 c 时的活度系数的差别，则

$$\lambda_d \approx \lambda_m^0 = \lambda_{m,H^+}^0 + \lambda_{m,Ac^-}^0 = 349.8 + 40.9 = 390.7$$

如测得 $c = 1.114 \times 10^{-4}$ mol/L 时的摩尔电导 $\lambda_m = 127.7$，则

$$\alpha = \frac{\lambda_m}{\lambda_d} \approx \frac{\lambda_m}{\lambda_m^0} = 0.3268$$

代入式(10-13)，得

$$K_a = 1.77 \times 10^{-5}$$

在考虑活度系数的影响后，得到 $K_a = 1.75 \times 10^{-5}$。两者相差不大。一般在 c 不超过 10^{-3} mol/L 时，活度系数的影响可忽略。

2. 难溶盐的溶度积常数的测定

以 AgCl 为例，其在水中的电离平衡为

$$AgCl_{(s)} \rightleftharpoons Ag^+ + Cl^-$$

溶度积常数 K_{sp} 为

$$K_{sp} = [Ag^+][Cl^-] \tag{10-14}$$

根据式(10-5)，得

$$c_m = k \frac{1\,000}{\lambda_m} \tag{10-15}$$

因为 AgCl 的溶解度很小，并假设溶解的 AgCl 完全电离，所以上式中 λ_m 可由组成沉淀离子的无限稀释时的摩尔电导求出：

$$\lambda_m = \lambda_m^0 = \lambda_{m,Ag}^0 + \lambda_{m,Cl^-}^0 = 61.9 + 76.3 = 138.2$$

而电导率 k 可由实验测得，为 1.8×10^{-6} $\Omega^{-1} \cdot cm^{-1}$。

将已知数据代入式(10-15)，得

$$c_m = \frac{1\,000 \times 1.8 \times 10^{-6}}{138.2} = 1.3 \times 10^{-5} \text{ mol/L} \tag{10-16}$$

因此，AgCl 的溶度积常数为

$$K_{sp} = (1.3 \times 10^{-5})(1.3 \times 10^{-5}) = 1.7 \times 10^{-10}$$

应当指出，上述计算是假设溶解的盐全部电离，而且未考虑活度系数的影响，因此，

只适用于纯溶剂和饱和溶液浓度不超过 10^{-3} mol/L 的情况。

此外，电导法还可用于反应速率 k 的测定。

习题

1. 比较电导、电导率、摩尔电导的含义，并指出这些概念的单位是什么。

2. 为什么说电导分析法的选择性较差？电导滴定法的原理是什么？如何确定滴定终点？

3. 电导池两电极面积为 1.25 cm^2，两电极间距离为 4.02 cm，测得电阻为 20.78 Ω，求电导池常数和溶液电导率。

4. 一种 20% HCl 水溶液的电导率为 0.85 $\Omega^{-1} \cdot cm^{-1}$ (25 ℃)。试计算电导池常数为 (1)10 cm^{-1}；(2)1.0 cm^{-1}；(3)0.2 cm^{-1} 的电导池的电阻。

5. 用某一电导电极插入 0.010 0 mol/L KCl 溶液中，在 25 ℃时，用电桥法测得其电阻为 112.3 Ω。用该电导电极插入同浓度的溶液 X 中，测得电阻为 2 184 Ω，试计算：(1)电导池常数；(2)溶液 X 的电导率；(3)溶液 X 的摩尔电导。

6. 用等浓度的 $AgNO_3$ 溶液滴定 NaCl 溶液，若用电导法指示终点，推断终点前后电导变化的情况。

第 11 章　电位分析法
（Potentiometry）

11.1　概述

　　电位分析法是电化学分析方法的重要分支，它是在电流趋近零的条件下，测量电池的电动势或电极电位，并根据电极电位与浓度的关系来测定物质浓度的一种分析方法。

　　电位分析法的装置如图 11-1 所示。电池由一个能指示被测离子活度（浓度）变化的指示电极和一个电位值已知且恒定的参比电极所组成。指示电极的电位与被测离子 M 的活度之间的关系，可用 Nernst 方程表示：

$$\varphi = \varphi^{\ominus} + \frac{RT}{nF} \ln a_M \qquad (11\text{-}1)$$

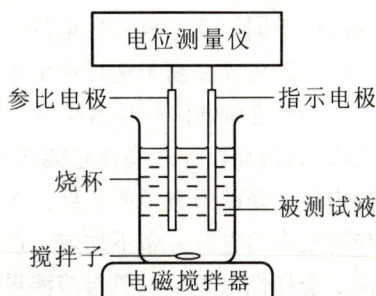

图 11-1　电位分析法装置

式中，$\varphi^{\ominus}$ 为标准电极电位；R 为气体常数；F 为法拉第常数；T 为热力学温度；n 为电极反应的电子数；a_M 为被测离子 M 的活度。式(11-1)是电位分析法的基础。

　　电位分析法分为直接电位法和电位滴定法两类。直接电位法是通过直接测量电池的电动势（电极电位），根据 Nernst 方程，求出被测物质含量的方法。电位滴定法是通过测量在滴定过程中电池电动势（电极电位）的突变来确定终点的方法。如以离子选择性电极作指示电极，则这种电位分析法又称为离子选择性电极分析法。

　　电位分析法的特点：①选择性好，对组成复杂的试样往往不需分离就可直接测定；②灵敏度较高，直接电位法的检测限一般为 $10^{-7} \sim 10^{-5}$ mol/L，适用于微量物质的测定；③仪器设备较简单，操作较方便；④应用范围广，可测定其他方法难以测定的许多离子，如碱金属和碱土金属离子、无机阴离子和有机离子等；可在有色和浑浊试液中滴定；也可用于平衡常数，如酸碱离解常数和配合物稳定常数的测定。

11.2　离子选择性电极及其分类

11.2.1　离子选择性电极

　　电位分析法中使用的电极有离子选择性电极和金属电极。它们可作指示电极或参比电极。

1. 电极的构造

　　离子选择性电极是一种电化学传感器。它由敏感膜、电极帽、电极杆、内参比电极和内参比溶液等组成,如图 11-2 所示。敏感膜是电极的电化学活性元件,是能分开两种电解质溶液并对特定离子有选择性响应的薄膜。敏感膜对电极的性能起着决定性的作用。内参比电极一般是 Ag/AgCl 电极或银丝。内参比溶液由用以恒定内参比电极电位的 Cl^- 和能被敏感膜选择性响应的特定离子组成。

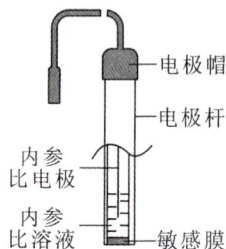

图中标注:电极帽、电极杆、内参比电极、内参比溶液、敏感膜

图 11-2　离子选择性电极

2. 膜电位

敏感膜两侧溶液之间产生的电位差,称为离子选择性电极的膜电位。膜电位是膜内扩散电位和膜与电解质溶液形成的内外界面的道南(Donnan)电位的代数和。

(1)扩散电位　在两种不同离子或相同离子而活度不同的液液界面上,由于离子扩散速度的不同,而形成液接电位,也称为扩散电位。扩散电位不仅存在于液液界面,也存在于固体膜内。在离子选择性电极的膜内也产生扩散电位。

(2)道南电位　是指膜与溶液界面的电位。如有一种带负电荷载体的膜(阳离子交换物质)或选择性渗透膜,它能交换阳离子或让被选择的离子通过。当膜与溶液接触时,膜相中可活动的阳离子的活度比溶液中的高,膜允许阳离子通过,而不让阴离子通过,使膜与溶液界面电荷分布不均匀,产生双电层,形成电位差。这种电位称为 Donnan 电位。在离子选择性电极中,膜与溶液界面的电位具有 Donnan 电位的性质。

11.2.2　离子选择性电极的分类

根据离子选择性电极敏感膜的组成和结构,1976 年 IUPAC 推荐离子选择性电极分类如下:

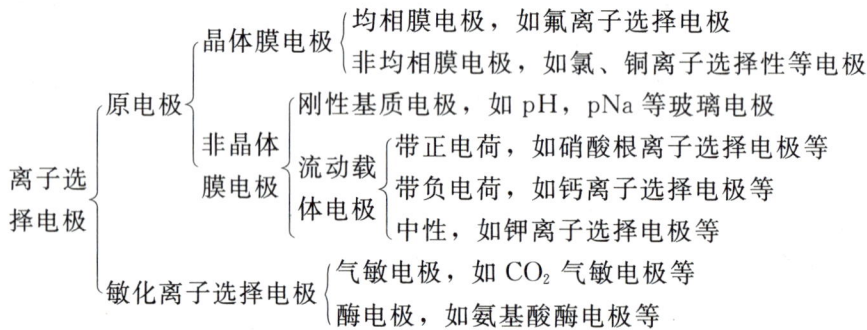

离子选择电极
- 原电极
  - 晶体膜电极
    - 均相膜电极,如氟离子选择电极
    - 非均相膜电极,如氯、铜离子选择性等电极
  - 非晶体膜电极
    - 刚性基质电极,如 pH,pNa 等玻璃电极
    - 流动载体电极
      - 带正电荷,如硝酸根离子选择电极等
      - 带负电荷,如钙离子选择电极等
      - 中性,如钾离子选择电极等
- 敏化离子选择电极
  - 气敏电极,如 CO_2 气敏电极等
  - 酶电极,如氨基酸酶电极等

原电极是指敏感膜直接与试液接触的离子选择性电极;敏化离子选择性电极是以原电极为基础装配成的离子选择性电极。

1. 玻璃电极

玻璃电极属非晶体膜刚性基质电极。它包括对 H^+ 响应的 pH 玻璃电极和对 Na^+,K^+ 响应的 pNa,pK 玻璃电极等。

pH 玻璃电极是最早出现和应用最广的离子选择性电极。它的结构如图 11-3 所示,由一种特殊的玻璃(22% Na_2O,6% CaO,72% SiO_2)制成球泡状的敏感膜,球内盛有内参比溶液 0.1 mol/L HCl,内参比电极 Ag/AgCl 电极。

pH 玻璃电极对 H^+ 选择性响应，主要决定于膜的组成和结构。如由纯 SiO_2 制成的石英玻璃膜，它的结构如下：

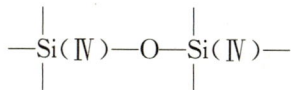

$$—Si(\text{IV})—O—Si(\text{IV})—$$

1 个硅与 4 个氧以共价键形成四面体构型，硅与硅之间以氧桥相连，由于晶格中没有可供离子交换的点位（又称定域体），对 H^+ 没有响应。如在 SiO_2 中加入一定量的 Na_2O 后，$Na(\text{I})$ 取代了晶格中部分的 $Si(\text{IV})$ 的位置，使一些氧桥断裂，如下所示：

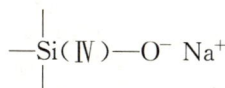

$$—Si(\text{IV})—O^-\ Na^+$$

图 11-3　pH 玻璃电极

$Na(\text{I})$ 与氧的键合为离子键，形成了可离子交换的定域体。

　　由于干玻璃膜对 H^+ 也没有响应，因此，新买的玻璃电极在使用前必须放在水中浸泡一段时间（通常为 24 h），此过程称为活化。活化时，玻璃膜与水接触，膜上的 Na^+ 与水中的 H^+ 发生交换反应：

$$G^-Na^+ + H^+ = G^-H^+ + Na^+$$

形成一很薄的水化层，其中 Na^+ 为 H^+ 所取代，形成 $\equiv SiO^-H^+$。这种水化层是 H^+ 交换场所，只允许 H^+ 进入与 Na^+ 交换。一般玻璃膜厚度约 0.1 mm，水化层为 $10^{-5} \sim 10^{-4}$ mm。水化层的外表面，几乎所有的 Na^+ 的点位均被 H^+ 所占据。从表面到水化层内部，H^+ 的数目逐渐减少，而 Na^+ 数目相应增加。在玻璃膜的中部，则是干玻璃区域，点位全由 Na^+ 所占据，如图 11-4 所示。

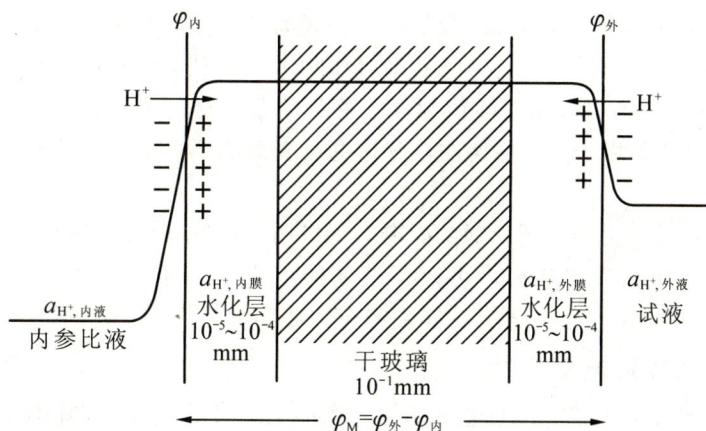

图 11-4　活化后 pH 玻璃电极剖面示意图

　　当活化后的玻璃电极浸入试液时，水化层表面 $\equiv SiO^-H^+$ 存在离解平衡：

$$\equiv SiO^-H^+ + H_2O \rightleftharpoons \equiv SiO^- + H_3O^+$$

H_3O^+ 在溶液与水化层表面界面上进行扩散，使内、外两相界面上形成双电层，产生两个相间电位差。在内、外两水化层与干玻璃之间形成两个扩散电位，如玻璃膜两侧的水化层

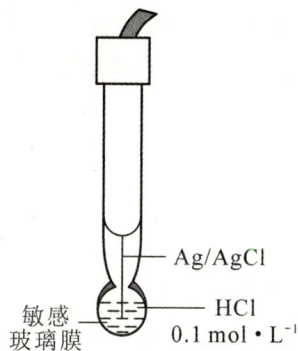

163

性质完全相同，则其内部形成的两个扩散电位大小相等而符号相反，结果相互抵消。因此，玻璃膜的膜电位决定于内、外两个水化层与溶液界面上的相间电位：

$$\varphi_M = \varphi_{外} - \varphi_{内}$$

其中，

$$\varphi_{外} = k_1 + \frac{2.303RT}{F} \lg \frac{a_{H^+,外液}}{a_{H^+,外膜}}$$

$$\varphi_{内} = k_2 + \frac{2.303RT}{F} \lg \frac{a_{H^+,内液}}{a_{H^+,内膜}}$$

式中，$a_{H^+,外液}$，$a_{H^+,内液}$ 分别为外试液和内参比液的 H^+ 活度，$a_{H^+,外膜}$，$a_{H^+,内膜}$ 分别为外水化层和内水化层的 H^+ 活度，k_1，k_2 分别为由玻璃外、内膜表面性质所决定的常数。设玻璃内、外膜性质相同，$k_1 = k_2$，因此，pH 玻璃电极的膜电位为

$$\varphi_M = \varphi_{外} - \varphi_{内} = \frac{2.303RT}{F} \lg \frac{a_{H^+,外液}}{a_{H^+,外膜}} - \frac{2.303RT}{F} \lg \frac{a_{H^+,内液}}{a_{H^+,内膜}}$$

由于内参比溶液的 H^+ 活度恒定，内、外水化层的 H^+ 活度相同，故

$$\varphi_M = 常数 + \frac{2.303RT}{F} \lg a_{H^+,外液}$$

$$= 常数 - 0.059\,2pH\,(25\,℃) \tag{11-2}$$

pH 理论定义为 $pH = \lg a_{H^+}$。如内参比溶液和膜外溶液相同时，φ_M 应为零。但实际上仍有一个很小的电位存在，称为不对称电位。不对称电位会随时间而缓慢变化，它还受玻璃膜内外表面的不同张力，外表面受机械作用和化学侵蚀等因素影响。因此，不对称电位对 pH 测定的影响只能用标准缓冲溶液进行校正，即对电极电位进行定位加以消除。

pH 玻璃电极的特点为：

（1）pH 测定范围为 1~9，在此范围内可准确至 pH±0.01。当 pH＞9 或 Na$^+$ 浓度较大时，测得的 pH 比实际值偏低，这种现象称为碱差或钠差。这是由于在水化层和溶液界面之间的离子交换过程中，不仅 H^+ 参加，碱金属离子也参与交换，因而产生误差，其中 Na$^+$ 影响最显著。如玻璃膜中的 Na_2O 被 Li_2O 和 Cs_2O 取代，pH 可扩展至 13 以上才表现钠差。当 pH＜1 时，测得值比实际值偏高，称为酸差。这是由于在强酸性溶液中，水分子活度减小，而 H^+ 是以 H_3O^+ 传递的，到达电极表面的 H^+ 减少，因而交换的 H^+ 减少，测得的 pH 偏高。

（2）测定时不受氧化剂和还原剂的影响，也可用于有色、浑浊或胶体溶液的测定。

玻璃电极除 pH 玻璃电极外，可改变玻璃的组成，制得对其他金属离子，如 Na$^+$，K$^+$，Li$^+$，Ag$^+$，NH$_4^+$，Ca^{2+} 等有选择性响应的玻璃电极。

2. 氟离子选择性电极

氟离子选择性电极属晶体膜均相膜电极。它的敏感膜是难溶盐的晶体，这种晶体具有离子导电的功能。氟离子选择性电极是这类电极的最典型和应用最广的电极，其基本结构如图 11-5 所示。敏感膜由 LaF_3 晶体制成。为增强导电性，在晶体中还掺杂少量的 EuF_2。膜中 F^- 是电荷的传递者和离子交换者，因此电极电位与 F^- 的活度有关。

$$\varphi = 常数 - 0.059\,2 \lg a_{F^-}\,(25\,℃) \tag{11-3}$$

氟离子选择性电极的特点如下：

（1）测定线性范围较宽。为 $10^{-1} \sim 10^{-6}$ mol/L，检测限可达 10^{-7} mol/L。电极响应下限决

定于膜晶体的溶解度。

（2）选择性较高。NO_3^-，SO_4^{2-}，PO_4^{3-}，Ac^-，X^- 和 HCO_3^- 等阴离子均不干扰。但受溶液 pH 的影响，是由于存在下列平衡：

$$H^+ + 3F^- = HF + 2F^- = HF_2^- + F^- = HF_3^{2-}$$

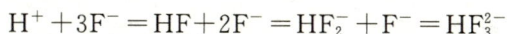

HF，HF_2^- 和 HF_3^{2-} 不能被电极响应，因而测定 F^- 的溶液 pH 不能太低。但如 pH 太高，则发生如下反应：

$$LaF_3 + 3OH^- = La(OH)_3 + 3F^-$$

使电极表面形成 $La(OH)_3$ 层，改变膜表面的性质，并释放出 F^-，使测定偏高。因此，测定时最适宜的 pH 范围为 $5.0 \sim 6.0$。

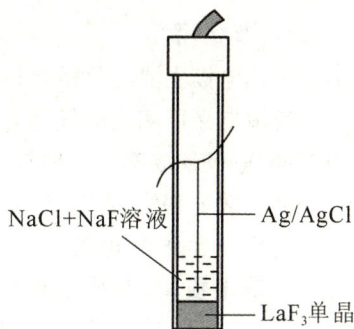

图 11-5　氟离子选择性电极

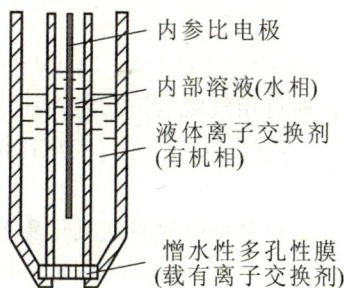

（3）一些能与 F^- 生成稳定配合物的阳离子，如 Fe^{3+}，Al^{3+}，Th^{4+} 和 Zr^{4+} 等，使测定产生负误差，可用 EDTA 或柠檬酸盐掩蔽以消除干扰。

难溶盐 Ag_2S 与 AgX（X^- 为 Cl^-，Br^-，I^-）和 Ag_2S 与 MS（M^{2+} 为 Cu^{2+}，Pb^{2+}，Cd^{2+}）可制成电极的敏感膜，也有将这些电活性的难溶盐粉末与惰性的硅橡胶混合制成非均相的膜。这类电极膜内电荷的传递者和离子交换者是 Ag^+，因此，对 Ag^+ 能产生响应，可测定与 Ag^+ 有关的阴离子 S^{2-}，Cl^-，Br^-，I^- 和阳离子 Cu^{2+}，Pb^{2+}，Cd^{2+}。这类电极的灵敏度和选择性与其难溶盐的溶度积 K_{sp} 有关。

3. Ca^{2+} 选择性电极

Ca^{2+} 选择性电极属非晶体膜流动载体电极。流动载体电极又称为液体薄膜电极。这类电极的敏感膜不是固体而是液体，是溶有机溶剂的被测离子的有机盐或有关螯合物，渗透在多孔塑料膜内形成液体的离子交换剂。根据配位体在有机溶剂中存在的形态，可将液膜电极分为三类：阳离子、阴离子和中性液膜电极。Ca^{2+} 选择性电极是这类电极的重要实例。它的基本结构如图 11-6 所示。电极内装有两种溶液：一种是内部溶液（$0.1\ mol/L\ CaCl_2$ 水溶液），其中插入内参比电极（Ag/AgCl）；另一种是液体离子交换剂，如 $0.1\ mol/L$ 二癸基磷酸钙 $\{[(C_{10}O)_2PO_2]_2^-Ca^{2+}\}$ 的苯基膦酸二辛酯溶液。也可以将电活性物质与 PVC（聚氯乙烯）粉末一起溶于四氢呋喃等有机溶剂中，然后倒在平板玻璃上，待四氢呋喃挥发后形成一透明的 PVC 支持体。测定时，在液膜两侧发生如下的离子交换反应：

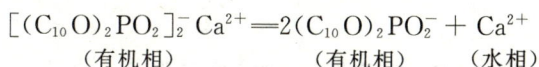

图 11-6　液膜电极

$$[(C_{10}O)_2PO_2]_2^-Ca^{2+} = 2(C_{10}O)_2PO_2^- + Ca^{2+}$$
（有机相）　　　　　（有机相）　　（水相）

其电极电位为

$$\varphi = 常数 + \frac{0.059\ 2}{2} \lg a_{Ca^{2+}}\ (25\ ℃) \tag{11-4}$$

4. 敏化电极

敏化电极主要有气敏电极和酶电极。这类电极是基于界面化学反应或生物化学反应。

气敏电极可测定的气体有：NH_3，CO_2，SO_2，NO_2，H_2S，HCN，HF 和 Cl_2 等。其中 NH_3 电极较成熟，应用较广。

氨气敏电极的基本结构如图 11-7 所示。实际上，它是一种化学电池，由一对电极即指示电极（pH 玻璃电极）与参比电极（Ag/AgCl）和中间溶液 0.1 mol/L NH_4Cl 所组成。被测溶液产生的氨气通过透气膜扩散并溶解于中间溶液中，发生下列平衡：

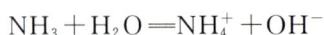

$$NH_3 + H_2O = NH_4^+ + OH^-$$

$$K_p = \frac{a_{NH_4^+} \cdot a_{OH^-}}{p_{NH_3}}$$

中间溶液含有足够的 NH_4^+，$a_{NH_4^+}$ 可视为恒定。因 $a_{OH^-} = \dfrac{K_w}{a_{H^+}}$，故

$$a_{H^+} = \frac{K}{p_{NH_3}}$$

图 11-7　氨气敏电极的基本结构

1—电极管　2—透气膜　3—0.1 mol/L NH_4Cl 溶液　4—离子电极（pH 玻璃电极）　5—Ag/AgCl 参比电极　6—玻璃膜　7—0.1 mol/L NH_4Cl 溶液薄层　8—可卸电极头　9—内参比溶液　10—内参比电极

pH 玻璃电极指示中间溶液 pH 的变化，间接测定了 NH_3。其电极电位为

$$\varphi = 常数 + 0.059\ 2 \lg a_{H^+}$$
$$= 常数 - 0.059\ 2 \lg p_{NH_3}$$

$$RCHNH_2COOH + O_2 + H_2O \xrightarrow{\text{氨基酸氧化酶}} RCOCOO^- + NH_4^+ + H_2O_2$$

这时可用气敏电极测定 NH_4^+ 的活度，确定氨基酸的活度。

由于 p_{NH_3} 与 c_{NH_3} 成正比例，因此，电极电位与试样中的 c_{NH_3} 的关系为

$$\varphi = 常数 - 0.059\ 2 \lg c_{NH_3}\ (25\ ℃) \tag{11-5}$$

氨基酸在氨基酸氧化酶催化下发生反应：

酶电极（enzyme electrode）是基于界面酶催化化学反应的敏化电极。酶是具有特殊生物活性的催化剂，对反应的选择性强，催化效率高，可使反应在常温、常压下进行。酶电极是在离子选择性电极的表面覆盖一层酶活性物质，这层酶活性物质与被测物（底物）反应，形成一种能被离子选择性电极响应的物质。

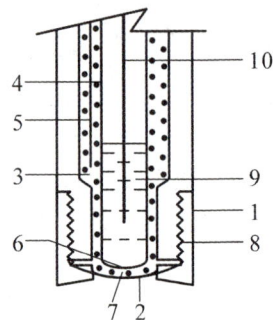

11.3　离子选择性电极的性能参数

11.3.1　Nernst 响应、线性范围、检测下限

离子选择性电极的电位随离子活度变化的特征称为响应，如这种响应变化服从 Nernst 方程，则称为 Nernst 响应。以电极的电位对被测离子活度的负对数作图（见图 11-8），所得曲线称为校准曲线。该曲线的直线部分所对应的离子活度范围称为电极响应的线性范

围。该直线的斜率称为级差。当活度较低时，曲线逐渐弯曲，如图 11-8 所示，CD 和 GF 延长线的交点 A 所对应的活度 a_i 称为检测下限。

11.3.2　选择性系数

离子选择性电极除对被测离子 i 有响应外，溶液中共存离子 j 对电极电位也可能会有贡献，这时电极电位可写成

$$\varphi = 常数 \pm \frac{2.303RT}{n_i F}\lg(a_i + \sum K_{i,j}^{pot} a_j^{n_i/n_j}) \qquad (11\text{-}6)$$

图 11-8　电极校准曲线

式中，n_i 和 n_j 分别为被测离子和共存离子的电荷数。第二项正离子取＋，负离子取－。$K_{i,j}^{pot}$ 称为选择性系数，有时也写成 $K_{i,j}$。

$$K_{ij} = \frac{a_i}{a_j^{n_i/n_j}} \qquad (11\text{-}7)$$

它表明被测离子 i 选择性电极抗共存离子 j 干扰的能力。$K_{i,j}^{pot}$ 值越小，被测离子抗共存离子干扰的能力越大，选择性越好。例如，NO_3^- 电极的选择性系数 $K_{NO_3^-,Cl^-} = 4 \times 10^{-3}$，表示电极对干扰离子 Cl^- 的响应仅为被测离子 NO_3^- 的千分之四。

选择性系数 $K_{i,j}^{pot}$ 随溶液浓度和测量方法的不同而不同，它不是个常数，数值可在手册中查到。它可通过分别溶液法或混合溶液法测定。

1. 分别溶液法

分别配制活度相同的被测离子 i 和干扰离子 j 的标准溶液，然后用离子电极分别测量其电位值。如 i 和 j 均为一价阳离子，则其电位分别为

$$\varphi_i = K + S\lg a_i$$
和
$$\varphi_j = K + S\lg K_{i,j} a_j$$

两式相减，得

$$\varphi_j - \varphi_i = S\lg K_{i,j} a_j - S\lg a_i$$

因 $a_i = a_j$，则

$$\lg K_{i,j} = (\varphi_j - \varphi_i)/S \qquad (11\text{-}8)$$

式中，S 为电极的实际斜率。对不同价数的离子，其通式为

$$\lg K_{i,j} = (\varphi_j - \varphi_i)/S + \lg\frac{a_i}{a_j^{n_i/n_j}} \qquad (11\text{-}9)$$

2. 混合溶液法

上述分别溶液法是在被测离子和干扰离子单独存在时测得的选择性系数，没有考虑实际体系中存在着离子间的相互干扰。混合溶液法是对被测离子和干扰离子共存时，求出的选择性系数，因而较符合实际。混合溶液法包括固定干扰法和固定被测离子法。

现仅介绍固定干扰法。该法是配制一系列含固定活度的干扰离子 j 和不同活度的被测离子 i 的标准混合溶液，再分别测定其电位值，然后作电位值 φ 对 pa_i 图见（图 11-9）。当 $a_i \gg a_j$ 时，j 的影响可忽略，CD 为一直线。

$$\varphi_i = 常数 + \frac{RT}{n_i F}\ln a_i \qquad (11\text{-}10)$$

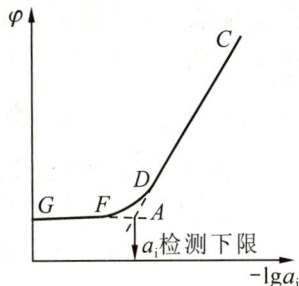

当 a_i 降至 $a_i \ll a_j$ 时，a_i 可忽略，这时电位由 a_j 决定，为直线 AB，因此

$$\varphi_j = 常数 + \frac{RT}{n_i F} \ln K_{i,j} a_j^{n_i/n_j} \tag{11-11}$$

延长 AB 和 DC，交点 M 处 $\varphi_i = \varphi_j$，可得

$$a_i = K_{i,j} a_j^{n_i/n_j}$$

$$K_{i,j} = \frac{a_i}{a_j^{n_i/n_j}} \tag{11-12}$$

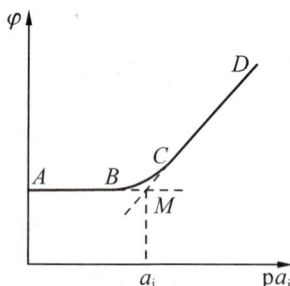

图 11-9　固定干扰法

11.3.3　响应时间

据 IUPAC 建议，离子选择性电极的响应时间是指从离子选择性电极和参比电极一起接触试液开始，至电极电位稳定（波动±1 mV 以内）所经过的时间。它与膜电位建立的快慢、参比电极的稳定性和溶液的搅拌速度等有关。常常用搅拌溶液来缩短响应时间。

11.3.4　稳定性

电极在同一溶液中所指示的电位值随时间的变化称为漂移。电极的稳定性常用 8 h 或 24 h 漂移的 mV 数表示。漂移的大小与膜的稳定性、电极的结构和绝缘性有关。稳定性差的电极不宜使用。

11.3.5　内阻

离子选择性电极的内阻包括膜内阻、内参比溶液和参比电极的内阻等。其中膜内阻起主要作用。它与膜的类型、厚度等因素有关。晶体膜电极的内阻较小，约在千欧至兆欧数量级；流动载体电极的内阻约在几兆欧至数十兆欧；玻璃电极的内阻最高，约在 10^8 Ω。因此，与离子选择性电极配用的离子计要有较高的输入阻抗，通常在 10^{11} Ω 以上。

11.4　分析方法

电位分析法常用于定量分析。它包括直接电位法和电位滴定法。此外，它在测定物理化学常数，如配合物的稳定常数等方面是个重要的手段。

11.4.1　直接电位法

1. 校准曲线法

配制一系列含有不同浓度的被测离子的标准溶液，其离子强度用惰性电解质进行调节，如测定 F^- 时，在标准溶液和样品溶液中分别加入一种称为离子强度调节剂（TISAB）的试剂。它的组成为 1.0 mol/L NaCl，0.25 mol/L 乙酸、0.75 mol/L 乙酸钠和 1.0×10^{-3} mol/L 柠檬酸钠。其作用为：①维持样品和标准溶液恒定的离子强度；②保持试液在离子选择性电极适合 pH 范围，避免 H^+ 或 OH^- 的干扰；③使被测离子成为可检测的游离离子。插入选定的指示电极和参比电极，测量其电动势或电极电位，作 E-$\lg c$ 或 E-pM 校准曲线，在一定范围内是一直线。在尽可能相同的条件下，测定被测溶液的电动势或电极

电位 E_x。从校准曲线上，找出与 E_x 相应的浓度 c_x。

2. 标准加入法

测定较复杂的试样时，常采用标准加入法，即将标准溶液加入到试液中进行测定；也可采用试样加入法，即将试液加入到标准溶液中进行测定。

标准加入法是先测定体积为 V_x，浓度为 c_x 的试液的电池电动势或电极电位 φ_x，则

$$\varphi_x = 常数 \pm S\lg\gamma_x c_x \tag{11-13}$$

然后在被测溶液中，加入体积为 V_s、浓度为 c_s 的标准溶液（一般 $c_s \gg c_x$，$V_s \ll V_x$），在相同条件下测定电池电动势或电极电位 φ_{x+s}，则

$$\varphi_{x+s} = 常数 \pm S\lg\left(\gamma_x'\frac{c_xV_x+c_sV_s}{V_x+V_s}\right) \tag{11-14}$$

由于 $V_s \ll V_x$，可认为标准溶液加入前后试液的其余组分基本不变，离子强度基本不变，因此，$\gamma_x \approx \gamma_x'$。由式(11-14)与式(11-13)相减，得

$$\Delta\varphi = \varphi_{x+s} - \varphi_x = \pm S\lg\frac{c_xV_x+c_sV_s}{c_x(V_x+V_s)}$$

$$\pm\Delta\varphi/S = \lg\frac{c_xV_x+c_sV_s}{c_x(V_x+V_s)}$$

因 $V_s \ll V_x$，故 $V_x+V_s \approx V_x$，则上式可表示为

$$\pm\Delta\varphi/S = \lg\frac{c_xV_x+c_sV_s}{c_xV_x}$$

取反对数

$$10^{\pm\Delta\varphi/S} = \frac{c_xV_x+c_sV_s}{c_xV_x} = \frac{c_sV_s}{c_xV_x}+1$$

$$c_x = \frac{c_sV_s}{V_x}(10^{\pm\Delta\varphi/S}-1)^{-1} \tag{11-15}$$

式中，右边指数项的符号，对阳离子取"＋"，对阴离子取"－"。S 为电极实际斜率，可由标准曲线的斜率求得，也可用两份浓度不同的标准溶液 c_1 和 c_2，且 $c_1 > c_2$，分别测得其电动势或电极电位 E_1 和 E_2，求得电极实际斜率

$$S = \frac{\varphi_1-\varphi_2}{\lg c_1-\lg c_2} \tag{11-16}$$

因此，只要得到 $\Delta\varphi$ 和 S 后，便可根据式(11-15)，计算出被测离子的浓度。

3. 格氏作图法

是 Gran 于 1952 年提出的一种作图法。该法又称为连续标准加入法，它相当于多次标准加入法。在测量过程中连续多次加入标准溶液，测量相应的电极电位 φ，并根据 φ 和加入的标准溶液体积 V_s 的关系，用作图法简易求得被测离子的浓度。设试液的浓度为 c_x，体积为 V_x，加入标准溶液的浓度和体积分别为 c_s 和 V_s。通常，采用标准溶液的浓度较大，体积较小，因而它的加入不会引起试液其他组成发生较大的变化，活度变化也不大。电极电位为

$$\varphi = \varphi^\ominus + \frac{S\lg(c_xV_x+c_sV_s)}{V_x+V_s} \tag{11-17}$$

$$(V_x+V_s)10^{\varphi/S} = (c_xV_x+c_sV_s)10^{\varphi^\ominus/S} \tag{11-18}$$

式中，S 为离子选择性电极的斜率。如以 $(V_x+V_s)10^{\varphi/S}$ 对 V_s 作图，得一条直线。将直线外

推，与横坐标交于 V_e（见图 11-10）。这时

$$(V_x + V_e)10^{\varphi/S} = 0$$

则

$$(c_x V_x + c_s V_e) = 0$$

故

$$c_x = -\frac{c_s V_e}{V_x} \qquad (11\text{-}19)$$

图 11-10　格氏作图法

由图中找出 V_e 后，根据式(11-18)可计算 c_x。

　　为省去计算的麻烦，专门设计了 Gran 坐标纸。这是一种半对数坐标纸，纵坐标表示实测电位 φ（对一价离子每一大格为 5 mV，对二价离子每一大格为 2.5 mV）；横坐标表示实际加入的标准溶液的体积(mL)，并带 10% 稀释体积校正(V_x 取 100 mL，横坐标一大格为 1 mL)。可根据加入标准溶液后所测得的 φ 对 V_s 作图，外推直线可得 V_e。见图 11-10。

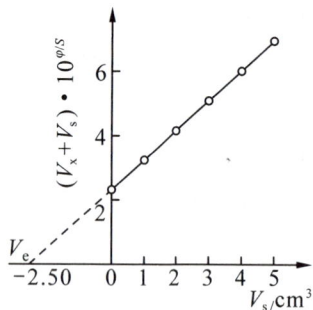

4. 直读法

　　在 pH 计或离子计上直接读出试液 pH 或 pM 值的方法，称为直读法。测定溶液的 pH 时，用 pH 玻璃电极(G)为指示电极，饱和甘汞电极(SCE)为参比电极组成电池：

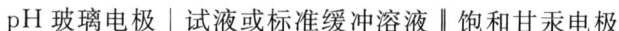

pH 玻璃电极│试液或标准缓冲溶液‖饱和甘汞电极

电池电动势为

$$E = \varphi_{SCE} - \varphi_G$$
$$= 常数 + 0.059\,2\,pH \qquad (11\text{-}20)$$

　　在实际测定试液的 pH 时，需先用 pH 标准缓冲溶液定位校准，其电动势为

$$E_s = 常数 + 0.059\,2pH_s$$

再测定试液的 pH，其电动势为

$$E_x = 常数 + 0.059\,2pH_x$$

合并以上两式，得

$$pH_x = pH_s + \frac{E_x - E_s}{0.059\,2} \qquad (11\text{-}21)$$

式(11-21)称为 pH 的操作定义。

　　常用的几种 pH 标准缓冲溶液，见表 11-1。

表 11-1　标准缓冲溶液的 pH

温度 /℃	草酸氢钾 (0.05 mol/L)	酒石酸氢钾 (25 ℃，饱和)	邻苯二甲酸氢钾 (0.05 mol/L)	KH₂PO₄ (0.025 mol/L) Na₂HPO₄ (0.025 mol/L)	硼 砂 (0.01 mol/L)	氢氧化钙 (25 ℃，饱和)
0	1.666	—	4.003	6.984	9.464	13.423
10	1.670	—	3.998	6.923	9.332	13.003
20	1.675	—	4.002	6.881	9.225	12.627
25	1.679	3.557	4.008	6.865	9.180	12.454

续表

温度 /℃	草酸氢钾 (0.05 mol/L)	酒石酸氢钾 (25 ℃, 饱和)	邻苯二甲酸氢钾 (0.05 mol/L)	KH₂PO₄ (0.025 mol/L) Na₂HPO₄ (0.025 mol/L)	硼　砂 (0.01 mol/L)	氢氧化钙 (25 ℃, 饱和)
30	1.683	3.552	4.015	6.853	9.139	12.289
35	1.688	3.549	4.024	6.844	9.102	12.133
40	1.694	3.547	4.035	6.838	9.068	11.984

11.4.2　电位滴定法

利用滴定过程中电位的变化确定滴定终点的滴定分析方法，称为电位滴定法。电位滴定的装置如图 11-11 所示。

电位滴定法比直接电位法具有更高的准确度和精密度。它可用于浑浊、有色及缺乏合适指示剂的溶液滴定，可用于浓度较稀、反应不很完全，如很弱的酸、碱滴定，也可用于混合物溶液的连续滴定和非水介质中的滴定，并易于实现滴定的自动化。

电位滴定终点的确定方法，通常有如下两种。

1. φ-V 曲线法

以加入滴定剂的体积 V 为横坐标，以测得的电动势 φ 为纵坐标，绘制曲线得 φ-V 曲线，如图 11-12a 所示，曲线的拐点即滴定终点。这种方法对滴定突跃不太明显的体系不够准确。

2. 微分曲线法

对上述 φ-V 曲线进行一次微分（$\Delta\varphi/\Delta V$）或二次微分（$\Delta^2\varphi/\Delta V^2$），所绘制的曲线，称为一次微分曲线（见图 11-12b）或二次微分曲线（见图 11-12c）。曲线上的极大值的点或 $\Delta^2\varphi/\Delta V^2 = 0$ 的点，即为滴定终点。该点所对应的横坐标值，即滴定至终点时所消耗滴定剂的体积（V_{ep}）数。

11.5　应用

电位分析法应用较广，它可用于农、林、牧、渔、地质、冶金、医药卫生和环境保护等领域中的成分分析，也可用于平衡常数的测定等。

1. 直接电位法

直接电位法应用较广泛。常用的离子选择性电极的

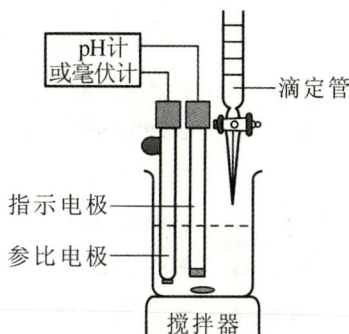

图 11-11　电位滴定装置

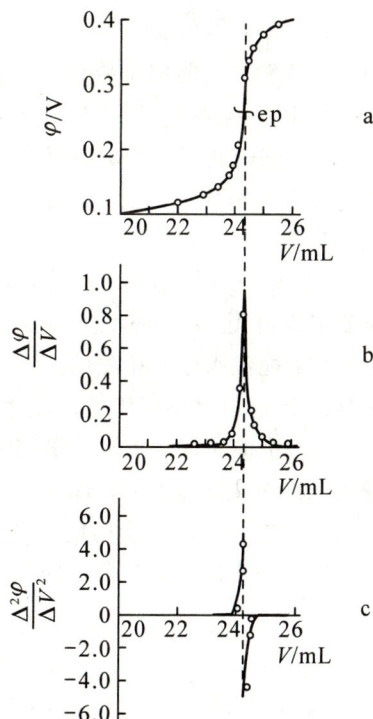

图 11-12　确定电位滴定终点的图解法

应用，见表 11-2。

表 11-2　直接电位法应用

被测物质	离子选择电极	线性范围 /(mol/L)	适用的 pH 范围	应用举例
F^-	氟	$5\times10^{-7}\sim10^0$	$5\sim8$	水、牙膏、生物体液、矿物
Cl^-	氯	$5\times10^{-5}\sim10^{-2}$	$2\sim11$	水、碱液、催化剂
CN^-	氰	$10^{-6}\sim10^{-2}$	$11\sim13$	废水、废渣
NO_3^-	硝酸根	$10^{-5}\sim10^{-1}$	$3\sim10$	天然水
H^+	pH 玻璃电极	$10^{-14}\sim10^{-1}$	$1\sim14$	溶液酸度
Na^+	pNa 玻璃电极	$10^{-7}\sim10^{-1}$	$9\sim10$	锅炉水、天然水
NH_3	气敏氨电极	$10^{-6}\sim10^0$	$11\sim13$	废气、土壤、废水
脲	气敏氨电极			生物化学
氨基酸	气敏氨电极			生物化学
K^+	钾微电极	$10^{-4}\sim10^{-1}$	$3\sim10$	血清
Na^+	钾微电极	$10^{-3}\sim10^{-1}$	$4\sim9$	血清
Ca^{2+}	钾微电极	$10^{-7}\sim10^{-1}$	$4\sim10$	血清

2. 电位滴定法

电位滴定法能用于酸碱滴定、氧化还原滴定、配位滴定和沉淀滴定等。它的灵敏度高于用化学指示剂指示终点的滴定方法，而且还能在有色和浑浊的试液中滴定。

（1）酸碱滴定　指示电极常用 pH 玻璃电极，指示在酸碱滴定过程中 pH 的变化；参比电极用饱和甘汞电极。由于所用的 pH 计较灵敏，可测定许多弱酸、弱碱、多元酸碱或混合酸碱等。

（2）氧化还原滴定　一般选用铂电极为指示电极，饱和甘汞电极为参比电极。氧化还原滴定均可用电位滴定法确定终点。

（3）配位滴定　在配位滴定中，常用的指示电极为第三类电极（见第 9 章电化学分析法导论 9.1），也可用离子选择性电极，参比电极为饱和甘汞电极。

（4）沉淀滴定　指示电极用 Ag 电极、Hg 电极或氯、碘等离子选择性电极。例如用硝酸银标准溶液滴定 Cl^-，Br^-，I^- 时，可选用 Ag 电极为指示电极。

参比电极不能直接用饱和甘汞电极，因为甘汞电极漏出的 Cl^- 对测定有干扰，需要用 KNO_3 盐桥将试液与甘汞电极隔开。

习题

1. 单独一个电极的电位能否直接测定？怎样才能测定？
2. 何谓指示电极和参比电极？它们在电位分析法中的作用是什么？

3. 简述玻璃电极的工作原理。

4. 离子选择性电极有哪些类型？简述它们的作用原理及应用情况。

5. 膜电位是如何产生的？膜电位为什么具有较高的选择性？

6. 在用 pH 玻璃电极测量溶液的 pH 时，为什么要选用与试液 pH 接近的 pH 标准溶液定位？

7. 能否用普通万用表测量 pH 玻璃电极和参比电极所组成电池的电动势？试说明原因。

8. 设溶液中 pBr＝3，pCl＝1。如果用溴离子选择性电极测定 Br^- 活度，将产生多大误差？已知 $K^{pot}_{Br^-,Cl^-}=6.0\times10^{-3}$。

9. 某钠电极的 $K^{pot}_{Na^+,H^+}=30$。如果用此电极测定 pNa 等于 3 的钠离子溶液，并要求误差小于 3%，试液的 pH 必须大于多少？

10. 当下列电池中的溶液是 pH 等于 4.00 的缓冲溶液时，在 25 ℃测得的电池电动势为 0.209 V。

玻璃电极｜$H^+(a=x)$‖SCE

当缓冲溶液由三种未知溶液代替时，测得电动势分别为 (a)0.312 V，(b)0.088 V，(c)−0.017 V。试计算每种未知溶液的 pH。

11. 已知标准甘汞电极-氢电极对插入 1 L HCl 溶液中，测得电池电动势为 0.40 V。甘汞电极是正极，标准甘汞电极 $E^\ominus=0.28$ V。求溶液中含 HCl 多少克？

12. 用直接电位法测定下述电池中 $C_2O_4^{2-}$ 浓度。

Ag｜Ag(s)，KCl(饱和)‖$C_2O_4^{2-}$(未知活度)，$Ag_2C_2O_4(s)$｜Ag

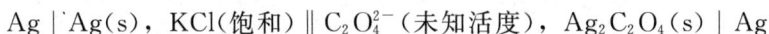

银-氯化银参比电极为负极，测得 25 ℃时电池电动势为 0.402 V。饱和 Ag/AgCl 电极电位 $E^\ominus=0.200\ 0$ V。试计算未知液的 $pC_2O_4^{2-}$ 值。

13. 用液膜电极测定溶液中 Ca^{2+} 浓度。在 0.01 mol/L Ca^{2+} 溶液中插入 Ca^{2+} 电极和另一参比电极，测得的电动势是 0.250 V。在同样的电池中，放入未知浓度的 Ca^{2+} 溶液，测得的电动势是 0.271 V。若两种溶液的离子强度相同，试计算未知 Ca^{2+} 溶液的浓度。

14. 用标准加入法测定离子浓度时，在 100 mL 铜盐溶液中添加 0.010 mol/L 硝酸铜溶液 1.00 mL 后电动势有 4 mV 的增加，求铜原来的浓度。

15. 在 1.00×10^{-3} mol/L 的 F^- 溶液中，插入 F^- 选择性电极和另一参比电极 SCE，测得其电动势为 0.158 V。在同样的电池中，放入未知浓度的 F^- 溶液后，测得其电动势为 0.217 V。若两份溶液的离子强度相同，试计算未知 F^- 溶液的浓度。

16. 在 1.00×10^{-3} mol/L 某一价阳离子 M^+ 溶液中，插入 M^+ 选择性电极和另一参比电极，测得其电动势为 −0.065 V。在同样的电池中，放入未知浓度的 M^+ 溶液后，测得其电动势为 −0.039 2 V。若两份溶液的离子强度相同，试计算未知 M^+ 溶液的浓度。

17. 在干净烧杯中准确加入试液 $V_x=50.00$ mL，用钙离子选择性电极和参比电极，测得其电动势 $E_x=-0.022\ 5$ V，然后向试液中加入钙离子浓度为 0.10 mol/L 的标准溶液 0.50 mL，搅拌均匀后测得电池电动势 $E_{x+s}=-0.014\ 5$ V。试计算试液中钙离子的浓度。

18. 在干净烧杯中准确加入试液 $V_x=100.00$ mL，用铅离子选择性电极和参比电极，测得其电动势 $E_x=-0.224\ 6$ V，然后向试液中加入铅离子浓度为 2.00×10^{-3} mol/L 的标准溶液 1.00 mL，搅拌均匀后测得电池电动势 $E_{x+s}=-0.214\ 8$ V。试计算试液中铅离子的浓度。

19. 用 0.100 mol/L AgNO₃ 溶液滴定 10.0 mL NaCl 溶液，已知终点附近的实验数据如下：

V_{AgNO_3}/mL	10.0	11.0	11.1	11.2	11.3	11.4	11.5	12.0
E/mV	168	202	210	224	250	303	328	364

试计算试液中氯离子的浓度。

第 12 章　电解分析法与库仑分析法
（Electrolysis and Coulometry）

12.1　概述

在第 11 章电位分析法中，讨论的是没有电流通过电解池的情况，而本章将要讨论通过较大电流的一类电化学分析方法。当电流通过化学电池时，在电极表面发生氧化还原反应，即电解。本章所讨论的方法属于建立在一般电解基础上的方法。按电解后所采用的测量对象的不同，可将其分为电解分析法和库仑分析法。

电解分析法是将试液置于电解池中进行电解，使被测组分在电极上析出，并根据析出物的质量进行分析的方法。实际上，这种方法仍是重量分析法，所不同的是用"电子"作沉淀剂，因而又称为电重量分析法。该法常用于常量组分的测定，也可作为分离的手段，以除去共存的杂质。

库仑分析法是在电解分析法的基础上发展起来的一种分析方法。它不是通过称量电解析出物的质量，而是通过测量被测物质在电解过程中所消耗的电量来进行分析的方法。

电解的方式通常有控制电位电解法和恒电流电解法。前者是在控制电极电位为一恒定值的条件下进行电解的分析方法；后者则是在恒定的电流条件下进行电解的方法。

这类方法的显著特点为：①准确度高。电解分析法的测定相对误差约为 0.1% ～ 0.01%；库仑分析法则更高，可达 0.001%，可用于测定或校正相对原子质量。②在分析工作中，无须应用基准物质和标准溶液。

12.2　电解分析法

12.2.1　基本原理

电解是借助于外电源的作用，使电化学反应向着非自发的方向进行。如铂电极上电解 0.1 mol/L $CuSO_4$（0.1 mol/L H_2SO_4）溶液，其电解装置如图 12-1 所示。当外加电压较小时，不能引起电极反应，几乎没有电流或只有很小的电流（残余电流）通过电解池。当逐渐增大外加电压至某一数值时，开始发生电极反应，在阴极和阳极上分别析出 Cu 和 O_2，并有电流通过，发生电解。两个电极上发生的反应为：

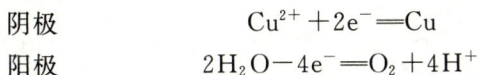

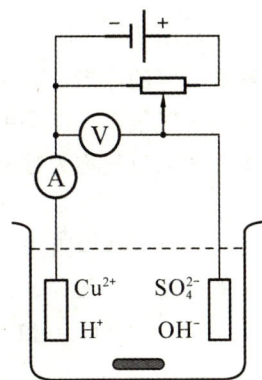

阴极　　　　　　$Cu^{2+} + 2e^- = Cu$
阳极　　　　　　$2H_2O - 4e^- = O_2 + 4H^+$

图 12-1　电解装置

175

如以外加电压 U 为横坐标，通过电解池的电流 i 为纵坐标作图，可得如图 12-2 所示的 i-U 曲线。图中 U_d 为引起电解质电解的最低外加电压，称为该电解质的<u>分解电压</u>。它是实际测得的，又称为实际分解电压。

如将电源切断，这时伏特计上的指针并不回到零，而是向相反的方向偏转，这表明在两电极间仍保持一定的电位差。这是由于在电解作用发生时，阴极上镀上了金属 Cu，成为 Cu 电极，阳极则为氧电极，构成一原电池。发生的反应为：

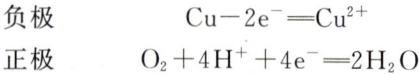

负极 $\qquad Cu - 2e^- = Cu^{2+}$

正极 $\qquad O_2 + 4H^+ + 4e^- = 2H_2O$

反应方向与电解反应刚好相反。

原电池的电动势为

$$E = \varphi_+ - \varphi_- \tag{12-1}$$

$$\varphi_+ = \varphi^{\ominus}_{O_2/H_2O} + \frac{0.059\ 2}{4} \lg(p_{O_2} \cdot [H^+]^4)$$

$$= 1.23 + \frac{0.059\ 2}{4} \lg(1 \times 0.2^4)$$

$$= 1.189$$

$$\varphi_- = \varphi^{\ominus}_{Cu^{2+}/Cu} + \frac{0.059\ 2}{2} \lg[Cu^{2+}]$$

$$= 0.337 + \frac{0.0592}{2} \lg 0.100$$

$$= 0.308$$

故 $\qquad E = 1.189 - 0.308 = 0.881\ V$

可见，电解时产生了一个极性与电解池相反的原电池，其电动势称为<u>反电动势</u>。因此，要使电解顺利进行，必须要克服这个反电动势。理论分解电压 U_d' 为其理论上计算的反电动势 0.881 V。

从图 12-2 可见，实际分解电压比理论分解电压大，有两个原因，一是由于电解质溶液有一定的电阻，欲使电流通过，必须克服 iR（i 为电解电流，R 为电解回路总电阻）电位降，一般很小；二是由于电极极化引起的。极化的结果使阴极电位更负，阳极电位更正。增加的电位值称为过电位，也称为超电位，用 η 表示。这时电解池的实际分解电压为

$$U_d = (\varphi_+ + \eta_+) - (\varphi_- + \eta_-) + iR \tag{12-2}$$

设电解池内阻为 0.50 Ω，铂电极面积为 100 cm²，电流为 0.10 A，O_2 在铂电极上的超电压为 +0.72 V，Cu 电极的超电压在搅拌的情况下可忽略。则外加电压为

$$U_d = (1.189 + 0.72) - (0.308 + 0) + 0.10 \times 0.50 = 1.65\ V$$

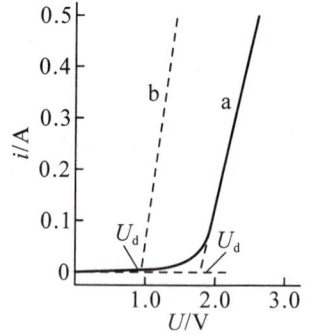

图 12-2　电解过程中 i-U 曲线

0.1 mol/L CuSO$_4$，0.1 mol/L H$_2$SO$_4$

a—实验曲线　b—计算曲线

12.2.2　分析方法

1. 控制电位电解分析法

控制电位电解分析法是在控制工作电极(阴极或阳极)电位为一恒定值的条件下进行电解的分析方法。在控制电位电解过程中，开始时被测物质析出速率较大，随着电解的进行，被测物质的浓度越来越小，电极反应越来越慢，电流也越来越小。当电流近于零时，电解完成。这种方法常用于被测离子与其他金属离子的还原电位差足够大时，就可将工作电极控制在某一数值或某一范围内，只让被测离子析出，达到分离测定的目的。其装置如图 12-3 所示。图中电位计用于准确测量电位，以机械式的自动阴极电位电解装置或电子控制的电位电解仪控制电极电位。

例如，在 0.1 mol/L Ag^+ 和 1 mol/L Cu^{2+} 混合溶液中 Ag^+ 的测定，以两个铂片为电极。Cu^{2+} 和 Ag^+ 在 Pt 电极上的超电位均很小，可忽略不计。

图 12-3　控制阴极电位电解装置

Ag^+ 的析出电位为

$$\varphi_{Ag^+/Ag} = \varphi^\ominus_{Ag^+/Ag} + 0.059\ 2\lg[Ag^+]$$
$$= 0.80 + 0.059\ 2\lg0.1$$
$$= 0.74\ V$$

Cu^{2+} 的析出电位为

$$\varphi_{Cu^{2+}/Cu} = \varphi^\ominus_{Cu^{2+}/Cu} + \frac{0.059\ 2}{2}\lg[Cu^{2+}]$$
$$= 0.34 + \frac{0.059\ 2}{2}\lg1$$
$$= 0.34\ V$$

由于 Ag^+ 析出电位 $\varphi_{Ag^+/Ag}$ 比 Cu^{2+} 析出电位 $\varphi_{Cu^{2+}/Cu}$ 更正，Ag^+ 在 Pt 阴极上先于 Cu^{2+} 析出。

在电解过程中，Ag^+ 的浓度逐渐降低。当 Ag^+ 被电解到溶液中剩下的浓度比原来小 5 个数量级，即 Ag^+ 的浓度降至 10^{-6} mol/L 时，被认为电解完全。此时阴极电位为

$$\varphi_{Ag^+/Ag} = \varphi^\ominus_{Ag^+/Ag} + 0.059\ 2\ \lg10^{-6}$$
$$= 0.80 + 0.059\ 2\lg10^{-6}$$
$$= 0.44\ V$$

这时阴极电位还比 Cu^{2+} 的析出电位为正，Cu^{2+} 尚未析出。因此阴极电位控制在负于 Ag^+ 的析出电位而正于 Cu^{2+} 的析出电位，比如取 +0.44 V，就能达到分离和测定的目的。

欲用控制电位电解法对两种共存离子进行分离和测定，它们的析出电位之差要足够大，这是一个重要的因素。而被测组分与共存物质的浓度比以及它们在电极反应的电子转移数对析出电位也有影响。对于两种共存的二价离子，它们的析出电位差必须在 0.15 V

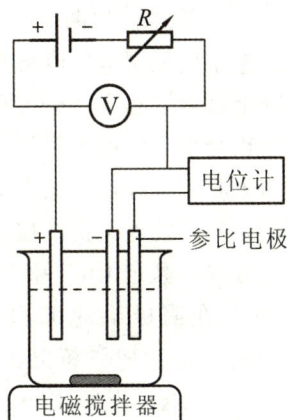

以上，对于两种共存的一价离子，则必须在 0.30 V 以上。

该法的主要特点是选择性高，可用于分离和测定。

2. 恒电流电解分析法

恒电流电解分析法是在恒定的电流的条件下进行电解的分析方法。其装置如图 12-4 所示。恒电流电解分析时，电极反应速率比控制电位电解分析法的快，但选择性差，往往第一种金属离子还未完全沉积，由于电位的变化，第二种金属离子也会析出而产生干扰。

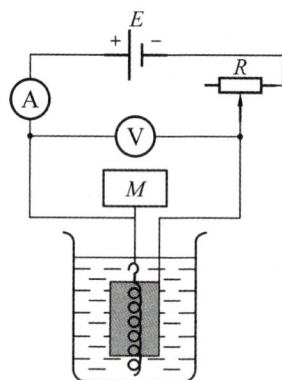

为了防止干扰，可加入阳极或阴极去极剂以维持电极电位不变，防止发生干扰反应。例如，在 Cu^{2+} 和 Pb^{2+} 的混合溶液中分离、测定 Cu^{2+} 和 Pb^{2+} 时，在试液中加入 NO_3^- 能防止 Pb^{2+} 在阴极上的沉积。这是由于 NO_3^- 还原电位比 Pb^{2+} 更正，先于 Pb^{2+} 析出，反应为

$$NO_3^- + 10H^+ + 8e^- = NH_4^+ + 3H_2O$$

图 12-4　恒电流电解法装置
（M 为搅拌器电机）

在 Cu^{2+} 电解过程中，因 NO_3^- 的还原防止了 Pb^{2+} 在阴极上的沉积。而 Pb^{2+} 能在阳极上氧化沉积为 PbO_2：

$$Pb^{2+} + 2H_2O = PbO_2 + 4H^+ + 2e^-$$

如果介质中存在 Cl^-，会在阳极上发生氧化而干扰，可加入盐酸肼或盐酸羟胺。肼的电极反应为

$$N_2H_4 = N_2 + 4H^+ + 4e^-$$

可有效地消除 Cl^- 的干扰。

分别称量阴极和阳极上的纯沉积物的质量，可求得 Cu 和 Pb 的含量。

该法的主要特点是分析速度较快，但选择性较差。

3. 汞阴极电解分离法

电解时以汞为阴极，铂为阳极，这种方法称为汞阴极电解法。由于汞有毒性，比重大，不利于干燥和称重，因此很少用于测定，多用于电解分离。该法可用于提纯分析试剂，分离干扰杂质，特别适于除去试样中的基体，测定其中的微量组分。

12. 2. 3　应用

电解分析法能用于物质的分离和测定。

控制电位电解法主要用于物质的分离。通常用于从含少量不易还原的金属离子溶液中分离除去大量的易还原的金属离子。汞阴极电解法也成功地用于各种分离。例如，采用汞阴极，可将电位较正的 Cu^{2+}，Pb^{2+} 和 Cd^{2+} 等离子浓集在汞中而与 U 分离以提纯 U；可除去金属离子，以制备伏安法的高纯电解质；可用于酶分析中除去溶液中的重金属离子，因为即使只有痕量的重金属离子存在也会使酶抑制或失去活性。

12.3　库仑分析法

12.3.1　基本原理

库仑分析法的依据是电解过程中所消耗的电量。库仑分析法的基本要求是电极反应必须单一，电流效率必须达 100％，换言之，所测得的电量应全部消耗在被测物质上。

库仑分析法的理论基础是法拉第电解定律，即在电解时，电极上发生化学变化的物质的质量 m 与通过电解池的电量 Q 成正比，用数学式表示为

$$m=\frac{M}{nF}Q \tag{12-3}$$

式中，M 为物质的摩尔质量；n 为电极反应的电子数；F 为法拉第常数，即 96 487 C/mol。

电解所消耗的电量可按下式计算：

$$Q=it \tag{12-4}$$

式中，i 为通过电解池的电流；t 为电解的时间。

将式(12-4)代入式(12-3)，得

$$m=\frac{M}{nF}it=\frac{M}{n96\ 487}it \tag{12-5}$$

库仑分析法与电解分析法一样，可分为控制电位库仑分析法和恒电流库仑分析法。

12.3.2　分析方法

1. 控制电位库仑分析法

控制电位库仑分析法的装置如图 12-5 所示。可见，其装置与控制电位电解法的基本相同，所不同的是电路中串联一个能精确测量电量的库仑计。

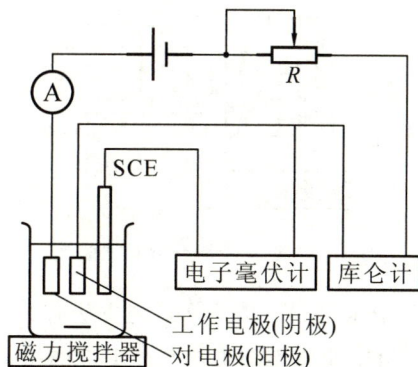

图 12-5　控制电位库仑分析法装置

库仑计可分为电子库仑计和电化学库仑计。

电子库仑计是用电子仪器直接显示通过电解池的总电量。

电化学库仑计是从电极上产生的化学物质的量换算成通过电解池的总电量。这类库仑计中最常用的是氢氧库仑计。

氢氧库仑计实际上是水电解器。其构造如图 12-6 所示。电解管与刻度管用橡皮管连接。电解管中焊有两片铂电极，管外为恒温水浴套。电解液可用 0.5 mol/L K_2SO_4 或 Na_2SO_4 溶液。通过电流时，阳极上析出氧，阴极上析出氢。电解前后刻度管内液面之差即为生成的氢气和氧气的总体积。在标准状态下，每库仑电量相当于析出 0.174 2 mL 氢、氧混合气体。如果测得混合气体的体积为 $V(mL)$，则电解消耗的电量 Q 为

$$Q = \frac{V}{0.174\ 2} \qquad (12\text{-}6)$$

由式(12-5)，可求得被测物质的质量。

这种库仑计操作方便，准确度可达 $\pm 0.1\%$。

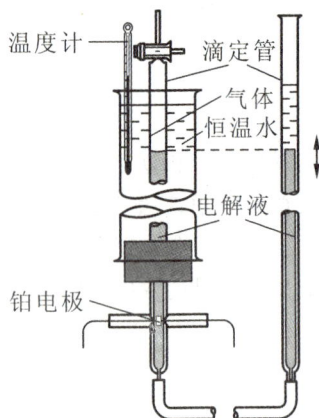

图 12-6　氢氧库仑计

2. 恒电流库仑分析法(库仑滴定法)

恒电流库仑分析法的装置如图 12-7 所示。由恒流电源产生的恒电流通过电解池，用计时器记录电解时间。被测物质直接在电极上反应或在电极附近由于电极反应产生一种能与被测物质起作用的试剂。反应终点可用适当方法确定。由恒定电流 i 和所消耗的时间 t，可求得电量 Q，进而求得被测物质的含量。该法又称为控制电流库仑滴定法，简称为库仑滴定法。这种方法并不测量体积而测量电量。它与普通容量法的不同在于滴定剂不是由滴定管向被测溶液中滴加，而是通过恒电流电解在试液内部产生，电生滴定剂的量又与电解所消耗的电量成正比。因而库仑滴定法可以说是一种以电子作"滴定剂"的容量分析法。

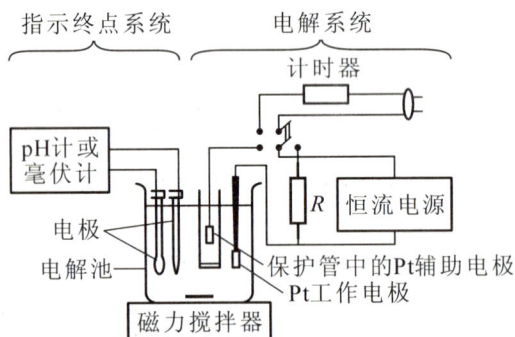

图 12-7　恒电流库仑分析法装置

库仑滴定法的关键之一是指示终点。指示终点的方法有：

(1) 化学指示法　滴定分析中使用的指示剂基本上也能用于库仑滴定。

(2) 电位法　库仑滴定中用电位法指示终点与电位滴定法确定终点的方法相似。在滴定过程中可记录电位(或 pH)对时间的关系曲线，用作图法或微分法求出终点。也可用离子计或 pH 计，由指针发生突变指示终点。

(3) 永停终点法　永停终点法指示终点的装置如图 12-8 所示。在指示终点系统的两个

大小相同的铂电极上,加一小电压(50~200 mV)。在此电压下,对于可逆电对,会发生电极反应,有电流通过;对于不可逆电对,则不会发生电极反应,没有电流通过。当到达终点时,由于电解液中可逆电对的产生或原可逆电对的消失,使该铂电极回路中的电流迅速变化或停止变化。这种方法非常灵敏,常用于氧化还原滴定体系。

图 12-8 永停终点法装置

以库仑滴定法测定 As(Ⅲ)为例说明其原理。指示电极为两个相同的铂片,外加电压为 200 mV。在 0.1 mol/L H_2SO_4 介质中,以 0.2 mol/L NaBr 为电解质,电生的 Br_2 测定 As(Ⅲ)。在滴定过程中,阳极上的反应为

$$2Br^- \longrightarrow Br_2 + 2e^-$$

电生的 Br_2 立刻将溶液中的 As(Ⅲ)氧化为 As(Ⅴ)。在达到计量点之前,在指示系统中没有电流通过,因为这时溶液中,只有 As(Ⅴ)/As(Ⅲ)不可逆电对,在小的外加电压下,是不会发生电极反应的;而溶液中又没有剩余的 Br_2。如要使指示系统有电流通过,则两个指示电极必须发生如下反应:

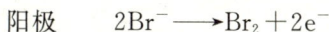

$$阴极 \quad Br_2 + 2e^- \longrightarrow 2Br^-$$

$$阳极 \quad 2Br^- \longrightarrow Br_2 + 2e^-$$

但当溶液中没有 Br_2 的情况下而要使上述反应发生,指示系统的外加电压至少需 890 mV,实际所加的外加电压只有 200 mV,因此不会发生上述反应,不会有电流通过指示系统。当 As(Ⅲ)作用完时,过量的 Br_2 与同时存在的 Br^- 组成可逆电对,两个指示电极上发生反应,电流迅速上升,表示终点已到达。

12.3.3 特点与应用

(1)既准确又灵敏。它是目前最准确的常量分析方法,又是高灵敏的痕量组分分析方法之一。特别适于组分单纯的试样,如半导体材料和试剂的测定。

(2)仪器结构简单,操作简便。它不需要配制标准溶液,使用的试样量比一般常量方法少 1~2 个数量级。仪器易于实现自动化。

(3)适用面广。常用的滴定剂,如 H^+,OH^-,Cl_2,Br_2,I_2,Ce(Ⅳ),Ti(Ⅲ),Fe(Ⅱ),Mn(Ⅲ),$Fe(CN)_6^{3-}$,$Fe(CN)_6^{4-}$,Sn(Ⅱ)等,均能在电极上产生,可用于测定很多有机物和无机物。库仑滴定产生的滴定剂及应用见表 12-1。

表 12-1 库仑滴定产生的滴定剂及应用

滴定剂	介　　质	工作电极	测定的物质
Br_2	0.1 mol/L H_2SO_4+0.2 mol/L NaBr	Pt	Sb(Ⅲ),I^-,Tl(Ⅰ),U(Ⅳ),有机化合物
I_2	0.1 mol/L 磷酸盐缓冲溶液(pH=8)+0.1 mol/L KI	Pt	As(Ⅲ),Sb(Ⅲ),$S_2O_3^{2-}$,S^{2-}

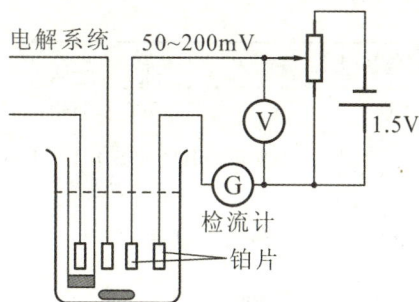

续表

滴定剂	介　　质	工作电极	测定的物质
Cl_2	2 mol/L HCl	Pt	As(Ⅲ)，I$^-$；脂肪酸
Ce(Ⅳ)	1.5 mol/L H_2SO_4+0.1 mol/L $Ce_2(SO_4)_3$	Pt	Fe(Ⅱ)，Fe(CN)$_6^{4-}$
Mn(Ⅲ)	1.8 mol/L H_2SO_4+0.45 mol/L $MnSO_4$	Pt	草酸，Fe(Ⅱ)，As(Ⅲ)
Ag(Ⅱ)	5 mol/L NHO$_3$+0.1 mol/L $AgNO_3$	Au	As(Ⅲ)，V(Ⅳ)，Ce(Ⅲ)，草酸
Fe(CN)$_6^{4-}$	0.2 mol/L $K_3Fe(CN)_6$(pH=2)	Pt	Zn(Ⅱ)
Cu(Ⅰ)	0.02 mol/L $CuSO_4$	Pt	Cr(Ⅵ)，V(Ⅴ)，IO$_3^-$
Fe(Ⅱ)	2 mol/L H_2SO_4+0.6 mol/L 铁铵矾	Pt	Cr(Ⅵ)，V(Ⅴ)，MnO$_4^-$
Ag(Ⅰ)	0.5 mol/L $HClO_4$	Ag 阳极	Cl$^-$，Br$^-$，I$^-$
EDTA (Y^{4-})	0.02 mol/L HgNH$_3$Y^{2-}+0.1 mol/L NH_4NO_3(pH=8，除 O_2)	Hg	Ca(Ⅱ)，Zn(Ⅱ)，Pb(Ⅱ)等
H$^+$ 或 OH$^-$	0.1 mol/L Na_2SO_4 或 KCl	Pt	OH$^-$ 或 H$^+$，有机酸或碱

12.4　微库仑分析法

　　微库仑分析法与库仑滴定法相似，也是利用电生滴定剂来滴定被测物质的，不同之处在于微库仑分析法输入的电流不是恒定的，而是随被测物质的含量大小自动调节，装置如图 12-9 所示。在电解池中放入电解质溶液和两对电极，一对为指示电极和参比电极，另一对为工作电极和辅助电极。试样进入电解池之前，电解液中加入微量的滴定剂，指示电极和参比电极上的电压 $E_{指}$ 为一定值。偏压源提供一个与 $E_{指}$ 大小相等，极性相反的偏压 $E_{偏}$，两者之

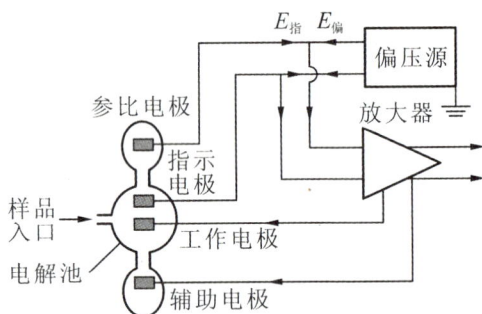

图 12-9　微库仑分析法原理图

差 $\Delta E=0$。此时，放大器输入为零，输出也为零，处于平衡状态。当试样进入电解池时，滴定剂与被测物质反应，$E_{指}$ 变化，平衡状态被破坏，$\Delta E \neq 0$，放大器有电流输出，工作电极开始电解，直至滴定剂恢复至初始的浓度，平衡重新建立，$\Delta E=0$，终点到达，滴定自动停止。

　　微库仑法分析过程中，电流是变化的，故也称为动态库仑分析法。电流-时间关系如图 12-10 所示。这种方法灵敏度高，适用于微量成分的分析。

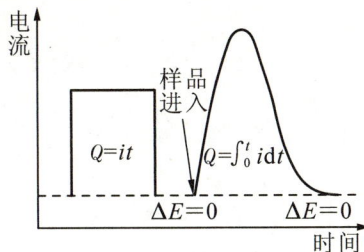

图 12-10　微库仑分析法电流-时间曲线

习题

1. 名词解释：电解、分解电压和析出电压。

2. 在库仑分析法中，为什么要控制电流效率为 100%？

3. 电解分析法和库仑分析法有何异同点？

4. 控制电位库仑分析法与库仑滴定法在分析原理上有什么不同？

5. 在含 $CdSO_4$ 溶液的电解池两极上施加电压，并测出相应的电流数据如下，试求 $CdSO_4$ 的分解电压。

E/V	0.5	1.0	1.8	2.0	2.2	2.4	2.6	3.0
I/A	0.002	0.004	0.007	0.008	0.028	0.069	0.110	0.192

6. 电解 0.1 mol/L $CuSO_4$ 溶液（含 1 mol/L H^+），电解池的电压降为 0.5 V，在阳极上氧的超电位为 0.42 V，求足以使溶液发生电解的最小外加电压。

7. 有含 Zn^{2+}，Cd^{2+} 各 0.3 mol /L 的溶液，欲电解分离其中的 Cd^{2+}（指浓度降至 10^{-6} mol /L），阴极电位应控制在什么范围（vs. SCE）？

8. 10.00 mL 浓度约为 0.01 mol /L 的 HCl 溶液，以电解产生的 OH^- 进行滴定，用 pH 计指示滴定过程中 pH 的变化。当达到终点时，通过电流的时间为 6.90 min，滴定时电流强度为 20 mA，试计算此 HCl 溶液的准确浓度。

9. 用控制电位库仑分析法测定铜合金中的铜。称取 1.000 g 样品，铜电解定量析出后，氢氧库仑计上指示产生气体的量为 475.7 mL，求铜合金中的铜的百分含量。

10. 电镀溶液的氰化物浓度，可用取 10.0 mL 试液以电解产生的 H^+ 滴定到甲基橙变色的方法加以测定，在通过 0.039 1 A 的电流 177 s 时，指示剂颜色发生变化。试计算每升溶液中 NaCN 质量为多少克。

11. 用库仑滴定法测定水中钙的含量，在 50.0 mL 氨性试液中加入过量的 $HgNH_3Y^{3-}$，使其电解产生的 Y^{4-} 来滴定 Ca^{2+}，若电流强度为 0.018 A，则达到终点需 3.50 min，计算每毫升水中 $CaCO_3$ 质量为多少毫克。电解产生 Y^{4-}（Y 为 EDTA）的电极反应为：

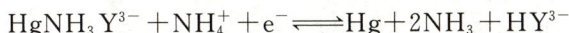

$$HgNH_3Y^{3-} + NH_4^+ + e^- \rightleftharpoons Hg + 2NH_3 + HY^{3-}$$

第 13 章　伏安法和极谱法
（Voltammetry and Polarography）

伏安法和极谱法都是以测定电解过程中所得的电压-电流曲线为基础的电化学分析方法。它们的区别在于工作电极的不同。凡使用滴汞电极或其他表面周期性更新的液体电极作工作电极的，称为极谱法；凡使用固体电极或表面静止的电极，如铂电极、悬汞电极、汞膜电极作工作电极的，称为伏安法。

13.1　极谱法概述

极谱法是 1922 年捷克化学家 J. Heyrovsky 建立的。此后，这种方法得到不断发展，至 1945 年前后已被广泛应用于实际分析工作中。近五十年来，又在经典极谱法的基础上发展了许多新方法和新技术，使极谱法成为电化学分析中重要的方法之一。极谱法不仅被用于微量物质的测定，而且被用于研究电极过程以及与电极过程有关的化学反应，如络合反应、催化反应和质子化反应等。

13.1.1　极谱法的装置

为极谱法而特别设计的极谱仪各式各样，尽管它们的线路极为复杂，但其基本的装置如图 13-1 所示。它可分为三个部分：①外加电压，包括直流电源 B、分压滑线 P 和伏特计 V。接触点 C 在 P 上滑动，可调节加在电解池上的电压，其数值由伏特计指示。②记录电流，包括电流计 G 和分流器（未画出），用以测量通过电解池的电流。③电解池，包括一个面积很大的参比电极 A、一个面积很小的滴汞电极 D，以及欲测的溶液。

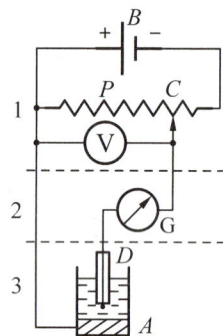

图 13-1　极谱法基本装置
1—外加电压　2—记录电流　3—电解池

13.1.2　极谱定性和定量分析的依据

假定电解池中盛放浓度约为 5×10^{-4} mol/L $CdCl_2$ 试液，其中含有称之为支持电解质的约 0.1 mol/L KCl。通入惰性气体氮或氢以除去溶解于溶液中的氧。调节汞柱高度使汞滴以每 4~5 秒一滴的速度滴下。移动分压滑线上的接触点使施加于两电极上的外加电压从零逐渐增加，记下不同电压时相应的电流值，绘制电流-电压关系曲线，如图 13-2 所示。在未达到 Cd^{2+} 的分解电位以前，阴极滴汞电极上没有 Cd^{2+} 还原，应该没有电流通过电解池，但此时仍有极微小的电流通

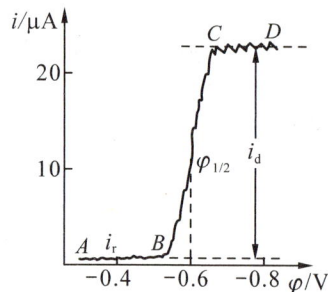

图 13-2　镉离子极谱图

过，称为残余电流 i_r，如图中 AB 部分。当外加电压增加到 Cd^{2+} 的分解电位（$-0.5\sim$ -0.6 V）时，Cd^{2+} 开始在滴汞电极上还原为金属镉，并与汞结合为汞齐：

$$Cd^{2+}+2e^-+Hg=Cd(Hg)$$

阳极甘汞电极上的汞氧化为 Hg_2^{2+}，并与溶液中的 Cl^- 生成 Hg_2Cl_2：

$$2Hg-2e^-+2Cl^-=Hg_2Cl_2$$

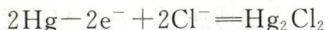

此时，就有 Cd^{2+} 还原的电解电流通过电解池。外加电压再稍稍增加，滴汞电极表面附近的 Cd^{2+} 迅速地被还原，电解电流随之而急剧上升，如图 BC 部分。当外加电压增加到一定数值时，电流不再增加而达到极限值，如图中 CD 部分，称为极限电流。这种呈 S 形的电流-电压曲线，通常称为极谱波。波的高度，即极限电流减去残余电流后的值，称为极限扩散电流 i_d。极限扩散电流与溶液中 Cd^{2+} 的浓度成正比，因而可作为极谱定量分析的依据。当电流等于极限扩散电流一半时的滴汞电极的电位，称为半波电位 $\varphi_{1/2}$。在一定的实验条件下，半波电位的数值与欲测离子（如 Cd^{2+}）的浓度无关，仅决定于欲测离子的本性（见图 13-3）。而分解电压 φ_d 却随离子浓度的改变而改变，因此在极谱分析中，不用分解电压而用半波电位作为定性分析的依据。

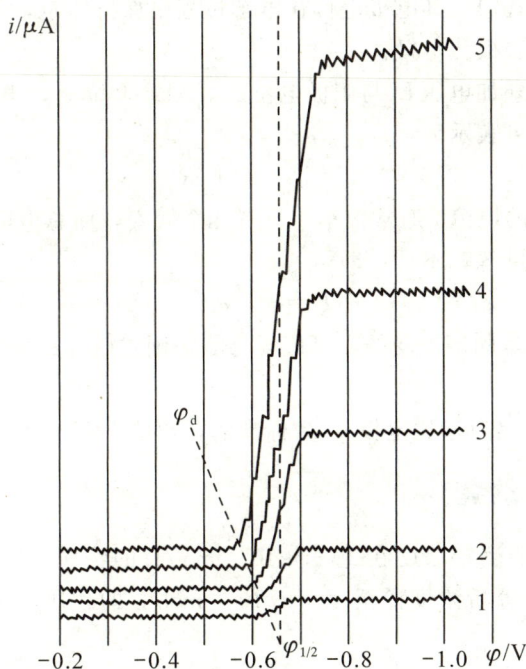

图 13-3　镉离子的半波电位与其浓度无关

0.1 mol/L KCl

$c_{Cd^{2+}}$：1—2.8×10^{-4} mol/L　2—5.6×10^{-4} mol/L

3—1.1×10^{-3} mol/L　4—2.5×10^{-3} mol/L

5—5.0×10^{-3} mol/L

13.1.3　浓差极化、极化电极和去极化电极

极谱法是一种在特殊条件下进行的电解分析法。它的特殊性表现在两个电极上，即一个面积很大的参比电极和一个面积很小的滴汞电极。滴汞电极的面积很小，电流密度很大，当达到离子的分解电压时，离子迅速还原，使电极表面的离子浓度减小，与溶液主体的离子浓度发生了差别，于是电极的电位偏离可逆电极的电位，这种现象称为极化。而这种极化是由浓度不同引起的，所以称为浓差极化。此时，电极附近出现浓度梯度，形成很薄的扩散层，引起离子从溶液主体向电极表面扩散。电流受离子扩散速度控制，因此，这种电流称为扩散电流。当电极表面上的离子浓度几乎等于零时，达到完全的浓差极化，在电极表面上还原的离子数目决定于离子从溶液主体中扩散的速度，有多少离子扩散到电极表面，就有多少离子被还原。电流的大小完全受离子的扩散速度所控制，即电流不随外加电压增加而增加，达到某一极限值。这时滴汞电极的电位随外加电压的变化而变化，换句话说，其电极电位完全受外加电压的控制，这样的电极称为极化电极。

汞池电极或甘汞电极的面积很大，电流密度很小，电极表面上的离子浓度几乎不变化，即不出现浓差极化现象，其电极电位在电解过程中保持恒定，不随外加电压的变化而变化。这样的电极称为去极化电极。

进行极谱分析时，外加电压 U 与阳极电位 φ_a，阴极电位 φ_c，电流 i 和电路中总电阻 R（包括溶液电阻）的关系可表示为

$$U = \varphi_a - \varphi_c + iR \tag{13-1}$$

极谱分析中，通过溶液的电流 i 通常很小，只有几个微安，而总电阻 R 一般也不很大，因此，iR（约为毫伏级），可忽略不计，即

$$U = \varphi_a - \varphi_c \tag{13-2}$$

φ_a 为参比电极的电位，是固定不变的，可假设为零，则式(13.2)变为

$$U = -\varphi_c \tag{13-3}$$

这时滴汞电极 φ_c 的电位是以参比电极 φ_a 为标准的，数值上等于外加电压的电位。

13.1.4　极谱分析的特点

(1) 用极谱法通常能测定浓度在 $10^{-5} \sim 10^{-4}$ mol/L 的物质，相对误差一般在 $\pm 2\% \sim 5\%$。在特定条件下，可分析浓度稀至 $10^{-8} \sim 10^{-7}$ mol/L 的物质，是一种重要的微量分析方法。

(2) 在合适条件下，可在一份试液中同时测定几个组分（如 Cu^{2+}，Cd^{2+}，Ni^{2+}，Zn^{2+}，Mn^{2+} 等）而不必分离。

(3) 进行极谱测定时，通过的电流很小（几微安），因此，经过分析后的溶液，基本上没有什么变化，可反复进行测定。

(4) 应用广泛。凡在滴汞电极上可起氧化或还原反应的物质，大部分可以用极谱法测定；一些不起氧化或还原反应的物质也可设法应用间接法如络合吸附波等进行测定。既可测定无机物质，也可测定有机物质。

极谱分析还可用于研究电极过程以及与电极过程有关的各种化学反应。用于测定络合

物的稳定常数、化学反应的速率常数等。

13.2　扩散电流方程式——极谱定量分析基础

所谓扩散电流是指电极反应可逆，其电流大小只受扩散速度所控制。扩散是某物质在某介质中由于其浓度不同所产生的定向运动。扩散方向是从浓度较大的部分向较小的部分移动。它的速度与浓度差的大小成正比，也与扩散物质的性质和介质的性质有关。最简单的扩散是单方向的，称为线性扩散。

在讨论滴汞电极的扩散电流以前，先讨论较简单的固体微电极的扩散，因为固体微电极的表面积是固定的，离子的扩散属于线性扩散。

13.2.1　固体微电极的扩散电流

假设一平面固体微电极置于浓度为 c 的可还原离子的溶液中，这些离子从一个方向扩散到电极表面，即线性扩散。如图 13-4 所示。设电极表面的离子浓度为 c^0，扩散层的有效厚度为 δ，则浓度梯度为 $\dfrac{c-c^0}{\delta}$。

根据 Fick 第一定律，流量 f，即单位时间内可还原离子扩散到电极单位面积的摩尔数与浓度梯度成正比。

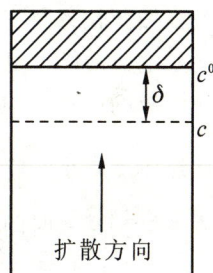

图 13-4　固体微电极
的线性扩散

$$f \propto \frac{c-c^0}{\delta}$$

$$f = D\frac{c-c^0}{\delta} \tag{13-4}$$

式中的比例常数 D 叫扩散系数，它的单位为厘米²/秒。

根据扩散电流的定义：扩散电流 i 等于单位时间内有多少离子扩散到电极表面进行电极反应而产生的电荷数目，因此，某一时间的扩散电流 i_t 为

$$i_t = nFAf \tag{13-5}$$

式中，n 为电极反应电子数；F 为法拉第常数；A 为电极面积。

由 Fick 第二定律，可求得线性扩散的有效扩散层厚度为

$$\delta = \sqrt{\pi Dt} \tag{13-6}$$

将式(13-4)和式(13-6)代入式(13-5)，得

$$i_t = nFAD\frac{c-c^0}{\sqrt{\pi Dt}} \tag{13-7}$$

电极表面可还原离子浓度 c^0 接近于零时的电流，称为极限扩散电流。固体微电极上的极限扩散电流是随时间而变化的。某一时间的极限扩散电流 $(i_d)_t$ 为

$$(i_d)_t = nFAD\frac{c}{\sqrt{\pi Dt}}$$

对于某一可还原离子，在一定的实验条件(包括一定形状和大小的固体微电极)下，瞬

时极限扩散电流$(i_d)_t$ 为

$$(i_d)_t = kc \tag{13-8}$$

式中，$k = nFAD/\sqrt{\pi Dt}$。从式(13-8)可见，固体微电极的极限扩散电流与可还原离子的浓度成正比。

13.2.2　滴汞电极的扩散电流——尤考维奇(Ilkovič)公式

滴汞电极的扩散电流方程式是捷克科学家 Ilkovič在 1934 年首先推导的，以后得到许多实验的证明。

滴汞电极上的扩散是球形的扩散。所谓球形扩散是指溶液中各点的离子向球形电极中心的方向进行的扩散。Ilkovič在开始推导公式时考虑了球形扩散，但在以后数学运算中引入简化，相当于忽略了电极的表面曲率，即实际上将球形扩散当做线性扩散处理了。因为滴汞电极附近的扩散层很薄，比电极的半径小得多，可忽略不计，所以将滴汞电极的球形扩散当做面积不断变化的平面电极的线性扩散来处理，理论上是可行的。因此 Ilkovič在推导滴汞电极的扩散电流方程式时，实际上只考虑了滴汞电极与固体微电极的两点不同：① 滴汞电极的面积 A_t 是随时间而改变的；② 由于滴汞电极生长时相对溶液的运动使其有效扩散层厚度减小，它等于线性扩散的有效扩散层厚度的 $\sqrt{\dfrac{3}{7}}$，这样从式(13-7)就可以得到滴汞电极在某一时间的极限扩散电流方程式为

$$(i_d)_t = nFA_t D \frac{c}{\sqrt{\dfrac{3}{7}\pi Dt}} \tag{13-9}$$

扩散电流与滴汞电极面积 A_t 成正比，而汞滴的表面积是随时间而增长(在一滴汞的寿命期间)的。假定汞滴为圆球，其表面积为

$$A_t = 4\pi r_t^2$$

式中 r_t 为汞滴在时间 t s 时的半径。如 ρ 为汞的密度，m 为汞滴流速(g/s)，则汞滴在 t s 时的体积 V_t 为

$$V_t = \frac{mt}{\rho} = \frac{4}{3}\pi r_t^3$$

故

$$r_t = \left(\frac{3mt}{4\pi\rho}\right)^{1/3}$$

汞滴表面积为

$$\begin{aligned} A_t &= 4\pi r_t^2 = 4\pi\left(\frac{3mt}{4\pi\rho}\right)^{2/3} \\ &= 0.85 m^{2/3} t^{2/3} \end{aligned} \tag{13-10}$$

将式(13-10)代入式(13-9)，得

$$(i_d)_t = 70\,600 n D^{1/2} m^{2/3} t^{1/6} c$$

上式中，$(i_d)_t$，m 和 c 的单位分别为 A，g/s 和 mol/cm^3。但在极谱分析中，$(i_d)_t$，m 和 c 的常用单位分别为 μA，mg/s 和 mmol/L，这时，上式改写成

$$(i_d)_t = 706 n D^{1/2} m^{2/3} t^{1/6} c \tag{13-11}$$

式(13-11)为瞬时极限扩散电流公式。由此式可见，滴汞电极的极限扩散电流随时间的 $\frac{1}{6}$ 次方而增加，如图 13-5 中的实线所示。当 $t=0$ 时，$(i_d)_t=0$；$t=\tau$（汞滴从开始生成到滴下所需的时间）时，$(i_d)_t$ 最大，以 $(i_d)_{max}$ 表示。

$$(i_d)_{max}=706nD^{1/2}m^{2/3}\tau^{1/6}c \tag{13-12}$$

式(13-12)表示最大极限扩散电流。

当汞滴落下时，电流降到零，然后随汞滴成长电流迅速增大至最大。设 $\bar{i}_d$ 表示平均极限扩散电流，即从 $t=0$ 到 $t=\tau$ 的电流平均值，则

$$\begin{aligned}
\bar{i}_d &= \frac{1}{\tau}\int_0^\tau (i_d)_t \mathrm{d}t \\
&= 706nD^{1/2}m^{2/3}c \cdot \frac{1}{\tau}\int_0^\tau t^{1/6}\mathrm{d}t \\
&= 706nD^{1/2}m^{2/3}c \cdot \frac{6}{7}\tau^{1/6} \\
&= 605nD^{1/2}m^{2/3}c\tau^{1/6} \\
&= \frac{6}{7}(i_d)_{max}
\end{aligned}$$

$$\bar{i}_d=605nD^{1/2}m^{2/3}\tau^{1/6}C \tag{13-13}$$

式(13-13)通常称为扩散电流方程式或 Ilkovič 公式。

如用一个响应极快的即振荡周期极短的电流计，可以在实验上得到与滴汞电极的真实电流相符合的曲线。但在极谱分析中只需测量式(13-13)所示的平均极限扩散电流，所以用一个振荡周期颇长（3~10 s）的电流计。它指示的电流在平均极限扩散电流（图 13-5 中----）的上下振荡，如图 13-5 中--·--所示。因此用自动拍照或自动记录所得的极谱图常呈现锯齿形。从极谱波上测量扩散电流，是量取锯齿曲线的上下振幅之间的平均值。从图 13-5 中可看出，此平均值为平均极限扩散电流。在极谱分析中说到极限扩散电流时，通常就是指式(13-13)的

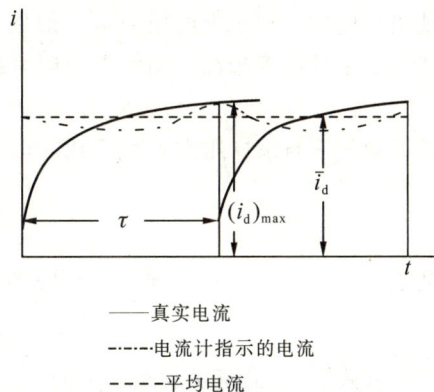

图 13-5　滴汞电极的电流-时间曲线

平均极限扩散电流 $\bar{i}_d$，而不是式(13-11)所示的瞬时极限扩散电流 $(i_d)_t$，和式(13-12)所示的最大极限扩散电流 $(i_d)_{max}$。

式(13-13)可改写为

$$I=\frac{\bar{i}_d}{m^{2/3}\tau^{1/6}c}=605nD^{1/2} \tag{13-14}$$

其中 I 称为扩散电流常数，它与毛细管常数（$m^{2/3}\tau^{1/6}$）和欲测物质的浓度无关。

从式(13-13)可知，当其他各项因素不变时，极限扩散电流与欲测物质的浓度成正比。这是极谱定量分析的基础。

以上讨论的是电极表面上欲测物质的浓度 c^0 为零时的极限扩散电流。如 $c^0 \neq 0$，即极谱波上升部分任一点的平均扩散电流也可用 Ilkovič 公式表示如下：

$$\bar{i}=605nD^{1/2}m^{2/3}\tau^{1/6}(c-c^0) \tag{13-15}$$

13.2.3 影响极限扩散电流的因素

从 Ilkovič 公式 $\bar{i}_d=605nD^{1/2}m^{2/3}\tau^{1/6}c$ 可见，影响极限扩散电流的因素有：

1. 电活性物质的浓度

在一定的实验条件下，$\bar{i}_d=kc$，就是说极限扩散电流与物质的浓度成正比。这是极谱定量分析的依据。$k=605nD^{1/2}m^{2/3}\tau^{1/6}$，称为 Ilkovič 常数。若溶液中不仅有扩散而且还有化学反应等复杂情况时，上述公式就不能应用。对于不可逆电极反应，当达到极限电流时，由于电极反应速率已经变得很大，电流只受扩散所控制，因此不可逆过程的极限电流也可用 Ilkovič 公式表示。

$\bar{i}_d$ 与 c 的关系在滴汞时间太短时不成直线，这是因为溶液受快速滴汞搅动，干扰了扩散层，产生较大的电流；若滴汞太慢，则检流计的振荡太大。所以一般的滴落时间为 3～6 s。

2. 毛细管特性

m 和 τ 均为毛细管特性，$m^{2/3}\tau^{1/6}$ 称为毛细管常数。这决定于毛细管的大小和滴汞上的压力。$\bar{i}_d$ 与 $m^{2/3}\tau^{1/6}$ 成正比。因此在同一项工作中应当使用同一支毛细管，获得的数据才能进行比较。滴汞上的压力 p 一般用以储汞瓶中的汞面与滴汞电极末端之间的汞柱高度 h 表示。汞柱高度越高，滴汞上的压力越大。汞流速度 m 与汞柱压力 p 成正比，即

$$m=k_1p=k'h$$

滴汞周期 τ 与汞柱压力 p 成反比，即

$$\tau=\frac{k_2}{p}=\frac{k''}{h}$$

所以

$$m^{2/3}\tau^{1/6}=(k'h)^{2/3}\left(\frac{k''}{h}\right)^{1/6}=kh^{1/2}$$

$$\bar{i}_d=K_1m^{2/3}\tau^{1/6}=k'h^{1/2} \tag{13-16}$$

从式(13-16)可见，在一定的实验条件下，极限扩散电流与汞柱高度的平方根成正比。实验中可用来验证电流是否只受扩散速率所控制。对于不可逆过程，其极限电流完全受扩散速率控制，因此极限电流也与汞柱高度的平方根成正比。

3. 滴汞电极电位

从 Ilkovič 公式看不出滴汞电极电位对 $\bar{i}_d$ 有什么影响。实验证明，滴汞电极电位对汞流速度的影响较小，但对汞滴落下的周期 τ 影响比较显著。这是因为滴汞周期 τ 与汞的表面张力成正比，而汞和溶液间的表面张力与滴汞电极电位有关。研究汞在溶液(如0.1 mol/L KCl)的表面张力与滴汞电极电位关系的曲线称为电毛细管曲线(见图 13-6)。滴汞周期 τ 随着电极电位不同而改变，在 -0.52 V

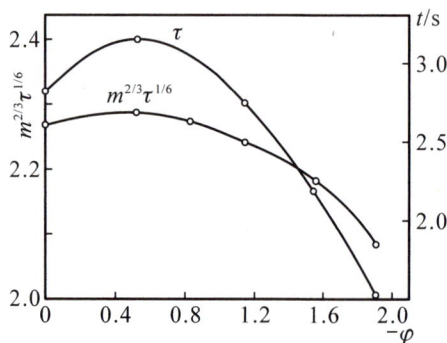

图 13-6 滴汞电极电位对 m,τ 的影响

(vs. SCE)处有一极大值。$m^{2/3}\tau^{1/6}$ 也随着滴汞电极电位变负而逐渐变小。在 $-1\sim0$ V 之间，$m^{2/3}\tau^{1/6}$ 值变化很小，可忽略不计；但在更负的电位下，$m^{2/3}\tau^{1/6}$ 的降低较为显著，必须考虑。

4. 扩散系数

从 Ilkovič 公式可知，极限扩散电流与扩散系数的平方根 $D^{1/2}$ 成正比，而扩散系数 D 与溶液的黏度有关。黏度越大，物质的扩散系数就越小，扩散电流也随之减小。而溶液的黏度与溶液组分有关。溶液组分有时还影响欲测离子的大小，如生成络离子。离子越大，扩散系数越小，扩散电流也就越小。

5. 电极反应的电子数

电极反应的电子数 n 越大，$\bar{i}_d$ 越大。

6. 温度

在 Ilkovič 公式中，除 n 外，其他各项均受温度的影响，但影响不大。当温度升高 1 ℃ 时，扩散电流约增加 1.3%。这一数据也可用来验证某一极谱电流是否只受扩散速率所控制。

13.3　干扰电流及其消除方法

上面讨论了极限扩散电流与欲测物质的浓度成正比，因而可作为极谱定量分析的根据。但是，在极谱分析中，除了扩散电流之外，还有其他因素所引起的电流，如残余电流、迁移电流、极大、氧波、氢波、前波和叠波等。这些电流与被测物质浓度无关，因此称为干扰电流，必须除去。

13.3.1　残余电流

在极谱分析中，外加电压虽未达到欲测物质的分解电位，但仍有一微小电流通过溶液，这种电流称为残余电流。

残余电流 i_r，由电解电流 i_f 和电容电流 i_c 两部分组成。

电解电流是由于残留在溶液中的氧和易还原的微量杂质(如铜、铁离子等)在滴汞电极上还原所产生的。

电容电流(充电电流)是残余电流的主要部分。这种电流的产生是由于对滴汞电极与溶液界面上双电层的充电过程，而不是由于任何电极反应。这类似于对两个极板的面积不断变化的电容器充电时所产生的充电电流。现对此作进一步讨论。

按图 13-7 的装置，电解池中为去氧的 1 mol/L KCl 溶液。当滴汞电极未与饱和甘汞电极连接时，滴汞电极是不带电荷的，这时汞滴的电位与溶液的电位一致。当外加电压装置的接触点 C 与点 A 接触时(见图 13-7)，外加电压虽为零，但却使滴汞电极与甘汞电极短路。由于甘汞电极上汞表面带正电荷，向滴汞电

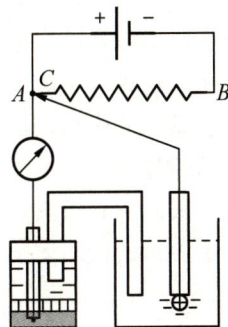

图 13-7　电容电流的产生

极充正电而使汞滴表面带正电荷，并从溶液中吸引负离子而形成双电层。如果汞滴的面积不变化，这个充电过程在一瞬间即完成，即对双电层充电而使其达到甘汞电极的电位时，甘汞电极上的正电荷便停止流入，因此，这个电流只是瞬时的。但是，在滴汞电极上，由于汞滴面积的不断改变，电容电流是连续不断的。这是外加电压为零的情况。当外加电压逐渐增大（即图中接触点 C 由 A 向 B 端移动）时，由于滴汞电极与外加电压的负极相连，汞滴从外加电压取得负电荷，抵消了一部分正电荷，汞滴

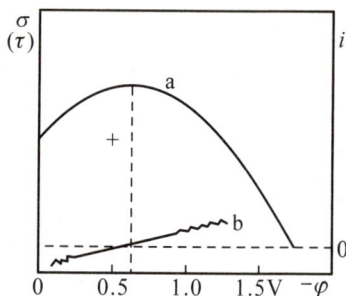

图 13-8　a. 滴汞电极的电毛细管曲线
　　　　　 b. 电容电流曲线

的正电荷逐渐减小，因而电容电流逐渐减小。当外加电压达到 −0.52 V 时，汞滴上的正电荷完全消失，汞滴不带电荷（此点称为零电点），电容电流消失。当外加电压继续增大时，汞滴上带负电荷，电容电流又产生了，不过这时的电容电流的方向与上述在零电点前所产生的相反而为正电流[①]。以后，随外加电压增大，电容电流也相应地增加（图 13-8 中 b 所示）。

图 13-9 为典型的残余电流曲线，不过电位比零电点（−0.52 V）正得多，约 −0.35 V 时，残余电流才等于零。这可能是由于残存的微量氧产生的还原电流抵消了部分负的电容电流所致。

残余电流一般采用作图的方法加以扣除或使用仪器的残余电流补偿装置加以消除。

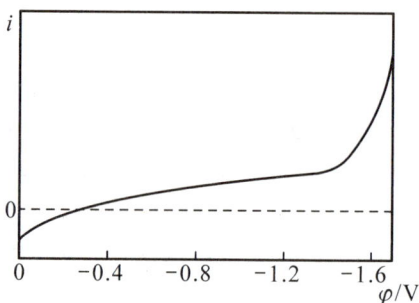

图 13-9　1 mol/L KCl 溶液的残余电流

13.3.2　迁移电流

在极谱分析中，进行电极反应的离子从溶液中移向电极表面受两种力的作用，一是扩散力，与电极附近的浓度梯度成正比；另一是电引力，与电极附近的电位梯度成正比。例如 Cd^{2+} 在滴汞电极上还原，由于浓度梯度，Cd^{2+} 受扩散力作用从溶液本体向电极表面运动，产生扩散电流。另外，Cd^{2+} 还受电场的库仑吸引力作用。作为负极的滴汞电极对阳离子的静电吸引力，使 Cd^{2+} 移向电极表面被还原而产生电流。因此，观察到的电流比扩散电流大。对于在滴汞电极上进行反应的阴离子，则由于负极对阴离子的排斥力而使扩散电流减小。这种由于静电引力而产生的电流称为迁移电流。迁移电流与欲测物质的浓度无一定的关系，故应加以消除。

消除迁移电流的方法是在溶液中加入大量的电解质，它在溶液中电离为阳离子和阴离子，负极对所有阳离子都有静电吸引力。这时负极表面被电解质的阳离子所包围，因此对溶液中少量的欲测离子的静电引力就大大地减弱了，以致由静电引力引起的迁移电流趋近

---

　　①　根据 1975 年 IUPAC 的规定，把氧化电流定为正电流，还原电流定为负电流。但极谱文献中习惯把氧化电流定为负电流，还原电流定为正电流。本章采用习惯用法。

于零而被消除。这种加入的电解质称为支持电解质。它在欲测离子可还原的电位范围内并不起电极反应，故又称为惰性电解质。常用的支持电解质有 KCl，NH_4Cl，Na_2SO_4，HCl，H_2SO_4 和 KOH 等。支持电解质的浓度通常要比欲测离子大 100 倍以上，一般在 $0.1\sim1\ mol/L$ 左右。

13.3.3　极大

在极谱分析中，常常会出现一种特殊的现象，即电解开始后，电流随电位的增加而迅速上升到一个极大值，然后下降到扩散电流区域，这种不正常的电流峰(图 13-10)，称为极谱极大或畸峰。大多数离子的极谱波都会出现这种极大，只有半波电位在汞的零电点附近的离子(如 Cd^{2+} 在 1 mol/L KCl 中)不出现极大。

由于极大的出现，常常影响扩散电流和半波电位的正确测量，因此必须加以消除。抑制极大的最常用的方法是在测定溶液中加入少量的表面活性物质，如动物胶、聚乙烯醇或 Triton X-100 等，就可

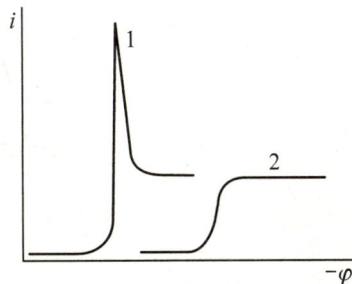

图 13-10　0.1 mol/L NaCl 溶液中 Pb^{2+} 极大及其消除
1—加入 0.1 mL 0.1％动物胶之前
2—加入 0.1 mL 0.1％动物胶之后

抑制极大而得到正常的极谱波。这些表面活性物质称为极大抑制剂。必须注意，加入极大抑制剂的用量要少，例如加入动物胶的量一般不超过 0.01％，否则，会降低扩散系数，影响扩散电流，甚至会引起极谱波的变形。

13.3.4　氧波

在试液中溶解的少量氧很容易在滴汞电极上还原，产生两个极谱波：

第一个波　　　　　$O_2+2H^++2e^- \longrightarrow H_2O_2$(酸性溶液)

　　　　$O_2+2H_2O+2e^- \longrightarrow H_2O_2+2OH^-$(中性或碱性溶液)

第二个波　　　　　$H_2O_2+2H^++2e^- \longrightarrow 2H_2O$(酸性溶液)

　　　　$H_2O_2+2e^- \longrightarrow 2OH^-$(中性或碱性溶液)

第一个氧波的半波电位约为 $-0.15\ V$，第二个氧波的半波电位约为 $-0.9\ V$。由于这两个波都是两个电子的还原反应，波高应当是相等的。当外加电压从零到 $-2\ V$ 时，就得到氧的两个极谱波(见图 13-11)。氧的极谱波的电位从 $-0.05\ V$ 一直伸展到 $-1.3\ V$ 左右，影响很多物质的极谱测定，因此必须除去溶液中的溶解氧。除氧的方法有以下两种：

1. 用极谱惰性气体除氧

一般可将 N_2，H_2 或 CO_2 通入溶液约 10 min 以除去氧。N_2 或 H_2 可用于所有溶液，而 CO_2 只能用于酸性溶液。

2. 用化学方法除氧

在中性或碱性溶液中，SO_3^{2-} 很容易被氧化成 SO_4^{2-}。加入数粒亚硫酸钠晶体或数滴新配制的亚硫酸钠饱和溶液，就可除去溶液中溶解的氧。

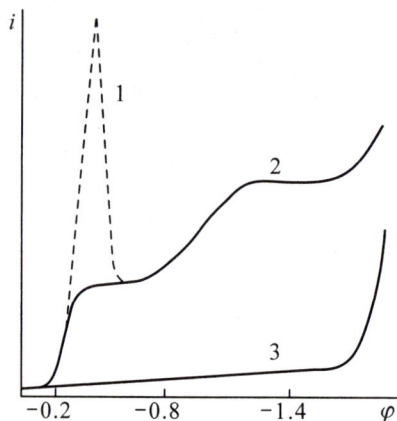

图 13-11 氧在 0.1 mol/L KCl 溶液中的极谱波
1—未加动物胶 2—加入 0.01%动物胶 3—完全除氧后

$$2SO_3^{2-} + O_2 \longrightarrow 2SO_4^{2-}$$

生成的 SO_4^{2-} 不干扰极谱测定。过量的 Na_2SO_3 在 0 V 附近产生阳极波，其电极反应为

$$2SO_3^{2-} + Hg = Hg(SO_3)_2^{2-} + 2e^-$$

在 0.1 mol/L KNO_3 中，$\varphi_{1/2} = -0.01$ V(vs. SCE)，因此会干扰 $-0.2 \sim 0$ V 的极谱测定。SO_3^{2-} 在酸性介质中分解生成的 SO_2 也能在滴汞电极上还原，所以 Na_2SO_3 不适用于酸性溶液。

在酸性溶液中，可加入纯铁粉或硫酸亚铁除氧。在弱酸性溶液中用抗坏血酸除氧的效果也很好。

13.3.5 氢波、前波和叠波

1. 氢波

极谱分析一般是在水溶液中进行的，溶液中的氢离子在足够负的电位时，会在滴汞电极上还原，产生氢波。

在酸性溶液中，氢离子在 $-1.4 \sim -1.2$ V(视酸度的大小)处开始还原，故半波电位比 -1.2 V 更负的物质就不能在酸性溶液中测定。

在中性或碱性溶液中，氢离子浓度大为降低，氢离子在更负的电位下才开始还原，因此氢波的干扰作用大为减少。

2. 前波

如果欲测物质的半波电位较负，而溶液中又同时存在着大量的(大于欲测物质 10 倍)半波电位较正的还原物质，由于该物质先于电极上还原，产生一个很大的前波，使得半波电位较负的物质无法测定，这种干扰称为前波干扰。例如，在氨和氯化铵溶液中测定镉和锌时，如有大量的铜离子存在，则由于它的半波电位(铜的第二波，$\varphi_{1/2} = -0.54$ V)较正而先还原产生很大的扩散电流，以致掩蔽了半波电位较负的镉波($\varphi_{1/2} = -0.81$ V)和锌波($\varphi_{1/2} = -1.35$ V)。故当溶液中含有大量铜时，不能直接测定镉和锌。

最常遇到的前波是铜（Ⅱ）波和铁（Ⅲ）波。铜（Ⅱ）波的消除可用电解法或化学法将铜分离出去；在酸性溶液中，可加入铁粉将两价铜还原为金属铜析出。铁（Ⅲ）波的消除可在酸性溶液中加入铁粉、抗坏血酸或羟胺等还原剂将铁（Ⅲ）还原为铁（Ⅱ），或在碱性溶液中使Fe（Ⅲ）生成 $Fe(OH)_3$ 沉淀而消除干扰。

3. 叠波

两种物质极谱波的半波电位相差小于 0.2 V 时，两个极谱波就会发生重叠，不易分辨而影响测定。

消除极谱波的重叠现象，一般可采用下列方法：

（1）加入适当的络合剂，改变极谱波的半波电位使波分开。例如在酸性溶液中，钴和镍离子的半波电位相近，两波不能分开，但加入吡啶后，由于钴、镍离子都能与吡啶生成稳定性不同的络离子，它们的半波电位分别变为 -1.09 V 和 -0.79 V，相差 0.3 V，两波不再重叠。

（2）采用适当的化学方法除去干扰物质，或改变价态而使其不再干扰。

13.4　半波电位——极谱定性分析原理

上面已提过，半波电位在一定实验条件（支持电解质的组成和浓度及溶液的温度保持不变）下，与欲测离子浓度无关，可作为极谱定性分析的依据。在讨论半波电位以前，先讨论极谱波方程式。所谓极谱波方程式是指极谱波上任一点滴汞电极的电位与电流的关系式。这里仅讨论简单金属离子和金属络离子还原为金属，并生成汞齐的两种可逆过程的情况。

13.4.1　简单金属离子还原为汞齐的极谱波方程式

当简单金属离子 M^{n+} 在滴汞电极上还原后生成汞齐时，其电极反应为

$$M^{n+} + ne^- + Hg \Longrightarrow M(Hg)$$

假设电极反应是可逆的，电极反应的速率很快，电解电流只受扩散速率控制。滴汞电极的电位与电极表面上反应物质浓度的关系可用 Nernst 公式表示如下：

$$\varphi_{d.e} = \varphi^{\ominus} + \frac{RT}{nF}\ln\frac{\gamma_s[M^{n+}]^0 a_{Hg}}{\gamma_a[M(Hg)]^0} \tag{13-17}$$

式中，$[M^{n+}]^0$ 和 $[M(Hg)]^0$ 分别为金属离子和金属汞齐在电极表面的浓度；γ_s 和 γ_a 为其相应的活度系数；$\varphi^{\ominus}$ 为该电极反应的标准电极电位；a_{Hg} 为汞在汞齐中的活度，因为汞齐很稀，实际上与纯汞的活度差不多，可看成为一常数，则式（13-17）可写为

$$\varphi_{d.e} = \varphi^{\ominus\prime} + \frac{RT}{nF}\ln\frac{\gamma_s[M^{n+}]^0}{\gamma_a[M(Hg)]^0} \tag{13-18}$$

根据 Ilkovič 公式（13-15），可得

$$\bar{i} = k_s\{[M^{n+}] - [M^{n+}]^0\} \tag{13-19}$$

式中，$k_s = 605nD_s^{1/2}m^{2/3}\tau^{1/6}$。金属离子在汞滴表面的浓度随电流的增加而减小，当电流达到极限扩散电流时，$[M^{n+}]^0$ 趋于零，故

$$\bar{i}_d = k_s[M^{n+}] \tag{13-20}$$

由式(13-19)可得到极谱波上任一点上$[M^{n+}]^0$的表示式，并将式(13-20)代入得

$$[M^{n+}]^0 = \frac{\bar{i}_d - \bar{i}}{k_s} \tag{13-21}$$

从另一方面，极谱波上任一点在电极表面上形成的金属汞齐浓度与扩散电流成正比，即

$$\bar{i} = k_a[M(Hg)]^0$$

$$[M(Hg)]^0 = \frac{\bar{i}}{k_a} \tag{13-22}$$

式中，$k_a = 605nD_a^{1/2}m^{2/3}\tau^{1/6}$。

将式(13-21)和式(13-22)代入式(13-18)，得

$$\varphi_{d.e} = \varphi^{\Theta'} + \frac{RT}{nF}\ln\frac{\gamma_s k_a}{\gamma_a k_s} + \frac{RT}{nF}\ln\frac{\bar{i}_d - \bar{i}}{\bar{i}} \tag{13-23}$$

上式为简单金属离子还原为汞齐的极谱波方程。它表示波上任一点滴汞电极电位与扩散电流的关系。当$\bar{i} = \frac{\bar{i}_d}{2}$时，$\varphi_{d.e} = \varphi_{1/2}$（半波电位），

$$\begin{aligned}\varphi_{1/2} &= \varphi^{\Theta'} + \frac{RT}{nF}\ln\frac{\gamma_s k_a}{\gamma_a k_s} \\ &= \varphi^{\Theta'} + \frac{RT}{nF}\ln\frac{\gamma_s D_a^{1/2}}{\gamma_a D_s^{1/2}}\end{aligned} \tag{13-24}$$

在一定的实验条件下，$\varphi^{\Theta'}$，γ_s，γ_a，D_s，D_a均为常数，半波电位$\varphi_{1/2}$与欲测离子浓度无关而取决于离子的特性，因而可作为定性分析的依据。

将式(13-24)代入式(13-23)，得

$$\varphi_{d.e} = \varphi_{1/2} + \frac{RT}{nF}\ln\frac{\bar{i}_d - \bar{i}}{\bar{i}} \tag{13-25}$$

13.4.2　半波电位的测定和极谱波的对数分析

根据极谱波方程式(13-25)，可准确测定$\varphi_{1/2}$。通常以$\lg\frac{\bar{i}}{\bar{i}_d - \bar{i}}$为纵坐标，以$\varphi_{d.e}$为横坐标绘图，得一直线。在此直线上，当$\lg\frac{\bar{i}}{\bar{i}_d - \bar{i}} = 0$时的电位即为半波电位。图13-12为$Tl^+$在0.9 mol/L KCl溶液中所得的$i\text{-}\varphi_{d.e}$曲线和$\lg\frac{\bar{i}}{\bar{i}_d - \bar{i}}\text{-}\varphi_{d.e}$图。

由式(13-25)可看出，这种作图法所得直线的斜率为$\frac{n}{0.0592}$(25℃)，因而电极反应的电子数n可由该直线斜率求出。这种方法称为极谱波对数分析。用此法求得Tl^+的电极反应的电子数$n=1$，半波电位$\varphi_{1/2} = -0.48$ V。同样，也可求出Pb^{2+}，In^{3+}的n和$\varphi_{1/2}$。用此法可检验电极反应的可逆性。如求得的n的实验值与理论值很接近，说明极谱波为可逆波；如实验值与理论值相差较大，则电极反应是不可逆的。

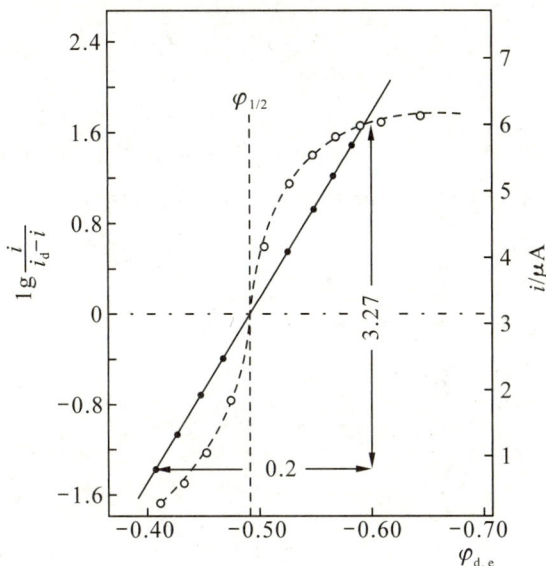

图 13-12　对数作图法

13.4.3　金属络离子还原为汞齐的极谱波方程式

金属离子形成配合物后，一般来说半波电位向负的方向移动。这种移动的程度与配位体的性质及浓度有关，因而常用极谱法测定配合物的稳定常数和配位数。

金属配离子还原为汞齐的极谱波方程式，同样可用上述方法导出。推导时，假定电极反应可逆，电流只受扩散速率控制；配位体的浓度是过量的。

当金属配离子还原并生成汞齐时，其电极反应为

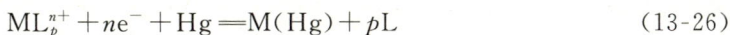

$$ML_p^{n+}+ne^-+Hg = M(Hg)+pL \tag{13-26}$$

式中，L 为配位体，为简便，假设 L 是中性分子，如氨、乙二胺等；p 为配位数。上式可看做由两部分反应所组成：

$$ML_p^{n+} \rightleftharpoons M^{n+}+pL \tag{13-27}$$

$$M^{n+}+ne^-+Hg \rightleftharpoons M(Hg) \tag{13-28}$$

由于电极反应可逆，反应(13.28)应遵守 Nernst 公式，即有

$$\varphi_{d.e}=\varphi^{\ominus\prime}+\frac{RT}{nF}\ln\frac{\gamma_s[M^{n+}]^0}{\gamma_a[M(Hg)]^0} \tag{13-29}$$

反应(13.27)在电极表面达到平衡，稳定常数 β 可表示为

$$\beta=\frac{\gamma_c[ML_p^{n+}]^0}{\gamma_s[M^{n+}]^0\gamma_L^p[L]^p} \tag{13-30}$$

式中，γ_L 和 γ_c 分别为配位体 L 和配合物 ML_p^{n+} 的活度系数；[L]为配位体在溶液中的浓度。因为配位体 L 的浓度是过量的，在电极表面由于电极反应引起 L 的变化可忽略，所以可认为配位体 L 在电极表面的浓度与溶液中的浓度相同。

由式(13-30)得

$$[M^{n+}]^0=\frac{\gamma_c[ML_p^{n+}]^0}{\beta\gamma_s\gamma_L^p[L]^p} \tag{13-31}$$

将式(13-31)代入式(13-29),并经整理后得

$$\varphi_{d.e}=\varphi^{\ominus\prime}-\frac{RT}{nF}\ln\beta-p\frac{RT}{nF}\ln\gamma_L[L]+\frac{RT}{nF}\ln\frac{\gamma_c[ML_p^{n+}]^0}{\gamma_a[M(Hg)]^0} \tag{13-32}$$

如果溶液中配离子 ML_p^{n+} 的量占绝对优势,则极谱电流完全受该配离子的扩散速率所控制。按 Ilkovič 公式,得

$$\bar{i}=k_c([ML_p^{n+}]-[ML_p^{n+}]^0) \tag{13-33a}$$
$$\bar{i}_d=k_c[ML_p^{n+}] \tag{13-33b}$$

由式(13-33a)和式(13-33b),得

$$[ML_p^{n+}]^0=\frac{\bar{i}_d-\bar{i}}{k_c} \tag{13-34}$$

另外,可得到

$$[M(Hg)]^0=\frac{\bar{i}}{k_a} \tag{13-35}$$

将式(13-34)和式(13-35)代入式(13-32),得

$$\varphi_{d.e}=\varphi^{\ominus\prime}-\frac{RT}{nF}\ln\beta-p\frac{RT}{nF}\ln\gamma_L[L]+\frac{RT}{nF}\ln\frac{\gamma_c k_a}{\gamma_a k_c}+\frac{RT}{nF}\ln\frac{\bar{i}_d-\bar{i}}{\bar{i}} \tag{13-36}$$

上式为配离子还原为汞齐的极谱波方程式。配离子的半波电位 $(\varphi_{1/2})_c$ 为

$$(\varphi_{1/2})_c=\varphi^{\ominus\prime}-\frac{RT}{nF}\ln\beta-p\frac{RT}{nF}\ln\gamma_L[L]+\frac{RT}{nF}\ln\frac{\gamma_c D_a^{1/2}}{\gamma_a D_c^{1/2}} \tag{13-37}$$

从上式可见,$(\varphi_{1/2})_c$ 与金属配离子的浓度无关,在一定实验条件下是不变的,同样可作为定性分析的依据。也可看出,$(\varphi_{1/2})_c$ 决定于配离子稳定常数 β 的对数值。β 越大,配离子越稳定,则 $(\varphi_{1/2})_c$ 越负。

从上面讨论已知,简单金属离子的 $(\varphi_{1/2})_s$ 为

$$(\varphi_{1/2})_s=\varphi^{\ominus\prime}+\frac{RT}{nF}\ln\frac{\gamma_s D_a^{1/2}}{\gamma_a D_s^{1/2}} \tag{13-38}$$

将式(13-37)减式(13-38),得

$$(\varphi_{1/2})_c-(\varphi_{1/2})_s=\Delta\varphi_{1/2}=\frac{RT}{nF}\ln\frac{\gamma_c D_s^{1/2}}{\gamma_s D_c^{1/2}}-\frac{RT}{nF}\ln\beta-p\frac{RT}{nF}\ln\gamma_L[L] \tag{13-39}$$

设 $\gamma_c\simeq\gamma_s$,$D_c\simeq D_s$ 和 $\gamma_L\simeq1$,则上式可近似表示为

$$\Delta\varphi_{1/2}=-\frac{RT}{nF}\ln\beta-p\frac{RT}{nF}\ln[L] \tag{13-40}$$

25 ℃时,

$$\Delta\varphi_{1/2}=-\frac{0.0592}{n}\lg\beta-\frac{0.0592}{n}p\lg[L] \tag{13-41}$$

按上式,如改变配位体的浓度[L],可测得一系列 $\Delta\varphi_{1/2}$ 值,作 $\Delta\varphi_{1/2}-\lg[L]$ 图,应得一直线,n 为已知时,由其斜率

$$\frac{\partial\Delta\varphi_{1/2}}{\partial\lg[L]}=-\frac{0.0592}{n}p \tag{13-42}$$

可求得金属配离子的配位数 p；由直线的截距，可求得配离子的稳定常数 β。

13.4.4　半波电位及其影响因素

当温度和支持电解质浓度一定时，半波电位数值一定，与欲测物质的浓度和所使用仪器（如毛细管、检流计等）的性能无关，而决定于欲测物质的性质。

影响半波电位的因素：

1. 支持电解质的种类及其浓度

同一物质在不同的支持电解质中的半波电位是不相同的；即使在相同的支持电解质中，因支持电解质的浓度不同，半波电位也有差别。例如，Pb^{2+} 在 0.1，1 和 3 mol/L KCl 溶液中的半波电位分别为 -0.386，-0.431 和 -0.483 V。这主要是由于支持电解质浓度不同引起离子强度的变化，影响欲测物质的活度系数，因而影响极谱波的半波电位。

2. 温度

温度变化会影响半波电位的数值。对一般离子来说，温度每升高 1 ℃，半波电位的数值向负方向增加 1 mV 左右。

3. 溶液的酸度

不少物质，如含氧酸根和有机化合物的半波电位与溶液的酸度关系很大。例如，BrO_3^- 的还原反应

$$BrO_3^- + 6H^+ + 6e^- \Longrightarrow Br^- + 3H_2O$$

在酸性溶液中，半波电位为 -0.97 V，而在中性溶液中，则为 -1.85 V。这是由于氢离子参与电极反应，当溶液的酸度较大时，有利于电极反应的进行，使半波电位向正的方向移动。

4. 配合物的形成

简单金属离子形成配合物后，由于离子的性质发生改变，半波电位也发生相应的变化。例如，锌和镍离子在中性溶液中以简单离子形式存在，其半波电位分别为

$$\varphi_{1/2,Zn^{2+}} = -1.06 \text{ V}$$
$$\varphi_{1/2,Ni^{2+}} = -1.09 \text{ V}$$

但在氨性溶液中，形成氨配离子后，其半波电位发生变化，

$$\varphi_{1/2,Zn^{2+}} = -1.36 \text{ V}$$
$$\varphi_{1/2,Ni^{2+}} = -0.96 \text{ V}$$

由式(13-37)配合物极谱波方程式可知，简单离子形成配合物后，其半波电位要向负的方向移动。因此锌氨配离子的半波电位比简单锌离子为负。但镍的情况却相反，这是由于镍氨配离子在滴汞电极上析出的超电压要比简单镍离子在中性溶液中小得多，因而其半波电位比简单离子为正。

13.5 极谱定量分析方法

13.5.1 底液的选择

通过前面对 Ilkovič 公式的讨论，我们知道极谱定量分析的关键是准确测量极限扩散电流。为此要设法消除或尽量减小各种干扰电流的影响。除了残余电流可用作图法扣除外，其他各种干扰电流可在被分析溶液中想办法解决，即在溶液中加适当的试剂消除干扰电流。另外为了改善波形、控制酸度等，也需加入适当的试剂。这种加入适当试剂的溶液称为极谱分析的底液。因此，选择好适当的底液对于极谱定量分析是件十分重要的工作。

底液由下列物质组成：

1. 支持电解质

其作用是消除迁移电流。选用时应注意下列原则：①支持电解质最好能提供一个较宽的电压范围，支持电解质的阳离子的析出电位最好尽可能地负一些。这样，那些还原电位较负的金属离子也可以被测定。②在支持电解质的溶液中，被测定的物质必须具有一定的化学组成，最好能使被测物质只产生一个极谱波，且波高与浓度成正比。③支持电解质最好能使几种不同离子的极谱波互相分开而不干扰。一般常用的支持电解质有 HCl，H_2SO_4，NaAc-HAc，NH_3-NH_4Cl，NaOH 和 KCl 等。有时试剂本身就含有大量半波电位较负的物质，可起支持电解质的作用。

2. 极大抑制剂

其作用是消除极大现象。通常用 0.01% 以下的动物胶作极大抑制剂，也可选用其他表面活性物质，如聚乙烯醇、甲基红和 Triton X-100 等。

3. 除氧剂

其作用是消除氧波。常用的除氧剂有 Na_2SO_3，H_2，N_2 和 CO_2 等。

4. 其他试剂

如加入适当的配位体，改变各种离子的半波电位，以消除干扰；加入适当的缓冲剂以控制溶液的酸度，改善波形，防止水解等。

总之，选择底液要视试样的具体情况而定，应尽可能做到：①波形好，最好是可逆波；②波高与浓度的线性关系好；③干扰少，成本低，配制简便等。表 13-1 列出常见金属离子在几种底液中的半波电位。

表 13-1   常见阳离子的半波电位 $\varphi_{\frac{1}{2}}$ (vs. NCE)

阳离子	中性或酸性溶液中	1 mol/L KOH (NaOH)溶液中	1 mol/L NH_3-1 mol/L NH_4Cl 溶液中	1 mol/L KCN 溶液中	10% 酒石酸盐 或柠檬酸盐中
Ca^{2+}	−2.23	−2.23	—	—	—
Li^+	−2.38	−2.38	—	—	—

续表

阳离子	中性或酸性溶液中	1 mol/L KOH (NaOH)溶液中	1 mol/L NH$_3$-1 mol/L NH$_4$Cl 溶液中	1 mol/L KCN 溶液中	10%酒石酸盐或柠檬酸盐中
Sr^{2+}	−2.13	−2.13	—	—	—
Na$^+$	−2.15	−2.15	—	—	—
K$^+$	−2.17	−2.17	—	—	—
Rb$^+$	−2.07	−2.07	—	—	—
Cs$^+$	−2.09	−2.09	—	—	—
NH$_4^+$	−2.07	−2.17	—	—	—
Ba^{2+}	−1.94	−1.94	—	—	—
Al^{3+}	−1.70	—	—	—	—
Mn^{2+}	−1.55	−1.74	−1.69	−1.37	−1.7
Cr^{2+}	−1.42	−1.98	−1.74	—	—
Fe^{2+}	−1.33	−1.56	−1.52	—	—
H$^+$	−1.6	—	—	—	−1.6
Co^{2+}	−1.23	−1.44	−1.32	−1.2	—
Ni^{2+}	−1.09	—	−1.14	−1.42	—
Zn^{2+}	−1.06	−1.53	−1.38	—	−1.19
In^{3+}	−1.63	−1.33	—	—	—
Cd$^+$	−0.63	−0.80	−0.85	−1.15	−0.68
Sn^{2+}	−0.47	−1.28	—	—	−0.68
Pb^{2+}	−0.46	−0.81	—	−0.74	−0.54
Tl$^+$	−0.50	−0.50	−0.52	—	−0.52
Sb^{3+}	−0.21	−1.2	—	1.17	−1.04
Bi^{3+}	−0.03	−0.6	—	—	−0.74
Cu^{2+}	−0.03	−0.52	—	—	−0.11
Cu$^+$	—	—	−0.54	—	—
Au$^+$	—	−1.3	—	−1.5	—
Au^{3+}	—	−0.6	—	—	—

13.5.2 波高的测量

极谱定量分析中，常用波高表示极限扩散电流的大小；只要求测量相对的波高(以毫米表示)，而不必测量极限扩散电流的绝对值。测量波高的方法很多。这里仅介绍两种简单而有效的方法。

1. 平行线法

如波形良好时，可通过极谱波的残余电流部分和极限电流部分作两条相互平行的直线 AB 和 CD，两线间的垂直距离 h 即为所求的波高，如图 13-13(a)所示。但在实际工作中，许多极谱波的残余电流和极限电流部分并不平行，因此，这种方法的应用受到了限制。

2. 三切线法

在极谱波上通过残余电流、极限电流和电流上升部分，分别作出 AB，CD 和 OP 三条切线，OP 与 AB 和 CD 分别相交于 O 点和 P 点，通过 O 和 P 作平行于横轴的两条平行线，此两线间的垂直距离 h 即为波高，见图 13-13(b)。此法比较方便，又适用于不同的波形，故广泛地被采用。

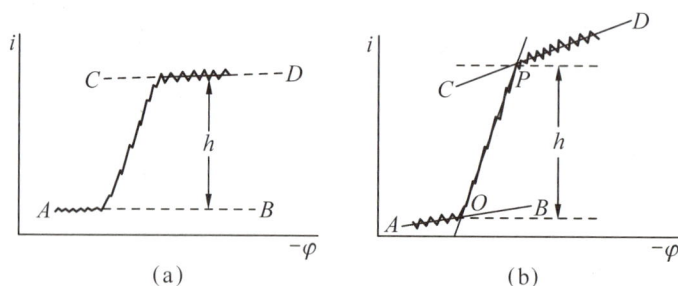

图 13-13   波高测量方法

(a)平行线法   (b)三切线法

13.5.3   定量分析方法

极谱定量分析方法一般有下列三种：

1. 直接比较法

此法是将浓度为 c_s 的标准溶液和浓度为 c_x 的未知溶液在相同的实验条件下，分别测得其波高为 h_s 和 h_x，然后根据波高与欲测离子浓度成正比，即

$$h_s = kc_s$$

$$h_x = kc_x$$

则

$$\frac{h_s}{h_x} = \frac{c_s}{c_x}$$

$$c_x = \frac{c_s h_x}{h_s} \tag{13-43}$$

求出未知溶液的浓度 c_x。

2. 工作曲线法

配制一系列含有不同浓度的欲测离子的标准溶液，在相同的实验条件下，分别测定极限扩散电流(波高)，绘制极限扩散电流(波高)-浓度的工作曲线。此工作曲线应是一条直线。分析未知试样时，在相同的实验条件下测得其波高，然后从工作曲线上求出相应的浓度。此法在分析同一类型的大批量试样时较为方便。

3. 标准溶液加入法

当分析少数几个或个别未知试样时，可采用标准溶液加入法。此法是先取一定体积 V 的未知溶液，其浓度为 c_x，记录其极谱图，测得波高为 h，然后加入浓度为 c_s 的被测离子

的标准溶液 V_s mL，在同一实验条件下测得波高为 H。根据下列关系可求出未知溶液的浓度 c_x。

因为

$$h = kc_x$$

$$H = k\left(\frac{Vc_x + V_s c_s}{V + V_s}\right)$$

故

$$c_x = \frac{V_s c_s h}{(V + V_s)H - Vh} \tag{13-44}$$

13.6　极谱法和伏安法的发展

以上讨论的极谱法属于经典极谱法。这种极谱法的主要缺点是：①灵敏度较低，检测限只为 10^{-5} mol/L；②选择性较差，当两种物质的 $\varphi_{1/2}$ 之差小于 200 mV 时，极谱波重叠，影响测定。为提高其灵敏度和选择性，提出了极谱催化波、配合物吸附波和溶出伏安法；改进了极谱技术，建立了许多新的方法，如线性扫描伏安法、循环伏安法、交流极谱法、方波极谱法和脉冲极谱法等。

13.6.1　线性扫描伏安法

将一快速线性变化电压加于电解池上，并根据所得的电流-电压曲线进行分析的方法，称为线性扫描伏安法。记录快速扫描的电流-电压曲线需要响应快的示波器、$x\text{-}y$ 函数仪或数字显示仪。如果以滴汞电极作为极化电极，示波器记录电流-电压曲线的线性扫描伏安法，称为线性扫描示波极谱法。

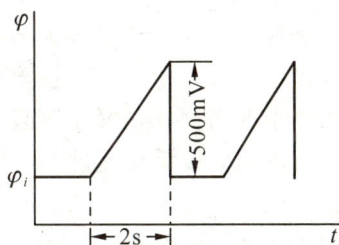

图 13-14　线性扫描示波极谱中电压-
时间曲线
φ_i—起始电位

线性扫描伏安法的基本原理与经典极谱相似。它们的主要区别在于经典极谱加入电压的速度很慢，一般为 3 mV/s，记录的电流-电压曲线呈 S 形，是许多滴汞上的平均结果；而线性扫描示波极谱加电压速度很快，一般可达 250 mV/s（如图 13-14），其电流-电压曲线呈峰形，是在一滴汞上得到的。

1. 仪器的基本线路

线性扫描伏安法由于加入电压的速度很快，在示波极谱仪中，必须用锯齿波发生器产生快速扫描电压以代替经典极谱中的电位器线路。电流的测量或电流-电压曲线的记录也必须用阴极射线示波器来代替检流计。其仪器的基本线路如图 13-15 所示。

锯齿波发生器产生快速线性变化电压通过小电阻 R 加在电解池的两极上，产生的电流在电阻 R 上引起电位降，将此电位降经垂直放大器放大后输入至示波器的垂直偏向板上，代表电流坐标；而将电解池两极的电压经水平放大器放大后输入示波器的水平偏向板上，代表电位坐标，因此从示波器的荧光屏上就能直接观察电流-电压曲线。如使图形稳定、重现，在每滴汞成长至一定面积时加一次电压，在示波器荧光屏上则出现一次电流-电压曲线。

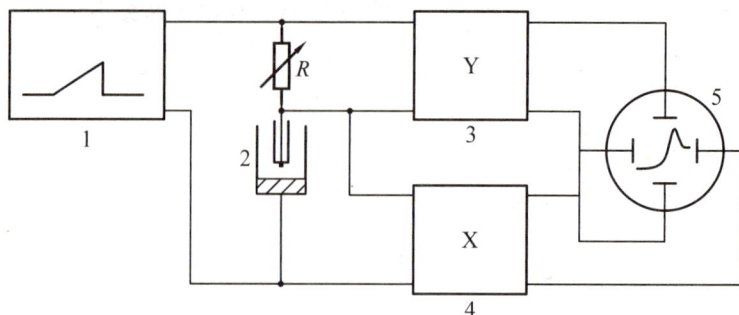

图 13-15　示波极谱仪基本线路

1—锯齿波发生器　2—电解池　3—垂直放大　4—水平放大　5—示波器

2. 定性和定量分析原理

极化电极可用滴汞电极，也可用固定面积的电极。对于电极反应可逆的物质，得到的电流-电压曲线呈明显的尖峰形；对于不可逆的物质，则没有尖峰，波高很低，有时甚至不起波，如图 13-16 所示。

线性扫描伏安图上呈峰形的原因，是由于加入的电压变化速度很快，当达到去极化剂的分解电压时，该物质在电极上迅速地还原，产生很大的电流。由于去极化剂迅速地在电极上还原，使其在电极附近的浓度急剧地降低，而溶液主体中的去极化剂又来不及扩散到电极，因此电流迅速下降，直到电极反应速度与扩散速度达到平衡而形成峰状电流。

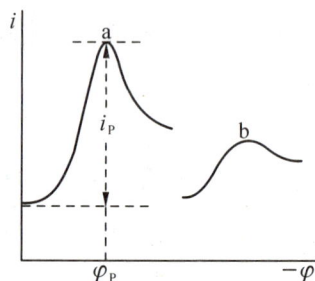

图 13-16　示波极谱图

a—可逆　b—不可逆

图 13-16 中尖峰所对应的电位，称为峰电位，以 φ_p 表示。它在一定实验条件(温度、底液组成和浓度固定)下，仅决定于去极化剂的性质，因而可作为定性分析的根据。对于可逆还原波，峰电位 φ_p 与相应经典极谱的半波电位 $\varphi_{1/2}$ 的关系为

$$\varphi_{pc} = \varphi_{1/2} - 1.1 \frac{RT}{nF}$$

$$= \varphi_{1/2} - \frac{28}{n} \text{ mV} \quad (25\ ℃) \tag{13-45}$$

对于可逆氧化波

$$\varphi_{pa} = \varphi_{1/2} + 1.1 \frac{RT}{nF}$$

$$= \varphi_{1/2} - \frac{28}{n} \text{ mV} \quad (25\ ℃) \tag{13-46}$$

对于电极面积一定的线性扩散的可逆波，峰电流 i_p 与去极化剂浓度的关系，可用 Randles 和 Sevčik 导出的方程式表示如下：

$$i_p = 2.69 \times 10^5\ n^{3/2} A D^{1/2} v^{1/2} c \tag{13-47}$$

式中，v 为电压扫描速度；A 为电极面积，D 为扩散系数，v 为扫速。由式(13-47)可见，

在一定实验条件下，包括电极面积和扫描电压速度固定，峰电流 i_p 与去极化剂浓度成正比。

3. 线性扫描伏安法的特点

（1）灵敏度比经典极谱高。可达 $10^{-7} \sim 10^{-6}$ mol/L，这与扫描速度快有关。

（2）选择性较好。可利用电极反应可逆性的差异将两波分开；或者利用峰电流 i_p 比相应的扩散电流 i_d 大得多，消除前波对后波的影响。例如在经典极谱中，U（Ⅵ）波在 Pb（Ⅱ）波之前，大量 U（Ⅵ）所产生的扩散电流干扰其后的少量 Pb（Ⅱ）的测定。但在示波极谱中，由于加电压速度很快，U（Ⅵ）的可逆性比 Pb（Ⅱ）差，因此 U（Ⅵ）的含量比 Pb（Ⅱ）甚至大至 200 倍时，U（Ⅵ）所产生的 i_p 比少量的 Pb（Ⅱ）所产生的 i_p 大不了多少，因而在这种情况下，U（Ⅵ）对 Pb（Ⅱ）的测定便没有什么影响了。又例如 Cd^{2+}，Zn^{2+} 的半波电位分别为 -0.6 V 和 -1.2 V 左右，在线性扫描伏安法中，只要将起始电位放在 -1.0 V，就能在大量 Cd^{2+} 存在下测定少量的 Zn^{2+}。这是因为在 -1.0 V 以后，Cd^{2+} 只能产生极限扩散电流 i_d，而不是 i_p，而 Zn^{2+} 能产生 i_p，Zn^{2+} 量虽少，但其 i_p 却可能比大量 Cd^{2+} 的 i_d 大。

（3）分析快速。几秒钟内可完成一次测定。

13.6.2　循环伏安法

1. 基本原理

当线性扫描达到一定的电位 φ_s 后，以相同的扫描速度回到原来的起始电位 φ_i，其电位与时间的关系如图 13-17 所示，称为三角波。三角波的前半部是一个锯齿波，所得的伏安图与线性扫描伏安图相同。而三角波的后半部是加反向电压。如果前半部扫描是去极化剂在电极上被还原的阴极过程，则后半部扫描为阳极过程，即前半部还原产物在后半部扫描过程又重新被氧化，产生氧化电流。因此一次三角波扫描，完成一个还原过程和氧化过程的循环，故称为循环伏安法。此法所得的极谱图称为循环伏安图，如图 13-18 所示。图中有两个峰电流，阴极峰电流 i_{pc} 和阳极峰电流 i_{pa}；两个峰电位，阴极峰电位 φ_{pc} 和阳极峰电位 φ_{pa}，其峰电位之差以 $\Delta\varphi_p$ 表示。两个峰电流值及其比值和两个峰电位值及其差值 $\Delta\varphi_p$ 是循环伏安法中最重要的参数。

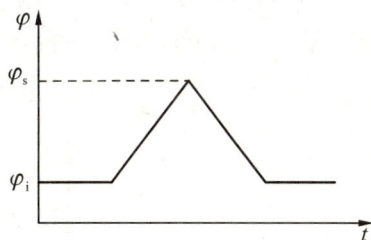

图 13-17　三角波扫描电压

对于可逆体系，其循环伏安图的上下两部分基本上是对称的。阴极峰电位和阳极峰电位分别以式（13-45）和式（13-46）表示，即

$$\varphi_{pc} = \varphi_{1/2} - \frac{28}{n} \text{ mV}(25 \text{ ℃})$$

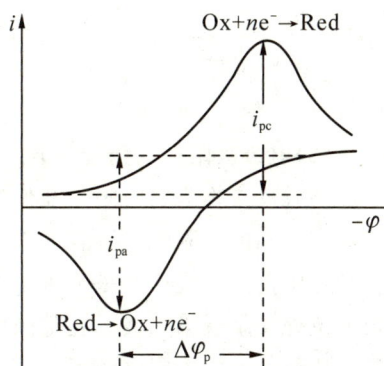

图 13-18　循环伏安图

$$\varphi_{pa}=\varphi_{1/2}-\frac{28}{n}\ mV(25\ ℃)$$

$$\Delta\varphi_p=\varphi_{pa}-\varphi_{pc}=\frac{56}{n}\ mV(25\ ℃) \qquad (13-48)$$

峰电流可用 Randles-Sevčik 方程式(13-47)表示。对于阴极峰电流

$$i_{pc}=2.69\times10^5 n^{3/2}Do_x^{1/2}Av^{1/2}c$$

对于阳极峰电流

$$i_{pa}=2.69\times10^5 n^{3/2}D_{Red}^{1/2}Av^{1/2}c$$

由于 $D_s\simeq D_a$，两峰电流的比值

$$\frac{i_{pa}}{i_{pc}}\approx1 \qquad (13-49)$$

这些是可逆体系的循环伏安图的特征值。

2. 应用

循环伏安法作为一种成分分析方法并不比线性扫描伏安法优越，因此通常并不把它作为分析方法，而是作为研究电极过程机理的重要手段，是最有用的电化学方法之一。

(1)电极过程可逆性的研究　对于可逆体系，$\Delta\varphi_p=\frac{56}{n}\ mV(25\ ℃)$，$\frac{i_{pa}}{i_{pc}}\approx1$；对于不可逆体系，$\Delta\varphi_p>\frac{56}{n}\ mV$，$\frac{i_{pa}}{i_{pc}}<1$，两峰相隔越远，两峰电流比值越小，则越不可逆。以此来判断电极过程的可逆性。图 13-19 为 0.1 mol/L KCl 中 Cd^{2+}，Ni^{2+} 和 Zn^{2+} 的循环伏安图，可见，Cd^{2+} 的电极过程是可逆的，而 Ni^{2+} 和 Zn^{2+} 是不可逆的。

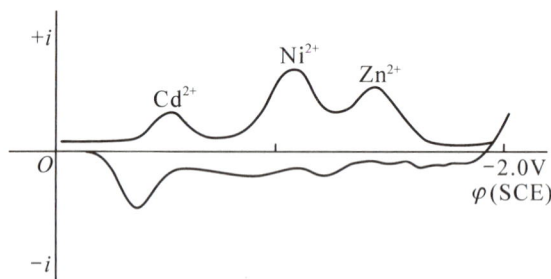

图 13-19　Cd^{2+}，Ni^{2+}，Zn^{2+} 的循环伏安图
底液为 0.1 mol/L KCl

(2)电极吸附性的研究　电极上的吸附现象往往使循环伏安图变形或分裂成新的峰。如产物或反应物为弱吸附，能使峰电流增大；如产物或反应物为强吸附，则在正常峰之前或后产生新的吸附峰(见图 13-20)。吸附峰电流的大小与吸附物的浓度和扫描速度成正比。

亚甲蓝的电极产物是强吸附的。在低浓度时只呈现一个吸附波；当浓度增大时，在较负电位处又呈现第二波，它随浓度的增加而线性地增高，属于扩散波。而电位较正的吸附波在达到一定的极限电流后，不再因亚甲蓝浓度的增高而改变，见图 13-21。

循环伏安法还可用于测定可逆的标准电极电位，鉴别电极反应的产物和研究化学反应控制的各种电极过程等，应用非常广泛。

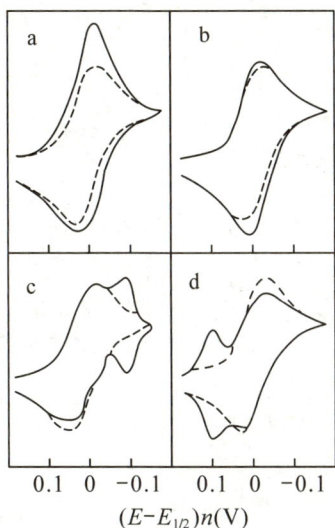

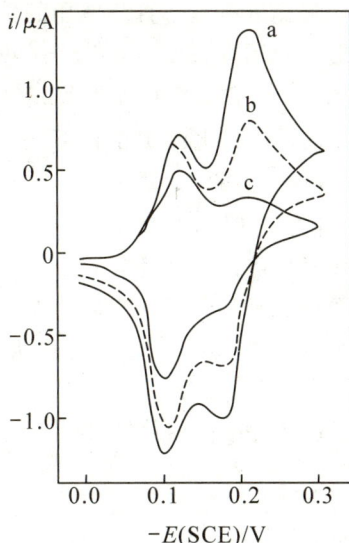

图 13-20　电极反应中反应物或
产物吸附的循环伏安图

a—反应物弱吸附　　b—产物弱吸附

c—反应物强吸附　　d—产物强吸附

（虚线表示没有吸附现象的情况）

图 13-21　亚甲蓝循环伏安图

pH＝6.5　v＝44.5 mV/s　a—1.00×10^{-4} mol/L

b—0.70×10^{-4} mol/L　c—0.40×10^{-4} mol/L

13.6.3　交流极谱、方波极谱和脉冲极谱法

1. 交流极谱法

是在经典极谱缓慢线性增加的电压上，叠加一小振幅（1～50 mV）、低频率（50～60 Hz）的正弦交流电压（图 13-22），记录电解池的交流电流与直流电压的关系曲线而进行分析的方法。

交流极谱的装置如图 13-23。通过电解池的交流电流在电阻 R 上产生电位降，经电容器 C 与直流电流分开后，再经放大器放大和整流滤波，直接被记录下来。

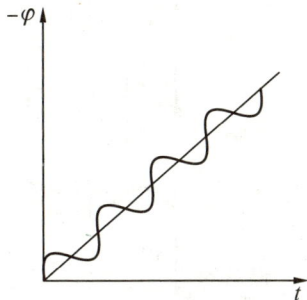

图 13-22　交流极谱中电压与时间关系

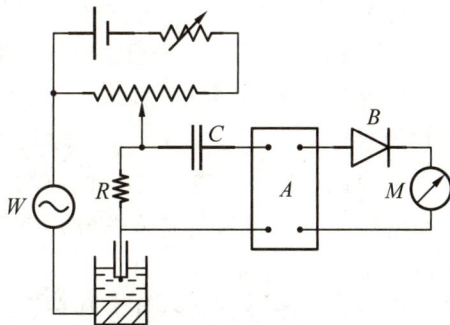

图 13-23　交流极谱装置

A—放大器　B—滤波整流器　C—电容

R—电阻　W—交流电源　M—电流计

207

交流极谱的交流电流与直流电压的关系曲线呈峰形，产生峰形的原因如图 13-24 所示。可将经典极谱波分为 A，B 和 C 三区。A 区中，线性增加的电压未达到被测物质的还原，电流很小且不变；C 区中，达到极限电流，电流也几乎不变。当小振幅的交流电压叠加在 A 区和 C 区时，不会引起交流电流的变化；但当其叠加在 B 区电流上升部分时，则会引起交流电流的变化，而且电流上升部分变化越大，交流电流变化也越大，而半波电位 $\varphi_{1/2}$ 处变化最大。因此呈峰形，如图 13-24 中曲线 2 所示。

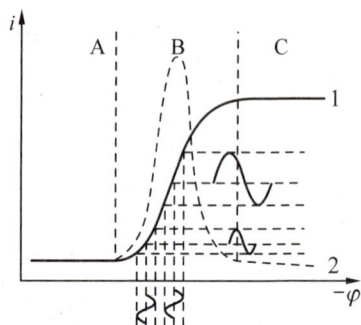

图 13-24 交流极谱波产生的原因
1—经典极谱波　2—交流极谱波

交流极谱波的峰电位 φ_p 与经典极谱波的 $\varphi_{1/2}$ 相同。峰电流 i_p 为

$$i_p=\frac{n^2 F^2}{4RT} \cdot D^{1/2} A \omega^{1/2} \Delta E \sin\left(\omega t+\frac{\pi}{4}\right) \tag{13-50}$$

式中，ω 为交流电角频率；ΔE 为交流电压振幅，其他具有通常含义。

由式(13-50)可见，峰电流 i_p 与被测物质的浓度 c 成正比。这是交流极谱定量分析的依据。

交流极谱的特点：波呈峰形，分辨能力较强。可分辨电位差 40 mV 的两个极谱波。由于未除去充电电流，灵敏度与经典极谱差不多。氧的电极反应很不可逆，产生的电流很小，因而氧波的干扰可不考虑。

2. 方波极谱法

是在经典极谱缓慢增加线性电压上，叠加一振幅为 10～30 mV，频率为 225～250 Hz 的方波电压，测量方波电压后期通过电解池的交流电流而进行分析的方法。

方波极谱的灵敏度比交流极谱的高，这是由于方波极谱消除了充电电流的影响。其消除的原理如图 13-25 所示。充电电流是随时间 t 按下式指数衰减的：

$$i_c=\frac{\Delta E}{R} \cdot e^{-\frac{t}{RC}} \tag{13-51}$$

式中，ΔE 为方波电压振幅；C 为滴汞电极与溶液界面的双电层电容；R 为电解池的电阻；t 为每一方波脉冲开始后所经过的时间。而 Faraday 电解电流 i_f 只随时间 $t^{-1/2}$ 衰减，比 i_c 要慢得多，因此在方波电压后期记录电流时，记录的是充电电流几乎完全衰减后的电解电流。

方波极谱波与交流极谱波一样呈峰形，分辨能力较好，灵敏度也较高。但进一步提高方波极谱的灵敏度，却受到毛细管噪声的影响。汞滴下落时，毛细管中汞向上回缩，溶液被吸入毛细管尖端内壁，

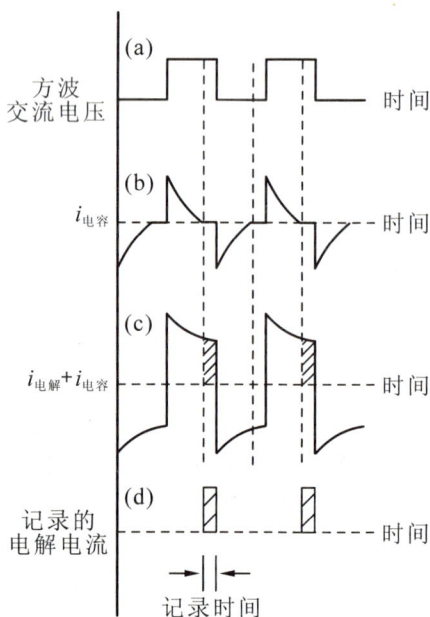

图 13-25 方波极谱法消除充电电流的原理

形成一层液膜。这层液膜的厚度和长度，对每一滴汞来说，是不规则的，因而形成噪声电流。

3. 脉冲极谱法

是在缓慢变化的直流电压上，在滴汞电极的每滴汞后期，叠加一频率较低（12.5 Hz）的脉冲电压，并在脉冲电压后期记录 Faraday 脉冲电流的方法。脉冲极谱既消除了充电电流，也消除了毛细管噪声电流，提高了信噪比，成为灵敏度很高的方法之一。

脉冲极谱法按施加脉冲电压的方式不同，可分为常规脉冲极谱（NPP）和示差脉冲极谱（DPP）。

（1）常规脉冲极谱 是滴汞电极的滴汞生长到一定面积时，在恒定预置电压的基础上，叠加以振幅随时间而增加的脉冲电压[见图 13-26(a)]，记录脉冲电压后期的 Faraday 电流的方法。常规脉冲极谱图与经典极谱波 S 形相似[见图 13-26(b)]。

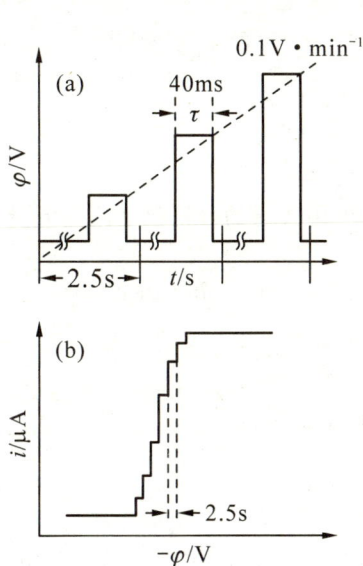

图 13-26 常规脉冲极谱
(a)激发信号 (b)常规脉冲极谱波

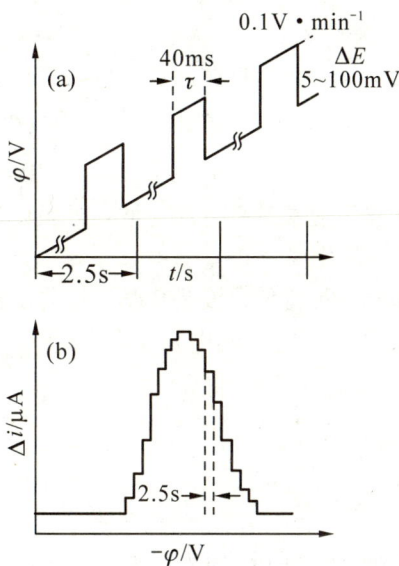

图 13-27 示差脉冲极谱
(a)激发信号 (b)示差脉冲极谱波

常规脉冲极谱波的波高与被测物质的浓度成正比，可作为定量分析的依据；它的半波电位与经典极谱一样，可作为定性分析的依据。

（2）示差脉冲极谱 是滴汞生长至一定面积时，在一缓慢线性扫描的直流电压上，叠加一小振幅、低频率的脉冲电压[见图 13-27(a)]，记录脉冲电压后期 Faraday 电流的方法。示差脉冲极谱图呈峰形[见图 13-27(b)]。示差脉冲极谱图的峰高和峰电位分别作为该法的定量分析和定性分析的依据。

脉冲极谱法的特点为：①灵敏度很高。对可逆体系，示差脉冲极谱可达 10^{-9} mol/L；对不可逆体系，也可达 5×10^{-8} mol/L；②很强的分辨能力，两个波电位相差 25 mV，也可明显分开；③支持电解质的浓度可减小至 0.02 mol/L。

13.6.4　极谱催化波和络合吸附波

1. 极谱催化波

极谱催化波是一种动力波。动力波是极谱电流受与电极反应耦合的化学反应速率控制的一类极谱波。根据化学反应与电极反应的关系，可将其分为三类：

前行动力波　化学反应先于电极反应。

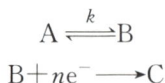

$$A \underset{k}{\rightleftharpoons} B$$
$$B + ne^- \longrightarrow C$$

平行动力波　又称为平行催化波。化学反应平行于电极反应。

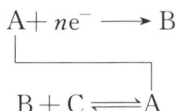

$$A + ne^- \longrightarrow B$$
$$B + C \rightleftharpoons A$$

随后动力波　化学反应随后于电极反应。

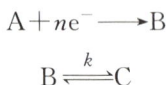

$$A + ne^- \longrightarrow B$$
$$B \underset{k}{\rightleftharpoons} C$$

极谱催化波通常是平行动力波，灵敏度很高，可用普通的极谱仪器测定痕量的物质。

（1）平行催化波

如前所述，平行催化波是化学反应与电极反应平行，即电极反应的产物 Red，在电极周围一薄层（反应层）溶液中发生化学反应，再生反应物 Ox，又在电极上还原，形成循环，如

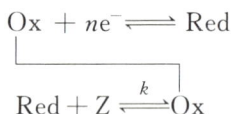

$$Ox + ne^- \rightleftharpoons Red$$
$$Red + Z \underset{k}{\rightleftharpoons} Ox$$

使电流大大增加。对 Ox 的浓度来说，基本上保持不变，因而 Ox 被称为催化剂，所增加的电流被称为催化电流。整个电极过程中，实际消耗的物质是氧化剂 Z，是 Ox 催化了 Z 的还原。催化电流与催化剂 Ox 的浓度在一定的范围内成正比，用以测定催化剂。

常用的氧化剂有 H_2O_2，$NaClO_3$ 或 $KClO_3$，盐酸羟胺或硫酸羟胺，$NaNO_2$ 等。例如，在苦杏仁酸和硫酸体系中，$NaClO_3$ 和 $Mo(\text{VI})$ 产生一灵敏的催化波。

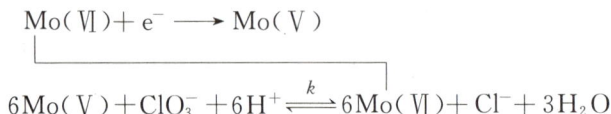

$$Mo(\text{VI}) + e^- \longrightarrow Mo(\text{V})$$
$$6Mo(\text{V}) + ClO_3^- + 6H^+ \underset{k}{\rightleftharpoons} 6Mo(\text{VI}) + Cl^- + 3H_2O$$

灵敏度可达 6×10^{-10} mol/L。

催化电流的大小，主要取决于化学反应的速率常数 k 值。k 值越大，化学反应的速度越快，催化电流也越大，灵敏度也越高。

（2）催化氢波　氢离子在汞上有很高的超电压，某些物质能降低氢的超电压，使氢离子在比正常氢波较正的电位还原，产生催化氢波。根据产生的机理不同，可将其分为两类：

①铂族元素的催化氢波　在稀酸溶液中，$Pt(\text{IV})$ 在汞电极上还原成具有催化活性的铂

原子，降低 H^+ 还原的超电压。例如，0.1 mol/L HCl 溶液中，H^+ 在 -1.25 V（vs. SCE）处开始起波。如溶液中含有 5×10^{-8} mol/L Pt(Ⅳ)时，在 -0.105 V 处出现一催化氢波。该波随铂的浓度增大而增高，可测定痕量的铂。

铂族元素中除钯外，痕量的钌、铑、铱也能产生催化氢波。

②有机化合物或金属配合物的催化氢波　某些含氮和含硫的有机化合物或其金属配合物，它们含有可质子化的基团。这些化合物能与溶液中的质子给予体相互作用，形成质子化产物，吸附到电极表面，发生 H^+ 的还原，电极反应产物又质子化，形成催化循环，如下式所示：

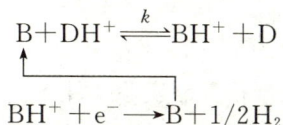

$$B+DH^+ \underset{}{\overset{k}{\rightleftharpoons}} BH^+ + D$$

$$BH^+ + e^- \longrightarrow B + 1/2H_2$$

产生催化氢电流。这类催化氢波用于测定能质子化的催化剂 B，如氨基酸、蛋白质等。

金属配合物，如 Co(Ⅱ)-半胱氨酸配合物在氨性缓冲溶液中，产生催化氢波。催化电流与半胱氨酸和 Co(Ⅱ)浓度有关。这类催化氢波，可用于胰岛素、尿和血清中半胱氨酸及蛋白质等的测定。

2. 配位吸附波

某些金属配合物能吸附于电极表面，并产生灵敏度较高的极谱波，称为配位吸附波。

配位吸附波可直接测定金属离子和配位体，也可间接测定通常难以测定的金属离子，如铝、碱土和稀土离子。例如，Mg(Ⅱ)-铬黑 T 配合物在乙二胺介质中产生灵敏的配合物吸附波。Mg(Ⅱ)在通常情况下是很难还原的，通过测量配合物中配体铬黑 T 的还原电流，间接测定 Mg(Ⅱ)。检测限可达 1×10^{-8} mol/L。配位吸附波不仅提高测定的灵敏度，也扩大方法的应用范围。

13.6.5　溶出伏安法

溶出伏安法是一种将电解富集和溶出测定结合在一起的伏安法。这种方法是通过预电解，使被测物电沉积在电极上，然后施加反向电压使富集在电极上的物质重新溶出，根据溶出过程的伏安曲线（极化曲线）进行定量分析。由此可见，此法包括电解富集和溶出测定两个过程。例如，要测定溶液中的 Pb^{2+}，以悬汞电极（固定的汞滴）作为阴极，控制阴极电位在 Pb^{2+} 的极限扩散电流的电位范围内，使 Pb^{2+} 还原为金属并与汞生成汞齐，即为电解富集过程。然后以等速由负向正电位方向扫描，此时富集在电极上的物质 Pb 重新从电极上氧化成 Pb^{2+} 进入溶液中，根据溶出时的伏安曲线测定试液中 Pb^{2+} 的浓度，即溶出测定过程。如图 13-28 所示。这种根据在固定电极上阳极扫描的溶出伏安曲线进行测定的方法，称为阳极溶出伏安法。如以铂

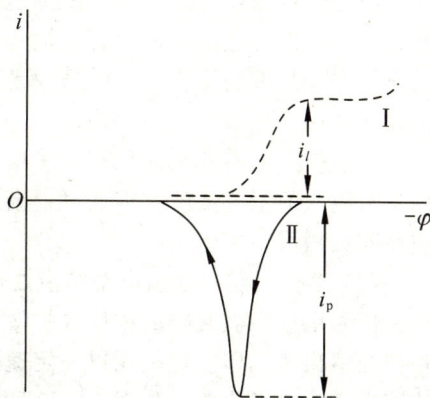

图 13-28　阳极溶出伏安法原理图
Ⅰ—电解富集过程　Ⅱ—溶出测定过程

211

丝作阳极控制阳极电位电解，使 Pb^{2+} 在阳极上氧化成 PbO_2，然后由正向负电位方向作阴极扫描，PbO_2 重新被还原成 Pb^{2+} 而进入溶液，根据阴极溶出伏安曲线进行 Pb^{2+} 的测定，称为阴极溶出伏安法。

此法的特点为：

（1）灵敏度极高。由于将被测物由大体积的试液中富集在微小体积的电极中或表面上，使电极中被测物浓度大大增加，因而溶出时的法拉第电流大大增加，因此是一种极为灵敏的分析方法，其测定范围在 $10^{-6} \sim 10^{-11}$ mol/L，其检出限可达 10^{-12} mol/L。可与无火焰原子吸收光谱相媲美。

（2）仪器结构简单，价格便宜。

（3）实验操作要求较严格。在严格控制实验条件下，可得到较好的精度。

1. 汞电极阳极溶出伏安法

（1）电解富集　预电解的目的在于富集，而预电解可以是"化学计量"的，即将溶液中待测物 100％ 的电沉积到电极上；也可以是非化学计量的，即每次只电沉积固定的百分数被测物。化学计量电沉积具有较高的灵敏度，但所需电解的时间较长。而非化学计量电沉积要降低一些灵敏度，但可节省时间。一般采用后者。

如预电解电位控制在极限电流范围内，则电解未完成的分数为

$$\frac{c_t}{c_0} = 10^{-\frac{0.43DA}{V\delta}t} \tag{13-52}$$

式中，c_0 为溶液中被测物的起始浓度；c_t 为电解到 t 时在溶液中被测物的浓度。

由式（13-52）可看出，电解未完成的程度与扩散系数 D，电极面积 A，溶液体积 V，扩散层厚度 δ 及电解时间 t 有关，而与起始浓度 c_0 无关。

如以 x 表示电解完成的分数，则

$$\frac{c_t}{c_0} = 1 - x \tag{13-53}$$

由式（13-52）和式（13-53），得到电解时间 t 与电解完成的分数 x 的关系式为

$$t = -\frac{V\delta \lg(1-x)}{0.43DA} \tag{13-54}$$

由上式可见，可通过加快搅拌速度来减小 δ 或增加电极面积 A 来提高电解效率，缩短富集时间。但对悬汞电极而言，搅拌速度只能加速到不使悬汞滴脱落，而增加电极面积，就必然增加悬汞的体积，大的悬汞易于脱落，而且增加汞滴体积相对地使被测物在汞滴中的浓度减小。悬汞电极的再现性好，但灵敏度不太高，可达 10^{-8} mol/L。

若能使汞电极的表面积有显著增加，而又不增加汞电极的体积，在相同的预电解时间内将有更大的汞齐浓度，因而可提高灵敏度，这种设想导致汞膜电极的出现。汞膜电极有更高的灵敏度，可达 $10^{-11} \sim 10^{-10}$ mol/L，但再现性一般不如悬汞电极。

（2）溶出测定　在预电解结束之后，停止搅拌后静止一段时间（一般为30 s至1 min），以便使汞电极中被测物的浓度经扩散而均匀化，然后进行溶出。溶出有各种技术。如用线性扫描溶出法，即极化电压以一定速度向阳极方向线性地变化，使富集在汞电极上的被测物溶出。溶出极化曲线如图 13-29 所示。

在悬汞电极上溶出峰电流 i_p 为

$$i_p = Kn^{3/2}D_{Ox}^{2/3}\omega^{1/2}\eta^{-1/6}D_{Red}^{1/2}rv^{1/2}c_{Ox}t \tag{13-55}$$

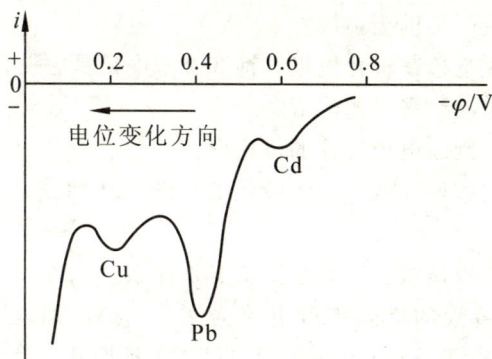

图 13-29　1.5 mol/L HCl 中 Cd，Pb，Cu 的溶出伏安图

式中，D_{Ox} 和 D_{Red} 为被测物在溶液中和汞中的扩散系数；ω 为富集搅拌的速率；η 为溶液的黏度；r 为悬汞的半径；v 为扫描速度；t 为预电解时间。

由式(13-55)可见，当实验条件一定时，$i_p \propto c_{Ox}$，即峰电流与被测物成正比。这是溶出法定量分析的基础。

在汞膜电极上溶出峰电流为

$$i_p = Kn^2 D_{Ox}^{2/3} \omega^{1/2} \eta^{-1/6} Avc_{Ox}t \tag{13-56}$$

式中，A 为电极面积，其余的物理意义与式(13-55)相同。

由式(13-56)可见，在一定的实验条件下，i_p 也与被测物的浓度成正比。

2. 汞电极阴极溶出伏安法

此法是预电解富集时用汞电极作为阳极，溶出时以汞电极作为阴极。

例如，测定溶液中痕量硫离子，可在 0.1 mol/L NaOH 底液中，在 -0.4 V下电解富集一定时间，这时在汞电极上金属汞被氧化为 $+2$ 价汞，$+2$ 价汞与硫离子结合成难溶的 HgS 而附着在汞电极表面上。其电极反应为

$$Hg + S^{2-} = HgS\downarrow + 2e^-$$

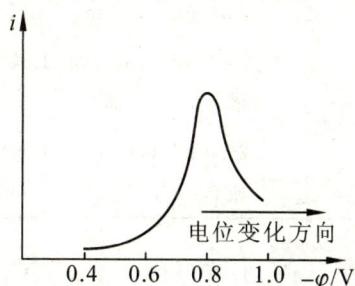

图 13-30　S^{2-} 溶出伏安图

溶出时汞电极电位由正向负方向扫描，当达到 HgS 的还原电位时，由于下列还原反应而得到阴极溶出峰。其电极反应为

$$HgS\downarrow + 2e^- = Hg + S^{2-}$$

S^{2-} 的溶出伏安图如图 13-30 所示。

凡能与 Hg(Ⅱ)或 Hg(Ⅰ)形成难溶盐的阴离子，如 Cl^-，Br^-，I^-，S^{2-}，$C_2O_4^{2-}$ 等，均可用汞电极阴极溶出法测定。其测定的灵敏度与该难溶盐的溶度积有关，溶度积越小，测定的灵敏度越高。

习题

1. 极谱法定性分析和定量分析的依据是什么？

2. 为什么极谱波呈台阶形的锯齿波?

3. 解释极谱法的滴汞电极是极化电极,饱和甘汞电极是去极化电极。

4. 为什么单扫描极谱波呈平滑的峰形?

5. 如何用循环伏安法判断电极过程的可逆性?

6. 试画出单扫描极谱和循环伏安法的极化电压图(E-t 曲线)。它们有什么相同和不同之处?

7. 为什么要提出脉冲极谱法? 它的主要特点是什么?

8. 某未知浓度的铅溶液的极限扩散电流为 4.00 μA,加入 10.0 mL 浓度为 2.0×10^{-3} mol/L 的铅标准溶液于 10.0 mL 未知浓度的溶液中,得到的极限扩散电流为 6.00 μA。试计算未知液中铅的浓度。

9. 锌在 1.0 mol/L NaOH 中的扩散电流常数为 3.14。一个 1.0 mol/L NaOH 中的锌未知溶液,在 $E_{d,e} = -1.7$ V(vs. SCE)处,测得其极限扩散电流为 7.00 μA。在此电位时 m 和 τ 的数值分别为 2.83 mg/s 和 3.02 s。求此溶液中锌的浓度。

10. 在 0.1 mol/L KCl 溶液中,Pb^{2+} 浓度为 2.0×10^{-3} mol/L,在极谱分析时得到 Pb^{2+} 极限扩散电流为 20.0 μA,所用毛细管的常数($m^{2/3}\tau^{1/6}$)为 2.50 $mg^{2/3}s^{1/6}$。若铅离子还原成金属状态,计算 Pb^{2+} 在此介质中的扩散系数。

11. 在稀的水溶液中氧的扩散系数为 2.6×10^{-5} cm^2/s。一个 0.1 mol/L KNO_3 溶液中氧的浓度为 2.5×10^{-4} mol/L,在 $E_{d,e} = -1.5$ V(vs. SCE)处所得到极限扩散电流为 5.8 μA,m 和 τ 的数值分别为 1.85 mg/s 和 4.09 s。问此条件下氧还原成什么状态?

12. 根据下列实验数据计算试样中铅的浓度(结果用 mg/L)表示。

次数	溶 液	在 -0.65 V 处测得电流/μA
1	25.0 mL 0.40 mol/L KNO_3 稀释至 50.0 mL	12.4
2	25.0 mL 0.40 mol/L KNO_3,加 10.0 mL 试样溶液,稀释至 50.0 mL	58.9
3	25.0 mL 0.40 mol/L KNO_3,加 10.0 mL 试样溶液,加 5.0 mL 2.5×10^{-4} mol/L Pb^{2+},稀释至 50.0 mL	81.5

13. 1.00×10^{-4} mol/L Cu^{2+} 在 0.1 mol/L KNO_3 底液中,加入不同浓度的阴离子 A^{3-} 与 Cu^{2+} 配位并进行极谱测定,实验数据如下:

浓度 A^{3-}/(mol/L)	$E_{1/2}$(vs. SCE)/V
0.00	+0.020
1.00×10^{-3}	-0.382
3.8×10^{-3}	-0.404
8.3×10^{-3}	-0.413
1.2×10^{-2}	-0.416

求此配离子可能的组成及其稳定常数。

14. 在 25 ℃时测定某一电极反应 $Ox + ne^- \rightleftharpoons Red$ 得下列数据：

$E(\text{vs. SCE})/V$	平均扩散电流 $i/\mu A$
-0.395	0.48
-0.406	0.97
-0.415	1.46
-0.422	1.94
-0.431	2.43
-0.445	2.92

平均极限扩散电流为 3.24 μA，求：(1)电极反应的电子数 n；(2)电极反应是否可逆；(3)假定氧化态和还原态的活度系数和扩散系数相等，求氧化还原体系的标准电位 (vs. SCE)。

15. 在 1.0 mol/ L KNO_3 溶液中，Pb^{2+} 还原到铅汞齐的半波电位为 -0.405 V，如果使 1.00×10^{-4} mol/L Pb^{2+} 的 1.0 mol/L KNO_3 溶液含有 1.00×10^{-2} mol/L Y^{4-}，则半波电位将是多少？(Y^{4-} 为 EDTA 的阴离子；PbY^{2-} 的形成常数为 1.1×10^{18})

16. 用极谱法测定水样中的镉时，取水样 25.0 mL，得平均极限扩散电流为 0.217 3 μA。在样品溶液中加入 5.0 mL 0.012 0 mol /L 镉离子标准溶液后，测得平均极限扩散电流为 0.544 5 μA。求水样中的镉离子的浓度。

第 14 章　近代电分析化学的发展

(Development of Modern Electroanalytical Chemistry，DMEAC)

随着电分析化学的发展，一些新的方法和技术不断出现，如化学修饰电极、超微电极、电化学生物传感器、纳米电分析化学等。同时，电分析化学方法与其他测试技术相结合，又发展了光谱电化学、色谱电化学、电化学石英晶体微天平、扫描电化学显微镜等新的联用技术。

14.1　化学修饰电极

14.1.1　概述

电极是被研究物质（分子、离子等）进行电子转移和离子交换的场所，其性能对获得有用电化学信号（电流、电位、电阻、电容、电导等）至关重要。在电分析化学领域，常用的电极材料有金属（汞、金、铂、钛、银、铜、不锈钢等）、碳（碳糊、普通石墨、热解石墨、玻璃碳及碳纤维等）、金属氧化物（二氧化钛、二氧化锡、二氧化钌、二氧化铅等）等。每种电极材料在不同的介质中均有各自的电位窗口，如汞电极只能在阴极区（$-2.0 \sim +0.2$ V，$vs.$ SCE）使用，而铂电极则适宜在阳极区使用等。在 20 世纪 70 年代以前电化学及电分析化学的研究仅仅局限在裸电极/电解液界面上，电极仅仅为电化学反应提供一个得失电子的场所，仅起到电子授受的单一作用，传统的电极不仅电子传递速度受限制，而且常遇到由于电极表面活性的改变而导致电极性能下降的问题。如何使电极性能成为预定地、有选择性地进行反应，并提供更快的电子传递速度，于是提出了化学修饰电极（chemically modified electrodes，CMEs）。1973 年 Lane 和 Hubbard 将各类烯烃吸附到铂电极的表面，使电极表面获得不同的官能团，用以结合多种氧化还原体，这项开拓性研究促进了化学修饰电极的发展。1975 年 Miller 和 Murray 分别独立地报道了按人为设计对电极表面进行化学修饰的研究，标志着化学修饰电极的正式问世。进入 80 年代尤其是 90 年代以来，随着材料科学的发展和新的表征测试技术的出现，化学修饰电极从理论到应用得到了极大的丰富和发展，尤其是近年来与其他学科如生物学、医学、信息学等交叉结合，现已成为当代分析科学的重要研究方向之一，同时也是现代电分析化学发展的主流。我国学者董绍俊院士及其所领导的课题组在化学修饰电极的研究和应用方面作出了很多开创性的工作。按照 IUPAC 的建议，化学修饰电极可理解为：利用化学和物理的方法，将具有优良性质的分子、离子、纳米粒子、聚合物等固定在电极表面，从而改变或改善了电极原有的性质，实现了电极的功能设计，使在电极上可进行某些预定的、有选择性的反应，并提供了更快的电子传递速率。

化学修饰电极在过去的 30 年中在以下领域中得到明显的进展，如：①电极表面微结构与动力学的理论研究；②化学修饰电极的电催化研究；③化学修饰电极在能量转换、存储和显示方面的研究；④化学修饰电极在分析化学中的应用；⑤化学修饰电极在生物电化学和传感器中的应用；⑥表面修饰在光伏电极的光电催化和防腐中的作用；⑦化学修饰电极在立体有机合成中的研究；⑧分子电子器件的研究。

在电分析化学的应用中，化学修饰电极与经典裸电极相比具有如下优点：①被测物质能在修饰层中选择性地键合与富集；②催化裸电极上具有缓慢电子转移的被测物的氧化还原反应；③与生物分子(如酶、抗原/体等)相结合构建生物传感器；④对电活性和表面活性干扰物具有选择性渗透与膜阻效应；⑤可对非电活性离子被测物进行电化学检测；⑥电位响应。可见，化学修饰电极在分析化学领域中能把分离、富集和测定三者合而为一，能极大提高分析的选择性和灵敏度。

14.1.2　化学修饰电极的类型

化学修饰电极按照制备方法的不同，可分为吸附、共价键合、聚合物、复合型等几种主要类型。

1. 吸附型

用吸附法制备修饰电极的主要方法有：

(1)化学吸附法　修饰物通常为含有不饱和键，特别是含有苯环等共轭双键结构的有机物，因其 π 电子能与电极表面交叠、共享而被吸附。

(2)自组装膜(SAMs)法　自组装膜法是构膜分子通过分子间及其与基体材料间的物理化学作用而自发形成的一种热力学稳定、排列规则的单层或多层分子膜的方法。易发生自组装的分子及其电极材料有：硫醇、二硫化物和硫化物在金电极表面；脂肪酸在金属氧化物表面；硅烷在二氧化硅的表面；膦酸在金属磷酸盐的表面等。

(3)静电吸附法　带电荷的离子型修饰剂在电极表面发生静电吸引而聚集，形成单分子或多分子层。

2. 共价键合型

将电极活化使其表面带有羟基、羧基、氨基、卤基等，利用这些基团与修饰剂之间通过共价键合反应将修饰分子结合在电极表面。这种修饰电极性能较稳定，寿命较长。电极基底材料主要是热解石墨和玻碳，其次是金属、金属氧化物和其他具有导电性的非金属。例如，在 SnO_2 表面上共价键合罗丹明 B(HOOCRhB)，其修饰过程如下：

第一步硅烷化引入—NH_2：

Sn ⫴—OH $\xrightarrow{(C_2H_5O)_3Si(CH_2)_3NH_2}$ Sn ⫴—O—Si(CH$_2$)$_3$NH$_2$

第二步键合上罗明明 B：

Sn ⫴—O—Si(CH$_2$)$_3$NH$_2$ $\xrightarrow[DCC]{HOOCRhB}$ Sn ⫴—O—Si(CH$_2$)$_3$—NH—CO—RhB

(酰胺键合)

或　　　　　Sn‖—OH $\xrightarrow[\text{DCC}]{\text{HOOCRhB}}$ Sn‖—OCO—RhB

（酯键键合）

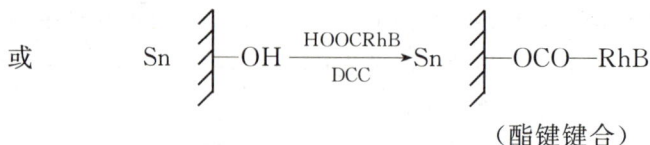

式中 DCC 为促进剂，以促进酰胺键或酯键的形成。

3. 聚合物型

利用聚合物或聚合反应在电极表面形成修饰膜可制得聚合物型修饰电极。主要的制备方法有：

（1）电化学聚合法　是通过电化学氧化还原的方法将某些有机物在电极表面聚合成膜的方法。例如，电聚合制备聚吡咯(PPy)、聚噻吩(PTh)、聚苯胺(PAn)等修饰电极。

（2）电化学沉积法　与上述的电化学聚合法相比，本法要求在进行电化学氧化还原时，能在电极表面形成难溶物薄膜。而这种膜在进行电化学及其他测试时，中心离子和外界离子氧化态的变化不导致膜的破坏。该法是制备络合物及一般无机物修饰电极的通用方法。如在铂电极上，聚乙烯二茂铁被氧化成难溶的正离子状态而沉积成膜。

（3）涂渍法　将溶解在适当溶剂中的聚合物滴涂于电极表面，待溶剂挥发后，在电极表面形成聚合物膜。

4. 复合型

将几种材料按一定比例混合后制成修饰膜即得复合型修饰电极。常用的是将一定量的修饰剂、石墨粉和粘合剂混合，研磨均匀而制成化学修饰碳糊电极。

14.1.3　化学修饰电极的应用

1. 提高分析灵敏度和选择性

被测物可通过与电极表面修饰的化学功能团发生络合、离子交换、共价键合等反应而被选择性富集，从而提高分析检测的灵敏度和选择性。例如，玻碳电极修饰 8-羟基喹啉后可络合富集 Tl^{+1}，用于 Tl^{+1} 的测定，提高了测定 Tl^{+1} 的选择性和灵敏度。

2. 电催化

这类电催化通常是修饰电极和溶液中底物之间的电子转移反应。它通过修饰的电荷介体或催化剂的作用促进和加速待测物的异相电子传递。由图 14-1 可见，修饰剂的还原态与溶液中待测物的氧化态反应后再生出修饰剂氧化态，即修饰剂催化了溶液中物质的氧化还原。

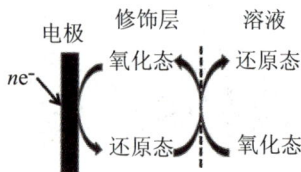

图 14-1　化学修饰电极上的电催化示意图

比如聚乙烯二茂铁(Fc)修饰电极对水溶液中的抗坏血酸(AH_2)在较宽的 pH 和浓度范围内有良好的催化作用，这是平行催化过程，如此循环，电极电流大大增加，提高了测定 AH_2 的灵敏度。

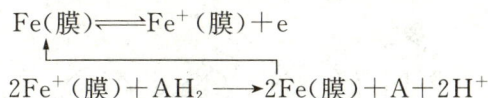

$$Fe(膜) \Longleftrightarrow Fe^+(膜) + e$$
$$2Fe^+(膜) + AH_2 \longrightarrow 2Fe(膜) + A + 2H^+$$

3. 电化学传感器

电化学传感器可用于制备各种类型的传感器。Heineman 等报道了将电化学聚合的聚(1，2-二氨基苯)修饰铂电极用作 pH 传感器，在 pH4～10，呈能斯特响应，斜率为 53 mV。以光谱纯碳棒为内导电极，将四苯硼酸与小檗碱、普鲁卡因、阿托品等形成的离子缔合物涂于该电极上，制成了对 12 种药物敏感的电位传感器。将谷氨酸氧化酶固载于 Nafion 修饰的 Pt 电极上，可以制成对谷氨酸敏感的生物传感器，可有效消除来自抗坏血酸、尿酸和乙酰氨基酚的干扰。

4. 纳米粒子修饰电极

纳米粒子通常是指尺寸在 1～100 nm 之间的微粒，可由多种材料制备。由于其小的体积和大的比表面积，纳米粒子表现出独特的性能。近十多年来，在许多领域得到迅速发展和广泛应用。其中应用之一，是修饰电极与纳米技术相结合，制成的纳米粒子修饰电极，提高了电极的灵敏度、选择性和稳定性，也扩大了电极的应用范围。

化学修饰电极还用于有机电合成、电色效应、光电化学和电化学发光等研究。

14.2　超微电极

14.2.1　概述

超微电极(Ultramicroelectrode)通常简称为微电极，20 世纪 70 年代末开始成为电化学和电分析化学的前沿领域和研究热点。超微电极包括电极的一维尺寸为微米(10^{-6} m)级和纳米(10^{-9} m)级的两类电极。前者称为微米电极，后者称为纳米电极。电极的一维尺寸大于毫米级的电极称为常规电极。当其一维尺寸从毫米级降低至微米级时，表现出常规电极无法比拟的许多优良的电化学特性，如传质快，能迅速达到稳态电流，电流密度大，电阻降低，时间常数小。微米电极体积小，适用于微体系和活体检测。当电极的尺寸进一步降低至纳米级时，则出现不寻常的传质过程，乃至发生量子现象，带来许多新的性质，主要反映在极高的传质速率和极高的分辨率两个方面。纳米电极适于高阻体系、超临界液体、固体以及气体介质的研究，有利于异相和均相快速电化学反应研究。在极小的电极表面会形成更小的晶核，使研究单一分子成为可能。它在纳米生物传感器、单细胞分析、微量和痕量检测、电化学电催化和动力学等研究领域显示出很大的潜在应用价值。它大大地扩展了实验的时空局限，为微观上研究电化学过程提供了有效手段。

超微电极的种类很多，按其材料不同，可分为微铂、金、银、汞电极和碳纤维电极等。按其形式不同，可分为微盘、微环、微球、微孔、微带、微柱电极和组合式微电极（见图 14-2）。单个微电极的溶出电流通常非常小，组合式微电极使电流信号大大增加而又不失微电极的特性，因此在实际工作中，常常采用组合式微电极。

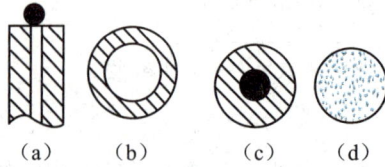

图 14-2 不同形状超微电极示意图

注：(a)超微球电极 (b)超微环电极 (c)超微盘电极 (d)组合式超微电极

14.2.2 超微电极的基本性质

1. 超微电极表面的扩散呈非线性，易达到稳态电流

对于常规电极，线性扩散起主导作用，稳态电流密度很小；而对于超微电极，其半径与扩散厚度相差不大，在电极表面有"边缘效应"，形成半球形的扩散层，非线性扩散起主导作用（见图 14-3），线性扩散起次要作用。所得的电流在短时间内即能达到稳态，而且电流密度比常规电极大得多，这是超微电极区别于其他电极的两个重要性质。

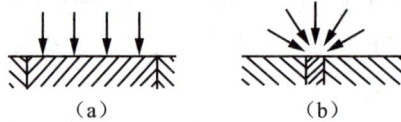

图 14-3 平面电极(a)和超微电极(b)上的扩散

超微电极的尺寸很小，属于径向扩散，与球形电极非常类似，可近似地用球形电极模型来处理。球形电极表面上非稳态扩散过程的电流为

$$i = 4\pi n F D C_{\mathrm{Ox}}\left(r_0 + \frac{r_0^2}{\sqrt{\pi D t}}\right)$$

对于超微电极，由于其尺寸很小，即 r_0 很小，很容易满足 $t^{1/2} \gg \dfrac{r_0^2}{\sqrt{\pi D}}$ 这一条件，上式括号中第二项可忽略不计，则得

$$i = 4\pi n F D C_{\mathrm{Ox}} r_0$$

这时电流为稳态电流。因此，用超微电极得到的 $i\text{-}E$ 曲线呈 S 形，而不呈峰形（如图 14-4）。

2. 具有很小的双电层充电电流

电位变化时，电极表面双电层充电电流 i_c 与时间 t 的关系如下：

$$i_c = \frac{\Delta E}{R}\exp\left(-\frac{t}{RC}\right)$$

式中，ΔE 为阶跃电位的幅度，R 为电解池内阻，C 为双电层电容，t 为阶跃电位持续

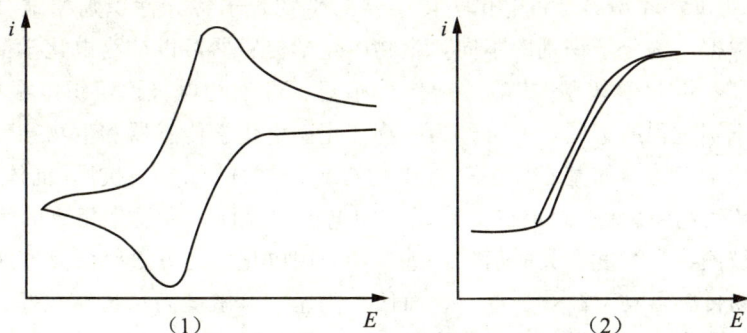

图 14-4　常规平面电极(1)和微盘电极(2)的循环伏安图

时间。i_c 与 t 呈指数衰减关系。由于 C 与电极面积呈正比关系，因此充电电流 i_c 也与电极面积呈正比关系。由于超微电极面积极小，因而双电层充电电流就很小，这也大大提高了响应速率和信噪比。

3. 时间常数很小

电极/溶液界面的电容 $C \propto r_0$，而溶液的阻抗 $R \propto 1/r_0$，因此，时间常数 $RC \propto r_0$，r_0 减小使超微电极的时间常数 RC 降低，充电电流 i_c 的衰减速率变得更快，因而，增加信噪比，可提高测定的灵敏度。

4. iR 降低

超微电极由于其半径达到微米或纳米尺寸，电极面积很小，电流强度很小，因此电解池的 iR 降低很小，可忽略不计。可用于高阻介质中的电化学测量。

14.2.3　超微电极的应用

超微电极由于具有优良的电化学特性，应用非常广泛。超微电极可直接作为微型检测探头和制成微型传感器，用于生命科学和其他领域的在线检测；与色谱、毛细管电泳、流动注射分析等联用，大大提高了电极的选择性和灵敏度；用于电子转移动力学和热力学研究，物质的扩散系数和动力学参数的测定，电化学反应机理等研究，具有重要的科学意义和应用价值。

14.3　电化学生物传感器

14.3.1　概述

一般把基于化学反应或效应引起电子的得失或变化而直接产生电信号的敏感器件称为电化学传感器(electrochemical sensor)。生物传感器(biosensor)是一种特殊的化学传感器，它以生物活性单元(酶、抗体/抗原、核酸、细胞等)作为敏感基元，能对被测物质进行高选择性识别，通过各种理化换能器捕捉目标物与敏感基元之间的作用，然后将作用的程度用连续或离散的信号表达出来，从而得出被测物的种类和含量。电化学生物传感器

(electrochemical biosensors)是将电化学传感器与生物分子特异性识别相结合的一种生物传感器装置。根据生物分子识别的不同，生物电化学传感器可以分为电化学酶传感器、电化学免疫传感器、电化学核酸/核酸适配体传感器、微生物电极、组织电极等多种类型。按照生物分子识别过程的不同，又可分为生物催化型电化学传感器和生物亲和性电化学传感器。生物电化学传感器的基本原理是将生物特异性试剂(如酶、抗原/抗体、核酸/核酸适配体、植物或动物组织等)固定在传感元件如电极的界面，在发生相应的生化反应之后会产生一个与被测物质浓度有关的信号，进一步利用电化学的方法对该信号进行测量。

电化学生物传感器具有高效、专一、简便、快速、灵敏度高、选择性好、响应快、操作简便、样品用量少、易于微型化、价格低廉等特点，因此在生物医学、环境监测、食品医药等领域得到迅速发展和应用。本节主要介绍电化学酶传感器、电化学免疫传感器、电化学核酸/核酸适配体传感器等。

14.3.2　几种主要的电化学生物传感器

1. 电化学酶传感器

电化学酶传感器是生物酶膜与各种电极如离子选择性电极、气敏电极、氧化还原电极等电化学电极组合而成，或将酶膜直接固定在基础电极上制成的生物传感器。底物在酶的催化作用下，生成或消耗某些能被电极所检测的催化产物，根据电极对催化产物的响应，可测得产物的浓度。由于电位型酶传感器在前面已介绍过，以下仅介绍电流型酶传感器。

血糖和尿糖的检查是临床上常规化验项目之一，它对于糖尿病的诊断和治疗十分重要，用于测定葡萄糖的酶传感器是基于下列生物化学反应：

$$\text{葡萄糖} + \text{氧气} \xrightarrow{\text{葡萄糖氧化酶}} \text{葡萄糖酸} + \text{过氧化氢}$$

可见，氧的消耗量或过氧化氢的生成量与被测葡萄糖含量有关。因此，通过电极法测得氧的消耗量或过氧化氢的生成量，即可测得葡萄糖的含量。这种方法可在30 s内得到分析的结果.

2. 电化学免疫传感器

电化学免疫传感器是将抗体或抗原作为生物敏感元件，电化学电极作为换能器的新型传感器。其原理是通过固化抗体(或抗原)与抗原(或抗体)或半抗原的免疫分析，引起标记物浓度或电化性发生变化，或直接引起电极本身性能变化，进而通过电极检测抗原(或抗体)和半抗原含量。所采用的免疫分析方法有均相和异相免疫分析。电化学免疫传感器根据具体情况可以对抗体(和抗原)进行标记，也可以不标记，但大多数免疫电极采用标记法。

各种免疫电极所采用的电化学检测方法与其结构有关。非标记免疫电极一般采用电位法进行测定；而标记免疫电极的电化学检测方式与酶电极相似，既可以检测电流大小，也可以检测电位变化等方式来进行定量分析。目前，标记电化学免疫传感器主要采用酶作为标记物，并通过电极对酶促反应体系进行电化学检测，从而确定被标记抗体和抗原的浓度变化情况。

酶免疫传感器可采用夹心式或竞争式的操作模式(图 14-5)。夹心式传感器可用于能与

222

两个抗体键合的大的抗原。此类传感器是以一个抗体键合一个抗原，再与另一个酶标记的抗体键合。洗去未发生特异性吸附的标记后，将探针置于含有底物的溶液中，电化学检测酶反应的程度。竞争式传感器，样品抗原（被分析物）与酶标记抗原在安培或电位转换器表面的膜中的抗体键合基点形成竞争反应，反应完成后，洗出未反应组分。将探测器置于含有酶底物的溶液中，测定生物催化反应的产物或反应物。由于检测的是竞争性，测得的信号反比于样品中被分析物的浓度，用于此类传感器的特别有用的几种酶为碱性磷酸酯酶、辣根过氧化物酶、葡萄糖氧化酶和过氧化氢酶。

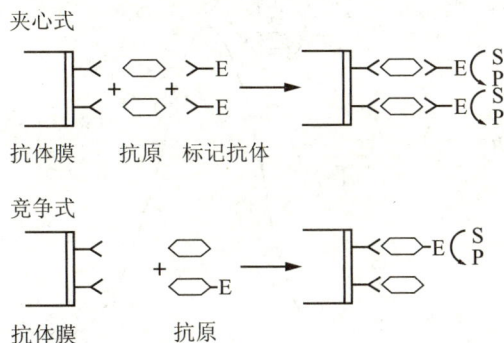

图 14-5　基于夹心式或竞争式的酶免疫传感器

3. 电化学 DNA 传感器

核酸是遗传信息的载体和基因表达的基础，在生命过程中扮演着重要角色。DNA 生物传感器是基于核酸分子杂交和 Watson-Crack 碱基配对原理而发展起来的一种用于核酸序列识别检测的新技术。与其他检测方法如凝胶电泳检测相比，它的出现大大缩短了目标物的检测时间，而且无污染、操作简单化，既可定量，又可定性，为 DNA 序列检测和单碱基突变的识别提供了新型高效的检测手段，并在基因检测诊断、环境监测、药物机理分析及 DNA 损伤研究等方面发挥了重要作用。

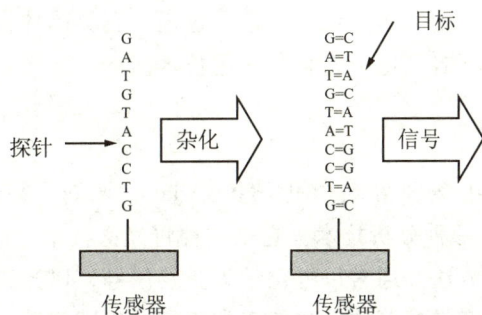

图 14-6　电化学 DNA 杂交生物传感器测定特定 DNA 序列的步骤

电化学 DNA 生物传感器是将单链 DNA 探针固定在电极上，电极作为信号传导器将表面发生的杂交反应导出（图 14-6）。由于 DNA 在大多数时候是电化学惰性的，这就需要在电化学检测中加入电化学活性识别组分（标识物），通常这些识别组分可以选择性地与单链 DNA 或双链 DNA 作用，所以电化学 DNA 传感器通常以检测这些电化学活性组分的信号来分析杂交反应的。例如，线型二茂铁基萘二酰亚胺(FND)与 DNA 双螺旋的键合比通常使用的插入剂更紧密，是一种很好的嵌入杂交指示剂(图 14-7)。

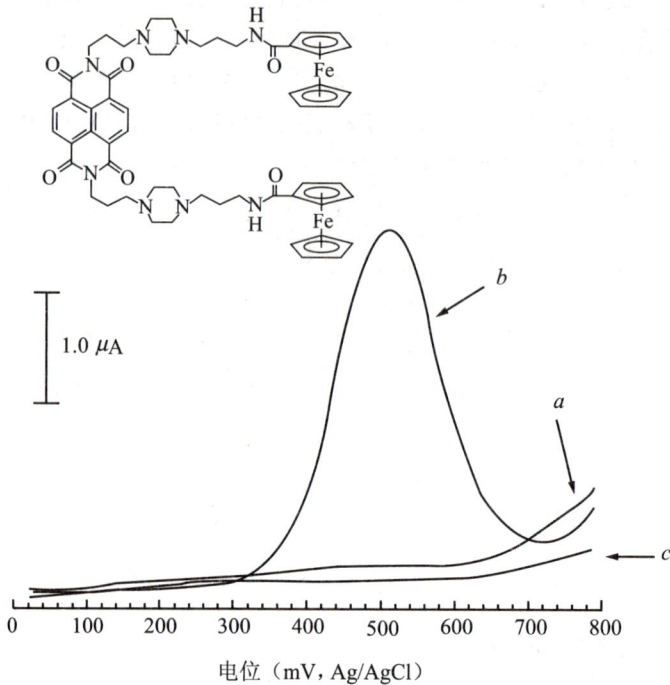

图 14-7　线型二茂铁基萘二酰亚胺在 $dT_{20}-$ 修饰电极与 dA_{20} 杂交前
(a)后(b)和基底(c)微分脉冲伏安曲线，以及指示剂的化学结构

14.4　电化学联用技术

将电分析化学方法与其他分析方法如光谱、色谱、石英晶体微天平、扫描电镜、原子力显微镜等相结合就构成了各类电分析化学联用技术。

14.4.1　光谱电化学

光谱电化学是 1960 年美国著名电化学家 Adams R. N. 提出的设想、由其研究生 Kuwana 于 1964 年实现的一种分析技术。它是一种将光谱技术与电化学方法相结合在一个电解池内同时进行测量的方法。通常以电化学为激发信号，以光谱技术进行监测，各自发挥其特长。用电化学方法容易控制物质的状态和定量产生试剂等，而用光谱方法则有利于鉴别物质。

光谱电化学方法的装置示意图，如图 14-8 所示。将入射光束通过电极表面，测量电极过程中产生或消耗的物质所引起的吸光度的变化。从图 14-8 可见，这种装置的特点在于所用的电极和电池。光谱电化学方法一般按光的入射电极的方式，可分为光透射法[图 14-9(a)和(b)]和光反射法[图 14-9(c)和(d)]两类。光透射法是入射光横穿过电极及其邻

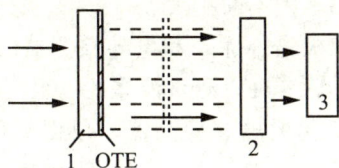

图 14-8　透射光谱电化学方法装置示意图
1—基体　2—窗口　3—检测器　OTE—光透电极

接的溶液。按其电解方式的不同，又可分为半无限扩散[图 14-9(a)]和薄层耗竭性电解[图
14-9(b)]两种。光反射法按其反射方式的不同，分为全内反射[图 14-9(c)]和镜面反射[图
14-9(d)]两种，前者是入射光束通过电极的背面，射到电极和溶液的界面，当其入射角刚
大于临界角时，产生光谱全反射；后者是入射光从溶液侧面射向电极表面。

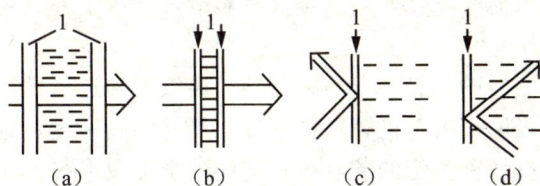

图 14-9　光谱电化学方法的类型
(a)(b)—光透射法　(c)(d)—光反射法　1—电极

　　紫外、红外和拉曼光谱等都可以与电化学联用。光谱电化学方法可以就地获得多种信
息，所得的光谱直接反映了电极表面发生的电化学变化，突破了传统电化学方法仅仅依靠
测量电流、电极电位、双电层电容、表面张力等间接参数的局限性。光谱电化学在研究无
机物、有机物和生物体的电极过程机理，电极表面性质，鉴定中间体和吸光质点的性质，
测量某些电化学参数，如扩散系数、电极反应速率常数、电子转移数和标准电极电位等起
了重要的作用。它的发展颇为迅速，并引起人们极大的兴趣。

14.4.2　色谱电化学

1. 概述

　　高效液相色谱具有选择性好、分析速度快、灵敏度高、操作方便、分离与检测于一体
等特点，是应用最广的分析方法之一。检测器是液相色谱的核心部件。液相色谱所用的检
测器主要有光学检测器(如紫外-可见光检测器、荧光检测器和示差折光检测器等)和电化
学检测器(如安培检测器、电导检测器、库仑检测器、电位检测器和极谱检测器等)，另
外，火焰离子化检测器、质谱、蒸发光检测器等新型检测器已经逐渐应用到液相色谱分析
中。电化学检测器具有死体积小、响应速率快、线性范围宽和造价低等特点。液相色谱与
电化学技术相结合，即液相色谱/电化学检测器联用(LCEC)，形成色谱电化学，发挥各自
的优势，互补各自的不足。液相色谱具有很高的分离能力，弥补了传统电化学方法选择性
的局限，而电化学检测器则以高灵敏度和测量精度，为液相色谱提供了简单、经济的检测
方法，在实际应用中起着非常重要的作用。另外，化学修饰电极以及纳米电极的出现又使

得液相色谱电化学检测器的应用范围不断扩大。

电化学检测器主要有安培、极谱、库仑和电导检测器。前面三种统称为伏安检测器，以测量电解电流的大小为基础，后者则以测量液体的电阻变化为根据。此外，电化学检测器还有依据测量流出物电容量变化的电容检测器，根据测量电池电动势大小的电位检测器。按照测量参数的不同，电化学检测器又可以分为两类，即测量溶液整体性质的检测器，包括电导检测器和电容检测器；测量溶液组分性质的检测器，包括安培、极谱、库仑和电位检测器。一般说来，前者通用性强，而后者具有较高的灵敏度和选择性。安培检测器是液相色谱电化学检测中应用最为广泛的一种检测器。

2. 液相色谱安培电化学检测器的设计

常用的安培电化学检测器由一个恒电位器和三个电极组成的电化学池构成。恒电位器可以在工作电极和参比电极之间提供一个可任意选择的电位，这个输出电位用电子学方法固定和保持恒定，即使电流有变化时对它也没有影响，减小了参比电极的漂移，提高了检测器的稳定性。

工作电极是安培检测器的心脏。安培检测器的灵敏度和选择性取决于工作电极的尺寸和所用的电极材料，电极所用的电极材料能够提供足够的灵敏度、选择性和稳定性。安培检测器的工作电极主要有各种类型的碳电极和不同的贵金属电极。化学修饰电极通过对电极表面的不同修饰，可以达到提高选择性和灵敏度、增强稳定性、降低超电压和延长电极使用寿命等目的。纳米电极是电化学研究中新发展起来的一个领域，为电化学的发展带来了新的机遇和挑战。它将电极由普通尺寸缩小到介观范围，因此，具有了高传质速率、低降、小时间常数等优良特性。将化学修饰电极和纳米电极用于液相色谱电化学检测器的工作电极可进一步改善色谱电化学的检测性能。图 14-10 是羧基功能化多壁碳纳米管修饰电极色谱法检测帕金森患者脑脊液中(R)-猪毛菜碱、(R)-N-甲基 猪毛菜碱和单胺类神经递质含量的高效液相色谱图，可见碳纳米管修饰电极的电化学色谱检测灵敏度比裸电极大大地提高。

色谱电化学检测器通常用 Ag/AgCl 或饱和甘汞电极作为参比电极，金、铂或玻碳作为对电极。参比电极、对电极应放在工作电极的下游，这样参比电极的渗漏和对电极的反应产物等就不会干扰工作电极。常用的检测池主要有三种：薄层式、管式和喷壁式。

(1)薄层式检测池

薄层式检测池是最早使用、也是最常用的安培检测池，常简称为薄层池。现在许多高效液相色谱仪的电化学检测器都配有该种类型的检测池。这些检测器检测下限低，线性响应范围宽，重现性好。检测池由两块有机玻璃或特种塑料板之间压着一层中心挖空的聚四氟乙烯薄膜垫片组成。薄层池的容积由夹在中间的薄膜垫片的形状和厚度决定(膜厚度一般 $50\sim150\ \mu m$，容积一般为 $5\sim10\ \mu L$)，薄层通道的容积过小会影响灵敏度，容积太大会使已经分离的色谱组分混合，影响分离效果。薄层池一般可使用多种电极材料的工作电极，按工作电极的多少又可以分为单工作电极薄层电解池、双工作电极薄层电解池以及多工作电极薄层电解池。图 14-11 是一种单工作电极的薄层池结构。

图 14-11(a)是一种单工作电极的薄层池结构。工作电极位于薄层池的中央，参比电极在检测池的下游，对电极位于检测池的出口处。多数情况下，分子沿电极表面的移动时间

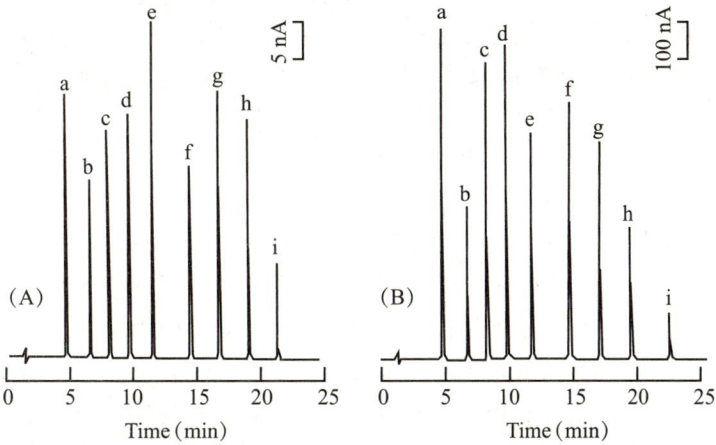

图 14-10　裸玻碳电极与羧基化多壁碳纳米管修饰电极作为 HPLC 检测器的色谱图

a—去甲肾上腺素-norepinephrine(NE)；b—3-甲基-4-羟基苯乙二醇-3-methoxy-4-hydroxyphenylglycol MHPG)；c—多巴胺-Dopamine(DA)；d—(R)-猪毛菜碱-(R)-salsolinol((R)-Sal)；e—3,4-二羟基苯乙酸-3, 4-dihydroxyphenylacetic acid(DOPAC)；f—(R)-N-甲基-猪毛菜碱-(R)-N-methylsalsolinol((R)-NMSal)；g—5-羟色胺-5-hydroxytryptamine(5-HT)；h—5-羟吲哚乙酸-5-hydroxyindoleacetic acid(5-HIAA)；i—高香草酸-homovanillic acid(HVA)。浓度均为 1.0×10^{-6} mol/L 电位：+0.70 V；Luna5 μm C$_{18}$柱 (25 cm×4.6mm)and directly attached to a C$_{18}$ precolumn(15 mm×1.0 mm)；进样体积：20 μL；流动相：0.2 mol/L PBS(pH 5.0)；流速：1.0 mL/min. 引自 Analytica Chimica Acta 512(2004)207-214

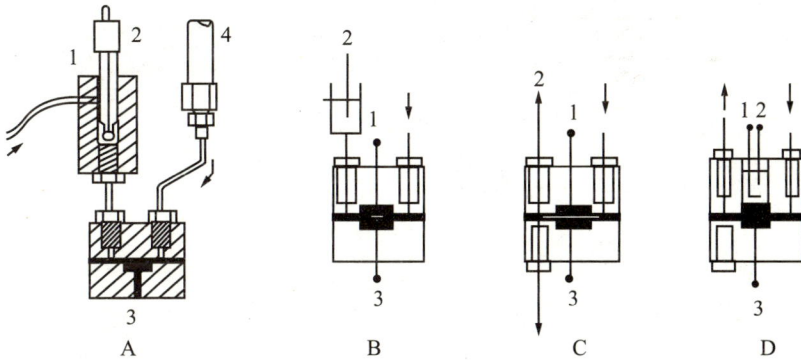

图 14-11　不同类型单工作电极的薄层电解池
1—对电极　2—参比电极　3—工作电极　4—色谱柱

比穿过溶液薄层的扩散时间短，薄层通道中没有电流通过，故不产生电势降，薄层溶液对参比电极起盐桥作用，对电极反应产物没有干扰。但在流速很小，密封垫很薄且工作电极面积很大时，分子沿电极表面的移动时间可能大于穿过溶液薄层的时间，则产生了溶液降大、电流密度不均匀等缺点，因此影响到电极的灵敏度、电解效率和测定的线性范围。为了克服以上缺点，须克服工作电极与对电极之间的高电阻，从而使检测器能用于导电性较差的流动相。改变电极之间的相对位置则能减少两电极之间的电位降。图 14-11(b)，图 14-11(c)，以及图 14-11(d)列出了几种其他类型的薄层电解池，其中，图 14-11(b)所示电解池可以避免上述缺点，但可能加大对电极反应产物对工作电极的干扰。该类型检测器线性范围宽，即使在导电性差的流动相中，线性范围也能在 6 个数量级以上。图 14-11(c)所示电解池可用于液相色谱流分收集。图 14-11(d)所示电解池设计的相当紧凑，但在工艺上难以达到。

　　虽然多数实际使用的检测器是单工作电极，但是使用双工作电极甚至多工作电极的研究日趋增多。它们能改善选择性、检测下限和峰的分辨能力，并扩大可使用的电势范围。根据检测要求的不同，双工作电极的安排可采取串联或并联的形式，后者又分为相邻和相对两种情况。图 14-12 是双工作电极的三种设计：串联式、平行相邻式和平行相对式。在最常用的串联双电极的情况下，通过两个恒电位器选择合适的电位，可在两个工作电极上分别测定氧化性和还原性的物质，也可在前面电极上消除干扰物质，以降低噪音，提高信号的灵敏度和稳定性，还可以利用下游电极来检测上游电极的反应产物，将上游电极作为"发生电极"，其电解产物在下游电极上测定，提高检测的选择性。平行相邻式可用于检测两个不同电位下的电流信号，与双波长紫外可见吸收检测器的检测方式很相似。该种检测池在某些难反应物存在时，对易反应物的选择性很好。平行相邻式可以提供差示信号即两个电极响应的比值，改进相邻峰的分辨能力。平行相对式的两个工作电极以表面相对的形式处于薄层池的两边。当样品流过检测池时，待测物质在两个工作电极之间反复氧化和还原，检测氧化和还原电流的总和，从而使检测信号变大、灵敏度提高。然而，这种检测器只能适用于检测电极反应可逆的物质。

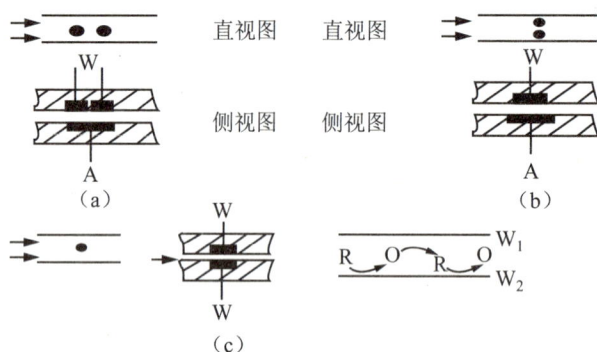

图 14-12　双工作电极薄层电解池
(a)串联　(b)平行相邻　(c)平行相对　W—工作电极　A—对电极

(2)管式检测池

　　管式电极易于制造，已经使用多年，它在早期应用较多。最早的管式电极由铂管制成，工作电极与参比电极由离子交换膜隔开。以后，又出现了其他形式和材料的电极，如图 14-13，检测池的灵敏度由管式电极和池体积决定。管式电极有多种类型，如开管、碳纤维、毛细管和填充毛细管，但是其微型化受清洗困难的限制。

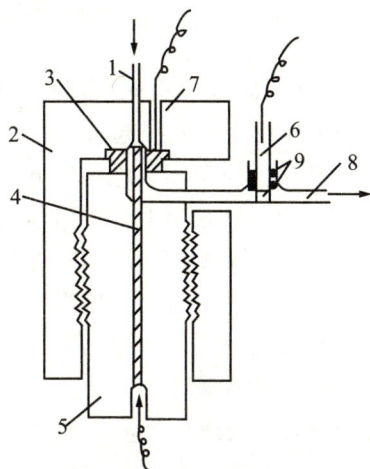

图 14-13 管式检测池

1—溶液入口 2，5—聚四氟乙烯 3—铂管工作电极 4—铂筒对电极 6—参比电极 7—工作电极导线通道 8—通废液的玻璃管 9—聚四氟乙烯环

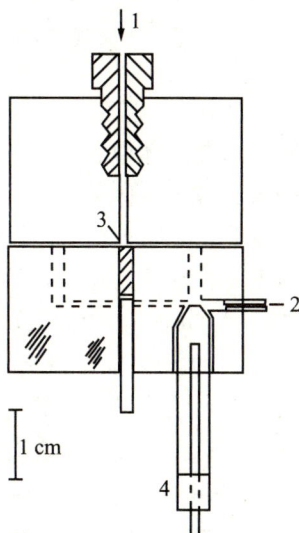

图 14-14 喷壁式检测池

1—入口 2—出口 3—工作电极 4—参比电极

(3)喷壁式检测池

喷壁式检测池的结构如图 14-14 所示。由图可见，参比电极和对电极同薄层式检测池一样安装在流通池下游。由于流速很大、扩散层极薄，故具有较低的电压降，可用于导电性较差的流动相，从而拓宽了所应用的电压范围和溶剂的使用范围。也克服了薄层式检测池由于电压降及电流密度不均匀等情况而影响检测灵敏度这一缺陷，显著地提高了检测灵敏度。喷壁式检测池在结构简单和谱带宽方面也优于薄层检测池。然而，由于普通色谱流速很难达到喷壁式检测池的要求，因而限制了其使用范围。

3. 色谱电化学应用

电化学检测器，尤其是安培检测器和库仑检测器被广泛用于不同领域。它们没有光学或其他检测器通用性强，而且易受各种参数的影响，但其高灵敏度，宽线性响应范围和良好的选择性，是对通用检测器的重要补充，并在很大程度上解决了专用性的问题。

电化学检测器主要用于分析生物物质。安培检测器和库仑检测器广泛用于测定生物胺（如儿茶胺等）、氨基酸、抗坏血酸、尿素与尿黑酸、酚类和甾族化合物、有机碱、肽及其衍生物、嘌呤化合物以及许多药物，如嘧啶吩噻嗪类化合物等，也用于测定不同类型的有机离子和无机离子，包括重金属离子。相对而言，电导检测器和电位检测器更多用于一价和两价离子的测定，包括季胺和有机酸离子的测定。电容检测器能用于非极性化合物，如可测定正己烷中 $0.4\ \mu g/mL$ 的丙酮。

14.4.3　电化学石英晶体微天平

1. 概述

电化学石英晶体微天平(electrochemical quartz crystal microbalance，简称EQCM)是将传统的液相石英晶体微天平(QCM)技术和电化学技术相结合，发展起来的一种全新的检测和表征技术，不仅可检测电极表面纳克级的质量变化，同时可测量电流和电量随电位的变化情况；与法拉第定律相结合，可定量地计算出每反应一法拉第电量所引起电极表面质量的变化(M/n值)，为深入研究电极反应机理提供丰富的信息。EQCM还可检测非电化学活性物种(如电解质溶液离子和溶剂分子等)在电极上的行为，有助于认识电极表面的非电化学过程。它从一个新的角度对电极表面的变化和反应历程提供定量的数据，具有其他方法所不能比拟的优点，在电化学研究中具有非常好的应用前景。

EQCM的基本原理是把石英晶体薄片放在两电极中间，构成一个晶体振荡器，通过测量其振荡频率的变化来表征电极表面物质质量的变化。晶体振荡频率的变化与电极表面物质质量的变化存在着以下关系：

$$\Delta F = \frac{-2\Delta m f_0^2}{A \sqrt{\mu_q \rho_q}}$$

式中，f为频率移动，Δm为质量变化，f_0为石英晶体的固有频率，ρ_q为石英晶体密度，μ_q为剪切模量，A为电极面积。从以上可以看出，电极表面上一个微小的质量变化，就可以引起振荡器频率的变化。

对于EQCM，在电化学极化的条件下，在工作电极即石英晶体的一面沉积所要研究的金属或半导体薄膜，可同时得到反应电量和频率变化的信息。如频率变化只由氧化还原过程引起的界面质量的变化，则由法拉第定律，得$\Delta m = QM/nF$，此式代入上式，得

$$\Delta f = \frac{2 f_0^2}{\sqrt{\mu_q \rho_q}} \frac{QM}{nFA}$$

式中，M为电沉积物质的摩尔质量(g/mol)，Q为频率改变过程中所消耗的电量，n为氧化还原反应的电子转移数，F为法拉第常数。

从上式可见，Δf与Q成正比，由Δf与Q作图，可得到反应物质的摩尔质量M和电子转移数n，因而可进一步确定反应机理或物质的组成。

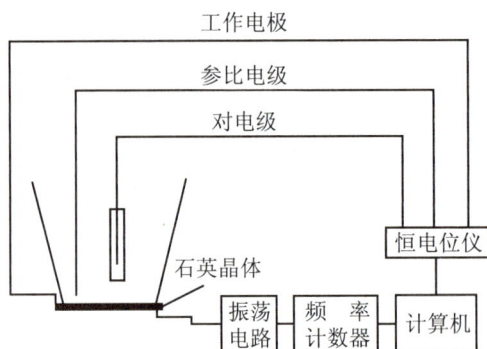

图 14-15　EQCM 仪器装置示意图

2. EQCM 仪器装置

EQCM 仪器装置如图 14-15 所示，EQCM 仪器的基本部件是一个具有压电效应的石英晶体谐振器，其结构如图 14-16 所示。

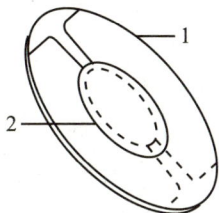

图 14-16　石英晶体谐振器
1—石英晶片　2—电极材料

石英晶体谐振器由一很薄的石英晶片和喷镀于石英片两面金属的两个电极组成。其中一个电极，作为电化学体系的工作电极，与电化学分析仪器相连，实现电化学参数的测量，是电化学反应的场所；另一个电极与谐振器相连，可通过测量振荡器的频率实现对谐振频率的检测，而获得表面质量等信息。这样，既获得电化学信息，又通过频率的测定获得质量信息。利用 QCM 灵敏的质量传感性能与电化学技术紧密结合，可以现场获得电极上质量、电流和电量随电位变化的信息，因此，获得的信息要比单纯电化学检测丰富得多。此外，EQCM 还可研究非电活性物质在电极上的行为，有助于认识电极表面的非电化学过程。

图 14-17 为银在 $HClO_4$ 溶液中，金电极上电沉积的循环伏安图及相应的 EQCM 频率变化曲线。由图可见，随着循环伏安曲线上银的阴极沉积峰的出现，晶体振荡频率变化量 Δf 明显减少，表明银在电极上沉积使电极质量增加；当电位向正方向回扫时，随着沉积银的溶解，Δf 又恢复到原来的数值。

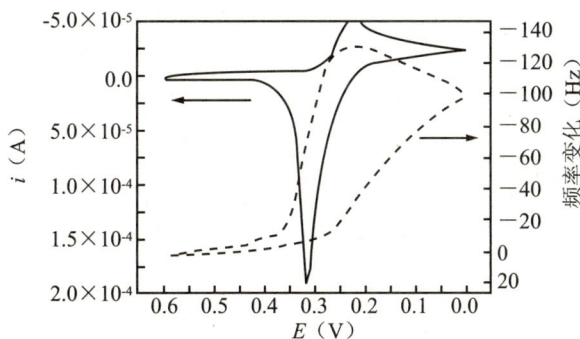

图 14-17　银在 $HClO_4$ 溶液中，金电极上电沉积的循环伏安图($v=20$ mV/s)
(实线)及相应的 EQCM 频率变化曲线(虚线)

习题

1. 简要回答化学修饰电极的类型及制备方法。
2. 简要回答化学修饰电极的特点及应用。
3. 超微电极与常规电极相比有哪些特性？
4. 何为电化学生物传感器？有哪些主要类型？
5. 色谱电化学检测池有哪几种类型？各有何优缺点？

第 15 章　色谱法导论
（An Introduction to Chromatography）

15.1　概述

色谱法（Chromatography）是一种分离技术。1906 年，俄国植物学家茨维特（M. Tswett）首先提出色谱法。他在装有碳酸钙细颗粒的直立玻璃管的顶部，倒入植物绿叶色素的提取液，然后加入石油醚，使其自由流下。植物色素随着石油醚淋洗液在碳酸钙里缓慢地向下移动，结果各组分互相分离，在碳酸钙中形成几个清晰可见的色带。茨维特把这种现象称为色谱，相应的方法称为色谱法。

在上述实验中，装有碳酸钙的玻璃管叫做色谱柱。在色谱柱中，碳酸钙固定不动，叫做固定相；用来淋洗色素的石油醚总在不断地流动，叫做流动相。如今，固定相可以是固体，也可以是液体（将液体固定相涂在固态载体上或管壁上）；流动相可以是液体，也可以是气体。现在，色谱法所分离的对象早已不限于有色物质了，在这种情况下，"色谱法"显然已失去了原来的含义，但人们还是在习惯上称之为色谱法。

色谱的实质是分离。它是根据混合物各组分在固定相和流动相中吸附能力、分配系数或其他亲和作用性能的差异作为分离依据的。当混合物中各组分随着流动相移动时，在流动相与固定相之间进行反复多次的分配。这样，就使性质不同的各组分在移动速度上产生了差别，从而得到分离。

色谱法有多种类型，从不同角度出发，有如下几种分类方法。

（1）按两相的状态分类：流动相为液体的称为液相色谱，流动相为气体的称为气相色谱。用作流动相的液体称为溶剂，用作流动相的气体称为载气。在使用温度下，固定相有固态和液态两种状态。这样按两相状态可将色谱分为：

气相色谱（GC）：气固色谱（GSC）和气液色谱（GLC）；

液相色谱（LC）：液固色谱（LSC）和液液色谱（LLC）。

（2）按固定相的固定方式分类：固定相装在色谱柱中或涂在柱壁上的称为柱色谱，如气相色谱。根据固定相固定方式的不同，液相色谱分为柱液相色谱和平板色谱，后者包括用滤纸上的水分子作固定相的纸色谱（PC）和将吸附剂粉末制成薄层作固定相的薄层色谱（TLC）。

（3）按分离机理分类：主要有吸附色谱、分配色谱、离子交换色谱和排阻色谱等。吸附色谱利用固定相表面对不同组分的物理吸附性能的差异进行分离，随所用流动相不同，可分为气固吸附色谱和液固吸附色谱。分配色谱利用不同组分在两相间分配系数的差异进行分离，随所用流动相不同，可分为气液分配色谱和液液分配色谱。离子交换色谱利用离子交换原理进行分离。排阻色谱利用多孔物质对不同大小或形状的分子的排阻作用进行分离。

从茨维特建立色谱法至今，色谱法已成为一门专门的学科，无论是在理论、技术，还是在仪器、应用等方面，都有极大的发展。1952 年气相色谱法的产生，是色谱法的一项革命性进展。1969 年高效液相色谱(HPLC)的出现，是经典柱色谱的复苏和发展。目前，它在理论和实践方面仍处于极为活跃的发展阶段。气相色谱和高效液相色谱是现代色谱法的两种主要形式，也是本书色谱法要讨论的基本内容。

色谱法在分离科学中占有突出的地位，也是分析化学中发展最迅速的一个分支。色谱法除可用于定性、定量分析外，还可用于制备纯净物质，已成为广泛应用的分离、分析方法和十分重要的物理化学研究手段。色谱法具有以下特点：

(1) 分离效能高。色谱法可以反复多次地利用被分离各组分性质上的差异产生很大的分离效率。对于物理常数相近、化学性质类似的同系物、同位素、异构体及复杂的多组分混合物(如含 200 多个组分的石油样品)，都可以用色谱法进行分离分析。这是一般分离方法，如蒸馏、萃取、升华、重结晶等方法难以解决的。由于色谱法是先分离后检测，因此对于多组分混合物，在一次分析中可同时得到每一组分的定性和定量结果，这也是其他分析方法无法比拟的。

(2) 灵敏度高。现代色谱仪配备有高灵敏度的检测器，可检测出 $10^{-11} \sim 10^{-13}$ g 的物质，适于进行痕量分析。色谱分析需要的样品量极少，一般以微克计，有时甚至以纳克计。

(3) 分析速度快。完成一次色谱分析一般需要几分钟到几十分钟，某些快速分析只需几秒钟。另外，一次分析可同时测定多种组分。配有计算机的色谱仪可使色谱操作及数据处理实现自动化，分析快速。

(4) 应用范围广。色谱法已广泛地用于与化学有关的学科和与分析测试有关的领域，成为不可缺少的分离、分析手段。色谱法可以分析有机物，也可以分析无机化合物、高分子和生物大分子；不仅可以分析气体，也可以分析液体和固体物质。不适于色谱分离或检测的物质，可通过化学衍生等方法转化为适于色谱分离、分析的物质。一般来说，沸点在 500 ℃以下，相对分子质量在 400 以下，原则上可采用气相色谱法。生化样品宜用液相色谱分析。在实践上，气相色谱和液相色谱互相补充，可以分离、分析几乎所有的化学物质。

色谱法的突出特点是很强的分离能力，它的固有缺点是色谱法本身对未知物定性比较困难。如果没有已知纯物质或纯物质色谱图与之对照，则难以判别某一物质峰代表何种物质。发展高选择性的检测器，发展色谱与其他分析方法联用(如色谱-质谱、色谱-光谱、色谱-电化学等)，就可以解决未知物的定性分析问题，并更能发挥色谱法的高分离效能的特点，使分析水平大大提高。

15.2　色谱法基本原理

色谱分离是一个非常复杂的过程，它是组分在固定相和流动相间分配过程(热力学过程)以及扩散和传质过程(动力学过程)的综合作用。各种色谱法有其特性，但又有共性，色谱法基本原理是相同的。

15.2.1 分配系数

平衡常数或分配系数，是指在一定的温度、压力下，达到分配平衡时，组分在两相中的浓度之比，即

$$K = \frac{c_s}{c_m} \tag{15-1}$$

式中，K 为平衡常数；c_s 为组分在固定相中的浓度；c_m 为组分在流动相中的浓度。

K 值除了与温度、压力有关外，还与组分的性质、固定相和流动相的性质有关。K 值表明组分与固定相间作用力的大小。K 值大，说明组分与固定相的亲和力大，即组分在柱中滞留的时间长，移动速度慢。因此，组分在柱中的移动速度与其平衡常数成反比。不同组分的平衡常数的差异是色谱分离的先决条件，平衡常数相差越大，越容易实现分离。

15.2.2 分配比

分配比又称容量因子，是指在一定的温度、压力下，组分在两相中达到分配平衡时，固定相和流动相中的总量（质量或物质的量）之比：

$$k' = \frac{m_s}{m_m} \tag{15-2}$$

式中，m_s 和 m_m 分别表示组分在固定相和流动相中的质量。

由式(15.1)和式(15.2)可以导出分配比和分配系数之间的关系为

$$K = \frac{c_s}{c_m} = \frac{m_s}{m_m} \cdot \frac{V_m}{V_s} = k' \cdot \beta \tag{15-3}$$

式中，V_s，V_m 分别为色谱中固定相和流动相的体积；β 为相比，色谱柱中流动相与固定相两相体积之比为相比，以 β 表示，

$$\beta = \frac{V_m}{V_s} \tag{15-4}$$

K 与 k' 之间的关系也可由式(15.3)写为

$$k' = \frac{K}{\beta} \tag{15-5}$$

k' 值除了与温度、压力有关外，还与组分的性质、固定相和流动相的性质及 β 值有关。在描述色谱分离时，K 与 k' 二者是等效的。k' 值可方便地根据色谱图求得，它比 K 值更有用。

15.2.3 色谱过程

图 15-1 表示 A，B 两组分在色谱柱中的分离过程。将混合样品一次注入色谱柱后，流动相不断地流入色谱柱。刚进柱时，组分 A 和 B 是一条混合谱带。随着流动相持续地在柱中通过，样品分子沿柱床往前移动，它既可进入固定相，又可进入流动相。由于二组分吸附能力(吸附色谱)或分配系数(分配色谱)有差异，因此被流动相携带移动的速度不同。在图 15-1 中，组分 A 移动较快，组分 B 移动较慢，结果组分 A 和组分 B 在柱子上就逐渐分开了。当组分 A 随流动相离开色谱柱进入检测器时，记录仪就记录出组分 A 的色谱峰。

随后，当组分 B 离开色谱柱进入检测器时，记录仪就记录出组分 B 的色谱峰。

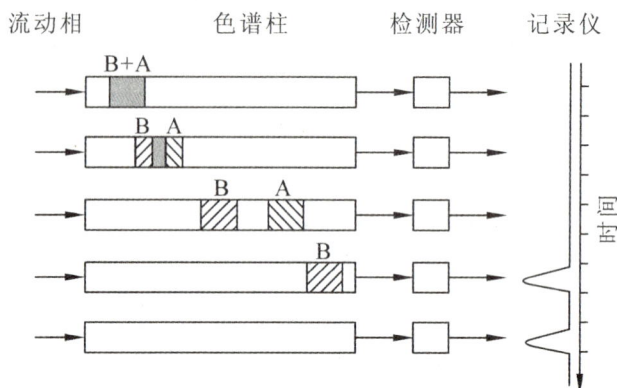

图 15-1　色谱分离过程示意图

不同组分在通过色谱柱时移动速度不同，这是色谱分离过程的第一个特点，它提供了实现分离的可能性。色谱分离过程的第二个特点是各组分沿柱子的纵向扩散，开始时的一条很窄的样品区带逐渐展宽，这种现象不利于实现不同组分之间的分离。

色谱分离是基于样品中各组分在两相间平衡分配的差异。平衡分配可定量地用平衡常数和分配比来表征。

15.2.4　色谱流出曲线

试样中各组分经色谱柱分离后，随流动相依次进入检测器，检测器将各组分的浓度（或质量）变化转换为电压（或电流）信号，再由记录仪记录下来。所得到的电信号强度-时间曲线即浓度（或质量）-时间曲线，称为流出曲线，也叫色谱图。色谱图是研究色谱过程、进行定性和定量分析的依据。

理想的色谱流出曲线是正态分布曲线。分离过程中，柱内浓度分布构型可用下列分布曲线方程表示：

$$c_t = \frac{m}{F\sigma\sqrt{2\pi}}\exp\left[-\frac{1}{2}\left(\frac{t-t_R}{\sigma}\right)^2\right] \tag{15-6}$$

式中，c_t 为时间 t 时的浓度；F 为流动相的体积流速；m 为组分的质量；t_R 为组分的保留时间；σ 为标准偏差。

现以某一组分的气相色谱图（图 15-2）来说明有关术语。

（1）基线　当没有组分进入检测器时，检测器系统噪声随时间变化的线称为基线。稳定的基线是一条直线。

（2）色谱峰　当组分进入检测器时，检测器响应信号随时间变化的峰形曲线称为色谱峰。每一种被分离的组分给出一个色谱峰。正常的色谱峰近似为高斯分布曲线。

（3）峰高（h）　峰顶点与基线之间的距离称为峰高。

（4）标准偏差 σ　正态分布曲线两侧拐点之间距离的一半。拐点指流出曲线上二阶导数为零的点，经计算拐点位于 $0.607h$ 处。

（5）峰底宽度（W_b）　从峰两边的拐点作切线与基线延长线相交的截距称为峰底宽度，

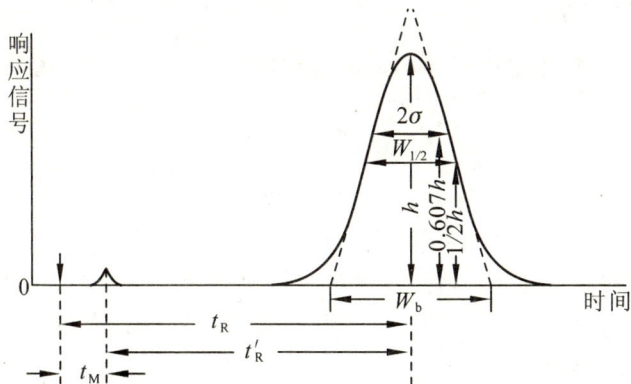

图 15-2　色谱流出曲线图

$W_b = 4\sigma$。

（6）半峰宽（$W_{1/2}$）　峰高一半处峰的宽度称为半峰宽。$W_{1/2} = 2\sigma\sqrt{2\ln 2} = 2.354\sigma$。

（7）峰面积（A）　峰与基线延长线所包围的面积称为峰面积。峰面积经常可用峰高和半峰宽求得，即

$$A = 1.065 h W_{1/2} \tag{15-7}$$

峰面积与进入检测器的组分的量成正比。

如果说峰高是组分量的函数，则峰的宽度（W_b，$W_{1/2}$，σ）是组分在色谱柱中谱带展宽的函数。因此，根据峰的宽度及其位置，可对色谱柱分离情况进行评价，根据峰高或峰面积，可进行定量分析。

15.2.5　保留值和选择性

色谱峰在色谱图中的位置用保留值来表征。保留值是表示组分在色谱柱中滞留时间的量度。组分在色谱柱中的滞留时间取决于它在两相间的分配过程，即保留值受色谱分离过程中的热力学因素影响，因此，在一定的色谱条件下，保留值是特征的，可作为色谱定性的参数。保留值是色谱中重要的参数，弄清楚各种保留值的物理意义及其相互关系是十分必要的。

1. 保留时间和调整保留时间

如图 15-2 所示，从进样开始到色谱峰最大值出现时所用的时间，叫作保留时间（t_R）。不被保留的组分（如气液色谱中的空气）通过色谱柱所用的时间，叫作死时间（t_M），死时间实际上就是流动相流经色谱柱所需要的时间，或组分在流动相中所消耗的时间。

保留时间减去死时间，叫作调整保留时间（t_R'）。调整保留时间实际上就是组分在固定相中停留的时间。因此，保留时间等于组分在流动相中所消耗的时间和在固定相中停留的时间的总和，即

$$t_R = t_M + t_R' \tag{15-8}$$

各种被分离组分的死时间 t_M 是相同的。因为它们在固定相中停留的时间（t_R'）不同，所以通过色谱柱所需的时间（t_R）不同。

2. 保留体积和调整保留体积

对应于 t_R，t_M，t_R' 所流过的流动相体积分别叫作保留体积（V_R）、死体积（V_M）、调整保留体积（V_R'）。

$$V_R = t_R \cdot F_C \tag{15-9}$$

$$V_M = t_M \cdot F_C \tag{15-10}$$

$$V_R' = V_R - V_M = t_R' \cdot F_C \tag{15-11}$$

式中，F_C 为流动相的体积流速。因为液体是被认为不可压缩的，所以在液相色谱中，F_C 即为实测值；而在气相色谱中，由于气体是可压缩的，因此必须根据色谱柱的工作状态对实测值进行校正，才能得到 F_C。

死体积的本意是指色谱柱中未被固定相占据的空隙体积，但在实际测量时它包括了柱外死体积（进样系统和检测系统等）。柱外死体积当其很小时，可忽略不计。

3. 基本保留方程

色谱保留值与热力学平衡常数 K 的关系推导如下：

当一个给定组分的色谱峰最高点出现时，即组分的极大值刚到达柱的末端时，已有一半的组分分子洗脱在一定体积的流动相中，这部分体积为"保留体积" V_R，其余一半组分分子仍然留在柱中。根据物料平衡原理，得

$$V_R \cdot c_m = V_M c_m + V_s c_s \tag{15-12}$$

式中，V_R 为保留体积；V_M 为死体积；V_s 为柱内固定相的体积；c_m 为组分在流动相中的浓度；c_s 为组分在固定相中的浓度。

将式(15-12)两边除以 c_m，得

$$V_R = V_M + V_s \frac{c_s}{c_m} \tag{15-13}$$

由式(15-3)和式(15-13)，得

$$V_R = V_M + K V_s \tag{15-14}$$

上式是色谱过程的基本方程。从式(15-11)和式(15-14)可得

$$V_R' = V_R - V_M = K V_s \tag{15-15}$$

可见，调整保留体积 V_R' 与 K 成正比。式(15-3)可改写为

$$k' = K \cdot \frac{1}{\beta} = K \cdot \frac{V_s}{V_m}$$

将式(15-14)代入得

$$k' = \frac{V_R - V_M}{V_s} \cdot \frac{V_s}{V_m}$$

由于

$$V_M = V_m$$

$$k' = \frac{V_R - V_M}{V_M} = \frac{V_R'}{V_M} = \frac{t_R'}{t_M} = \frac{t_R - t_M}{t_M} \tag{15-16}$$

从式(15-16)可看出，分配比 k' 是调整保留时间 t_R' 与死时间 t_M 之比。根据此式，k' 值可以很容易地从色谱图上求得。

式(15-16)可改写为

$$V_R = V_M(1+k') \tag{15-17}$$

$$t_R = t_M(1+k') \tag{15-18}$$

式(15-18)表明，t_R 为 k' 和 t_M 的函数。因此，分配比 k' 是色谱柱对组分保留能力的参数，k' 值越大，保留时间越长。

由于不被保留的组分通过色谱柱的时间 t_M 等于柱长 L 除以流动相平均线速度 $\bar{u}$，式(15-18)可写为

$$t_R = \frac{L}{\bar{u}}(1+k') \tag{15-19}$$

由上式可看出，保留值 t_R 与柱长 L 成正比，与流动相线速度 $\bar{u}$ 成反比。

4. 相对保留值

当两个组分在色谱柱中的迁移速度不同时，就可实现分离。固定相和流动相的这种特殊能力，决定于色谱体系的热力学特性。我们用相对保留值来定量地描述色谱体系的这种独特效能。相对保留值，也称为选择性，是指某组分 2 的调整保留值与基准组分 1 的调整保留值的比值，即

$$\alpha = \frac{t'_{R_2}}{t'_{R_1}} \tag{15-20}$$

式中，α 为相对保留值（选择性）；t'_{R_1} 和 t'_{R_2} 分别为组分 1 和组分 2 的调整保留时间。

习惯上，因为 $t'_{R_1} < t'_{R_2}$，所以 α 值一般大于 1。α 值标志两个峰在色谱图上的相对位置，可方便地从色谱图上计算得到。

根据式(15-3)、式(15-16)和式(15-20)，得

$$\alpha = \frac{k'_2}{k'_1} = \frac{K_2}{K_1} \tag{15-21}$$

式(15-21)表明，α 是两个组分在色谱体系中平衡分配差异的量度，是一个热力学参数。它与柱温、组分的性质、固定相和流动相的性质有关，与柱尺寸及流动相流速无关。不同的色谱类型均以其特殊的分离选择性为特征。相对保留值 α 越大，两峰相距越远，即色谱柱的分离选择性越强，越容易实现分离。

15.2.6 塔板理论

色谱分离不仅要求两峰间有一定的距离，而且要求每个峰都比较窄。峰间距离取决于各组分在两相间的分配情况，它由热力学因素所控制。峰的宽窄程度与组分在柱内的运动情况有关，这是一个动力学因素。选择性反映峰间距离，柱效率描述峰的宽窄。

柱效率定量地用理论塔板数或理论塔板高度来表示。

塔板的概念是从精馏过程借用而来的。Martin 等人 1952 年提出的塔板理论把色谱过程看作蒸馏过程，把色谱柱假想为一个蒸馏塔，塔内存在许多块塔板。在每块塔板上，组分分子根据它们的分配系数在两相间进行分配。整个色谱过程被看作是许多小段分配平衡过程的重复。塔板理论假定：①塔板与塔板之间不连续；②塔板之间无分子扩散；③在每块塔板内，组分在两相间瞬间达到分配平衡，而达到一次分配平衡所需的柱长为塔板高

度；④对于某组分，其在每块塔板上两相间的分配系数都相同；(5)流动相的流速不连续，以一个塔板体积为基本单位的脉冲流进入色谱柱。由塔板理论导出的理论塔板数的计算公式为

$$n=\left(\frac{t_R}{\sigma}\right)^2=16\left(\frac{t_R}{W_b}\right)^2=5.54\left(\frac{t_R}{W_{1/2}}\right)^2 \tag{15-22}$$

式中，n 为理论塔板数；t_R 为保留时间；W_b 为峰底宽度；$W_{1/2}$ 为半峰宽；σ 为标准偏差。计算时，保留时间和峰宽度的单位(cm 或 s)要一致。

理论塔板数是色谱柱的特征参数。理论塔板数大，色谱柱效率高。用理论塔板数大的色谱柱能得到较窄的色谱峰。

根据理论塔板数 n 和色谱柱长度 L，可算出理论塔板高度，用 H 表示，

$$H=\frac{L}{n} \tag{15-23}$$

按照塔板理论，n 值表示组分流过色谱柱时在两相间进行分配平衡的总次数，H 值则表示组分在两相间进行一次分配平衡时所需要的柱长度。在描述柱效率时，n 和 H 是等效的。对于某一定长度的色谱柱，n 越大，或 H 越小，则柱效率越高。

用组分在固定相中实际被滞留的时间，即调整保留时间 t_R' 代替理论塔板数公式(15-22)中的 t_R，则可定义有效理论塔板数 $n_{有效}$，

$$n_{有效}=\left(\frac{t_R'}{\sigma}\right)^2=16\left(\frac{t_R'}{W_b}\right)^2=5.54\left(\frac{t_R'}{W_{1/2}}\right)^2 \tag{15-24}$$

柱长 L 除以有效理论塔板数 $n_{有效}$ 得有效理论塔板高度 $H_{有效}$，即

$$H_{有效}=\frac{L}{n_{有效}} \tag{15-25}$$

由于 $n_{有效}$ 或 $H_{有效}$ 较好地反映了组分与固定相和流动相间的相互作用，因而能较为真实地反映柱效能的好坏。

根据式(15-18)、式(15-22)和式(15-24)可得

$$n_{有效}=n\left(\frac{k'}{1+k'}\right)^2 \tag{15-26}$$

上式说明，k' 值小，$n_{有效}$ 值明显地小于 n 值；k' 值越大，$n_{有效}$ 值越接近 n 值。但必须指出，在相同条件下，用不同 k' 值的组分测出的柱效率是不同的。采用塔板数评价一根色谱柱的柱效时，必须指明组分、固定相及其含量、流动相及操作条件等。

15.2.7 速率理论

色谱分离过程中，色谱峰逐渐加宽。色谱峰展宽使 H 值增大(n 值减小)，柱效率降低。但是，塔板理论解释不了峰展宽的原因。虽然塔板理论用热力学观点形象地描述了组分在色谱柱中的分配平衡和分离过程，并成功地解释了流出曲线的形状及色谱峰的位置，还提出了计算和评价柱效率的参数。但由于它的某些基本假设并不完全符合色谱柱内实际发生的分离过程，例如，忽略分子纵向扩散，也没有考虑各种动力学因素对色谱柱内传质过程的影响，因此它不能解释造成谱带展宽的原因和影响板高的各种因素，这就限制了它的应用。色谱峰加宽与组分在色谱柱内的运动情况有关，由速率理论来描述。1956 年荷

兰学者范弟姆特(van Deemter)等在研究气相色谱时，提出了色谱过程的动力学理论。他们吸收了塔板理论的概念，并考虑了影响塔板高度的扩散和传质过程，从而在动力学基础上较好地解释了影响板高的各种因素。

范弟姆特方程又叫速率方程，该理论模型对气相、液相色谱都适用。塔板高度 H 与流动相线速度 $\bar{u}$ 关系为

$$H = A + B/\bar{u} + C\bar{u} \qquad (15\text{-}27)$$

式中，A，B，C 为三个常数，其中 A 称为涡流扩散项，B 为分子扩散项系数，C 为传质阻力项系数。

上式即为范弟姆特方程式的简化式。现以气液色谱为例分别讨论如下：

1. 涡流扩散项 A

当携带样品的流动相通过色谱柱时，柱内填充物将阻挡组分的分子，形成紊乱的类似涡流的流动。由于填充物颗粒大小的不同以及填充的不均匀，有些分子受到的阻力小些，通过填充物就顺利些，因而速度就快些。不同分子运动速度的差异形成了以平均速度处为中心的色谱峰宽度的展宽，这种涡流扩散使色谱峰展宽的程度为

$$A = 2\lambda d_p \qquad (15\text{-}28)$$

式中，d_p 为填充物颗粒的平均直径；λ 为填充不规则因子。

式(15-28)表明，使用适当的小颗粒和粒度均匀的填充物，并尽量填充均匀(λ 小)，是减小涡流扩散并提高柱效率的有效途径。

2. 分子扩散项 $B/\bar{u}$

分子扩散也叫做纵向扩散。当组分进入色谱柱后，在柱中沿着流动相流动的方向存在着浓度梯度，使组分分子从高浓度处向低浓度处扩散，引起色谱峰展宽。分子扩散项系数 B 可以表示为

$$B = 2\gamma D_g \qquad (15\text{-}29)$$

式中，γ 为弯曲因子；D_g 为组分分子在流动相中的扩散系数。

弯曲因子 γ 是与填充物有关的因素。其意义可理解为，由于在填充柱中固定相颗粒的存在，使分子自由扩散受到阻碍，扩散程度降低。分子扩散与组分在柱内的停留时间有关，停留时间越长($\bar{u}$ 小)，分子扩散越严重。因此，当 $\bar{u}$ 大时，分子扩散可忽略；当 $\bar{u}$ 小时，分子扩散项较大，在峰展宽中起重要作用。在气相色谱中，D_g 与溶质性质、载气性质、柱温及柱压有关。组分的相对分子质量大，D_g 小；而且，D_g 反比于载气相对分子质量的平方根，随柱温升高而增大，随柱压增大而减小。故在气相色谱中，为降低分子扩散的程度，宜采用相对分子质量大的载气(重载气)和较大的载气线速度。由于组分分子在液体中的扩散系数比在气体中要小 4~5 个数量级，因此，在液相色谱中，分子扩散引起的峰展宽很小，可以忽略。

3. 传质阻力项 $C\bar{u}$

组分在流过色谱柱时，不断地进出于固定相和流动相之间。传质过程需要时间，分配平衡不能瞬间达到，如同组分向前流动时受到阻力，因此叫作传质阻力。传质阻力系数 C 可分为固定相传质阻力系数 C_l 和流动相传质阻力系数 C_g，传质阻力系数为上述两项系数

之和：

$$C = C_g + C_l \tag{15-30}$$

固定相传质阻力主要发生在分配色谱法中，是指组分从两相界面移动到固定相内部，并发生质量交换，达到分配平衡，然后又返回两相界面的传质过程。在这个过程中，由于组分分子渗入固定相的深度不同，进出固定相所用的时间不同。固定相传质阻力系数为

$$C_l = \frac{2}{3} \cdot \frac{k'}{(1+k')^2} \cdot \frac{d_f^2}{D_l} \tag{15-31}$$

式中，d_f 为固定液的液膜厚度；D_l 为组分在固定液内的扩散系数。

从上式可见，液膜厚度小，组分在固定相中扩散系数大，可减小固定相传质阻力，减小峰扩展。

流动相传质阻力是指从流动相空间到两相界面所经历的过程，包括流动的流动相中和滞留的流动相中的传质阻力。流动相传质阻力系数为

$$C_g = \frac{0.01k'^2}{(1+k')^2} \cdot \frac{d_p^2}{D_g} \tag{15-32}$$

式中，d_p 为固定相填充物颗粒的平均直径；D_g 为组分在流动相中的扩散系数。

在液相色谱中，由于组分在流动相和固定相中的扩散速度具有相同的数量级，在填充物孔里滞留的流动相中的扩散也同样促使谱带展宽。这一点与气相色谱不同。在气相色谱中，可采用小颗粒固定相及相对分子质量小的气体作载气(轻载气)，以减小流动相传质阻力引起的峰扩展。在液相色谱中，应采用颗粒小、孔径大的固定相和黏度低的流动相，提高传质速率，减小峰展宽。

将式(15-28)，式(15-29)，式(15-31)，式(15-32)代入式(15-27)即可得范弟姆特气液色谱板高方程，

$$H = A + B/\bar{u} + C\bar{u} = 2\lambda d_p + \frac{2\gamma D_g}{\bar{u}} + \left[\frac{0.01k'^2}{(1+k')^2} \cdot \frac{d_p^2}{D_g} + \frac{2}{3} \cdot \frac{k'}{(1+k')^2} \cdot \frac{d_f^2}{D_l} \right] \bar{u} \tag{15-33}$$

上述方程即速率方程，对于色谱分离条件的选择具有指导意义。填充物均匀程度、载体粒度、载气种类及流速、柱温、固定相液膜厚度等对塔板高度都产生影响，从而影响分离效率。式(15-33)表明，理论塔板高度是引起峰扩展的诸因素贡献的总和。

15.2.8 分离度及分离度公式

选择性反映了色谱柱对不同组分的保留值的差别，柱效率反映了峰扩展的程度，但都不能表示色谱柱的总分离效能。为了综合考虑保留值的差值和峰宽度对色谱分离的影响，常用分离度作为色谱柱的总分离效能指标。分离度(R)表示两色谱峰的实际分离程度，定义为相邻两峰的保留值之差与两峰宽之和的一半的比值，即

$$R = \frac{t_{R(2)} - t_{R(1)}}{\frac{1}{2}[W_{b(2)} + W_{b(1)}]} \tag{15-34}$$

式中，$t_{R(1)}$，$t_{R(2)}$ 分别为组分 1 和 2 的保留值；$W_{b(1)}$，$W_{b(2)}$ 分别为组分 1 和 2 的峰底宽度。

在计算 R 值时，组分的保留值和峰底宽度要采用相同的计量单位。由式(15-34)可见，两峰保留值相差越大，峰越窄，R 值越大。

由于峰底宽度较难测量，可用易于测量的半峰宽代替峰底宽度，这时，分离度 R 用下式表示：

$$R = \frac{t_{R(2)} - t_{R(1)}}{W_{1/2(2)} + W_{1/2(1)}} \tag{15-35}$$

对于相邻峰，峰宽可大致认为相等，即 $W_{b(2)} = W_{b(1)}$，式(15-34)可简化为

$$R = \frac{t_{R(2)} - t_{R(1)}}{W_{b(2)}} = \frac{t_{R(2)} - t_{R(1)}}{4\sigma} \tag{15-36}$$

当 $R=1$ 时，因为两峰间的距离等于 4σ，所以叫作 4σ 分离，这时两峰稍有重叠(2%)；当 $R=1.5$ 时，因为两峰间的距离等于 6σ，所以叫作 6σ 分离，这时两峰完全分开。

由式(15-36)可得到

$$R = \frac{t_M(k_2' - k_1')}{4\sigma} = \frac{t_M}{4\sigma}\left(\frac{\alpha - 1}{\alpha}\right)k_2' \tag{15-37}$$

再将式(15-18)和式(15-22)代入，得到

$$R = \frac{\sqrt{n_2}}{4} \cdot \frac{\alpha - 1}{\alpha} \cdot \frac{k_2'}{1 + k_2'} \tag{15-38}$$

式(15-38)为分离度公式。该式表明，R 是色谱参数 n，α，k' 的函数。

用分离度公式可以计算给定体系所能达到的分离度。因为理论塔板数 n 与柱长 L 成正比，所以 R 与 $\sqrt{L}$ 成正比，由此可计算出达到某一分离度所需的色谱柱长度。式(15-38)可改写为

$$n = 16R^2\left(\frac{\alpha}{\alpha - 1}\right)^2\left(\frac{1 + k'}{k'}\right)^2 \tag{15-39}$$

由上式可以计算分离所需要的理论塔板数。将式(15-26)代入式(15-38)得

$$R = \frac{\sqrt{n_{有效}}}{4} \cdot \frac{\alpha - 1}{\alpha} \tag{15-40}$$

或

$$n_{有效} = 16R^2\left(\frac{\alpha}{\alpha - 1}\right)^2 \tag{15-41}$$

因此，对于给定的 α 值和希望达到的分离度，可以计算所需要的有效理论塔板数。

分离度公式的重要意义在于它指出了可以通过改变 n，α，k 等参数来控制分离度。分离度 R 与 $\sqrt{n}$ 成正比，即 n 增加为原来的 2 倍时，R 只增大至 1.4 倍。尽管如此，提高柱效率是提高分离度的最直接也是最有效的手段。增大柱长可以增加理论塔板数，然而柱长增加一倍意味着分析时间和柱压都增加一倍，这说明用增加柱长来提高分离度并不是理想的方法。根据速率方程，为了提高柱效率首先需要采用直径较小、粒度均匀的固定相，均匀填充色谱柱。分配色谱还需控制较薄的液膜厚度。然后需要在适宜的操作条件下工作，如流动相的性质、流速、温度等。

分离度 R 与 $k'/(1 + k')$ 成正比，R 随 k' 的增大而增大。当 k' 值太大时，k' 增大对 R 增大的贡献极小，并且分析时间将大大延长。在气相色谱中，增加固定液的用量可使 k' 值增大，降低柱温，k' 值也增大。在液相色谱中，对 k' 值的控制是通过控制流动相的强度(极性)来实现的，流动相强度大，k' 值小。

增大选择性 α 值显然可以增大分离度，α 的微小变化都对 R 有很大的影响。例如，α 从 1.01 增加至 1.10，约增加 9%，而分离度增加了 9 倍。因此，增大 α 值是改善分离度的最有力的手段。然而问题在于 α 的变化不像 n 和 k' 那样有规律可循。在气相色谱中，α 值主要取决于固定相的性质，并且对温度有很大的依赖性，一般温度降低可使 α 增大。在液相色谱中，主要通过固定相和流动相的性质来调整 α 值，温度的作用很小。

15.3　色谱定性和定量分析

15.3.1　定性分析

定性分析就是确定各色谱峰所代表的化合物。由于各种物质在一定的色谱条件下，均有确定的保留值，即保留值是特征的，因此保留值可用作定性的依据。但是不同物质在同一色谱条件下可能具有近似或相同的保留值，即保留值并非专属的，因此，根据保留值对完全未知的物质的定性又是困难的。如果在了解样品的来源、性质的基础上，对样品组成可作初步判断，再根据保留值确证各色谱峰所代表的化合物，在这种情况下，色谱定性是简单、可靠的。

1. 用已知对照物进行分析

当有标准物质时，可在相同的色谱条件下，分别测定并比较标准物质和未知物的保留值，保留值相同时就可能是同一物质。

如果在试样中加入适量的某标准物质，峰高增加而半峰宽不变的色谱峰可能是与加入的标准物质为同一化合物。

双柱定性比较可靠。即采用两根性质不同的色谱柱进行分离分析，观察未知物和标准物质的保留值是否始终相同。

2. 参照相对保留值定性

因为绝对保留值几乎受所有操作条件的影响，所以重现性差，用作定性时不太准确；而对于某一根色谱柱，相对保留值 α 只是柱温的函数，不受其他操作条件的影响，用作色谱定性时比较准确。

3. 用保留指数定性

保留指数又称科瓦(Kovats)指数，是气相色谱较为可靠的定性参数。

大量实验证明，在一定温度下，同系物的调整保留时间的对数与分子中碳原子数成线性关系，即

$$\lg t_R' = A_1 n + C_1 \tag{15-42}$$

式中，A_1 和 C_1 是常数；n 为分子中的碳原子数($n \geqslant 3$)。

该式表明，如果知道某一同系物中两个组分的调整保留值，则可根据上式推知同系物中其他组分的调整保留值。保留指数是把物质的保留行为用两个靠近它的基准物来标定得到的。一般选取两个正构烷烃作为基准物，其中一个碳数为 n，另一个为 $n+1$，它们的调整保留时间分别为 $t_{R(n)}'$ 和 $t_{R(n+1)}'$，而被测物质 i 的调整保留时间 $t_{R(i)}'$ 恰好处于两者之间，

即 $t'_{R(n)}<t'_{R(i)}<t'_{R(n+1)}$。将含有物质 i 和所选的两个正构烷烃的混合物注入色谱柱进行分析，物质 i 在固定液 x 上的保留指数用下式计算：

$$I^i_x=100\left[n+\frac{\lg t'_{R(i)}-\lg t'_{R(n)}}{\lg t'_{R(n+1)}-\lg t'_{R(n)}}\right]\qquad(15\text{-}43)$$

规定正构烷烃的保留指数为其碳数乘以 100，例如正戊烷、正己烷、正庚烷的保留指数分别为 500，600，700。其他物质的保留指数，则需在实际色谱分析条件下以正构烷烃为基准进行测定。保留指数的物理意义在于：它是与被测物质具有相同调整保留时间的假想的正构烷烃的碳数(乘 100)。保留指数只是柱温的函数，其准确度和重现性都很好，只要柱温和固定液相同，就可引用文献值进行定性鉴定，而不必用基准物质。

除利用保留值定性外，还可以利用检测器的选择性进行定性分析，可对未知物大致分类，与化学反应结合起来，是一种简便、有效的定性方法，特别适用于官能团定性。当以上方法都有困难时，可分离制备纯物质，再利用光谱、质谱、核磁共振等方法进行定性鉴定。也可将色谱与这些手段联用，例如色谱-质谱联用，已成为分离和鉴定未知物的最有效的近代分析手段之一。

15.3.2　定量分析

定量分析的任务是确定混合样品中各组分的百分含量。色谱定量分析的依据是被测组分的质量(或浓度)与检测器的响应信号成正比，即

$$m_i\propto A_i\qquad(15\text{-}44)$$

式中，m_i 为被测组分 i 的质量或其在流动相中浓度；A_i 为被测组分 i 的峰面积。

1. 峰面积的测量

(1) 峰高乘半峰宽法　当峰形对称时，理论上已证明峰面积 A 为

$$A=1.065hW_{1/2}\qquad(15\text{-}45)$$

作绝对测量时，应乘系数 1.065；作相对计算时，1.065 可略去。对于不对称峰或很窄的峰，不宜采用此法。

(2)峰高乘平均峰宽法　平均峰宽是指峰高 0.15 和 0.85 处峰宽度的平均值，因此峰面积为

$$A=\frac{1}{2}h(W_{0.15}+W_{0.85})\qquad(15\text{-}46)$$

此法对于不对称峰可得到比较准确的结果。

(3) 自动积分法　自动积分有机械积分、电子模拟积分和数字积分等类型。它测量的是真实峰面积，速度快，线性范围宽，精密度高。对小峰和不对称峰都能给出准确的结果。采用色谱工作站处理谱图，不仅可以算出峰面积和保留时间，还可以提供塔板高度、分离度等信息，提高了自动化程度并为优化实验条件提供了便利。

(4) 用峰高表示峰面积　当操作条件不变时，在一定的进样量范围内，对称峰的半峰宽是不变的。因此用峰高 h 代替峰面积 A 来进行定量分析是可行的，并且更简便。在痕量分析中，峰高法的准确度较高。峰面积法适用于各种峰形，精度较好。

另外，用保留值乘峰高来代替峰面积或峰高进行定量分析，有时也是可行的。

2. 校正因子

色谱定量是基于被测物质的量与其峰面积成正比。但是峰面积的大小不仅取决于物质量，而且与它的性质有关。即在相同的条件下，同一检测器对于等量的不同物质具有不同的响应值。这样就不能用峰面积来直接计算物质的含量。为了使检测器产生的响应信号能真实地反映出物质的含量，就要对响应值进行校正，即在定量计算时引入校正因子。校正因子分为绝对校正因子和相对校正因子。

（1）绝对校正因子

$$m_i = f_i A_i \qquad (15\text{-}47)$$

式中，f_i 为绝对校正因子，$f_i = \dfrac{m_i}{A_i}$。

f_i 主要由分析条件和仪器的灵敏度所决定，它不易准确测定，更由于没有统一标准而无法直接应用。

（2）相对校正因子　在定量分析中常采用相对校正因子，即某物质与标准物质的绝对校正因子之比值。

$$f_i' = \frac{f_i}{f_s} = \frac{m_i/A_i}{m_s/A_s} = \frac{m_i \cdot A_s}{m_s \cdot A_i} \qquad (15\text{-}48)$$

式中，下标 i 和 s 分别代表被测物质和标准物质。

校正因子的测定方法：准确称量一定量的被测物质和标准物质，混合后进样，分别测出它们的峰面积，按式(15-48)计算，相对校正因子 f' 值只与被测物质、标准物质以及检测器类型有关，而与操作条件等无关。

在气相色谱中，f' 值可从文献上查到。f' 有时换算为相对响应值 s'。相对响应值与校正因子互为倒数，即 $f' \cdot s' = 1$。

色谱定量：①准确测量检测器的响应信号-峰高或峰面积；②准确求得比例常数-校正因子；③选择合适的定量计算方法，将测得的峰面积（或峰高）换算为组分的百分含量。

3. 定量计算方法

（1）归一化法　把所有出峰组分的含量之和按 100％ 计的定量方法称为归一化法，计算式为

$$P_i\% = \frac{W_i}{W_1 + W_2 + \cdots + W_i + \cdots W_n} \times 100\%$$

$$= \frac{f_i' A_i}{f_1' A_1 + f_2' A_2 + \cdots + f_i' A_i + \cdots + f_n' A_n} \times 100\% \qquad (15\text{-}49)$$

式中，$P_i\%$ 为被测组分 i 的百分含量；W_1，W_2，$\cdots W_n$ 为组分 $1 \sim n$ 的质量；f_1'，f_2'，$\cdots f_n'$ 为组分 $1 \sim n$ 的相对校正因子；A_1，A_2，$\cdots A_n$ 为组分 $1 \sim n$ 的峰面积。

归一化法的优点是：①简便，不用称量；②准确，操作条件（如进样量、流速等）变化时对结果影响很小；③当各组分的 f' 值相近时，可不必求 f'，而直接将峰面积归一化。但归一化法在使用时受到一定的限制，主要因为：①样品中所有组分都必须流出色谱柱并产生信号，不能有不流出或不产生信号的组分；②当只对样品中的个别组分进行定量时，不要求定量的组分也必须能够测量出其峰面积和 f' 值，若其中有的组分未能定性或有太大的重叠，则需要定量的组分也不能用此法定量。

(2)外标法　外标法是定量分析中最通用的一种方法,它实际上就是常用的标准曲线法。用外标法定量必须具有标准物质。首先,将标准物质配制成不同浓度的标准系列,在一定的色谱条件下准确定量进样,测量峰面积后,绘制标准含量对峰面积的标准曲线。进行测定时,要在与绘制标准曲线时完全相同的色谱条件下准确定量进样。根据所得峰面积,从曲线上直接查得被测组分的含量。外标法的优点是:①制出标准曲线后,测定时的工作很简单;②计算方便,不必求校正因子。但是这种方法要求:①进样量要很准确,即绘制标准曲线和测定样品时,各次的进样量要严格相等;②操作条件要十分稳定,在绘制标准曲线与分析样品时的操作条件要保持不变。外标法适用于日常控制分析和大量同类样品的分析。

当被测物质的含量变化范围不大时,也可以不绘制标准曲线而用单点校正法定量。即配制一个和被测物质的含量近似的标准溶液,分别准确进样,根据所得峰面积直接计算待测物质的含量:

$$P_i\% = \frac{A_i}{A_s} \cdot P_s\% \tag{15-50}$$

(3)内标法　选择适宜的物质作为被测物质的参比物,将一定量的参比物加入到准确称量的试样中,根据试样和参比物的质量,以及被测物质和参比物的峰面积进行定量的方法,称为内标法。该参比物称为内标物。若试样质量为 W,加入的内标物质量为 W_s,混合后进样,得到内标物和被测物的色谱峰面积分别为 A_s 和 A_i,则被测物质 i(质量为 W_i)的百分含量 P_i 为

$$P_i\% = \frac{W_i}{W} \times 100\% = \frac{W_i}{W_s} \cdot \frac{W_s}{W} \times 100\%$$

$$= \frac{f_i A_i}{f_s A_s} \cdot \frac{W_s}{W} \times 100\% = \frac{A_i}{A_s} \cdot \frac{W_s}{W} \cdot f_i' \times 100\% \tag{15-51}$$

内标法的关键是选择合适的内标物。它应符合以下条件:①它应是样品中原来不存在的纯物质,性质与被测物质相近,能溶于样品中,但不能与样品发生反应;②内标物的色谱峰应位于被测物质的色谱峰附近,或位于几个被测物质色谱峰的中间,并与这些色谱峰完全分离;③内标物的质量应与被测物质接近,能保持色谱峰的大小差不多。

内标法的优点是:①因为 W_s/W 比值恒定,所以,进样量不必准确;②由于此法是通过测量 A_i/A_s 比值来进行计算的,操作条件稍有变化对结果没有什么影响;③内标法没有归一化法那样的使用上的限制。内标法的缺点是:①每次分析都要准确称量试样和内标物,这对常规分析来说比较麻烦;②必须测定校正因子。

除上述定量方法外,还有内标标准曲线法和内加法等。必须了解各种方法的适用范围,才能根据分析的要求正确使用。

<h1 style="text-align:center">习题</h1>

1. 什么是色谱分析法?色谱分离的原理是什么?色谱法有哪些类型?色谱法的特点是什么?

2. 试述与色谱图有关的基本概念，如何在色谱图上测量峰高、半峰宽、保留时间和死时间？

3. 色谱峰展宽的原因是什么？怎样理解范弟姆特方程中各项的基本物理意义？根据范弟姆特方程，具体说明载气平均线速、载体粒度、固定液的液膜厚度、柱温等对柱效率的影响。

4. 什么叫分离度？根据分离度公式，指出 n，α，k' 对 R 值的影响。

5. 色谱定性的依据是什么？主要有哪些定性方法？

6. 色谱定量的依据是什么？常用的定量方法各适用于什么情况？对进样和仪器条件的要求有何不同？

7. 色谱定量分析中，为什么要用定量校正因子？校正因子有几种表示方法？实验中如何测定校正因子？

8. 某两组分混合物，经色谱分离后，所得数据如下：$t_M = 2.00$ cm，$t_{R(1)} = 5.00$ cm，$t_{R(2)} = 7.00$ cm，$W_{1/2(1)} = 0.50$ cm，$W_{1/2(2)} = 0.80$ cm，$h_{(1)} = 15.00$ cm，$h_{(2)} = 12.00$ cm。已知载气平均体积流速为 20 mL/min，柱长为 2 m，纸速为 2.0 cm/min。画出色谱图并计算：$t'_{R(1)}$，$t'_{R(2)}$，V_M，$V'_{R(1)}$，$V'_{R(2)}$，$k'_{(1)}$，$k'_{(2)}$，α，$A_{(1)}$，$A_{(2)}$，$n_{(1)}$，$n_{(2)}$，$H_{(1)}$，$H_{(2)}$，$\bar{u}$，$n_{有效(1)}$，$n_{有效(2)}$，$H_{有效(1)}$，$H_{有效(2)}$。

9. 某气相色谱分析中得到下列数据：死时间为 1.0 min，保留时间为 5.0 min，固定液体积为 2.0 mL，载气平均体积流速为 50 mL/min。试计算：(1)容量因子；(2)死体积；(3)保留体积；(4)分配系数。

10. 已知某色谱柱的理论塔板数为 3600，组分 a 和 b 在该柱上的保留时间分别为 100 s 和 110 s，空气在此柱上的保留时间为 10 s，求其分离度 R。

11. 若 a，b 两组分的保留时间分别为 20 min 和 21 min，死时间为 1 min，计算：(1)组分 b 的容量因子；(2)欲达到分离度 R 为 2 时所需的理论塔板数。

12. 在一根填充良好的气相色谱柱上分离 X 和 Y 两组分。第一次进样后测得 $t'_{R(X1)}$ 为 10.8 cm，$t'_{R(Y1)}$ 为 11.2 cm，两组分没有分开；适当降低柱温后再次进样，测得 $t'_{R(X2)}$ 为 11.3 cm，$t'_{R(Y2)}$ 为 13.6 cm。试通过计算简单说明：(1)第一次进样时为什么分不开？(2)第二次进样时分离的可能性如何？

13. 某两组分混合物在 1 m 长的柱子上初试分离，所得分离度为 1，若通过增加柱长使分离度增大到 1.5，问：(1)柱长应变为多少？(2)α 有无变化？为什么？

14. 准确称取纯苯及 a，b，c 三种纯化合物，配成混合溶液，进行气相色谱分析，得到以下数据，求 a，b，c 三种化合物以苯为标准时的相对校正因子。

物质名称	纯物质质量/g	峰面积/cm²
苯	0.435	4.0
a	0.864	7.6
b	0.864	8.1
c	1.760	15.0

15. 对 CO_2 进行色谱定量分析时，首先用含 1%，2%，3%，4% CO_2 的标准气体均进样 1 mL 分析，CO_2 的色谱峰高分别为 15 mm，30 mm，45 mm 和 60 mm，试作出标准曲线。在相同分析条件下，进等体积试样，CO_2 峰高为 36 mm，问此样品中 CO_2 的百分含量是多少？

16. 在某色谱条件下，分析只含有二氯乙烷、二溴乙烷及四乙基铅三组分的样品，结果如下：

项目	二氯乙烷	二溴乙烷	四乙基铅
相对质量校正因子	1.00	1.65	1.75
峰面积/cm^2	1.50	1.01	2.82

试用归一化法求各组分的百分含量。

17. 在上题中，如果在色谱图上除三组分峰外，还出现杂质峰，能否仍用归一化法定量？若用甲苯为内标物(其相对质量校正因子为 0.87)，甲苯与样品配比为 $1:10$，得甲苯峰面积为 0.95 cm^2，三个主成分的数据同上题，试求各组分的百分含量。

第 16 章 气相色谱法
(Gas Chromatography)

气相色谱法是一种以气体作为流动相(载气)的柱色谱分离技术。该法分离效能高、分析速度快、灵敏度高,已成为广泛应用的分离分析手段。

16.1 气相色谱仪

色谱仪的心脏部分是色谱柱,混合物中的各组分是在柱内进行分离的。色谱柱放在一个绝热性能良好而温度均匀的色谱炉中,炉温由温度控制器控制。载气由高压气瓶供给,经减压、净化后,调至适宜的压力和流量,流经气化室,进入色谱柱,再进入检测器,最后放空。待分析的样品通常用注射器注入气化室,气化了的样品由载气携带进入色谱柱进行分离,被分离的各组分依次流入检测器进行检测。检测器将各组分浓度或质量的变化转换为电信号,该电信号由记录仪记录下来,所记录的电信号强度随时间变化的曲线即色谱图。分析结果还可用数字积分仪以数字形式打印出来或使用计算机技术作进一步处理。图16-1 是气相色谱仪结构示意图。下面对气相色谱仪的主要组成部分进行讨论。

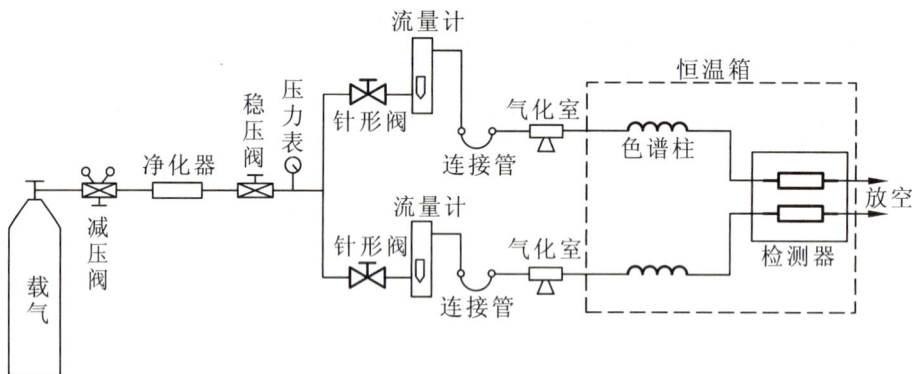

图 16-1 气相色谱仪结构示意图

16.1.1 气路系统

气路系统主要是指载气连续运行的密闭管路。对于某些检测器,还需使用一些辅助气体,它们流经的管路也属于气路系统。对气路系统的基本要求是:气密性好、气体清洁、气流稳定。气路可分为单柱单气路和双柱双气路两类。图 16-1 为双柱双气路系统。双气路可以补偿气流不稳及固定液流失对检测器产生的干扰,特别适于程序升温操作。

气相色谱中常用的载气见表 16-1,一般都由高压钢瓶供给。通常都需要经过减压、净化和压力流量的控制及测量。

表 16-1　气相色谱常用载气

名称	相对分子质量	热导系数（×10⁵ 卡/厘米·秒·度，100 ℃）	黏度（×10⁶ 泊，50 ℃）	可适用的检测器
H₂	2.02	53.4	94	热导、氢焰
He	4.00	41.6	208	热导、电子捕获
N₂	28.02	7.5	188	氢焰、电子捕获
Ar	39.94	5.2	242	热导、电子捕获
空气	28.96	7.5	196	氢焰、热导

高压钢瓶均需配置适宜的减压表，将高压气体降到所需的压力。气体的纯度是非常重要的，一般在气路中串联一个净化管，以除去气体中的水、二氧化碳、氧和有机杂质。气路中的稳压阀和针形阀（或稳流阀）用来调节和控制气体的压力和流量。载气的柱前压力和流量分别用压力表和转子流量计指示。转子流量计的读数一般用一个临时装设在柱后的皂膜流量计进行校正。

用皂膜流量计直接测量的载气流速叫作视体积流速（F'_{CO}），它不能代表柱内载气运动的真实情况。实际上，F'_{CO}是在实验室温度和大气压力下载气和饱和水蒸气流速之和。从F'_{CO}中扣除饱和水蒸气流速之后，就得到在室温和大气压力下的载气流速，叫作实际体积流速，用 F_{CO} 表示，

$$F_{CO} = F'_{CO} \frac{p_0 - p_w}{p_0} \tag{16-1}$$

式中，p_0 为大气压；p_w 为室温时水的饱和蒸气压。

柱温和大气压力下的载气流速，叫作校正体积流速，以 F_c 表示，

$$F_c = F_{CO} \frac{T_c}{T_a} = F'_{CO} \cdot \frac{p_0 - p_w}{p_0} \cdot \frac{T_c}{T_a} \tag{16-2}$$

式中，T_c 为柱温；T_a 为室温。

因为色谱柱中不同位置上的压力是不同的，所以柱中各个部位的流速不一样。载气在柱温和柱内平均压力下的流速，叫作平均体积流速，用 $\bar{F}_c$ 表示，

$$\bar{F}_c = F_c \frac{p_0}{\bar{p}} = F_c \cdot j \tag{16-3}$$

式中，$\bar{p}$ 为柱内平均压力；j 为压力校正系数（或称压力梯度校正因子）。j 可由柱入口压力和柱出口压力计算：

$$j = \frac{3}{2} \frac{(p_i/p_0)^2 - 1}{(p_i/p_0)^3 - 1} \tag{16-4}$$

式中，p_i 为柱入口压力。因此，平均体积流速为

$$\bar{F}_c = \frac{3}{2} \cdot \frac{p_0 - p_w}{p_0} \cdot \frac{T_c}{T_a} \frac{(p_i/p_0)^2 - 1}{(p_i/p_0)^3 - 1} \cdot F'_{CO} \tag{16-5}$$

16.1.2　进样系统

进样就是把样品定量地加到色谱柱头上，以便进行分离。进样系统包括进样器和气化

室两部分。

液体样品用微量注射器进样，气体样品还可用六通阀进样。六通阀是气相色谱仪的配套部件，欲用时，可安装在图 16-1 所示的连接管处。

气化室的作用是将液体样品迅速、完全气化。对气化室的要求是密封性好、体积小、热容量大、对样品无催化效应。简单的气化室就是一段金属管，外套加热块。设计良好的气化室，管内衬有玻璃管。气化室的进样口用硅橡胶垫片密封，由散热式压盖压紧。

16.1.3　分离系统

分离系统包括色谱柱、色谱炉(柱箱)和温度控制装置。

色谱柱可分为填充柱和开管柱两类，都是由柱管和固定相构成的。柱管可用不锈钢、铜、铝、玻璃或聚四氟乙烯等材料制成。固定相是色谱柱的关键材料，将专门讨论。

普通填充柱的内径为 2～6 mm，柱长 1～3 m，弯制成 U 形或螺旋形，内填固定相。开管柱也叫毛细管柱，柱内径为 0.2～0.5 mm，柱长 15～30 m，最长可达 300 m，固定液可直接涂敷在毛细管的内壁上，叫作涂壁开管柱(WCOT)，也可以涂在毛细管内壁的载体涂层上，叫作载体涂层开管柱(SCOT)。20 世纪 70 年代末又研制成功熔融石英开管柱(FSOT)。开管柱的突出特点是分析速度快、分离效能高，但柱容量低。填充柱制备过程简单，柱容量大，定量分析准确。

色谱炉的设置是为了提供适宜的柱温。因为柱温对分离影响很大，所以要求柱箱温度梯度小，保温性能好，控温精度高，升降温速度快。炉温可高达 500 ℃。在恒温条件下工作时，可用温度控制器调整，保持恒温。若使柱温在一指定时间内以预定速度升温，即程序升温，则需用程序升温控制器。采用程序升温操作时，要先设定初始温度及维持时间、升温速率、终了温度及维持时间。运行时，炉温按所设定的程序自动进行，程序结束后，色谱炉门自动打开降温。

16.1.4　检测系统

检测器可将各分离组分及其浓度的变化以易于测量的电信号显示出来，从而进行定性、定量分析。实际上，检测器是与色谱柱联用的测试装置。色谱柱只进行分离，如果不进行检测就达不到分析的目的，所以检测器在色谱分析中占有重要地位，将专门讨论。

理想的检测器应该响应快、灵敏度高、噪声低、线性范围宽，对各种物质均有响应，对流速和温度变化不敏感。

因为温度变化直接影响检测器的灵敏度和稳定性，所以检测器要装在检测室内，由单独的温度控制器精密地控制检测室的温度。

16.1.5　记录系统

配备计算机系统的色谱仪除可对色谱图进行处理及运算外，还可以自动控制色谱仪操作过程。

16.2　气相色谱检测器

16.2.1　检测器的分类

按检测原理的不同，检测器分为浓度型和质量型两类。浓度型检测器测量的是载气中组分浓度瞬间的变化，即检测器的响应值取决于载气中组分的浓度。例如热导检测器和电子捕获检测器。质量型检测器测量的是载气中组分进入检测器的速度变化，即检测器的响应值取决于单位时间内组分进入检测器的质量。例如氢火焰离子化检测器和火焰光度检测器。

16.2.2　热导检测器（TCD）

热导检测器结构简单、性能稳定，对所有物质都有响应，而且不破坏样品，多用于 10 ppm 以上组分的测定。

热导检测器由池体和热敏元件构成。池体用不锈钢块或表面镀镍的纯铜制成，上有安装热敏元件的孔穴，这些孔又与气路相通。热敏元件是阻值随温度变化而改变的导电体，有热导丝和热敏电阻两类，使用最多的是热导丝，如铼钨丝、镀金钨丝等。流通式四臂热导池（图 16-2）的四个热敏元件垂直安装在四个孔中（图中只画出两臂），每两个元件处于同一条气路，而这两个元件在测量电路中则处于电桥的对边位置。两路载气并联，当一路进行分析时，另一路则作为参比。图 16-3 是四臂热导池的电路图，$R_1 \sim R_4$ 是四个热敏元件，构成测量电桥，其中 R_2 和 R_4 处于一条气路，R_1 和 R_3 处于另一条气路。

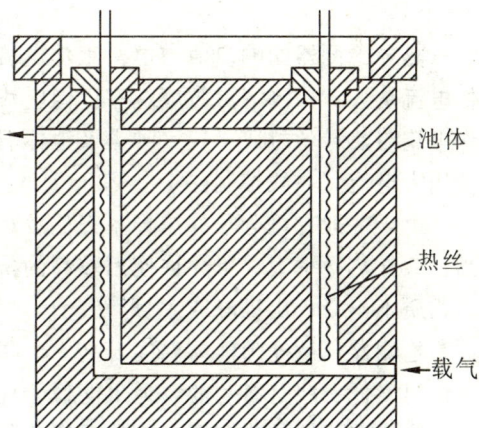

图 16-2　四臂热导池结构示意图

热导检测器的检测原理是基于：①被测组分的蒸气与载气具有不同的热导率；②热丝阻值随温度变化而改变；③利用惠斯登电桥测量。

调机时，流速恒定的载气在热导丝周围流过，热导丝上通以恒定的电流，热导丝被加热。由于载气的热传导作用，一部分热量传给池体，热导丝温度下降。当元件产生的热量与散失的热量达到平衡时，热导丝的温度就稳定在一定的数值，其阻值也稳定在一定的数值。这时调节至 $R_1R_3 = R_2R_4$，即电桥达到平衡，A，B 两端没有信号输出，记录仪记下的是一条平直的基线。

测量时，由于一路引入了样品，被测组分蒸气和载气的混合气体的热导率与纯载气的热导率不同，这就破坏了原有的热平衡，引起热导丝温度变化，导致其阻值改变。这时，$R_1R_3 \neq R_2R_4$，电桥平衡被破坏，A，B 两端有信号输出，记录一个色谱峰。输出信号的大小与进入检测器的被测组分的浓度和性质有关。

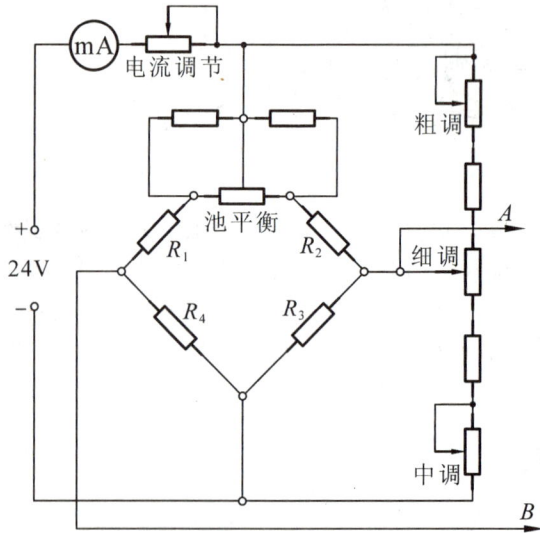

图 16-3　四臂热导池检测电路原理图

　　热导检测器的响应值与电桥工作电流的三次方成正比，在允许的工作电流范围内，工作电流越大，检测器灵敏度越高。但电流太大时，基线不稳，热导丝易烧断。最大允许工作电流与热导丝材质、载气种类及池体温度有关。在灵敏度满足需要的前提下，应尽量不使用大电流，一般控制在 $100\sim200$ mA。

　　由于一般有机分子的热导率都比较小，采用热导率大的氢气或氦气作载气灵敏度比较高。载气热导率大，可允许使用较高的桥路电流。用氮气作载气，不仅灵敏度低，而且有些物质不出峰、出反峰或 W 形峰。

　　检测器灵敏度随池体温度升高而下降，同时池体温度还限制着桥路电流的增大，所以池体温度低一些是有利的，但不能低于柱温，否则样品将在池内冷凝。池体温度的稳定性明显影响着仪器的稳定性，池体温度变化应小于 0.05 ℃。

16.2.3　氢火焰离子化检测器(FID)

　　氢火焰离子化检测器简称为氢焰检测器，氢焰检测器结构简单，线性范围宽，响应快，灵敏度高，可检测 ppb 级的痕量物质，它对绝大多数有机化合物都有响应，应用范围广泛。但检测时样品被破坏。

　　氢焰检测器主要部分是一个离子化室(图 16-4)，一般用不锈钢制成，包括气体入口、火焰喷嘴、极化极和收集极。喷嘴附近设置有点火线圈。从色谱柱流出的载气与氢气混合，一起由喷嘴喷出。氢气在空气的助燃下经引燃后燃烧，作为能源；在极化极和收集极之间施加 $150\sim300$ V 的极化电压，形成一个静电场，使因火焰激发而产生的离子定向移动，形成电流。

　　当只有载气通过喷嘴时，载气中极微量的杂质会被电离，形成微弱的电流，叫作基流，一般约为 $10^{-11}\sim10^{-12}$ A。当被测有机组分通过喷嘴时，电流急剧增大，可达 10^{-7} A。由测量高阻提取的电压信号，经微电流放大器放大后，在记录仪上得到色谱峰。检测

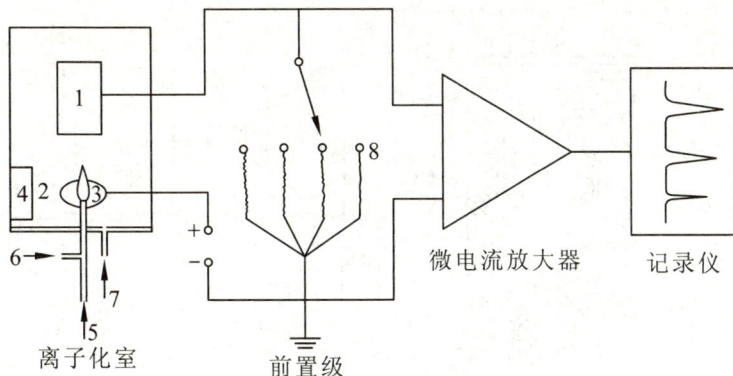

图 16-4　氢火焰离子化检测器示意图
1—收集极　2—极化极　3—喷嘴　4—点火线圈
5—载气入口　6—氢气入口　7—空气入口　8—高阻

器输出信号的大小取决于单位时间进入离子化室的组分量。

氢焰检测器的检测原理是基于：①氢在氧中燃烧生成的火焰为有机物分子的燃烧和电离提供了能源；②有机物分子在氢火焰中进行化学电离；③化学电离产生的离子在置于火焰附近的静电场中定向移动而形成离子流。

一般认为，有机物分子在氢火焰中进行化学电离，以苯为例：

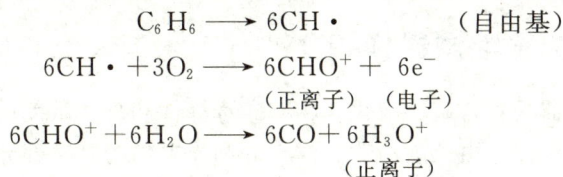

$$C_6H_6 \longrightarrow 6CH \cdot \qquad （自由基）$$

$$6CH \cdot + 3O_2 \longrightarrow 6CHO^+ + 6e^-$$
$$（正离子）\quad（电子）$$

$$6CHO^+ + 6H_2O \longrightarrow 6CO + 6H_3O^+$$
$$（正离子）$$

正离子和电子在电场的作用下产生电流。

氢焰检测器一般用氮气作载气，其流速根据分离来考虑。氢气作为燃气，其流速大小影响检测器的灵敏度和稳定性，一般氢气与氮气流量之比为 $1:1 \sim 1:1.5$。空气是助燃气，并为离子化过程提供氧，且起清扫离子化室的作用，一般氢气与空气流量之比为 $1:10 \sim 1:20$。

检测室的温度对灵敏度的影响不大，但应高于 100 ℃，最好应高于柱温50 ℃，以免水蒸气和样品蒸气冷凝。

16.2.4　电子捕获检测器(ECD)

电子捕获检测器是高灵敏度的选择性检测器，对电负性物质，如含卤素、硫、磷、氮、氧的物质响应很大，可检测 10^{-14} g/mL 的电负性物质。

电子捕获检测器的结构如图 16-5 所示。在检测池体内有一个圆筒状 β 射线源(^{3}H 或 ^{63}Ni)作为阴极，一个与它同轴的不锈钢棒作阳极，两极间施加直流或脉冲电压，形成电场。

电子捕获检测器的检测原理是基于：①检测器内有能放出 β 射线的放射源；②载气分子能被 β 射线电离，在电极间形成一定的基流；③样品分子有能捕获电子的官能团。

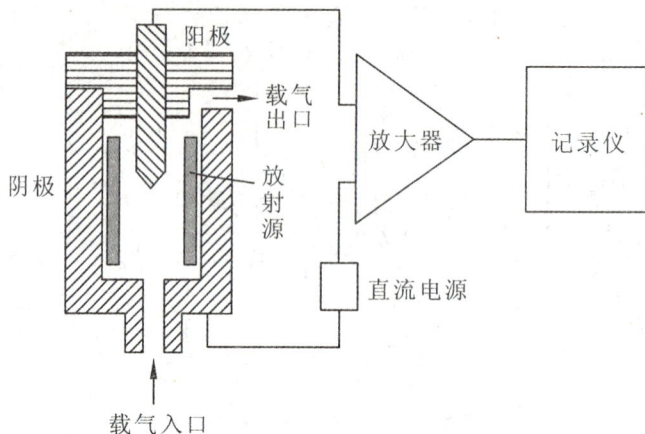

图 16-5　电子捕获检测器示意图

当载气氮气进入检测池体时,在 β 射线作用下发生电离,产生慢速度低能量的电子和正离子,在电场作用下,电子和正离子定向移动形成恒定的基流。当具有电负性的组分随载气进入检测器时,它捕获电子形成负离子,负离子与载气电离产生的正离子复合成中性分子。由于这一过程使电极间的电子和离子数目减少,导致基流降低,产生负信号而形成倒峰。信号大小与样品浓度呈线性关系。

16. 2. 5　火焰光度检测器(FPD)

火焰光度检测器是对含硫、磷化合物有高选择性和高灵敏度的一种检测器。它是一个简单的火焰发射光度计,由火焰喷嘴、滤光片和光电倍增管三部分组成(图 16-6)。其检测原理是基于:①检测器中有富氢火焰,为含硫、磷的化合物提供燃烧和激发的条件;②样品在富氢火焰中燃烧时,含硫、含磷化合物能发射出特征光;③特征光通过滤光片后,由光电倍增管把光强度转换成电信号。

当含硫、磷化合物在火焰光度检测器的富氢火焰中燃烧时($H_2 : O_2 > 3 : 1$),发射出波长分别为 394 nm 和 526 nm 的特征光,这些发射光通过滤光片而照射到光电倍增管上,将光转变为光电流,经放大后在记录仪上记录出色谱峰。

16. 2. 6　检测器的性能指标

1. 检测器的灵敏度

一定浓度或一定质量 Q 的样品进入检测器后,会产生一定的响应信号 R。如果以响应信号 R 对样品量 Q 作图,可得到一条通过原点的直线,见图 16-7。

图中直线的斜率就是检测器的灵敏度,以 S 表示。因此灵敏度就是响应信号对进样量的变化率,

$$S = \frac{\Delta R}{\Delta Q} \tag{16-6}$$

对于浓度型检测器,ΔR 取 mV,ΔQ 取 mg/mL,灵敏度 S 的单位为 $\dfrac{mV \cdot mL}{mg}$;对于

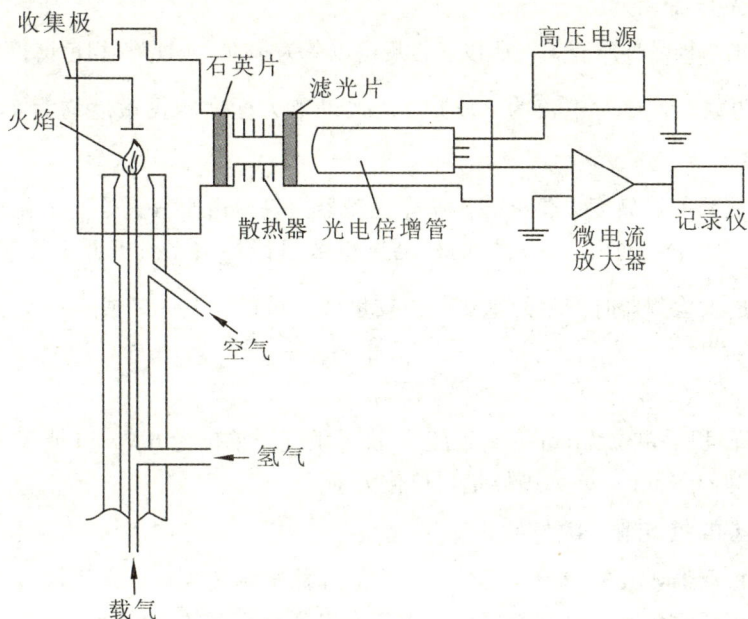

图 16-6 火焰光度检测器示意图

质量型检测器，ΔQ 取 g/s，灵敏度 S 的单位为 $\dfrac{\text{A} \cdot \text{s}}{\text{g}}$。

灵敏度 S 是检测器性能的重要指标，可用来评价检测器的好坏，并可与其他种类的检测器比较。我们希望检测器有较高的灵敏度。由图 16-7 可知：①在同一检测器上 A，B 两种物质的斜率不同，即检测器的灵敏度与样品性质有关；②对任何检测器，进样量都是有限度的，叫作最大允许进样量 $Q_{最大}$，超过此限度，则信号就不再与进样量成线性关系；③灵敏度越大，检测器的最小检测量 $Q_{最小}$ 越小。

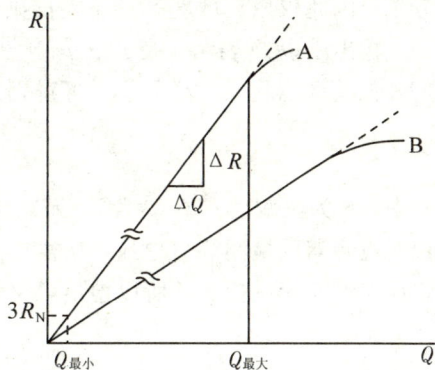

图 16-7 检测器的 R-Q 关系图

浓度型检测器的响应信号与载气中组分的浓度成正比，以热导检测器为例，热导检测器对液体样品的灵敏度规定为：1 mL 载气中含 1 mg 样品时检测器给出的毫伏数（mV），单位为 $\dfrac{\text{mV} \cdot \text{mL}}{\text{mg}}$。热导检测器的灵敏度可在一定操作条件下，向色谱柱中加入一定量的纯苯样品，由所得峰面积计算，

$$S = \frac{A_i \cdot F_D \cdot u_2}{u_1 m} \tag{16-7}$$

式中，A_i 为峰面积，$A_i = 1.065 \times h \times W_{1/2} \times$ 衰减，单位为 cm^2；F_D 为检测器中的载气体积流速，即根据检测室温度校正的校正体积流速，单位为 mL/min；u_2 为记录仪灵敏度，单位为 mV/cm，即单位长度记录纸所代表的毫伏数；u_1 为记录纸转速，单位为 cm/min；

m 为进样量，单位为 mg。

因为灵敏度与样品性质有关，所以通常规定以苯为标准。国产气相色谱仪中的热导检测器，当以 H_2 为载气，电桥电流为 200 mA 时，以苯为标准的灵敏度均为 1 000 $\dfrac{mV \cdot mL}{mg}$ 以上。

质量型检测器的灵敏度以氢火焰离子化检测器为例，由于氢火焰离子化检测器产生的离子流强度，与单位时间内进入火焰的样品质量数呈线性关系，因此灵敏度定义为：1 s 内有 1 g 样品进入检测器时产生的毫伏数或安培数，单位为 $\dfrac{mV \cdot s}{g}$ 或 $\dfrac{A \cdot s}{g}$，计算公式为

$$S = \frac{60A_i \cdot u_2}{u_1 m} \tag{16-8}$$

式中，A_i 为峰面积，单位为 cm^2；u_2 为记录仪灵敏度，单位为 mV/cm 或 A/cm；u_1 为记录纸转速，单位为 cm/min；m 为进样量，单位为 g。

2. 检测器的检出限（敏感度）

对于某些检测器，其输出信号要经过放大后才能输到记录仪。电子放大器几乎可以把一个信号放大到任意倍数，这样就好像可以任意提高检测器的灵敏度，其实不然，因为在放大信号时也同时放大了仪器的固有的噪声。而当噪声与信号大小相近时，两者就无法区分了。因此仅用灵敏度 S 还不能准确地衡量检测器的质量，需要应用检出限这一指标。

检出限以 D 表示，是指在噪声背景上恰能产生可辨别的信号时，在单位体积或单位时间需向检测器送入的样品量。可辨别的信号一般规定要等于 3 倍噪声，即

$$D = \frac{3R_N}{S} \tag{16-9}$$

式中，S 为灵敏度；R_N 为噪声（mV 或 A）。检出限的单位为 mg/mL 或 g/s。检出限越小，说明检测器的检测能力越强，所需要的样品量越少。当样品量低于 D 值时，样品峰将被噪音所淹没而无法检测，所以检出限又称为检测器的最小检测量。

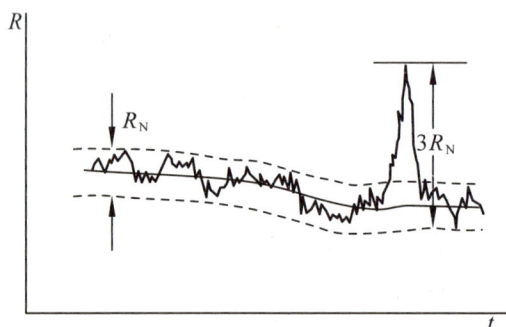

图 16-8　噪声和检出限

所谓噪声 R_N，即在只有载气通过检测器时，由于某些未知的偶然因素所引起的基线快速波动。R_N 的大小以基线起伏（峰对峰）的最大距离表示，见图 16-8。

需要注意，检测器的检出限与色谱分析的最小检出量不同。前者是衡量检测器性能的指标，仅与检测器质量有关，而后者是指检测器出现能检测信号时，所需进入色谱柱的最

小物质量，除检测器性能外，尚受柱效率及操作条件的影响。其单位也与前者不同，为毫克或毫升。

3. 线性范围

在检测器的响应信号 R 与进样量成线性关系的范围内，最大允许进样量 $Q_{最大}$ 与最小检测量 $Q_{最小}$ 之比，叫作检测器的线性范围。这个范围越大，越有利于准确定量。

4. 响应速度

响应速度是指检测器跟踪组分浓度变化的速度。响应速度快，可以提高快速分析中出峰的可靠性和准确性，否则，色谱峰形失真，难于准确定量。

常用检测器的主要性能见表 16-2。

表 16-2　常用检测器性能比较

检测器类型	热导 （TCD）	氢焰 （FID）	电子捕获 （ECD）	火焰光度 （FPD）
灵敏度	$1\ 000 \sim 2\ 000$ $mV \cdot mL/mg$(苯)	$0.01\ A \cdot s/g$ （苯）	$800\ A \cdot mL/g$ （r-666）	$400\ A \cdot s/g$ （甲基对硫磷）
敏感度	2×10^{-6} mg/mL	2×10^{-12} g/s	2×10^{-14} g/mL	10^{-12} g/s(磷) 10^{-11} g/s(硫)
线性范围	10^5	10^7	10^3	10^3
响应速度	<1 s	<0.1 s	<1 s	<0.1 s
适用范围	无机气体和有机物	含碳有机物	含卤素、硝基等亲电子化合物	含硫、磷的化合物
设备要求	(1)恒温控制； (2)稳压电源； (3)测量电桥	(1)气体中要除尽有机物； (2)放大器	(1)载气除尽 O_2，H_2O； (2)放大器	(1)硫、磷滤光片； (2)放大器

16.3　固定相

气相色谱固定相大致分为固体固定相和液体固定相两类。固体固定相的气相色谱称为气固色谱，它与样品组分的作用机理主要是吸附。液体固定相的气相色谱叫气液色谱，它与样品组分的作用机理是分配。气液色谱的应用范围远大于气固色谱。

16.3.1　液体固定相

液体固定相是由固定液和载体构成的。固定液以薄膜的形式涂在载体表面上，然后装入柱管中用于分离。

1. 固定液

(1)对固定液的要求　固定液基本上都是有机物。虽然有机物的种类很多，但到目前为止能够作为固定液用的却只有几百种，这是因为固定液必须具备：①稳定性好。在操作温度下热稳定性好，蒸气压低，与样品或载气不发生反应。前两点决定着固定液的最高使用温度。②黏度低。在操作温度下必须是液态。而且黏度越低越好，以保证固定液能均匀地分布在载体上形成均匀的液膜。这个要求决定了固定液的最低使用温度。③溶解度大。固定液对被分离的物质必须有一定的溶解能力。这样，溶质在固定液中的分配比才大，有利于分离。④选择性高。同一固定液对不同类型的溶质应具有不同的溶解能力，即容量因子 k' 要有差异，这样相对保留值 α 才大。

(2)固定液与组分分子间的作用力　　当载气携带着样品进入色谱柱后，组分分子与固定相分子间会相互作用。分子间的作用力是一种较弱的吸引力，它包括定向力、色散力、诱导力和氢键力等四种。作用的结果，在气固色谱中表现为吸附，在气液色谱中则表现为溶解。固定液与组分分子间作用力大，组分在固定液中溶解度就大，分配系数就大，也就是说，组分在固定液中溶解度或分配系数的大小与组分和固定液两种分子之间相互作用力的大小有关。

分子间的作用力有如下几种：

①定向力，也称静电力。这是由于极性分子有永久偶极矩，在极性分子之间产生静电作用力，这种作用力称为定向力。在用极性固定液分离极性组分时，分子间的作用力主要是定向力，分子的极性愈强，定向力也愈大，保留时间也愈长。因为定向力的大小与绝对温度成反比，所以在较低柱温下依靠定向力有良好选择性的固定液，在高温时选择性就变差，故升高柱温对分离不利。

②诱导力。存在于极性分子和非极性分子之间，在具有永久偶极矩极性分子的作用下，非极性分子会极化而产生诱导偶极矩。它们之间的作用力就叫诱导力。极性分子的极性越强，非极性分子越容易被极化，则诱导力就越大。例如苯和环己烷沸点接近，用非极性固定液很难将它们分离开，而且它们的偶极矩都等于零，但苯比环己烷容易极化。如果采用极性固定液，它能使苯产生诱导偶极矩而比环己烷有较大的保留值。因此利用极性固定液可将不可极化的非极性组分与可极化的非极性组分分离开。

③色散力，是非极性分子间存在的一种作用力。由于分子的正负电荷中心瞬间相对位置变化产生瞬间偶极矩，此瞬间偶极矩使周围分子极化，极化后的分子又反过来加剧瞬间偶极矩变化的幅度，从而产生色散力。对于非极性或弱极性分子而言，分子间作用力主要是色散力。

④氢键力。当分子中一个 H 原子和一个电负性很大的原子 X(如 F，O，N 等)构成共价键时，它又能和另一个电负性很大的原子 Y 以静电力的作用形成"氢键"，以 X—H⋯Y 表示。这是一种比较强的分子间作用力。当固定液分子中含有—OH，—COOH，—COOR，—NH₂，=NH等官能团时，对含氟、含氧、含氮化合物常有显著的氢键作用力。作用力强的，在柱内保留时间长。X，Y 的电负性越大，Y 的半径越小，则氢键作用力也越强。—CH₂—中的碳原子电负性很小，因而 C—H 键不能形成氢键，即饱和烃之间没有氢键作用力存在。

在两个分子之间，往往不仅存在一种作用力，而是几种作用力兼而有之，只是组分和固定液的性质不同，起主要作用的力不同。在色谱分析中，只有当组分与固定液分子间作用力大于组分分子间的作用力时，组分才能在固定液中进行分配，达到分离的目的。

(3)固定液的分类　　选择固定液是色谱工作中的一个关键性问题，因为只有固定液选得合适，才能得到良好的分离和快速的分析。因此要想尽快地选出合适的固定液，就需要对固定液的品种、性能、选择性等有基本了解，按其分离特性归类。

①按固定液的化学结构分类　如果把具有相同官能团的固定液排列在一起，然后按官能团的类型不同而分类，这样就便于按组分与固定液"结构相似"原则选择固定液时参考，同时还可以从化学结构进而了解固定液的分离特性。

a. 烃类。包括烷烃、芳烃以及它们的聚合物。常用的有角鲨烷、阿皮松、石蜡油、聚苯乙烯等。这是一类极性最弱的固定液，适用于非极性化合物的分离。对非极性或弱极性组分分子的保留能力主要取决于色散力，由于色散力与沸点成正比，组分基本按沸点顺序流出。

b. 聚硅氧烷类。聚硅氧烷类固定液是目前使用最广泛的一种固定液，约占全部固定液的一半。这是因为聚硅氧烷类固定液既有较好的选择性，又有较广泛的适用性，既有较宽的温度使用范围，又有较好的稳定性。其硅原子上可以引入多种官能团，产生出具有不同极性的固定液，因此广泛用于分析各类化合物，有通用型固定液之称。聚硅氧烷类固定液包括聚甲基硅氧烷、苯基聚硅氧烷、卤烷基聚硅氧烷等。近年来又发展了耐热性好、极性较强的新型聚硅氧烷固定液，即聚碳硼烷硅氧烷和氰丙基聚硅氧烷。

c. 醇类和醚类。包括一元醇、多元醇及其聚合物、糖类及其衍生物等。它们均含有羟基或醚基，是一类极性很强的固定液，对组分的保留能力主要取决于氢键作用力。最常用的有聚乙二醇类，例如聚乙二醇-20000（PEG-20M）。O_2 能使聚乙二醇类固定液断链而失去分离能力，因此使用这类固定液需用高纯气体作载气。

d. 酯类和聚酯类。包括有机酸酯和无机酸酯以及它们的聚酯。此类固定液大部分具有中等极性，对组分的保留能力往往取决于氢键作用力。其中如邻苯二甲酸二壬酯等，分子中既含有极性基团，又含有非极性基团，应用面较宽。

e. 腈和腈醚。这是一类极性非常强的固定液，对组分的保留能力主要取决于诱导力或氢键作用力。强极性固定液 β,β'-氧二丙腈属于这一类。

此外，还有胺类、硝基苯类、聚酰胺类、杂环类等；还有具有特殊选择性的有机皂土、液晶和金属盐类等。

②按固定液的相对极性分类　极性是固定液重要的分离特性，按相对极性分类是一种简便而常用的方法。

固定液的相对极性 P 的测定方法是：一般规定极性的 β,β'-氧二丙腈 $P_0=100$，非极性的角鲨烷 $P_0=0$。再选一对物质，常用正丁烷-1,3-丁二烯或环己烷-苯，然后分别测定它们在氧二丙腈、角鲨烷和被测固定液的色谱柱上的相对保留值，并取其对数，以 q 表示，

$$q=\lg \frac{t'_{R(丁二烯)}}{t'_{R(正丁烷)}} \tag{16-10}$$

式中，$t'_{R(丁二烯)}$ 和 $t'_{R(正丁烷)}$ 分别为 1,3-丁二烯和正丁烷的调整保留值。

被测固定液的相对极性 P_x 按下列公式计算：

$$P_x=100-100 \frac{q_0-q_x}{q_0-q_s} \tag{16-11}$$

式中，q_0，q_s，q_x 分别为 1,3-丁二烯与正丁烷在氧二丙腈柱、角鲨烷柱和被测固定液柱上相对保留值的对数值。

各种固定液的相对极性都落在 0～100。将相对极性从 0～100 分为五级，每 20 为一级，用"＋"表示，例如，邻苯二甲酯二壬酯相对极性为 25，级别为＋2。己二酸二乙二醇聚酯相对极性为 80，级别为＋4。非极性固定液以"－"表示。固定液可按极性顺序排列成表，便于按极性相似原则选固定液时参考。

用相对极性表示固定液的极性大小，简便易用，但比较粗略，因为它只用了正丁烷和 1,3-丁二烯（或环己烷和苯）两种标准物质，不能反映出被分析物质与固定液分子间的全部作用力，而只是较多地反映出分子间的诱导力，在极性的表达上是不完善的。

③按固定液的特征常数分类　特征常数也是固定液极性的重要表示方法之一。

罗氏常数　罗尔塞奈德(Rohrschneider)认为一些物质在极性固定液和非极性固定液上保留指数之差，可作为该固定液相对极性的量度，

$$P=\Delta I=I_p-I_s=ax \tag{16-12}$$

式中，P 为固定液的相对极性；I_P 为物质 M 在被测固定液(P)上的保留指数；I_S 为物质 M 在非极性固定液(S)上的保留指数(S 通常指角鲨烷)；a 称为组分常数；x 称为固定液的特征常数。

物质 M 在某一固定相上的保留指数，取决于其分子与固定液分子间各种相互作用力的大小。为了更全面地表示被测固定液的分离特性，罗氏以性质不同的五种化合物苯、乙醇、甲乙酮、硝基甲烷、吡啶作为标准物质进行测定，得出表示固定液特征的五个常数 aX，bY，cZ，dU，eS，总极性用下列式子表示：

$$\Delta I=aX+bY+cZ+dU+eS \tag{16-13}$$

式中，a，b，c，d，e 分别代表苯、乙醇、甲乙酮、硝基甲烷和吡啶的组分常数，并规定当 a 为 100 时，其他为 0；当 b 为 100 时，其他为 0，依此类推。而 X，Y，Z，U，S 为固定液分别对应于苯、乙醇、甲乙酮、硝基甲烷和吡啶五种化合物的特征常数，其值等于对应的 ΔI 除以 100。例如，

$$X=\frac{\Delta I^{苯}}{100}=\frac{I_P^{苯}-I_S^{苯}}{100} \tag{16-14}$$

求得的 X，Y，Z，U，S，即表示固定液极性的各种作用力的罗尔塞奈德常数。ΔI 值越大，对于选定的化合物而言，固定液的极性越强，即可以认为 ΔI 是固定液相对极性大小的量度。

麦氏常数　鉴于测定罗氏常数时需用 C_5 或 C_5 以下的气态正构烷烃作为参比物来测定 I 值，实验数据误差较大。在罗尔塞奈德的工作基础上，麦克雷诺(McReynolds)选择了 68 种化合物在 25 种固定液柱上作了分析，选出十种对柱子分类最有代表性的标准物质，即苯、正丁醇、2-戊酮、硝基丙烷、吡啶、2-甲基戊醇-2、1-碘丁烷、2-辛炔、1,4-二噁烷和顺八氢化茚于 120 ℃测定了 226 种固定液与角鲨烷之间的 ΔI 值。麦克雷诺认为，前五种化合物足够用来表达固定液的相对极性，其特征数值为

$$X'=\Delta I^{苯} \tag{16-15}$$
$$Y'=\Delta I^{正丁醇} \tag{16-16}$$
$$Z'=\Delta I^{2-戊酮} \tag{16-17}$$
$$U'=\Delta I^{硝基丙烷} \tag{16-18}$$
$$S'=\Delta I^{吡啶} \tag{16-19}$$

麦克雷诺用 ΔI 值表示特征常数值，这些值除以 100 后就与罗氏常数相似。

五个 ΔI 的总和叫总极性，其平均值叫平均极性。总极性或平均极性越大，该固定液的极性越强。麦克雷诺特征常数 ΔI，是采用了五种标准物质，代表性强，分类更细致，选用固定液时更有参考价值。

（4）常用固定液　固定液的种类很多，但就其分离特性而言，有些固定液是相同的或是相近的，经优选后常用固定液见表 16-3。选择的标准是：有良好的分离特性；易于重复制备和精制；热稳定性好，使用温度范围宽；极性范围广，极性间距均匀。一般认为，绝大部分日常遇到的分析任务，均可用这些固定液完成分离。而其中的 SE-30，OV-17，QF-1，PEG-20M 和 DEGS 是最为常用的五种固定液。

表 16-3　常用固定液

名　称	商品名称或牌号	相对极性	平均极性	使用温度范围/℃	溶　剂	选择性或适宜分析对象
角鲨烷	SQ	—(0)	0	20～150	乙醚、甲苯	基准非极性固定液，适于分析气态烃、轻馏分液态烃(C_1～C_8)
甲基聚硅氧烷	SE-30 OV-101 DC-200 甲基硅油I 硅酮弹性体I 硅酮弹性体II	+1(13)	43 46 45	0～350 350 250 200 200 300	氯仿、甲苯、二氯甲烷、氯仿+丁醇（1:1）	适于各种高沸点化合物，如多核芳烃、脂肪酸及酯、甾类、金属螯合物
苯基(10%)甲基聚硅氧烷	OV-3 硅油I、硅油II、苯基甲基硅油	+1	85	0～350 200 250		
苯基(25%)甲基聚硅氧烷	OV-7 DC-550	+2(20)	118 124	300 225	丙酮、苯、二氯甲烷	适于各种高沸点化合物，对芳香族和极性化合物的保留值增大。含苯基越多，固定液极性也越大。 DC-710 + PEG-20M 可分析多核芳烃。 OV17+QF-1 可分析含氯农药
苯基(50%)甲基聚硅氧烷	DC-710 OV-17 硅油III 硅油IV 硅油V	+2	165 177	200 300 280 250 180		
苯基(60%)甲基聚硅氧烷	OV-22	+2	215	300		

续表

名　称	商品名称或牌号	相对极性	平均极性	使用温度范围/ ℃	溶　剂	选择性或适宜分析对象
三氟丙基(50%)甲基聚硅氧烷	QF-1 OV-210	+3	300 304	50~250 250	仿、二氯甲烷	含卤化合物，金属螯合物、甾类。能从烷烃、环烷烃分离芳烃和烯烃，从醇分离酮
β-氰乙氧基(25%)甲基聚硅氧烷	XE-60 OV-225	+3(52)	357 363	20~275 50~275		选择性地保留极性、芳香族化合物，可分析苯酚、酚醚、芳胺、生物碱、甾类化合物
聚乙二醇	PEG-4000 PEG-6000 PEG-20M	+4	471 464 462	50~175 50~175 >200	丙酮、氯仿、二氯甲烷	能选择性地保留、分离含氧、氮的官能团及氧氮杂环化合物
己二酸二乙二醇聚酯	DEGA	+4(80)	553	50~250		分离 C_1~C_{24} 脂肪酸甲酯、甲酚异构体
丁二酸二乙二醇聚酯	DEGS	+4	686	50~220		分离饱和及不饱和脂肪酸酯、苯二甲酸酯异构体
1,2,3-三(2-氰乙氧基)丙烷	TCEP	+5(98)	829	175	氯仿、甲醇	选择性保留低级含氧化合物(如醇)、伯胺、仲胺、不饱和烃、环烷烃和芳烃、脂肪酸异构体

2. 载体

载体，也叫担体，大多是一些惰性的、多孔性固定颗粒。载体起支持固定液的作用。

理想的载体应具备稳、大、匀三个方面的特点。即化学性质稳定，表面没有吸附和催化活性，不与被分析物质和固定液起化学反应，热稳定性好，有一定的机械强度；表面积大；颗粒大小和孔隙分布均匀。要找到理想的载体是困难的，只能找出性能较好的载体。

(1)载体的种类及性能　气液色谱所用载体可分为硅藻土型和非硅藻土型两类。常用的是硅藻土型载体，由于制作方法不同，又可分为红色载体和白色载体两种。常用载体的性能见表 16-4。

(2)硅藻土载体的预处理　常用的载体，尤其是应用最广的硅藻土载体，其表面并非完全惰性，仍有不同程度的活性中心，特别是在固定液用量较小并用于分析极性样品时，表面的非惰性就会对分离有明显的影响，使柱效降低，色谱峰拖尾。

表 16-4　常用载体的分类及性能

载体类型	硅藻土型载体		非硅藻土型载体	
	红色载体	白色载体	玻璃微球	氟塑料
化学组成	SiO_2，Al_2O_3，Fe_2O_3，少量 CaO，MgO 等。外观呈微红色，略显酸性。由天然硅藻土和适量黏合剂烧制而成	SiO_2，Al_2O_3，Fe_2O_3，少量 CaO，MgO，Na_2O 和 K_2O 等。外观呈白色。略显碱性。由天然硅藻土和助熔剂如 Na_2CO_3 烧制而成	硬质玻璃烧制成的小球；化学组成随品种而定	聚四氟乙烯或聚三氟氯乙烯小球
比表面积/(m^2/g)	3~10，孔径较小	1~3，孔径较大	0.1~0.2	<2
催化性和吸附性	有	较小	小	很小
涂渍难易	易	易	易	难
最高使用温度/℃	一般可大于 500，硅烷化后小于 270	一般可大于 500，硅烷化后小于 270	250	<180
用途	适于分离非极性及弱极性化合物。柱效较高，液相负荷量大，分离极性化合物时易拖尾	适于分离极性化合物。柱效和液相负荷量比红色载体均低，但惰性好，拖尾小	当固定液含量小于 1% 时，能在较低柱温下分离沸点较高的物质	用于特殊分离，如分离强腐蚀性、强极性化合物

载体表面活性主要是由于硅藻土型载体表面有相当数量的硅醇基团 —Si—OH 以及 ＼Al—O—，＼Fe—O— 等基团和细孔结构，并呈现一定的 pH，故担体表面既有吸附活性，又有催化活性。因此，需经酸洗、碱洗或硅烷化等方法进行处理，从而降低其表面活性，提高柱效率。酸洗、碱洗，是用浓盐酸、氢氧化钾甲醇溶液分别浸泡，以除去铁等金属氧化物杂质及表面的氧化铝等酸性作用点。硅烷化是用硅烷化试剂与载体表面的硅醇基起反应生成硅醚，以消除载体表面的氢键结合能力，从而改进载体的性能。常用的硅烷化试剂有二甲基二氯硅烷（DMCS），六甲基二硅胺烷（HMDS）和三甲基氯硅烷（TMCS）等。载体若先经酸洗再进行硅烷化，则效果更好。硅烷化处理过的载体表面活性显著降低，可用于分析强极性或能形成氢键的物质。但硅烷化也会带来不利的一面，即比表面缩小，表面由亲水性变为疏水性，使极性固定液难以涂敷均匀，且只能在低于 270 ℃的柱温下使用。

16.3.2　固体固定相

固体固定相包括吸附剂和聚合物固定相两类。将它们直接装入柱管中就可用于分离。

1. 吸附剂

常用的固体吸附剂主要有：

(1) 活性炭　为非极性吸附剂，可用来分离永久性气体和低沸点碳氢化合物，不宜用来分离极性化合物和高沸点组分。

(2) 氧化铝　为弱极性的吸附剂，可用来分离 $C_1 \sim C_4$ 烃类异构体，在低温下可分离氢的同位素。

(3) 硅胶为极性吸附剂，一般用来分析 $C_1 \sim C_4$ 烃类，N_2O，SO_2，CS_2，H_2S，COS，SF_6 和 CF_2Cl_2 等物质。

(4) 分子筛是合成的硅铝酸盐，为强极性吸附剂，特别适用于永久性气体(例如 O_2 和 N_2)和惰性气体的分离。

吸附剂是应用最久的固定相。其最大特点是热稳定性好，无流失现象；对气态烃和永久性气体的分离具有很好的选择性。由于气体在一般固定液里溶解度甚小，还没有一种满意的固定液能分离它们，而在吸附剂上，其吸附热差别较大，可以得到满意的分离，因此吸附剂在气体分析上有很重要的地位。然而吸附剂有下列缺点：品种少；吸附等温线非线性，进样稍多色谱峰就不对称，柱效较低；吸附剂表面积大，微孔多而长，分离过程中扩散阻力大，使色谱峰拖尾；吸附剂一般具有催化活性，不能用于高沸点物质的分离等，使吸附剂的应用受到很大限制。近年来通过改变吸附剂表面的物理化学性质，研制出表面结构均匀的吸附剂(例如石墨化碳黑和碳分子筛等)，克服了吸附剂的一些缺点，扩大了气固色谱的应用范围。

2. 聚合物固定相

聚合物固定相由于其特殊的色谱分离性能，受到广泛地重视。它既是一种性能优良的吸附剂，可直接作为固定相使用，又可作为载体，涂以液体固定相后使用。

常用的聚合物固定相主要是以苯乙烯和二乙烯基苯交联聚合而成的小球。改变合成材料和聚合条件，可以合成极性、孔径、分离性能各不相同的多种类型的聚合物以适应不同的需要。聚合物固定相机械强度高，表面结构均匀，虽然比表面积很大，但对极性物质没有有害的吸附活性，因此不论是分析非极性或极性样品都能得到对称峰，极有利于分析如水、醇、酸、腈类等强极性物质。表 16-5 列出了一些国产常用聚合物固定相的基本性能及其用途，以供参考。

这类固定相对水的保留值相当小，且因其分离顺序基本上是按相对分子质量大小，故相对分子质量较小的水分子，可以在一般有机物之前流出。因此特别适于有机物中痕量水的分析。有些样品虽然不需要测定水，但用这类固定相时，分析前可免去干燥步骤。

聚合物固定相直接用作固定相时，由于没有液膜，不存在流失问题，在最高允许温度下使用，也没有热解现象，对高灵敏度检测器也能获得稳定的基线，有利于大幅度程度升温操作，可用来分离沸点范围很宽的样品。

表 16-5　常用聚合物固定相

名　称	比表面/(m²/g)	极性	最高使用温度/℃	用　途	同类型其他产品
GDX*-101	330	非	270	气体、低沸点化合物、微量水分	401 有机载体，B-101
GDX-102	680	非	270	沸点较高的化合物，$C_1 \sim C_{10}$ 游离酸，微量水分	402 有机载体，B-102
GDX-103	670	非	270	沸点较高的化合物，$C_1 \sim C_{10}$ 游离酸，微量水分；正丁醇-叔丁醇等液体样品	403 有机载体，Porapak-Q**
GDX-104	590	非	270	分析气体，如半水煤气等	
GDX-105	610	非	270	分析微量水及永久性气体等	
GDX-201	510	非	270	类似于 GDX-102，但性能稍差，水峰稍有拖尾	
GDX-202	480	非	270	孔径较大，可分析沸点较高的化合物，保留时间较短	
GDX-203	800	非	270	可分离高沸点液体	
GDX-301	460	弱	270	氯化氢、乙炔的分析	Chromosorb**-101，Chromosorb-106，Porapak-P
GDX-401	370	中	250	氯化氢中微量水，甲醛水溶液和氨水等的分析	Chromosorb-102，Chromosorb-103，Chromosorb-105，Chromosorb-107
GDX-403	280	中	250	氯化氢中微量水，甲醛水溶液及低级胺中水的分析	Porapak-S，Porapak-N
GDX-501	80	较强	270	分析 C_4 异构体	404 有机载体
GDX-502	170	较强	250	CO，CO_2，$C_1 \sim C_4$ 烯烃。能完全分离乙烷、乙烯和乙炔	Porapak-R
GDX-601	90	强	200	环己烷和苯	Chromosorb-104，Porapak-T
TDX***-01 TDX-02	800	非	>500	稀有气体，永久性气体，$C_1 \sim C_4$ 烃类	碳分子筛

　*　GDX 是高分子多孔小球，汉语拼音缩写

　**　Porapak，Chromosorb 系列均为美国产品

　***　TDX 是碳分子多孔小球，汉语拼音的缩写

16.4　气相色谱条件的选择

气相色谱条件包括分离条件和操作条件。分离条件是指色谱柱；操作条件是指柱温、载气、进样条件以及检测器等。一个理想的色谱条件应该在较短的时间内，获得较大的分离度，并有较高的灵敏度。

16.4.1　固定相的选择

固定相决定柱子对样品的分配比 k' 和选择性 α 等重要的性能指标。选择固定相的依据是样品的性质，因此要尽可能地了解样品情况，如样品的来源、可能含有的组分、各组分的性质(包括化学结构、极性、相对分子质量、沸点等)以及分析要求等。对样品情况了解得越多，越有利于选择。

选择固定相就是指确定固定相的类型，如使用液体固定相还需选择固定液和载体以及确定固定液和载体的配比。

对于气体及低沸点烃类样品，只有选用固体固定相，才能满意地进行分离。但对大多数有机物样品，还必须使用液体固定相才能完成分离任务。

1. 固定液的选择

为完成色谱分离任务，选择适宜的固定液是关键问题。目前，解决这个问题还没有一套严格的规律可循。通常是根据样品情况和分析要求，按照下述原则，参考文献和经验加以选择。

(1)"相似相溶"原则　"相似相溶"是物质溶解性能的规律，即溶质和溶剂性质(极性、官能团、化学性质等)相似时，易于互相溶解。

在气液色谱中组分分子与固定液分子间相互作用的结果，就是组分分子溶于(分配于)固定液。当选择的固定液与组分分子的性质相似时，二者的作用力强，分配比 k' 大，保留时间长；各组分分子之间性质差异越大，则选择性越好。

根据这个原则，分离非极性物质，一般选用非极性固定液。在非极性柱上组分与固定液之间的作用力为色散力。组分按沸点顺序分离，沸点低的组分先流出。对于同系物，则按碳数顺序分离，低相对分子质量组分先流出。如果样品是极性和非极性物质的混合物，则同沸点的极性组分先流出。分离极性物质，应选择极性固定液。组分与固定液之间的作用力主要是定向力，这时组分主要按极性顺序分离，非极性物质首先流出。固定液极性越强，非极性组分的保留值越小，极性组分的保留值越大。分离非极性和极性物质的混合物时，一般选用极性固定液，这时非极性组分先出峰，极性组分(或易被极化的组分)后出峰。分离比较复杂的样品时，如果各组分之间有沸点差别且很大时，可选非极性固定液；若各组分之间极性差别很显著，则可选择极性固定液分离。

(2)利用分子间的特殊作用力　利用分子间的特殊作用力选择固定液，其实质就是充分利用样品各组分与固定液间作用力的差异，使固定液选择性地保留某一组分。

如果难分离的物质对中，一个难极化，一个易极化，则可利用极性固定液，使其与易极化的组分通过诱导力而产生较强的作用，就能同另一个不易极化的组分分开。苯和环己烷在中等极性的邻苯二甲酸二壬酯柱上可以得到分离就是一例。

对于能形成氢键的组分，可选用键型固定液，按形成氢键能力大小的顺序分离。例如，一甲胺、二甲胺和三甲胺的沸点依次为 -6.5、7.4 和 $3.5\ ℃$，而在三乙醇胺或甘油作固定液的柱子上，三甲胺先流出，因为三甲胺不易形成氢键。最后流出的是最易形成氢键的一甲胺。

芳香族邻、间、对位异构体，可选用有机皂土或液晶作固定液而得到很好的分离。这是由于组分与固定液有特殊作用而具有特殊的保留特性。

（3）利用麦克雷诺特征常数　利用麦克雷诺特征常数表（见表 16-6）适用于两类化合物分离时固定液的选择。例如，当需要对醇的保留作用比芳烃大的柱子时，则应选择 Y' 与 X' 之比值较高的固定液；为了得到对醇的保留作用比对酮大的柱子，必须选用 Y' 与 Z' 之比值较高的固定液，例如 PEG-4000；为了分析酮中的微量醇，需找出醇在酮之前流出的固定液，则应选择 Z' 与 Y' 之比值较高的固定液，例如 QF-1。

表 16-6　麦克雷诺常数表

固定液名称	麦克雷诺常数				
	X'	Y'	Z'	U'	S'
角鲨烷	0	0	0	0	0
SE-30	15	53	44	64	41
DC-200	16	57	45	66	43
OV-101	17	57	45	67	43
ApiezonL	32	22	15	32	42
OV-3	44	86	81	124	88
OV-7	69	113	111	171	128
DC-550	74	116	117	178	135
DC-710	107	149	153	228	190
OV-17	117	158	162	243	202
OV-22	160	188	191	283	253
QF-1	144	233	355	463	305
OV-210	146	238	358	468	310
XE-60	204	381	340	493	367
OV-225	228	369	338	492	386
PEG-4000	325	551	375	582	520
PEG-6000	322	540	369	577	512
PEG-20M	322	536	368	572	510
DEGA	378	603	460	665	658
DEGS	496	746	590	837	835
TCEP	593	857	752	1 028	915

(4)利用混合固定液 对于复杂的混合物的分离，单用一种固定液，有时很难解决所有组分的分离问题，此时可选用两种或两种以上的固定液制备柱子。几种分离性能不同的固定液，若能以适当的比例混合使用，则混合固定液既同时具有各单一固定液的分离特性；又可将固定液的极性或氢键结合能力调节到样品要求的范围，使得所制备的柱子对混合物的分离既有比较满意的选择性，又不使分离所需时间太长，还能得到对称的色谱峰。

混合的办法有三种：①将不同性质的固定液按一定比例混合，涂渍于载体上。②将不同性质的固定液分别涂渍于载体上，再按一定比例混合装柱。③将不同性质的固定液分别涂渍、分别装柱，然后按适当的长度串联使用。一般按①，②两种方式制得的混合柱分离效果较好。

使用混合固定液，关键的问题是确定混合固定液的比例。目前用得比较多而又较简单的方法是图解法。现以含 C_6H_{10}，C_2H_5I，C_6H_{12} 和 CH_3I 的混合物样品为例，说明如何确定混合固定液的比例。在 10% DC-710 柱上分离情况如图 16-9 所示，而在 10% PEG-400 柱上的分离情况如图 16-10 所示。以此两图中组分的保留值为纵坐标，以固定液的浓度为横坐标作图，如图 16-11 所示。将同一组分的两个保留值点作连线，从图 16-11 上即可确定固定液的比例。对于 10% 的总浓度而言，本例 DC-710 与 PEG-400 之比可为 1.4：8.6 或 8.6：1.4。若按前者，所得色谱图如图 16-12 所示。

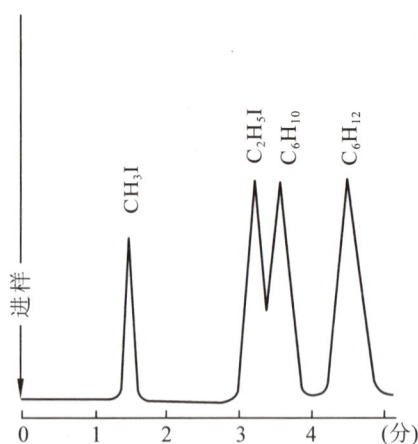

图 16-9 在 DC-710 柱上的分离

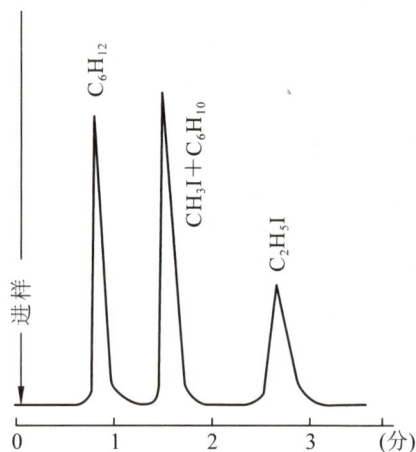

图 16-10 在 PEG-400 柱上的分离

为了制备混合柱，在用单一柱试验时，各种条件如柱长、柱径、配比、载体、载气及其流速等，应尽可能一致。如果这些条件完全相同，则用作图法求得的混合比就能准确地获得预期的分离效果。

(5)利用常备柱初试

SE-30，OV-17，QF-1，PEG-20M 和 DEGS 等五种固定液是从近千种固定液中优选出来的。目前认为这五种固定液性能较好，并有代表性。实验室可将其制成常备柱。遇到未知样品或难以选择固定液时，可先在这五根柱子上进行初试。根据分离情况，按极性顺序适当进行"调整"，或改换固定液的极性，选择出较好的一种固定液。利用常备柱有助于尽快缩小选择范围，而选出合适的固定液。

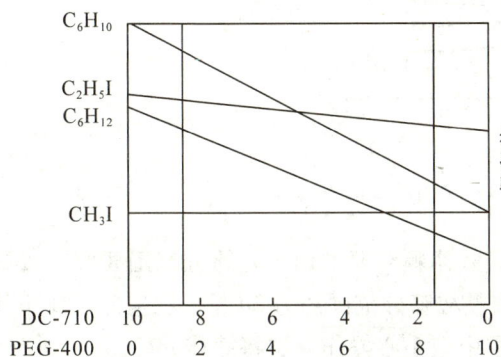

图 16-11　固定液混合比例的确定

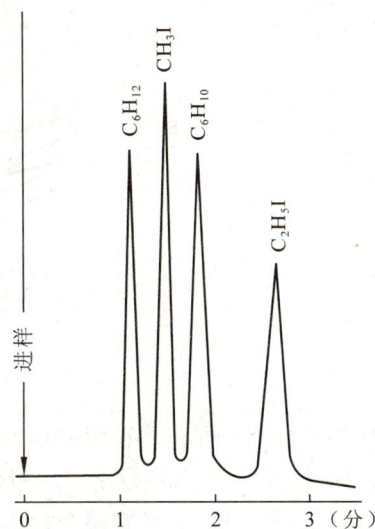

图 16-12　在混合固定液柱上的分离

2. 载体的选择

不同种类的载体表面性质不同，同一类载体经过处理后，表面性质也会改变。载体的表面性质会影响柱效率、峰形及保留值。因此应根据样品的性质、固定液的种类和用量来确定使用哪种载体。选择载体时可参考表 16-7。

载体的粒度(d_p)也影响柱效率（见图 16-13）。粒度常用筛目[①]表示。筛目大，粒度小，柱效高。但粒度太小，柱内压降增大，影响正常操作。在常规分析中多用 60～120 目的载体。一般柱内径为 3～4 mm 时，多用 60～80 目的载体；内径为 2 mm 时，多用 80～100 目的载体。柱长增加时，应采用较大颗粒的载体。

表 16-7　载体选择参考表

样　品	固定液	推荐用载体	注
非极性	非极性	未经处理的硅藻土型载体	
极性	极性	酸洗、碱洗或硅烷化的硅藻土型载体	酸性样品用酸洗载体；碱性样品用碱洗载体
极性和非极性	弱极性或极性	酸洗硅藻土型载体	
	弱极性、极性或非极性，用量小于 5%	酸洗硅烷化硅藻土型载体	
高沸点样品		玻璃微球	
强腐蚀性样品		聚四氟乙烯等特殊载体	

[①]　单位长度上筛孔的数目。我国由一机部颁发的标准中规定的数目是每 25.4 mm 长度上的孔数。

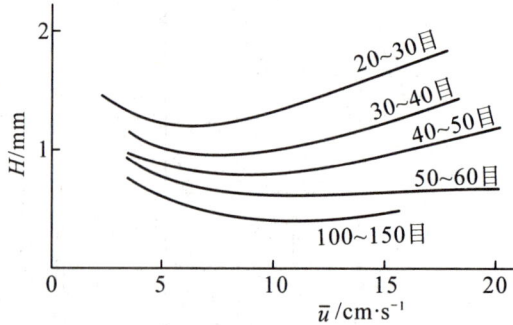

图 16-13 载体粒度对柱效的影响

载体的筛分范围即载体粒度的均匀性。载体颗粒要求均匀，筛分范围要窄，以降低填充不规则因子(A)，提高柱效率。一般使用颗粒筛分范围约为 20 目。在实际工作中使用载体时，最好过筛筛选，并且在整个操作过程中应小心操作，勿将载体弄碎。

3. 固定液的用量

固定液的用量叫作配比，也叫液担比。配比常用固定液的质量与固定液及载体总质量的比值表示。固定液的用量应足以在载体表面涂敷成薄而均匀的一层薄膜。用量太少，不足以遮盖载体表面，裸露的载体就可能与组分作用，使峰拖尾；用量太大，则液膜厚度(d_f)加大，增大传质阻力(C_s)，从而降低柱效率，延长分析时间。

配比的大小，首先取决于载体的性质。对于硅藻土载体，由于比表面积大，配比一般可大些，但绝不要超过 30%，否则由于 d_f 增大，柱效会急剧降低。聚四氟乙烯载体，配比一般小于 10%；而玻璃微球的比表面很小，配比很少超过 0.5%。

其次还要考虑分析样品的沸点。经验表明，对于气体和低沸点样品，固定液用量应该大些，配比可达 15%～25%；因为这类样品在固定液中的溶解度一般很小，只有加大固定液的用量，才足以延长样品在柱中的停留时间，显示其性质上的差异，从而达到分离目的。对于沸点在 100～200 ℃的样品，配比常选在 10%～15%；沸点为 200～300 ℃的样品，配比宜用 5%～10%；如果样品的沸点更高，常用 3% 以下的配比。

一般说来，配比宜小不宜大。配比较小，可以提高柱效率。缩短分析时间，并可在较低的柱温下分离沸点较高的样品，这就扩大了固定液的使用范围。

16.4.2 柱管的选择

1. 柱材料

常用的填充柱管有玻璃柱和不锈钢柱，有时也用聚四氟乙烯柱。应根据样品性质（如化学活性、腐蚀性等）、操作条件（如柱温、柱压）等来选择柱管材质。不锈钢柱坚固耐用，能承受较高的温度、压力，便于同仪器连接，使用较广。但不锈钢柱化学性质不够稳定，内表面不够光滑，可能与活泼性样品发生作用。玻璃柱正好相反，化学性质稳定，内表面光滑，没有催化效应，适于分析酸类、含卤化合物和腐蚀性化合物。但玻璃柱质脆易碎，安装、使用时均需小心。聚四氟乙烯管耐腐蚀，但不耐高温，使用范围受到一定限制。

2. 柱长和柱径

在相同条件下，增加柱长一般能获得较好的分离效果。根据式(15-38)求得

$$\frac{R_1}{R_2}=\frac{\sqrt{n_1}}{\sqrt{n_2}}=\frac{\sqrt{L_1/H_1}}{\sqrt{L_2/H_2}}=\frac{\sqrt{L_1}}{\sqrt{L_2}} \tag{16-20}$$

式中，L_1，R_1 为初试所用柱子的柱长和所得的分离度；R_2，L_2 为欲达到的分离度和所需要的柱长；H 为理论塔板高度，因两个柱子的其他参数相同，故其 H 值可视为相等。

虽然分离度与柱长的平方根成正比，但又因为分析时间与柱长成正比，所以增加柱长有得也有失。随着色谱试剂和色谱技术的进步，现在已能用较短的柱子获得较好的分离。目前最常用的填充柱长是 1~3 m。柱效不高时可采用其他措施弥补。

柱径对板高的影响是很大的，见图 16-14。由图可看出，内径 4.0 mm 的填充柱比 2.2 mm 的柱效率低得多，但柱子太细时柱容量太小，填充也有困难。一般分析中多用内径为 2~4 mm 的柱管。

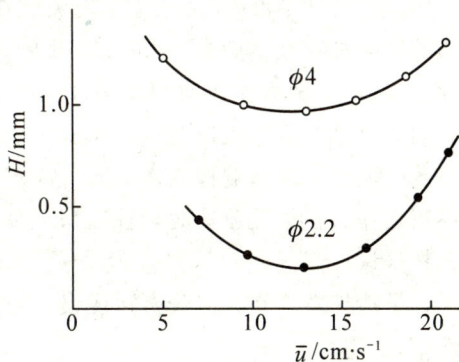

图 16-14 柱径对填充柱效率的影响

16.4.3 载气及其流速的选择

对于一根已经装好的色谱柱，当柱温和样品一定时，柱效率主要取决于载气及其流速。根据速率方程 $H=A+B/\bar{u}+C\bar{u}$，以不同流速下测得的塔板高度 H 对线速 $\bar{u}$ 作图，得 H-$\bar{u}$ 曲线，见图 16-15。在曲线的最低点，塔板高度 H 最小，称为最小板高。此时柱效率最高。该点所对应的流速即为最佳流速。最佳流速 $\bar{u}_{最佳}$ 及最小板高 $H_{最小}$ 可由式(15-27)速率方程微分求得。

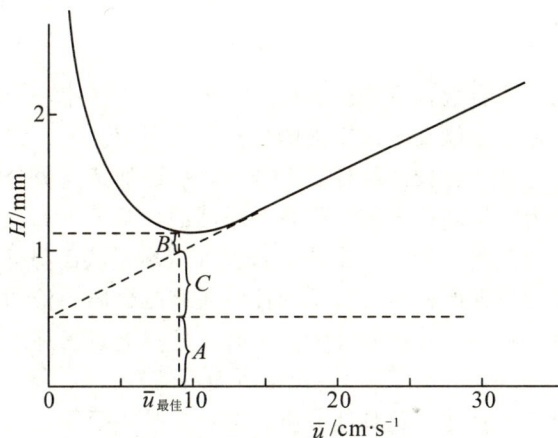

图 16-15 *H-u* 关系图

A—涡流扩散项 B—分子扩散项 C—传质阻力项

$$\frac{dH}{d\bar{u}} = -\frac{B}{\bar{u}^2} + C = 0 \qquad (16\text{-}21)$$

$$\bar{u}_{最佳} = \sqrt{\frac{B}{C}} \qquad (16\text{-}22)$$

将式(16-22)代入速率方程式(15-27)得

$$H_{最小} = A + 2\sqrt{BC} \qquad (16\text{-}23)$$

涡流扩散项 A 的影响与流速无关。在 $\bar{u}_{最佳}$ 时，A，分子扩散项 $B/\bar{u}$，传质阻力项 $C\bar{u}$ 三项的影响都存在；而当 $\bar{u}<\bar{u}_{最佳}$，即流速较小时，$B/\bar{u}$ 项就成为色谱峰扩展的主要原因；当 $\bar{u}>\bar{u}_{最佳}$ 时，随着流速的加大，$C\bar{u}$ 项的影响越来越大，直到成为影响柱效率的决定性因素。因此可见，载气流速对柱效率有很大影响。

载气流速不仅影响柱效率，而且决定分析时间。因此载气流速是操作时需要选择的重要参数之一。在最佳流速时，柱效率最高，所以如果分离是主要矛盾时，宜采用 $\bar{u}_{最佳}$。对填充柱来说，载气为 N_2，$\bar{u}_{最佳}$ 为 7～10 cm/s；载气为 H_2，$\bar{u}_{最佳}$ 为 10～12 cm/s。在最佳流速时，虽然柱效率高，但分析速度慢。若分析速度是主要矛盾时，往往使流速稍高于最佳流速。

最佳流速的大小与载气种类、样品组分的性质及固定液用量等因素有关。轻载气的 $\bar{u}_{最佳}$ 值比重载气大得多。配比大时，最佳流速偏低；配比小时，最佳流速较高。

选什么气体作载气，主要应考虑检测器的特性，其次考虑对柱效率和分析速度的影响。载气的性质对柱效率的影响主要表现在组分分子在流动相中的扩散系数 D_m 上。因 D_m 与载气相对分子质量的平方根成反比，即载气相对分子质量大，样品组分在载气中的扩散系数小。

当 $\bar{u}$ 较小时，B 项对柱效率起控制作用，应采用 N_2，Ar 等重载气，有利于降低分子扩散，减小板高。$\bar{u}$ 值较大时，C 项起控制作用。为了加快分析速度，宜用相对分子质量小的轻载气，如 H_2，He 等。

16.4.4 柱温的选择

柱温是一个重要的操作参数，直接影响柱的选择性、柱效率和分析速度。每种固定液都有一定的使用温度，柱温不能高于固定液的最高使用温度。

从对柱效率的影响考虑，在较高的柱温下分离，可以加速组分分子在气相和液相中的传质过程，减小传质阻力，提高柱效率。但是在较高的柱温下分离也加剧了分子扩散，导致柱效率下降。更重要的是使分配比 k' 变小，选择性变坏，从而降低了分离度 R。因此若分离是主要矛盾，宜选用较低的柱温。较低的柱温还有减少固定液的流失、延长色谱柱的寿命和稳定基线等优点。从缩短分析时间考虑，升高柱温能显著地缩短保留时间，加快分析速度。一般情况下，柱温每升高 30 ℃，保留时间可缩短一半。

因此，柱温的选择，要具体问题具体分析。若分离是主要矛盾时，柱温应低；而分析速度是主要矛盾时，柱温宜高。既要获得高分离度，又要缩短分析时间，实际工作中常采用低配比、低柱温的办法。温度低，k' 足够大，选择性好；配比小，液膜薄，k' 又不会太大，时间就不至于太长。

此外，柱温的选择还需考虑样品的沸点范围。柱温不能比样品沸点低得太多。分离各类组分适宜的柱温可参考表 16-8。

表 16-8　柱温选择范围

样品沸点/℃	固定液配比/％	柱温/℃
气体、低沸点样品	15～20	室温或 50 ℃ 以下
100～200 的混合物	10～15	100～150
200～300 的混合物	5～10	150～200
300～400 的混合物	＜3	200～250

对于沸程宽的多组分混合物，可使用程序升温法。即在分析过程中，按一定速度提高柱温，从而克服恒温时低沸点组分出峰拥挤以致不易辨认以及高沸点组分在柱中拖延时间过长的缺点。程序升温法能兼顾高、低沸点组分的分离效果和分析速度两个方面，使沸点不同的组分尽可能都在合适的柱温下获得分离，得到良好的色谱峰，见图 16-16。

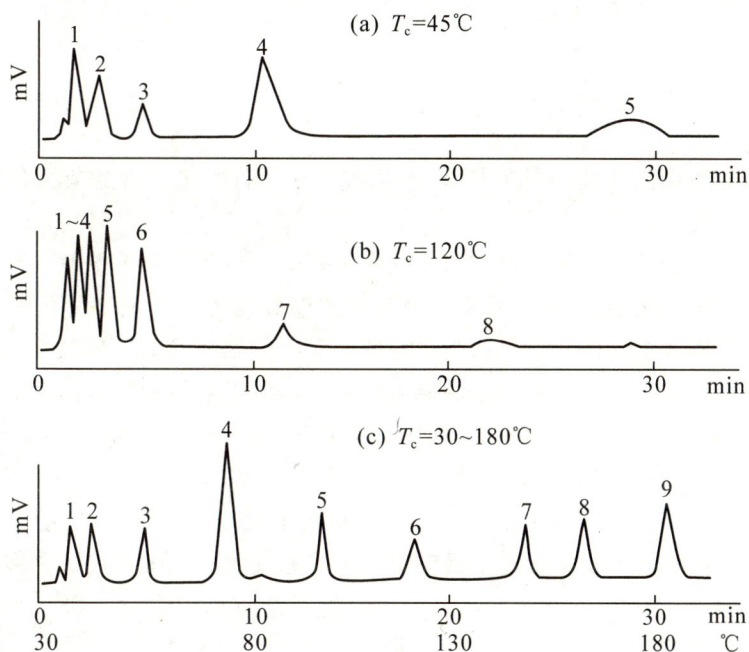

图 16-16　宽沸程试样在恒定柱温及程序升温时的分离结果比较

1—丙烷(−42.℃)　2—丁烷(−0.5℃)　3—戊烷(36℃)　4—己烷(68℃)　5—庚烷(98℃)
6—辛烷(126℃)　7—溴仿(150.5℃)　8—间氯甲苯(161.6℃)　9—间溴甲苯(183℃)

16.4.5　进样条件的选择

1. 气化温度

进样后要有足够的气化温度，使液体样品迅速完全气化后被载气带入柱中。在保证试样不分解的情况下，适当提高气化温度对分离及定量有利。尤其是当进样量大时更是如此。一般选择气化温度应比柱温高 30～70 ℃。

2. 进样量

进样量与固定相总量及检测器灵敏度有关。对内径 2～4 mm，长 2 m，配比 15％～20％的色谱柱，液体样品不得超过 10 μL，气体样品不得超过 10 mL。通常用热导检测器时液体样品为 1～5 μL；用氢火焰离子化检测器，则小于 1 μL。

3. 进样方法

进样方法包括注射深度、位置及速度，这些因素对峰高、峰宽以及峰形都有影响。如样品较易挥发，影响更为严重。进样时间过长会造成样品的扩散，使色谱峰变宽，甚至变形。

16.4.6 检测器的选择

因不同的检测器，其灵敏度、适用范围、操作难易、稳定性等各不同，故应根据分析对象和分析要求合理选择。

16.5 毛细管气相色谱简介

毛细管气相色谱法(CGC)是采用高分离效能的毛细管柱分离复杂组分的一种气相色谱法。

色谱动力学理论认为，气相色谱填充柱在运行中存在严重涡流扩散，影响了柱效的提高。1956 年 Golay 根据他提出的理论，研制了效率极高的空心毛细管色谱柱，因它细而长，早期称为毛细管柱。因为它中间是空心的，对载气是畅通的，所以 1971 年 ASTM 命名为空心柱或开口管柱。由于习惯上的原因，人们仍沿用它的传统名称毛细管柱。一根内径为 0.1～0.5 mm，长度 10～300 m 的毛细管柱，每米理论塔板数为 2 000～5 000，总柱效最高可达 10^6。它的出现使色谱分离能力大大提高，许多在填充柱上不能分离的物质在毛细管柱上均被完全分离。特别是 20 世纪 70 年代末至 80 年代初，借助于拉制光导纤维技术，石英弹性毛细管问世，促进了毛细管色谱快速发展，相继出现了许多新技术，如多孔层开管柱、键合、交联开管柱等，它们为分析复杂有机混合物，如石油成分、天然产物、环境污染、生物样品等开辟了广阔的前景。

16.5.1 毛细管色谱柱

毛细管色谱柱是毛细管色谱仪的关键部件，应具备高效、惰性、热稳定性好的性质。

1. 毛细管色谱柱的分类

毛细管柱的内径一般小于 1 mm，它可分为填充型和开管型两大类。

(1)填充型柱　它分为填充毛细管柱(先在玻璃管内松散地装入载体，拉成毛细管后再涂固定液)和微型填充柱(载体颗粒在几十到几百微米)。目前填充型毛细管使用不多。

(2)开管型柱　按其固定液的涂渍方法不同，可分为以下几种：

①涂壁开管柱(WCOT)。这种毛细管就是 Golay 最早提出的一种，它是先将毛细管内

壁预处理再把固定液直接涂在内壁上，现在绝大部分毛细管柱属于这种类型。

②多孔层开管柱（PLOT）。实际上是气固色谱开管柱。在管壁上涂一层多孔性吸附剂固体微粒，不涂固定液。

③载体涂层开管柱（SCOT）。为了增大开管柱内固定液的涂渍量，先在毛细管内壁涂一层载体，如硅藻土载体，在此载体上再涂以固定液。这种毛细管柱液膜较厚，因此柱容量较 WCOT 柱大。

④交联型开管柱。采用交联引发剂，在高温处理下，把固定液交联到毛细管内壁上。这是目前发展迅速、较理想的一类毛细管柱。

⑤键合型开管柱。将固定液用化学键合的方法键合到涂敷硅胶的柱表面或经表面处理的毛细管内壁上，由于固定液是化学键合上去的，大大提高了热稳定性。

2. 毛细管柱色谱的特点

由于毛细管柱管径细且为空心，与填充柱相比，其显著特点是柱容量小，柱效能高，柱渗透率大。

（1）柱容量。毛细管柱中固定液的含量只有几十毫克，比填充柱少几十倍至几百倍，故柱容量很小。

（2）柱效能。毛细管柱的理论塔板数高达 10^6，比填充柱高 $10\sim100$ 倍。所以用填充柱难以实现的分离，可用毛细管柱完成。例如用填充柱只能分离相对保留值 $\alpha=1.10$ 的物质对，而用毛细管柱 $\alpha=1.03$ 时也可以分离。

（3）渗透性。若以壁涂层毛细管柱为代表，毛细管柱的相比 β 值比填充柱大2~3个数量级，致使分配比、渗透性以及传质过程中控制因素均发生变化。实验结果表明，当填充柱的填充粒度和毛细管的内径相同时，毛细管柱的比渗透率为填充柱的 30 倍以上。也就是说，当所使用的载气和载气的线速度相同时，填充柱与柱长为其 30 倍的毛细管柱产生的压降相当，而理论板高却相差不大。因此毛细管色谱柱由于具有好的渗透性，十分有利于使用长柱子解决复杂试样的分析。

16.5.2 毛细管气相色谱的速率方程

Golay 提出了涂壁型毛细管柱的速率方程，其表达式为：

$$H=\frac{B}{\bar{u}}+(C_g+C_l)\bar{u} \tag{16-24}$$

式中，B 称为纵向扩散项；C_g，C_l 分别为气相、液相传质阻力。其中

$$B=2D_g \tag{16-25}$$

$$C_g=\frac{(1+6k'+11k'^2)}{24(1+k')^2}\cdot\frac{r^2}{D_g} \tag{16-26}$$

$$C_l=\frac{k'}{6(1+k')^2}\cdot\frac{d_f^2}{D_l\beta^2} \tag{16-27}$$

式中，r 为柱内半径。式（16-24）可表示为：

$$H=\frac{2D_g}{\bar{u}}+\left[\frac{1+6k'+11k'^2}{24(1+k')^2}\cdot\frac{r^2}{D_g}+\frac{k'}{6(1+k')^2}\cdot\frac{d_f^2}{D_l\beta^2}\right]\bar{u} \qquad (16\text{-}28)$$

将式(16-28)与式(15-33)相比较,可以得到以下结论:

(1) 在毛细管色谱柱中,因为只有一个气体路径,故无涡流扩散项 A,即 $A=0$。

(2) 在毛细管柱中因无填料,组分的扩散没有障碍,故在 B 项中的弯曲因子 $\gamma=1$,而在填充柱中 $\gamma<1$。

(3) 在毛细管柱中用 r 代替了相应项中填料的粒径 d_p。

16.5.3 毛细管气相色谱仪

毛细管气相色谱仪和填充柱色谱仪十分相似,不同之处在于毛细管气相色谱仪柱前多一个分流进样器,柱后加一个尾吹气路,见图16-17。

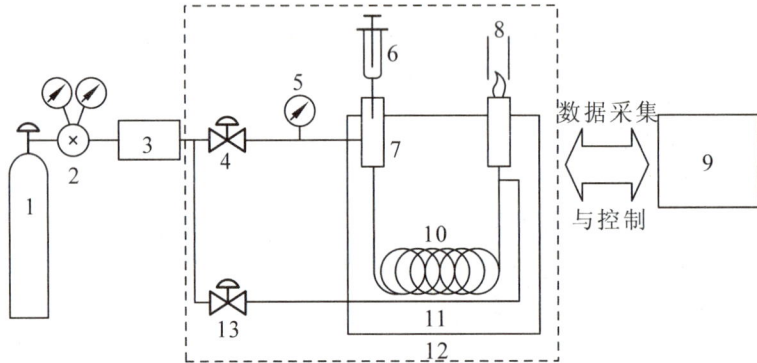

图 16-17　毛细管气相色谱仪示意图

1—载气钢瓶　2—减压阀　3—净化器　4—稳压阀　5—压力表　6—注射器　7—进样器
8—检测器　9—计算机　10—毛细管色谱柱　11—补充器(尾吹气)　12—恒温箱　13—针形阀

由于毛细管柱容量小,出峰快,因此要求瞬间注入极小量样品,对进样技术要求极严,进样器的好坏直接影响毛细管色谱的定量结果。

16.6　气相色谱-质谱联用

联用技术已成为仪器分析的一个重要发展方向。将色谱的分离技术与谱学等检测技术有机结合起来的联用技术,成为分析复杂混合物的有效手段。气相色谱-质谱联用(GC-MS)是目前最常用的一种联用技术。GC-MS质谱仪部分可以是磁式质谱仪、四极杆(四极滤质)质谱仪,也可以是飞行时间或离子阱质谱仪,目前使用最多的是四极杆质谱仪。

GC-MS要解决的一个重要问题是真空度问题。色谱柱末端出口压力为常压,而质谱仪需要高真空。从毛细管气相色谱柱中流出的成分由于体积流量小,可直接引入质谱仪进行分析;但填充柱载气体积流速大,引入质谱仪之前必须经过减压装置。用填充柱作分离柱的GC-MS仪器连接的顺序是:气相色谱仪→减压装置→质谱仪→数据处理系统。

用于填充柱的接口主要是分子分离器,常用的喷射型分离器的结构如图16-18所示。

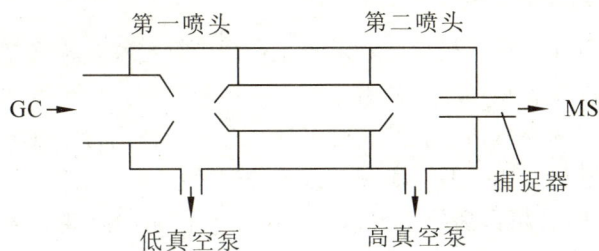

图 16-18　喷射式分子分离器结构图

它是基于在膨胀的超音速喷射气流中，不同相对分子质量的气体有不同的扩散率这一原理设计的。分离器有两级喷嘴（第一喷嘴及第二喷嘴），每级喷嘴后接一个真空泵。由于真空泵的作用，第一级喷嘴后腔体内的气体压强约为 10 Pa；第二级喷嘴后的腔体内的气体压强约为 10^{-2} Pa。色谱流出物经一小孔加速后从第一级喷嘴喷出，相对分子质量小的载气扩散快，大部分被低真空泵抽走，组分气分子质量大，扩散慢，在惯性的作用下继续直线运动至第二喷嘴进行第二次喷射。由于被真空泵抽走的主要是载气，因此，喷射过程中样品组分被浓缩。

经两次被浓缩的样气进入质谱仪后，被离子源电离成离子。离子经质量分析器、检测器之后即产生质谱信号输入计算机。随着流出组分不停地进入质谱仪，质谱仪可以不断地得到质谱信号。图 16-19 是某混合组分的 GC-MS 色谱图。

质谱仪可获得质量色谱图，又称为离子碎片色谱图。它是当色谱峰出现时，质谱仪在一定的质量范围内自动重复扫描，并将所得数据经计算机处理后给出的各质量数和色谱图。它表示在一次扫描中，某一质荷比的离子强度随时间变化的规律［图 16-19 中（b）和（c）］。计算机也可以将单次扫描中所有离子的强度相加，得总离子强度色谱图［TIC，图 16-19(a)］。

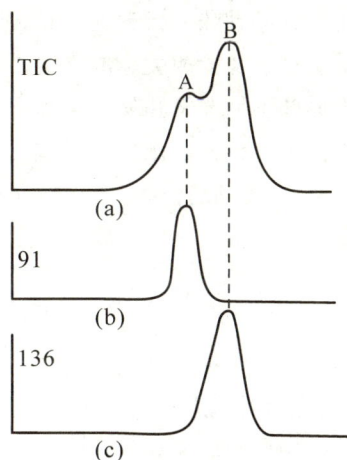

图 16-19　总离子强度色谱图和质量色谱图

质量色谱图是由一种单一质荷比的离子得到的，因此，某组分不产生这种离子碎片，也就不会出现该质荷比的色谱峰，利用这一特点可以识别具有某种特征的化合物，也可以通过选择不同质量的离子作质量色谱图，使正常色谱不能分开的两个峰实现分离，以便进行定量分析。图 16-19(a)总离子色谱图中 A，B 两组分没分开，不能定量。如果在 A 组分中选一特征质量，如 m/z 91，在 B 组分中选一特征质量，如 m/z 136，得到 A 和 B 的质量色谱图［图 16-19 中（b）和（c）］，则两组分可以得到很好的分离。通过这种方法可以对普通色谱法中分不开的组分进行定量分析。

GC-MS 的总离子强度色谱图与一般色谱仪得到的色谱图是一样的，只要所用色谱柱相同，样品出峰的顺序就相同。其差别在于，前者除具有色谱的信息外，还具有质谱信息，由每一个色谱峰都可以得到相应组分的质谱图，而一般色谱图所用的检测器，如氢火焰离子化检测器、热导检测器等,没有质谱信息。

得到质谱图后可以通过计算机检索对未知化合物进行定性。检索结果可以给出几个可能的化合物,并以匹配度大小顺序排列出这些化合物的名称、分子式、相对分子质量和结构式等。使用者可以根据检索结果和其他的信息,对未知物进行定性分析。目前最广泛使用的数据库有 NIST 库和 Willey 库,此外,还有毒品库、农药库等专用库。

综上所述,GC-MS 分析得到的主要信息有三个:样品的总离子强度色谱图、样品中每一个组分的质谱图和每一个质谱图的检索结果。

16.7　气相色谱法的应用

气相色谱法的应用极为广泛。它不仅成功地应用于不同领域中多组分物质的分离和分析,而且广泛地应用于化学理论的研究。目前它还是化工生产过程中重要的监控手段。

16.7.1　在分离分析中的应用

气相色谱法具有分离效率高、灵敏度高及速度快的特点。它的应用十分广泛,从环境污染分析、食品香味分析到医疗诊断、药物代谢研究等都有涉及。GC-MS 还是国际奥林匹克委员会进行药检相关标准方法中建议使用的分析手段。

对于那些不易挥发和易分解的物质,可采用化学转化法,使其转化为易挥发稳定的衍生物后,再进行分析。例如,某些无机物可转化成金属卤化物(如 $GeCl_4$,$SnCl_4$,$AsCl_3$ 和 $TiCl_4$ 等)或金属配合物(如 β-二酮类)之后再进行分析。对于高分子或生物大分子可用裂解色谱法,分析其裂解产物,然后得出有关信息。

16.7.2　在化学研究中的应用

气相色谱法在化学研究中的应用是多方面的。例如:

(1) 通过测定保留时间,研究某些化学平衡的性质,如相变热、溶解热、活度系数、分配系数、熵变和焓变等。

(2) 测定谱峰通过色谱柱后扩宽的程度,研究某些动力学过程,如测定液体和气体的扩散系数、反应速率常数和吸附速率常数等。

(3) 根据保留体积或者峰面积,测定物质的某些物化性质,如相对分子质量、表面积、孔率分布及液膜厚度等。

习题

1. 气相色谱仪包括哪些基本部分? 各有什么作用?

2. 热导检测器的检测原理是什么? 通常为什么用 H_2(或 He)作载气而不用 N_2? 确定采用多大桥电流的依据是什么? 使用热导检测器时应注意什么问题?

3. 试述氢火焰离子化检测器的检测原理。如何考虑氢火焰离子化检测器的操作条件?

使用时应注意什么问题？

4. 试简述电子捕获检测器和火焰光度检测器的原理。

5. 气相色谱固定相可分为哪几类？试述如何选择气-液色谱固定相。

6. 常用的气-液色谱载体有哪几种？各有什么特点？

7. 气相色谱条件包括哪些？色谱条件选择是否合适，主要从哪几方面衡量？如何选择气相色谱条件以分别实现：(1)提高选择性；(2)提高柱效率；(3)快速分析。

8. 用皂膜流量计测得的柱出口载气流速为 45 mL/min，已知实验条件如下：室温 19 ℃；柱温 136 ℃；检测室温度 180 ℃；大气压 761.2 mmHg($\approx$1 个大气压)；柱入口表压 1.5 大气压。试计算 F_{CO}，F_C，F_D 和 $\overline{F}_c$ 值。

9. 热导检测器灵敏度测定的有关数据如下：载气实际体积流速 $F_{CO}=60$ mL/min，室温27 ℃，检测室温度 147 ℃，记录仪灵敏度 10 mV/25 cm，纸速4.0 cm/min，衰减8，进液体苯样 1.0 μL(比重 0.88 g/mL)，色谱峰峰高 12.00 cm，半峰宽 1.00 cm。计算该热导检测器的灵敏度。

10. 氢火焰离子化检测器灵敏度测定：进样浓度为 4.4×10^{-4} g/mL 苯的 CS_2 溶液 1.0 μL，苯的色谱峰高为 10 cm，半峰宽为 0.50 cm，记录纸速为 1.0 cm/min，记录仪灵敏度 0.20 mV/cm，仪器噪声为 0.02 mV。求其灵敏度和敏感度。

11. 以邻苯二甲酸二辛酯为固定液，分离下列各混合试样，指出试样中各组分的流出顺序：

(1)苯、苯酚、环己烷；

(2)1,3-丁二烯、丁烷、1-丁烯；

(3)乙醇、环己烷、丙酮；

(4)乙酸、乙醇、乙酸乙酯；

(5)苯、乙苯、正丙苯。

12. 苯和环己烷的相对保留值在阿皮松柱、邻苯二甲酸二辛酯柱、聚乙二醇-400 柱和 β，β'-氧二丙腈柱上分别为 1.0，1.5，3.9，6.3，若将苯和环己烷混合物进行分离，在这四种固定液中选择哪种较合适？为什么？

13. 以正丁烷-1,3-丁二烯为基准物，在氧二丙腈和角鲨烷上测得的相对保留值分别为 6.24 和 0.95，试求正丁烷-1,3-丁二烯相对保留值为 1 时，固定液的极性 P。

14. 在气相色谱分析中，为了测定下列组分，宜选用哪种检测器？

(1) 农作物中含氯农药的残留量；

(2) 酒中水的含量；

(3) 啤酒中微量硫化物；

(4) 苯和二甲苯的异构体。

15. 气相色谱分析中，用 3 m 长的色谱柱分离 A、B、C 三种物质，测得死时间为 1.0 min，各组分的保留时间(min)和峰宽(min)分别为：A，5.00，0.30；B，5.41，0.37；C，6.38，0.67。试计算：

(1) 各组分的调整保留时间和容量因子；

(2) 相邻两组分的选择性因子 α 和分离度；

(3) 各组分的理论塔板高度和色谱柱平均理论塔板高度。

第17章　高效液相色谱法

（High Performance Liquid Chromatography）

高效液相色谱法（HPLC）又称为高压液相色谱法或高速液相色谱法。它是在经典液相柱色谱法的基础上，引入了气相色谱的理论，在技术上采用了高压输液泵、高效固定相和高灵敏度的检测器而发展起来的快速分离分析技术，具有分离效率高、检出极限低、操作自动化和应用范围广的特点。

高效液相色谱法与经典的液相柱色谱相比，由于使用了高压输液泵，流动相可以很快地通过难渗透的柱子，流量也可以精确地控制，因此分析速度快、精度高。使用新型高效的固定相，分离效率显著提高，每米塔板数可达几万。采用高灵敏度的检测器，降低了检出极限，微升级的试样就足以进行全分析。

高效液相色谱法与气相色谱法的主要区别在于：

（1）应用范围不同。气相色谱法限于易挥发物质或挥发性衍生物的分析，液相色谱却不受样品的挥发度和热稳定性的限制，因此液相色谱法非常适合于难挥发的物质、对热敏感的物质、离子型化合物及高聚物的分离。

（2）液相色谱法能完成难度较高的分离工作，这是因为在液相色谱中，有两个相与组分分子发生相互作用，而且可以选用不同比例的两种或两种以上的液体作流动相增大分离的选择性。而在气相色谱中，仅有一个相（固定相）对组分有作用力；液相色谱法通常是在接近室温下操作，较低的温度，一般有利于色谱分离。

（3）液相色谱法回收样品比较容易，且适用于大量制备。

但是与气相色谱法相比，液相色谱法尚缺乏高灵敏度的通用型检测器，仪器比较复杂。这两种色谱技术在实践上是互相补充的。

17.1　高效液相色谱法的类型及分离原理

根据分离原理的不同，高效液相色谱法可分为液液分配色谱法、液固吸附色谱法、离子交换色谱法和空间排阻色谱法等。

17.1.1　分配色谱法

分配色谱法分为液液分配色谱法和化学键合色谱法。在液液分配色谱法中，流动相和固定相都是液体，流动相与固定相应互不相溶，两者之间有一个明显的分界面。在化学键合色谱法中，固定相通过化学键连接在载体上。

样品溶于流动相后，在色谱柱内经过分界面进入固定相中，由于样品组分（以下称溶质）在固定相和流动相之间的相对溶解度存在差异，因而溶质在两相间进行分配达到平衡时，溶质的分配服从于下式：

$$K = \frac{c_s}{c_m} = k' \frac{V_m}{V_s}$$

(17-1)

式中，K 是分配系数；k' 为分配比或容量因子；c_s 和 c_m 分别是溶质在固定相和流动相中的浓度；V_m 和 V_s 为流动相和固定相的体积。

与气液分配色谱法相似，分离的顺序决定于分配系数的大小，分配系数大的组分保留值大。然而与气相色谱法不同的是，液相色谱中，流动相的种类对分配系数有较大的影响。

根据所用固定相和流动相的极性不同，分配色谱法可分为正相色谱法与反相色谱法。固定相的极性大而流动相的极性小时，叫做正相分配色谱法；反之则为反相分配色谱法。

分配色谱法可应用于多种类型化合物的分析，包括极性的和非极性的样品，同系物及含不同官能团的化合物的混合物以及离子型化合物等。

17.1.2　液固吸附色谱法

固定相为吸附剂。其分离机理是基于样品中各组分与固体吸附剂表面活性中心的吸附能力的差异而进行分离的。

当混合物随着流动相（以下称溶剂）通过吸附剂（固定相）时，在吸附剂表面，溶质分子 X 和溶剂分子 S 对活性表面产生竞争吸附，可用下式表示：

$$X_m + nS_a \Longrightarrow X_a + nS_m$$

(17-2)

式中，X_m 和 X_a 分别为在流动相中的和被吸附的溶质分子；S_a 为被吸附在吸附剂表面上的溶剂分子；S_m 为流动相中的溶剂分子；n 是被吸附的分子数。上式表明，当溶质分子发生吸附时，便取代固定相表面上的溶剂分子。如果溶剂分子吸附性较强，则吸附的溶质分子将被溶剂分子所置换。这种竞争吸附最后达到平衡，此时

$$K = \frac{[X_a][S_m]^n}{[X_m][S_a]^n}$$

(17-3)

式中，K 为吸附平衡常数。

显然 K 值大，表明吸附剂对它的吸附力强，保留值大；K 值小，则保留值小。具有不同种类和数目的官能团的化合物具有不同的吸附特性，因此液固吸附色谱法适于分离不同类型的化合物和异构体。而不适于分离同系物，因为它对相对分子质量的选择性较小。

17.1.3　离子交换色谱法

以离子交换树脂作为固定相。离子交换树脂具有固定离子基团及可交换的离子基团。当流动相带着组分电离生成的离子通过固定相时，组分离子与树脂上可交换的离子基团进行可逆交换。根据这些离子对树脂亲和力不同而得到分离。以阳离子交换为例，其离子交换平衡可用下式表示：

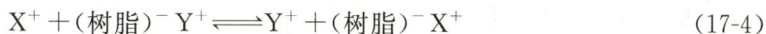

$$X^+ + (\text{树脂})^- Y^+ \Longrightarrow Y^+ + (\text{树脂})^- X^+$$

(17-4)

式中，X^+ 为组分电离后所生成的阳离子；（树脂）$^-$ 为树脂上的固定离子基团；Y^+ 为树脂上可交换的离子基团。当达到平衡时，离子交换服从于下式：

$$K = \frac{[(\text{树脂})^- X^+][Y^+]}{[(\text{树脂})^- Y^+][X^+]}$$

(17-5)

平衡常数 K 值越大，表示组分的离子与离子交换树脂的相互作用越强。由于不同的物质在溶剂中离解后，对离子交换中心具有不同的亲和力，因此具有不同的平衡常数。亲和力大的，在柱中的停留时间长，具有高的保留值。

凡是在溶剂中能够电离的物质通常都可以用离子交换色谱法来进行分离。

离子在离子交换剂上亲和力主要决定于离子的半径、极化度、电荷数及离子交换剂的性质。下面是常见离子的亲和力次序：

一价阳离子：$Tl^+ > Ag^+ > Cs^+ > Rh^+ > K^+ > NH_4^+ > Na^+ > H^+ > Li^+$；

二价阳离子：$Ba^{2+} > Pb^{2+} > Ca^{2+} > Ni^{2+} > Cd^{2+} > Cu^{2+} > Co^{2+} > Zn^{2+} > Mg^{2+} > Mn^{2+}$；

一价阴离子：$I^- > NO_3^- > Br^- > SCN^- > CN^- > NO_2^- > Cl^- > HCO_3^- > Ac^- > OH^- > F^-$。

但要注意，对于不同结构的离子交换剂，该次序有变化；对于多价阴离子，它们的亲和力次序受流动相 pH 的影响较大；对于有机离子，还应考虑离子交换剂与离子间疏水作用的影响，比如在疏水性的交联苯乙烯树脂上与在亲水性的聚甲基丙烯酸酯树脂上，出峰次序不同，即使对 I^-，SCN^- 和 ClO_4^- 也有变化。

17.1.4 空间排阻色谱法

又称凝胶色谱法，与其他色谱法分离机理不同，所用的固定相表面与样品分子间不应有吸附或溶解作用。色谱柱内填充凝胶，凝胶表面惰性，内部具有一定大小的孔穴。样品进入色谱柱后，随流动相在凝胶外部间隙以及凝胶孔穴内流过。

假设色谱柱内填料颗粒之间的体积为 V_M，填料孔总体积为 V_0，组分色谱过程的保留体积为 V_e。

体积大的分子不能渗透到凝胶孔穴里去而受到排斥，因此它们就直接通过柱子并首先在色谱图上出现，因此，$V_e = V_M$。

中等体积的分子产生部分渗透作用，此时，$V_M < V_e < V_M + V_0$。

小分子可以进入所有的胶孔并渗透到整个颗粒中去，这些化合物在柱上保留时间最长，$V_e = V_M + V_0$。

设 $V_R' = V_e - V_M$，则 V_R' 反映组分在柱内的保留特性，相当于调整保留体积，是组分相对分子质量的函数。它与 V_0 之比等于分配比 k'，

$$k' = \frac{V_R'}{V_0} = \frac{V_e - V_M}{V_0} \tag{17-6}$$

因此，

$$V_e = V_M + k'V_0 \tag{17-7}$$

在凝胶色谱中，试样组分基本上是按其分子大小受到不同程度的排阻先后由柱中流出而实现分离的。对同系物来说，洗脱体积是相对分子质量的函数。洗脱次序将决定于相对分子质量大小，相对分子质量大的先流出色谱柱，相对分子质量小的后流出色谱柱。由图 17-1 可见，凝胶有一个排斥极限（A 点）。凡是比 A 点相应的相对分子质量大的分子均被排斥于所有的胶孔之外，因而它们将以一个单一的谱带出现，在保留体积 V_M 处一起被洗脱。凝胶洗脱还有一个全渗透极限（B 点）。凡是比 B 点相应的相对分子质量小的分子都可以完全渗入凝胶孔穴中，这些化合物也将以一个单一的谱带在保留体积 $V_M + V_0$ 处一起

被洗脱。

随所用流动相的不同，凝胶色谱分为两类：用水溶液作流动相的，称为凝胶过滤色谱；用有机溶剂作流动相的，称为凝胶渗透色谱。但是它们的分离机理没有任何区别。

空间排阻色谱法是一种应用范围很广的色谱分析方法。它既可以分析有机物，也可以分析无机物，既可以分析简单分子，也可以分析高分子聚合物。

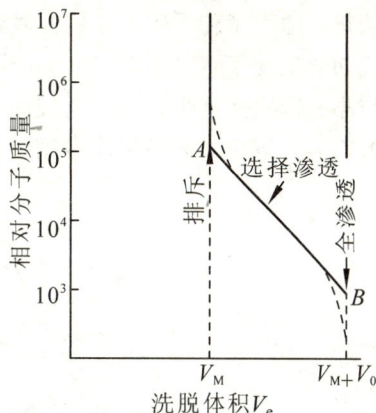

图 17-1　空间排阻色谱法示意图

17.1.5　亲和色谱法

亲和色谱是利用生物大分子和固定相表面存在某种特异性吸附而进行选择性分离的一种生物大分子分离方法。亲和色谱固定相上键合不同特性的配体，它与被分离的生物活性分子之间的相互作用，有如锁和钥匙一样的特殊专一选择性(图 17-2)，因此它可以对天然生物活性物质进行高特效性的分离、纯化。

亲和色谱的分离过程可分为进样、吸附、清洗和解吸四个阶段。在吸附阶段，样品中具有生物专一亲和性的生物大分子与具有特殊亲和力配位体的固定相产生相互吸附而被留在色谱柱中。在清洗阶段样品中没有特异吸附的分子，即样品中的杂质被清洗出色谱

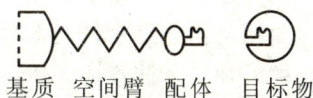

基质　空间臂　配体　目标物

图 17-2　亲和色谱的工作机理示意图

柱，与目标物分离。最后在解吸阶段采用特殊的洗脱剂，将目标生物大分子以纯品形态从柱上洗下来，达到生物大分子的分离和纯化的目的。

17.2　高效液相色谱的固定相和流动相

17.2.1　高效液相色谱的固定相

制备高效色谱柱要求填料颗粒小、孔径浅、质量传递快，以提高柱效。

1. 分配色谱固定相

(1)液液分配色谱固定相　　液液分配色谱的固定相是在担体上涂渍一层固定液而成的。通常用的担体有两类：一类是表面多孔型(又称薄壳型)担体。它是由直径为 $30\sim40$ μm 的实心玻璃球(或硅胶)和厚度约为 $1\sim2$ μm 的多孔性外层(多孔硅胶)所组成(见图 17-3A)。表面多孔型担体的特点是孔穴浅，组分传质速度快，达到平衡快，峰扩展较小。另外由于这种担体是球形，比重又较大，柱易于填充紧密以降低涡流扩散，提高柱效率。但这种担体比表面积小，试样容量小，需要配用较高灵敏度的检测器，目前在高效液相色谱中应用逐渐减少。另一类是全多孔型担体，是由硅胶、硅藻土等材料制成的，直径为 $30\sim$ 50 μm 的多孔颗粒(见图 17-3C)。其优点是比表面积大。但由于溶质在深孔中扩散和传质

缓慢，增大了传质阻力，因此柱效低。为了减小孔的深度及颗粒间的距离，20世纪70年代初期出现了直径为 $5\sim10~\mu m$ 的微粒全多孔型担体(见图17-3B)。这类担体孔穴浅、颗粒小、传质速度快，柱效比表面多孔型可提高一个数量级，而样品容量与大的全多孔担体差不多，近年来此类担体采用较多。

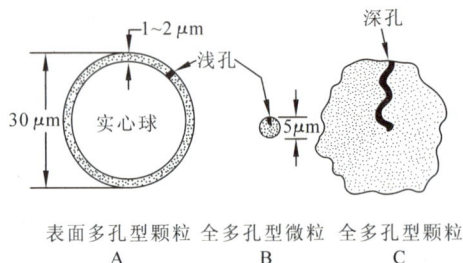

表面多孔型颗粒　全多孔型微粒　全多孔型颗粒
A　　　　　　B　　　　　　C

图 17-3　高效液相色谱固定相的种类示意图

常用的固定液为 有机液体，如极性的 β,β'-氧二丙腈(ODPN)、聚乙二醇(PEG)；非极性的十八烷(ODS)和异三十烷(SQ)等。

将固定液机械地涂渍在担体上组成固定相，尽管选用与该液体不互溶的溶剂作流动相，然而流动相还是容易把部分固定液冲洗出来，即使将流动相预先用固定相液体饱和或在色谱柱前加一个前置柱，使流动相先通过前置柱，再进入色谱柱，但仍难以完全避免固定液的流失。

(2)化学键合色谱固定相　为了弥补上述缺陷，20世纪70年代初发展了一种新型的固定相-化学键合固定相。它是用化学反应的方法，通过化学键把有机分子结合到担体表面。化学键合反应通常以硅胶为基体，利用硅胶表面的—OH引进各种基团。根据化学反应不同，键合固定相可分为—OH被置换的 硅碳键型($\equiv$Si—C)、碳氮键型($\equiv$C—N)和—OH上的H被取代的 硅氧碳键型($\equiv$Si—O—C)、硅氧硅碳键型($\equiv$Si—O—Si—C)四种。其中，硅氧硅碳键型的化学键合固定相使用有机氯硅烷与硅胶表面反应形成硅氧烷涂层，代表性的反应如下：

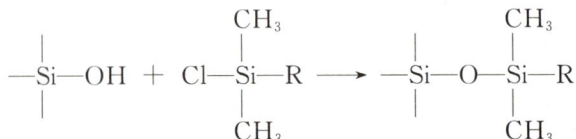

$$\underset{\displaystyle|}{\overset{\displaystyle|}{—Si}}—OH \;+\; \underset{\displaystyle CH_3}{\overset{\displaystyle CH_3}{Cl—Si—R}} \longrightarrow \underset{\displaystyle|}{\overset{\displaystyle|}{—Si}}—O—\underset{\displaystyle CH_3}{\overset{\displaystyle CH_3}{Si—R}}$$

反应式中R是烷基或某种取代的烷基。由于空间位阻，通过硅烷化覆盖的硅醇基大约是水解后硅胶表面硅醇基的一半，即 $4~\mu mol\cdot m^{-2}$。未反应的硅醇基将会导致色谱峰拖尾，特别是在碱性的介质中。为了减小这种影响，还需要用较小分子的三甲基氯硅烷进一步反应，以减少尚未处理的硅醇基数量。本法制备比较简便，固定相具有良好的热稳定性和化学稳定性，能在pH＝2～7.5的介质中使用，是液相色谱的理想固定相，应用广泛。

一般说来，在分配色谱中键合的有机基团主要有两类：

疏水基团，如不同链长的烷烃(C_8 和 C_{18})和苯基等；

极性基团，如丙氨基(—$C_3H_6NH_2$)、氰乙基(—C_2H_4CN)、二醇(—$C_3H_6OCH_2CHOHCH_2OH$)以及氨基[—$(CH_2)_3NH_2$]等。

化学键合固定相从分离原理上说，吸附和分配作用兼而有之，只是按键合量的多少而有所侧重。这种固定相由于是化学结合，没有流失问题，增加了色谱柱的稳定性和使用寿命。

2. 液固吸附色谱固定相

液固吸附色谱法采用的吸附剂有硅胶、氧化铝、分子筛和活性炭等。它也分为表面多孔型（薄壳型）及全多孔型两种。目前较常使用的是 $5\sim10~\mu m$ 的全多孔型硅胶微粒。

3. 离子交换色谱固定相

离子交换色谱常用的固定相为离子交换树脂，它由苯乙烯-二乙烯基苯交联共聚而成。在它的网状结构上引入各种不同的酸碱性基团作为可交换的离子基团。

离子交换树脂也分为表面多孔型（薄壳型）和全多孔型两种。其中表面多孔型树脂在高效液相色谱中应用较为广泛。它是在 $30\sim40~\mu m$ 直径的玻璃微球上涂一层很薄的离子交换树脂，或是先涂敷上一薄层平均直径 $0.2~\mu m$ 的硅胶，再涂渍上离子交换树脂或键合上离子交换基团而成。

离子交换树脂的缺点是聚合物基体的机械强度不高，因而不能耐受压力。薄壳型树脂尽管可以解决这个问题，但柱容量太低。近年来出现一种新型的离子交换固定相，它是用化学反应将离子交换基团键合在全多孔微粒硅胶上，这种固定相能耐压力，又有大的柱容量。

离子交换树脂按结合的基团不同又可分为阳离子交换树脂和阴离子交换树脂。阳离子交换树脂上具有与样品中阳离子交换的基团。阳离子交换树脂又可分为强酸性和弱酸性树脂。强酸性阳离子交换树脂所带的基团为磺酸基（$-SO_3^-\,H^+$）。阴离子交换树脂上具有与样品中阴离子交换的基团。阴离子交换树脂分为强碱性和弱碱性树脂。强碱性阴离子交换树脂所带的基团为季铵盐型（$-CH_2NR_3^+\,Cl^-$）。由于强酸性和强碱性离子交换树脂可在较宽的 pH 范围内使用，因此在高效液相色谱中应用较多。

4. 空间排阻色谱固定相

（1）软质凝胶　如葡聚糖凝胶、琼脂糖凝胶等，适用于水为流动相的排阻色谱。凝胶孔隙的大小与交联度有关。交联度大的，孔隙小，吸水少，膨胀也小，适用于相对分子质量较小物质的分离。交联度小的，孔隙大，吸水膨胀的程度也大，适用于相对分子质量较大的物质的分离。

软质凝胶可容纳大量样品。它不能在高压下使用，只能用于常压排阻色谱。

（2）半硬质凝胶　如聚苯乙烯（苯乙烯-二乙烯基苯交联共聚凝胶）、聚甲基丙烯酸甲酯。这种柱子因为渗透性好并有较好的强度，所以允许用较高压力来提高流速，适用于非水溶剂作流动相，柱容量比较大。

（3）硬质凝胶　如多孔硅胶、多孔玻璃珠等，它具有恒定的孔径和较窄的粒度范围，因此色谱柱易于填充均匀。这种柱的渗透性好，强度高，可以采用较高的流速，适用于水溶剂或有机溶剂作流动相的排阻色谱。

在选择凝胶色谱固定相时，首先要考虑相对分子质量排阻极限（即无法渗透而被排阻的那些分子的相对分子质量极限)。每种商品固定相都给出了它的相对分子质量排阻极限值,可以参考有关资料。

5. 亲和色谱固定相

亲和色谱的固定相由基质、空间臂和配体三部分构成(见图 17-2)。基质材料可分为天然有机高聚物(如葡萄糖、琼脂糖)、合成有机聚合物(如聚丙烯酰胺及其衍生物、甲基丙烯酸酯共聚物)和无机载体(如全多孔二氧化硅微球)。亲和色谱固定相的配位体是分离选择性的核心,它必须对分离和纯化的目标化合物有专一的亲和力。配位体可为染料(三嗪活性染料)、生物特效配体(抗体、酶、激素、蛋白质和核酸等)、包合配合物配体(环糊精、冠醚、杯环芳烃)、定位金属离子配体等。亲和色谱固定相中的空间臂的作用是将配体连接到基质上,同时可以克服配体与待测分子发生亲和作用时的空间阻碍。

17.2.2 高效液相色谱的流动相

液相色谱可选用的流动相种类很多,从有机溶剂至无机盐类的水溶液,以及由它们中的某两种或两种以上的物质组成的混合液都可选用。固定相选定以后,流动相的种类、配比能显著地影响分离度和分析速度,因此流动相的选择很重要。

选择流动相时应注意:①试样要有适当的溶解度,所用流动相不能与样品发生化学反应。②流动相与固定液不互溶,不与固定相起化学反应。例如使用硅胶吸附剂时,不能使用碱性溶剂(胺类)或含有碱性杂质的溶剂。③作流动相所使用的溶剂黏度要小,否则会使柱压太高,柱效下降。④应与所用检测器匹配。⑤其他,如容易精制、纯化、毒性小、不易着火、价格低廉等。

在液固吸附色谱和液液分配色谱中,选择溶剂时,溶剂的极性是重要的依据。

在液固吸附色谱中,吸附平衡是溶质分子与流动相分子对吸附剂的一种竞争现象,溶质分子与流动相分子的相对极性控制着吸附平衡。选择不同极性的流动相,溶质将获得不同的 k' 值。在液液分配色谱中,极性也是选择溶剂的主要根据。液相色谱常用流动相见表 17-1。

表 17-1　液相色谱常用流动相(按极性递降次序排列)

水(极性最强)	异丙醇	乙醇	苯
乙腈	丙酮	二氯甲烷	正己烷
甲醇	四氢呋喃	三氯甲烷	正庚烷(极性最小)
乙醇	乙酸乙酯	二氯乙烷	无机酸(极性因酸而异)

为了获得合适的溶剂极性,常采用二元或多元组合的溶剂系统作为流动相。流动相溶剂按其分离机理可分为洗脱剂和调节剂两类。洗脱剂应起色谱基本分离的作用,但分离不一定理想。而调节剂则是调节保留时间的长短,改善样品中某些分离不理想的组分的分离状态。

在正相分配色谱中,一般选择低极性的溶剂作为洗脱剂,如正己烷、苯、氯仿等。而调节剂则是根据样品的性质(酸、碱、形成氢键的能力、结合质子或电子的难易等)选用极性较强的某种溶剂,如醇、醛、酮、酸、酯、醚或胺等。在反相分配色谱中,一般以极性溶剂(水、甲醇、乙腈)为流动相的主体,以加入不同的有机溶剂作调节剂。

为了得到适当的极性,也可以使用梯度洗脱。所谓梯度洗脱,就是流动相中含有两种(或更多)不同极性、离子强度或 pH 的溶剂,在分离过程中按一定的程序连续改变流动相中两种溶剂的配比。通过流动相性质的变化来改变被分离组分的分离因素,以改善分离效果和缩短分析时间。高效液相色谱中的梯度洗脱作用十分类似于气相色谱中的程序升温,两者的目的都是为了使样品组分在最佳分配比值范围流出柱子,使那些原本保留时间过短而拥挤不堪、峰形重叠的组分或保留时间过长而峰形扁平、宽大的组分,都能得到良好的分离。气相色谱是通过改变柱温,而液相色谱是通过改变流动相的组成来达到改变组分分配比的目的,两种方式都应用于分配比相差很大的混合组分。

梯度洗脱的优点是显而易见的,它可以改进复杂样品的分离,改善峰形,减少拖尾并缩短分析时间。另外,由于滞留组分全部流出柱子,可保持柱性能长期良好。

离子交换色谱的流动相最常使用水缓冲溶液,有时也使用有机溶剂如甲醇或乙醇与水缓冲溶液混合使用以提供特殊的选择性,并改善样品溶解度。组分的保留值依赖于流动相中离子的性质。树脂对流动相中的离子亲和力越大,组分离子的保留值就越小。保留值还受溶液中离子的总浓度(或离子强度)及溶液 pH 的影响。增加盐的浓度会导致保留值降低。

离子交换色谱所用的缓冲溶液,通常用下列化合物配制:钠、钾、铵的柠檬酸盐、磷酸盐、甲酸盐与其相应的酸混合成酸性缓冲液或氢氧化钠混合成碱性缓冲液。

在凝胶色谱中,溶剂的黏度大小是很重要的因素,因为高黏度将限制扩散作用而降低分离效率。凝胶色谱分离又常常用示差折光检测器,因此又需采用与样品折光指数相差较大的流动相。常用的溶剂有四氢呋喃、水、氯仿和二甲基甲酰胺等。

亲和色谱分析使用的流动相,主要是由磷酸盐、硼酸盐、乙酸盐、柠檬酸盐构成的具有不同 pH 的缓冲溶液体系。

17.3　液相色谱柱效

液体是不可压缩的,其扩散系数只有气体的十万分之一至万分之一,黏度比气体大100 倍,而密度为气体的 1 000 倍。这些差别对液相色谱的扩散和传质过程影响很大,Giddings 等在 van Deemter 方程基础上提出了液相色谱速率方程:

$$H = H_e + H_d + H_s + H_m + H_{sm} \tag{17-8}$$

式中,H 为塔板高度;H_e,H_d,H_s,H_m 和 H_{sm} 分别为涡流扩散项、纵向扩散项、固定相传质阻力项、流动相传质阻力项和滞留流动相传质阻力项。

17.3.1　涡流扩散项 H_e

$$H_e = 2\lambda d_p \tag{17-9}$$

式中,λ 为载体颗粒的不规则因子;d_p 为载体的粒径。由上式可看出,采用小粒度载体颗粒（减小 d_p）和提高柱内填料装填的均匀性（降低 λ）可以提高柱效。目前多采用 $3\sim5~\mu\mathrm{m}$ 的球形固定相柱，柱效可达 10^4 塔板/米。

17.3.1　纵向扩散项 H_d

试样中组分在流动相带动下流经色谱柱时，由组分分子本身运动引起的纵向扩散导致色谱峰展宽称为纵向扩散。

$$H_\mathrm{d}=\frac{C_\mathrm{d}D_\mathrm{m}}{u} \tag{17-10}$$

式中，C_d 为一常数；D_m 为组分分子在流动相中的扩散系数；u 为流动相线速度。液相色谱中流动相为液体，黏度比载气大得多，柱温多采用室温，比气相色谱的柱温低得多，因此组分在液体中的扩散系数 D_m 比在气体中的 D_g 要小 $4\sim5$ 个数量级。当流动相的线速度大于 $1~\mathrm{cm/s}$ 时，纵向扩散项 H_d 对色谱峰展宽的影响可以忽略，而气相色谱中此项却很重要。

17.3.3　固定相传质阻力项 H_s

组分分子从流动相进入到固定液内进行质量交换的传质阻力 H_s 表示为

$$H_\mathrm{s}=\frac{C'_\mathrm{s}d_\mathrm{f}^2}{D_\mathrm{s}}u \tag{17-11}$$

式中，C'_s 是与分配比 k' 有关的系数；d_f 为固定液的液膜厚度；D_s 为组分在固定液内的扩散系数。对由固定相的传质过程引起的峰展宽，可从改善传质，加快组分分子在固定相上的解吸过程加以解决。对液液分配色谱，可使用薄的固定相层。如采用化学键合相，"固定液"只是在载体表面的一层单分子层时，此项就可忽略。对吸附、排阻和离子交换色谱法，可使用小的颗粒填料来改进。

17.3.4　流动相传质阻力项 H_m

当流动相在色谱柱内填充颗粒的间隙流动形成流路，靠近颗粒表面的流动相流动慢一些，而流路中心的流动相流动最快，即柱内流动相的流速并不是均匀的，这是由于处于边缘的分子与固定相的作用相对大于处于流路中心的分子而引起的。其对峰展宽的影响可表示为

$$H_\mathrm{m}=\frac{C'_\mathrm{m}d_\mathrm{p}^2}{D_\mathrm{m}}u \tag{17-12}$$

式中，C'_m 为一与容量因子 k' 有关的常数，其值取决于柱的直径、形状和填料颗粒的结构；D_m 为组分在流动相内的扩散系数。

17.3.5　滞留流动相传质阻力项 H_sm

由于固定相填料的多孔性，微粒的小孔内所含的流动相处于停滞不动的状态。流动相中的组分分子要与固定相进行质量交换，必须先由流动相扩散到滞留区。有些分子在滞留区内扩散较短距离又回到流动相，而向小孔深处扩散的分子则在滞留区停留时间较长，由此引起的峰展宽，可表示为

$$H_{sm} = \frac{C'_{sm} d_p^2}{D_m} u \tag{17-13}$$

式中，C'_{sm} 为与颗粒中被流动相所占据部分的分数及分配比有关的常数。

将式(17.9)～(17.13)代入式(17-8)得：

$$H = 2\lambda d_p + \frac{C_d D_m}{u} + \left(\frac{C'_s d_f^2}{D_s} + \frac{C'_m d_p^2}{D_m} + \frac{C'_{sm} d_p^2}{D_m} \right) u \tag{17-14}$$

忽略纵向扩散项后，塔板高度公式可表示为：

$$H = 2\lambda d_p + \left(\frac{C'_s d_f^2}{D_s} + \frac{C'_m d_p^2}{D_m} + \frac{C'_{sm} d_p^2}{D_m} \right) u \tag{17-15}$$

对于化学键合相，其固定相传质阻力可以忽略，得

$$H = 2\lambda d_p + \left(\frac{C'_m d_p^2}{D_m} + \frac{C'_{sm} d_p^2}{D_m} \right) u \tag{17-16}$$

从以上讨论可知，柱填料颗粒较小、填充均匀和流动相流速较低时，H 值较小；样品分子较小时，H 值较小；流动相黏度较低和柱温较高时，H 值较小。但用有机溶剂作流动相时，增加柱温会产生气泡；降低流速可降低传质阻力项的影响，但增加了分析时间。应根据液相色谱速率方程，对各影响因素予以综合考虑。

17.4　高效液相色谱仪

典型的高效液相色谱仪的组成见图 17-4。它是由储液瓶、高压泵、梯度洗脱装置、进样器、色谱柱、检测器和记录仪等部件组成。储液瓶一般由不锈钢、玻璃或氟塑料等材料制成，容积 0.5～2 L。储液瓶中储存的溶剂经脱气、过滤后，由高压泵输送到色谱柱内。样品由进样器注入，经色谱柱分离后的组分由检测器检测，检测器将浓度转变成电信号提供给记录仪或数据处理装置。如需收集馏分，则可在色谱柱出口将样品馏分收集起来。

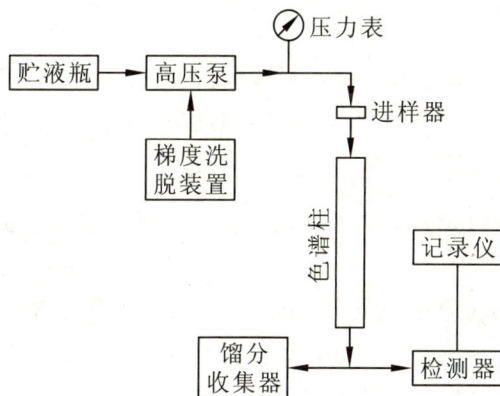

图 17-4　高效液相色谱仪典型结构示意图

高效液相色谱仪所用流动相需预先脱气。溶剂中溶解的气体，在仪器低压部分(色谱柱以后)会将气体放出，生成小气泡，通过检测器时，产生干扰信号，而且在柱中若生成气泡也影响分离效果，这种现象在使用极性溶剂(如水、醇等)时更加明显，所以一定要将

溶剂预先脱气。脱气常用的方法有加热脱气法、低压脱气法、超声波脱气法和吹氦脱气法等。

高效液相色谱仪的主要部件简述如下:

17.4.1 高压泵

高压输液泵是高效液相色谱仪中重要组成部分,它将贮液瓶中的流动相流体在高压下连续不断地送入液路系统,使样品在色谱柱中完成分离过程。由于使用粒度很小的固定相和具有一定黏度的流动相,为了达到快速高效的分离,要求高压泵能输出几十 kg/cm^2 到几百 kg/cm^2 的压力。高压泵还应满足流量恒定无脉动、流量范围广且连续可调、更换溶剂方便和耐腐蚀等要求。

高压输液泵分为恒压泵和恒流泵两类。恒流泵是能保持恒定流量的泵,与外界和色谱柱的阻力无关。往复式柱塞泵、注射器式螺旋泵属于此类。应用最多的恒流泵为往复式柱塞泵。恒压泵则是能输出恒定不变液压的泵,流动相的流速既取决于泵的输出压力,还与色谱柱的长度、填充物的粒度、柱填充情况以及流动相的黏度等有关。通常用的恒压泵为气动放大泵。

17.4.2 梯度洗脱装置

梯度洗脱的装置可以分为两类:一类叫做外梯度装置,流动相在常压下混合后,用高压泵将其注入色谱柱系统。外梯度又称为低压梯度,仅需一台泵工作,价格便宜。另一类叫做内梯度装置,将两种溶剂分别用泵增压后,注入混合室,再输至柱系统。内梯度又称高压梯度,需两台泵工作,价格较高,但有流量精度高和梯度洗脱曲线重现性好的特点。

17.4.3 进样系统

1. 注射器进样

用 $1\sim10~\mu L$ 微量注射器吸取样品,穿过弹性垫片,送到柱头,用流动相冲入柱中。这种进样方法操作简便,柱效高,但压力不能超过 $100~kg/cm^2$。压力太高,样品易泄漏。

2. 进样阀

可以在高压 $300\sim350~kg/cm^2$ 下进样而无泄漏。进样量可由固定体积的定量管控制,重复性好。

六通进样阀(图17-5)可直接向压力系统内进样而不必停止流动相的流动。当六通阀处于进样位置时,样品用注射器注射入储样管。转至进柱位置时,储样管内样品被流动相带入色谱柱。进样体积由储样管体积严格控制,进样准确,重现性好。如有大量样品需进行常规分析,则可采用自动进样器实现全自动控制。

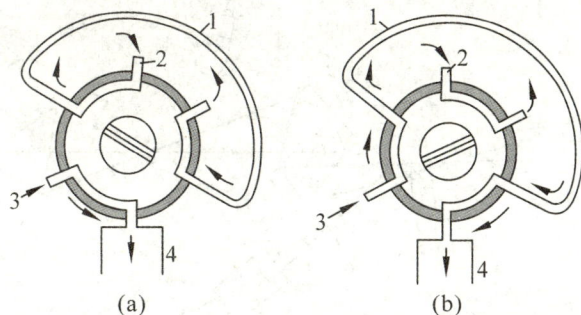

图 17-5　六通阀进样示意图

1—定量管　2—样品注入口　3—流动相进口　4—色谱柱

(a)进样位置(样品进入定量管)　(b)进柱位置(样品进入色谱柱)

17.4.4　色谱柱

一般为不锈钢柱，柱内壁要求精细地抛光加工。分析柱内径为 $2\sim6$ mm，凝胶色谱柱内径粗些。柱长一般为 $10\sim50$ cm，柱形多采用直形。

色谱柱的填装常用两种方法。对某些填充剂，当粒度>20 μm 时，一般采用和气相色谱法相同的干式装柱法。另一种是匀浆法，此法用于粒度小于 20 μm 的固定相。将固定相用溶剂配成匀浆后，用高压泵将它迅速压入柱内，并用多种溶剂冲洗，以达到活化的目的。

17.4.5　检测器

高效液相色谱与气相色谱一样，要求检测器具有灵敏度高、重复性好、定量准确、对温度及流速的变化不敏感、应用范围广等优点。目前使用的检测器主要有紫外吸收检测器、示差折光检测器，此外还有荧光检测器、极谱检测器、电导检测器和氢火焰离子化检测器等。

1. 紫外吸收检测器

紫外吸收检测器是目前高效液相色谱仪中应用最广泛的检测器。它的原理是基于被分析试样对特定波长紫外和可见光的选择性吸收，试样浓度与吸光度的关系，服从朗伯-比耳定律。

紫外吸收检测器从结构上可分为单波长式和紫外-可见分光式。紫外-254 检测器是一种广泛应用的单波长紫外吸收检测器，以低压汞灯作光源，这个波长对相当多的有机化合物是通用的。

紫外-可见分光式检测器，实质上就是装有流动池的双光束紫外可见分光光度计(图 17-6)。光源用氘灯/钨灯，可提供 $200\sim800$ nm 范围内连续可调的紫外及可见光。为了适应高效液相色谱分析的要求，测量池体积要求很小，一般在 $5\sim10$ μL，光路长 $5\sim10$ mm。池结构常采用 H 或 Z 型，见图 17-7。

紫外吸收检测器具有较高的灵敏度，最小检测浓度可达 10^{-9} g/mL，因而即使是那些

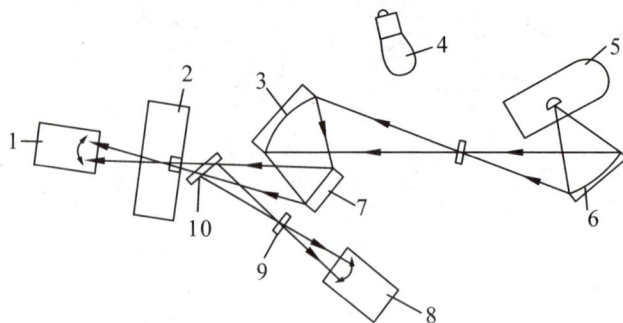

图 17-6　紫外-可见分光式检测器
1—光电倍增管　2—流通池　3,6—非球面聚焦镜　4—钨灯　5—氘灯
7—光栅　8—参比光电池　9—孔阑　10—光束分离器

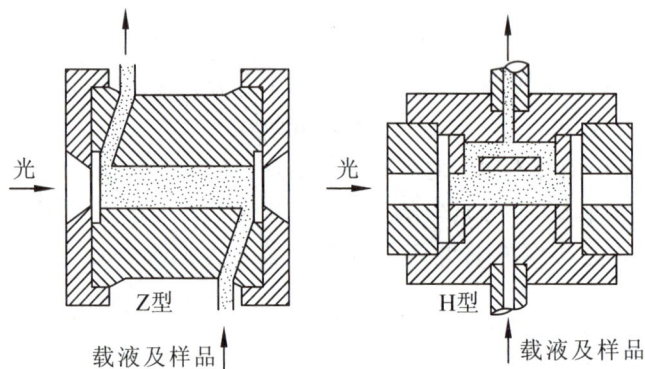

图 17-7　吸收池结构示意图

对紫外光吸收较弱的物质，也可用这种检测器进行检测。此外，这种检测器只对样品组分有响应，而对流动相基本没有响应，对温度和流速不敏感，因此适用于梯度洗脱。

2. 光电二极管阵列检测器

光电二极管阵列(PDA)检测器由光源发出的紫外或可见光通过检测池，所得组分特征吸收的全部波长经光栅分光、聚焦到二极管阵列上同时被检测(图 17-8)，计算机快速采集数据，便得到三维时间-色谱-光谱图。三维时间-色谱-光谱图包含大量信息，不但可根据色谱保留规律和光谱特征吸收曲线综合进行定性分析，还可根据每个色谱峰的峰面积进行定量分析。

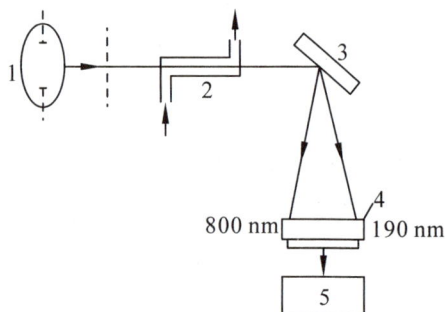

图 17-8　光电二极管阵列检测器示意图
1—光源　2—流通池　3—光栅
4—光电二极管阵列　5—计算机

3. 示差折光检测器

示差折光检测器的原理是利用样品池中溶液折射率的变化，以测定流动相中样品的浓度。溶

液的折射率是溶剂（流动相）和溶质（样品）的折射率乘以各物质的摩尔分数之和，因此溶有样品的流动相和纯流动相之间折射率之差，即反映了流动相中样品浓度。几乎每种物质都有其不同的折射率，因而都可用示差折光检测器来检测。它是一种通用型的浓度检测器，灵敏度可达 10^{-7} g/mL。主要缺点是，对温度的变化和流速的波动很敏感。因为折射率的温度系数为 10^{-4} RIU/℃，所以检测器的控温精度要求为 $\pm 10^{-3}$℃。此检测器一般不能用于梯度洗脱。

　　示差折光检测器按其工作原理可以分为偏转式和反射式两种类型。现将前者做一介绍。图 17-9 是一种偏转式示差折光检测器反射镜的示意图。光源发出的光由透镜聚光后通过检测器液池，液池分成样品池及参比池，由一片对角线放置的玻璃片隔开。当样品池中有试样通过，由于折射率发生变化，造成了光束的偏移。偏移的光束射到光电管上，产生一个与偏转角成比例的电信号。光束的偏转角是样品池中成分变化的函数，因此，利用测量折射角偏转值的大小，便可以测量试样的浓度。

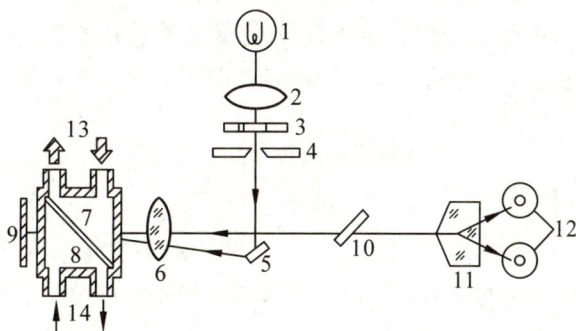

图 17-9　偏转式示差折光检测器示意图

1—钨灯光源　2，6—透镜　3—滤光片　4—遮光板　5—反射镜　7—样品池　8—参比池
9—平面反射镜　10—平面透镜　11—棱镜　12—光电倍增管　13—样品流路　14—参比流路

4. 荧光检测器

　　在一定波长的光（样品的最佳激发波长一般相当于其最大吸收波长）的激发下能发射荧光的化合物或能用柱前或柱后衍生法制成荧光衍生物的物质均可进行荧光检测。在现有的 HPLC 检测器中荧光检测器的灵敏度最高，一般要比紫外检测器的灵敏度高 2 个数量级，选择性也好。荧光检测器的结构见图 17-10。由激发光源发出的光通过滤光片聚焦在流通池上，组分吸收光能发射出特定波长的荧光。在与激发光轴成 90°方向上，用一个半球面透镜收集发射光，通过发射滤光片（样品荧光光谱中峰强度最大的

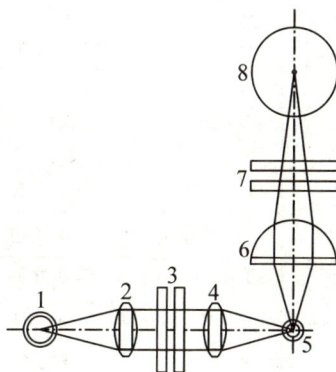

图 17-10　直角型滤色片荧光检测器

1—灯　2，4，6—透镜　3—激发滤光片
5—流通池　7—发射滤光片　8—光电倍增管

波长，需避开溶剂的拉曼光与瑞利光的波长）聚焦到光电倍增管上进行检测。

17.5 色谱分离方法的选择

选择色谱分离方法的主要根据是试样的相对分子质量大小、化学结构、在水中和有机溶剂中的溶解度、极性和稳定性等物理性质和化学性质。

17.5.1 相对分子质量

相对分子质量较低，易挥发而遇热又不分解的化合物，可用气相色谱法。相对分子质量在 200~2 000 的化合物，用液-固吸附、液-液分配和离子交换色谱法。相对分子质量高于 2 000 的化合物，则可采用空间排阻色谱法。

17.5.2 溶解度

水溶性化合物最好用液-液分配色谱或离子交换色谱来分离。微溶于水，但在酸或碱存在下能很好电离的化合物，也可用离子交换色谱分离。易溶于烃类溶剂的化合物一般用液固色谱来分离。

17.5.3 化学结构

可根据化学结构来选择分离方式。含有离子基团或能电离的基团，可用离子交换色谱；液固色谱可用于异构体的分离；液液色谱可用于同系物的分离；对高分子聚合物用空间排阻色谱法来分析。

几种分离方式的应用总结于表 17-2。

表 17-2 分离方法的选择

相对分子质量	水溶性	化学性质	采用方法	备　注
>2 000	溶于水		空间排阻色谱	水为流动相（凝胶过滤色谱）
	不溶于水		空间排阻色谱	非水流动相（凝胶渗透色谱）
<2 000	水溶性	离子型，碱性	阳离子交换色谱	
		离子型，酸性	阴离子交换色谱	
		非离子型	反相液液色谱	
		相对分子质量大小差别大	空间排阻色谱（小孔）	水为流动相
	非水溶性	同系物	液液分配色谱、凝胶渗透色谱	
		异构体、多官能团	液固吸附色谱	
		相对分子质量大小差别大	空间排阻色谱（小孔）	

习题

1. 从分离原理、仪器构造及应用范围，简述气相色谱及液相色谱的异同点。

2. 液相色谱中影响色谱峰扩展的因素有哪些？与气相色谱比较，有哪些主要不同之处？

3. 何谓正相分配色谱和反相分配色谱？各适于分离哪些组分？

4. 试比较程序升温和梯度洗脱的异同之处。

5. 欲测定下列试样，采用哪种色谱方法较为适宜。简述其分离条件，并说明应选用哪种检测器？

(1)苯和环己烷；

(2)苯和丁酮；

(3)丁酮和乙醇；

(4)正己烷、正庚烷、正辛烷和正癸烷；

(5)分析乙醇中微量水分；

(6)苯、萘、联苯、菲、蒽；

(7)苯乙酮、苯、硝基苯；

(8)偶氮苯、菲、溴代萘；

(9)F^-，Cl^-，Br^-，NO_3^-；

(10)乙酸、丙酸、丁酸、戊酸、己酸、庚酸、辛酸、壬酸和癸酸；

(11)N_2 和 O_2；

(12) 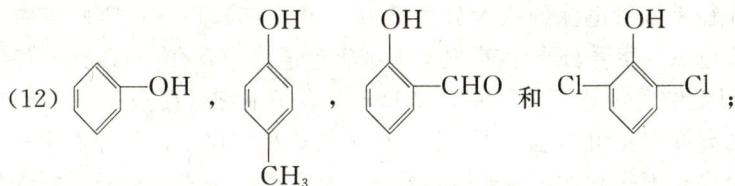 ；

(13) 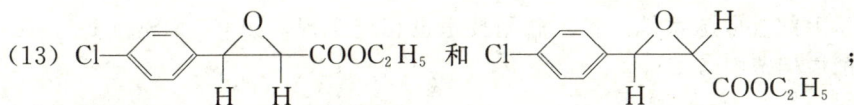 ；

(14)邻二甲苯、间二甲苯和对二甲苯。

第 18 章 毛细管电泳法
（Capillary Electrophoresis）

18.1 概述

18.1.1 毛细管电泳及其发展

毛细管电泳（CE）是溶质（离子或带电粒子）在充满电解质（缓冲溶液）的毛细管中，在高压电场的作用下，按淌度或分配系数的差别而实现高效、快速的分离分析的新型电泳技术。

电泳作为一种分离技术早在 100 年前就有研究。1937 年，瑞典科学家 A. Tiselius 首次采用电泳分离技术从人的血清中分离出白蛋白、α-球蛋白、β-球蛋白和 γ-球蛋白，并因此获得 1948 年诺贝尔奖。但传统的电泳技术由于受到焦耳热的限制，只能在低电场强度下进行电泳操作，分离时间长，分离效率低，分离度受到严重制约。

1979 年，Mikkers 和 Everaerts 用内径为 200 μm 的聚四氟乙烯毛细管以区带电泳方式分离了 16 种有机酸，获得满意的柱效，这是毛细管电泳的开创性工作。1981 年，Jorgenson 和 Lukacs 使用内径为 75 μm 的熔融石英毛细管，采用激光诱导荧光检测器检测，在 30 kV 电压下进行区带电泳分离蛋白质，理论塔板数超过 40 万/米，获得从未有过的柱效，充分展现了窄孔径毛细管电泳的巨大分离潜力。1984 年，Terabe 将胶束引入毛细管电泳，开创了毛细管电泳的重要分支-胶束电动毛细管色谱。1987 年，Hjerten 等把传统的等电聚焦过程移植到毛细管内进行。同年，Cohen 发表了毛细管凝胶电泳的研究报告。从此，毛细管电泳的研究与应用迅速发展，各种分离模式相继建立，各种操作技术日臻完善，同时，仪器装置也在不断改进，各种检测器，包括紫外、荧光、电导、安培等检测器，先后用于毛细管电泳系统。各种联用技术也相继实现，如 CE-MS，CE-NMR，大大扩展了电泳的应用范围。

18.1.2 毛细管电泳的特点

和传统的电泳技术和现代色谱技术比较，毛细管电泳具备如下突出优点：

（1）高效。峰分离效率超过 1 百万理论塔板数，一般可达几十万。

（2）洁净。通常使用水溶液，对人和环境无害。

（3）快速。分析在几十秒至十几分钟内完成。

（4）进样少。与其他分离方法比较，需要更少的样品制备量。一般只需纳升级的进样量。

（5）样品对象广。从无机离子到整个细胞，具有"万能"分析功能或潜力。

（6）成本低。毛细管可长期使用，缓冲液消耗不过几毫升并可自行配制。

（7）自动化。是目前自动化程度最高的分离方法。

但是，毛细管电泳也存在如下不足：

（1）制备能力差。

（2）光路太短，非高灵敏度的光学检测器难以测出样品峰。

（3）凝胶毛细管需要专门的灌制技术。

（4）大的侧面/截面积比能"放大"吸附作用，导致蛋白质等大分子的分离效率下降或无峰。

18.2　电泳基本原理

18.2.1　电泳淌度

在外电场的作用下，离子移动的速度 v 为

$$v_i = \mu_i E \tag{18-1}$$

式中，μ_i 为离子的电泳淌度，又称为电泳迁移率，单位为 $cm^2 \cdot V^{-1} \cdot s^{-1}$；$E$ 为毛细管柱进样端至检测窗口间电场强度，单位为 $V \cdot cm^{-1}$。

从式（18-1）可以看出，离子的电泳淌度不同，在电场中移动的速度就不一样，因而，穿过相同的距离到达检测器所需的时间就不同，利用这个原理可以把不同的离子彼此分离。电泳淌度与分析物质所带电荷呈正比，与摩擦阻力系数呈反比。离子的大小和形状、移动时介质的黏度决定分析离子的摩擦力。对于大小相同的离子来说，所带电荷越大，所获得的驱动力就越大，因而移动的速率也就越快。对于具有同样电荷的离子，离子越小，摩擦力越小，移动的速率就越快。因此可用离子的电荷-尺寸比代表这两种效应。

另外一个影响电泳淌度的因素是 pH。对于弱电解质，pH 变化会改变离子形式与分子形式所占的比例，从而影响该弱电解质在缓冲溶液中的实际淌度。如，谷氨酸分子
（ $H_2N—\overset{\displaystyle H}{\underset{\displaystyle \underset{\displaystyle \underset{H_2}{C}—\underset{H_2}{C}—COOH}{|}}{C}}—COOH$ ）结构上有氨基和羧基，因而有酸碱二重性。当缓冲溶液的 pH 为
2.3 时，谷氨酸分子与其阳离子各占一半，此时谷氨酸在缓冲溶液中淌度为正值；当 pH 为 4.18 时，则谷氨酸分子与阴离子的比例各占一半，此时谷氨酸的淌度是负值；而当 pH 为 3.3 时，谷氨酸分子表面的净电荷为零，此时缓冲溶液中谷氨酸的淌度为零。

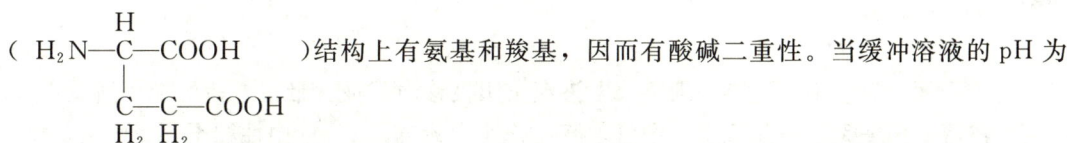

18.2.2　电渗流及离子的表观淌度

毛细管内充入缓冲溶液后，通常在毛细管与缓冲溶液的固-液界面形成双电层，毛细管表面带一种电荷，因静电引力使其周围液体带另一种相反电荷，产生电势差（称 Zeta 电位），双电层结构如图 18-1 所示。

目前毛细管电泳中所用的毛细管绝大多数是石英材料，在其内冲入 pH 大于或等于 3 的电介质时，管壁表面带负电荷，与接触的缓冲液形成双电层，在高电压作用下，双电层

中的水合阳离子层引起溶液在毛细管内整体向负极方向移动，这就是电渗现象(见 18-2a)。这种电渗力驱动下的毛细管中整体液体的流动称为电渗流。

当毛细管表面带负电荷时，电渗流的方向是由阳极向阴极。电渗流大小，用电渗速度 v_{EOF} 表示：

$$v_{EOF} = \mu_{EOF} \cdot E \qquad (18\text{-}2)$$

式中，μ_{EOF} 为电渗淌度；E 为电场强度。

μ_{EOF} 取决于电泳介质及双电层的 Zeta 电势，

$$\mu_{EOF} = \frac{\varepsilon \xi}{\eta} \qquad (18\text{-}3)$$

式中，ε 为介电常数；ξ 为 Zeta 电位；η 为介质黏度。

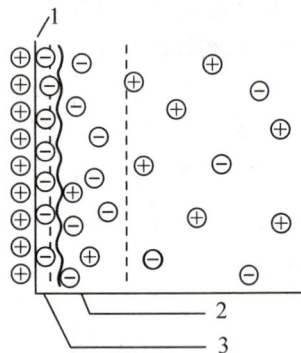

图 18-1　毛细管壁-缓冲溶液双电层示意图
1—毛细管壁　2—扩散层　3—紧密层

由于毛细管电泳属电驱动系统，在毛细管中流体的流型呈扁平形的塞子向前流动，称之为塞式流[见图 18-2(a)]。而在压力驱动系统中(如 HPLC)流型呈抛物线形向前流动[见图 18-2(b)]。这是导致毛细管电泳高效分离的重要原因。

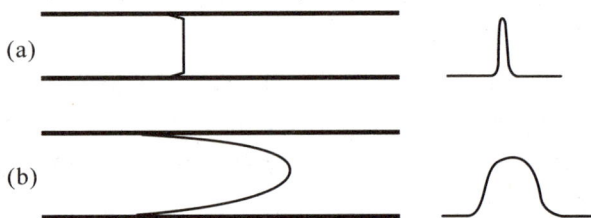

图 18-2　电渗流和高效液相色谱的流型及相应的样品区带
(a)电渗流　(b)高效液相色谱中的流型

存在电渗的情况下，离子在电场中的实际迁移速度是它本身的迁移速度和电渗速度的代数和：

$$v = (\mu_{EOF} + \mu_i)E \qquad (18\text{-}4)$$

对于表面没有修饰的石英毛细管，电渗流由阳极移向阴极。带正电荷的粒子所受电场力与电渗流方向一致，最先流出毛细管，其迁移速度为 $v_{EOF} + v_i$；中性粒子不受电场作用，随电渗流一起流出，其迁移速度等于 v_{EOF}；带负电荷的粒子所受电场力与电渗流方向相反，若其本身的电泳淌度小于电渗流淌度，则其也向检测器移动，最后流出，其迁移速度等于 $v_{EOF} - v_i$。各种粒子因迁移速度不同而实现分离(见图 18-3)。

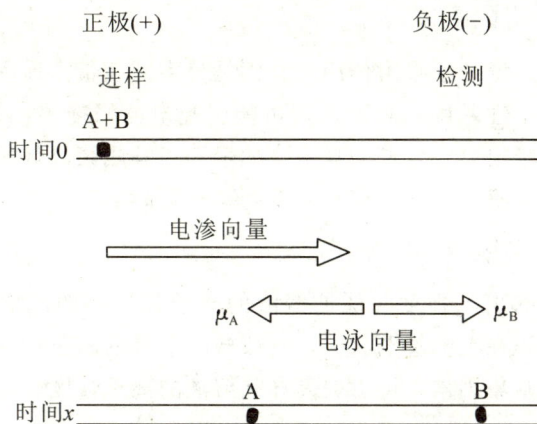

正极(+)　　　　　　　　　　　　负极(-)

进样　　　　　　　　　　　　检测

A+B

时间0

电渗向量

μ_A　　　　　　　μ_B

电泳向量

A　　　　　　B

时间x

图 18-3　不同离子在毛细管电泳中分离

18.2.3　影响分离的因素

色谱中塔板和速率理论仍然可以用来描述毛细管电泳中分离过程。若以电泳峰的标准偏差或方差(σ)表示理论塔板数 n，则

$$n=\left(\frac{l}{\sigma_T}\right)^2 \tag{18-5}$$

其中，l 为溶质的迁移距离，即毛细管的有效长度；σ_T 是各种引起区带展宽因素的总和。

$$\sigma_T^2=\sigma_{dif}^2+\sigma_{ini}^2+\sigma_{temp}^2+\sigma_{ads}^2+\sigma_{det}^2+\sigma_{ed}^2+\cdots \tag{18-6}$$

式中，σ_{dif}^2 为扩散因素；σ_{inj}^2 为进样因素；σ_{temp}^2 为温度因素；σ_{ads}^2 为吸附因素；σ_{det}^2 为检测器因素；σ_{ed}^2 为电分散因素。

1. 扩散的影响(σ_{dif}^2)

扩散是造成毛细管电泳分离区带展宽的重要原因。但由于电渗流驱动的平面流型，径向扩散引起的峰展宽比色谱法中小得多。纵向扩散决定分离的理论极限效率。

2. 进样体积的影响(σ_{inj}^2)

如果进样体积大于扩散控制的区带宽度，则分离就会变差。毛细管电泳中进样量太小，对检测器的要求就高，因此，操作过程中需平衡两者的关系。

3. 焦耳热的影响(σ_{temp}^2)

电流通过电解质而产生的热量称为焦耳热。焦耳热可导致毛细管内部的温度梯度不均匀和局部黏度的变化，从而引起区带展宽。由于毛细管的内径细，比表面积大，有效地限制了热效应。因而可以在毛细管电泳中采用较高的电场强度，提高分辨率。但使用较高离子强度的缓冲溶液时，需要考虑焦耳热的影响。

4. 检测器的死体积的影响(σ_{det}^2)

采用柱上检测时，该项可以忽略。

5. 毛细管壁的吸附的影响(σ_{ads}^2)

毛细管比表面积大，增加了吸附作用，特别是分离碱性蛋白质和多肽时，因为这些物质具有较多的电荷和疏水性基团，吸附作用可能引起电泳峰拖尾，甚至引起不可逆吸附。一般采用涂层的方法减轻组分在管壁的吸附，如聚乙二醇或聚丙烯酰胺等，也可以在缓冲溶液中加入大量的两性电解质，增大离子强度，减小吸附。

6. 电分散作用的影响(σ_{cd}^2)

电分散是由于样品的离子强度与缓冲溶液的离子强度不匹配引起的，它使样品峰变形，从而影响分离效率。在毛细管电泳中，一般样品溶液的离子强度远远小于缓冲溶液的离子强度，如果不考虑富集因素，可以提高样品溶液的离子强度。

18.2.4　理论塔板数和分离度

在理想情况下，其他因素通常可以忽略，纵向扩散被认为是毛细管电泳过程中造成区带变宽的唯一因素。色谱理论的纵向扩散项

$$\sigma_T^2 = 2Dt = \frac{2DlL}{(\mu_i + \mu_{EOF})U} \tag{18-7}$$

式中，D 为组分的扩散系数；t 为组分在毛细管中的迁移时间；L 为毛细管的总长度；l 为毛细管的有效长度；U 为加在毛细管两端的电压。将式(18-7)代入式(18-5)可以得到毛细管电泳的理论塔板数表达式

$$n = \left(\frac{l}{\sigma_T}\right)^2 = \frac{(\mu_i + \mu_{EOF})Ul}{2DL} = \frac{(\mu_i + \mu_{EOF})El}{2D} \tag{18-8}$$

式中，E 为电场强度。

式(18-8)表明，采用高的电场强度对分离有利。

毛细管电泳中的分离度的概念也与色谱相同，毛细管电泳中分离度用下式表示

$$R = \frac{l\Delta\mu}{4\sqrt{2}}\left(\frac{U}{D(\bar{\mu}_i + \mu_{EOF})}\right)^{\frac{1}{2}} \tag{18-9}$$

式中，$\Delta\mu = \mu_2 - \mu_1$，$\bar{\mu} = (\mu_2 + \mu_1)/2$。

由上式可以看出，当 $\bar{\mu}$ 与电渗流的淌度大小相等，方向相反时，分离度无穷大，然而，此时的分析时间也趋于无穷，因此，这个无穷大的分离度是没有意义的。毛细管电泳操作条件优化的目的就是在最短的时间内获得最高的分离度。

18.3　高效毛细管电泳装置

高压毛细管电泳仪主要由高压电源、毛细管、缓冲溶液瓶、检测器、数据记录或处理系统构成，如图18-4所示。

高压电源是分离的动力，直流输出电压一般0~30 kV，输出电流0~1 mA。大部分电源有极性转换功能。商品高压电源有恒压和恒流操作模式。

毛细管是分离通道，目前普遍采用外涂耐高温聚酰亚胺涂料的熔融石英毛细管，内径

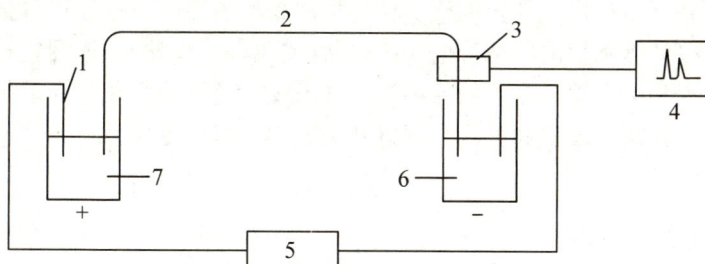

图 18-4　毛细管电泳装置示意图
1—铂电极　2—毛细管　3—检测器　4—记录仪　5—高压电源　6，7—缓冲溶液

$25\sim100\ \mu m$，长度 $20\sim100$ cm。毛细管尺寸的选择主要考虑分离效率和检测灵敏度，内径越小，分离效率越高，但由于小内径的毛细管限制了进样量，对检测器的灵敏度要求也高。实践中 $50\ \mu m$ 内径的毛细管用得最多。毛细管越长，分离效率越高，但因为高压电源输出电压的限制，长毛细管将导致低的电场，影响分析时间。

缓冲溶液瓶一般用玻璃或聚丙烯制成，体积 $1\sim5$ mL。简易的毛细管电泳装置也可使用离心管盛缓冲溶液。

检测器是毛细管电泳仪的关键部分，因为毛细管内径很小，进样量是纳升级，因此需要检测器有高灵敏度、高选择性和快速响应的特性。目前能和毛细管电泳配套的有紫外/可见光、荧光、激光诱导荧光、电化学、质谱等检测器。表 18-1 列出了与毛细管电泳联用的一些检测器的性能指标。

紫外-可见光检测器是毛细管电泳中应用最广的检测器，可分为固定波长、可变波长和多波长扫描二极管阵列（DAD）检测器。前两类结构简单，灵敏度较高，适用于常规分析，后一类能提供时间-吸光度-光谱的三维谱图，用于定性分析和纯度鉴定及毛细管电泳条件的选择。激光诱导荧光检测器是毛细管电泳最灵敏的检测器。电化学检测器中，电导检测器是通用型检测器，安培检测器是高灵敏的选择性检测器，用于离子型化合物分析。

表 18-1　各种检测器及其特点

检测器	检测限/(mol/L)	特　点
紫外-可见光吸收	$1\times10^{-6}\sim1\times10^{-5}$	近于通用，常规应用
激光光热	$1\times10^{-8}\sim1\times10^{-7}$	灵敏度高，受激光器波长限制
非相干光诱导荧光	$1\times10^{-8}\sim1\times10^{-7}$	灵敏度高
激光诱导荧光	$1\times10^{-12}\sim1\times10^{-1}$	高灵敏度，价格昂贵
折射指数	$1\times10^{-7}\sim1\times10^{-5}$	通用性强，结构简单，灵敏度较低
电导	$1\times10^{-7}\sim1\times10^{-5}$	通用性
安培	$1\times10^{-9}\sim1\times10^{-8}$	选择性，灵敏度高，微量
质谱	$1\times10^{-9}\sim1\times10^{-7}$	仪器复杂，可获得结构信息，质量灵敏度高
放射	$1\times10^{-11}\sim1\times10^{-9}$	灵敏度高，操作放射性物质有特殊要求
间接紫外-可见光	$1\times10^{-5}\sim1\times10^{-4}$	通用性强，灵敏度比直接法低 $1\sim2$ 数量级
间接荧光	$1\times10^{-9}\sim1\times10^{-8}$	

数据采集和处理是现代毛细管电泳实验不可缺少的一部分。一般用数据采集卡将模拟信号传入计算机，计算机中的毛细管电泳工作站(或色谱工作站)对谱图进行处理，得出电泳过程中的一系列相关数据。专业的毛细管电泳系统中进一步强化了自动控制的功能，其进样、程序升压、冲洗、电压和电流控制以及控温都由程序完成。

18.4 毛细管电泳的分离模式

18.4.1 毛细管区带电泳(CZE)

在毛细管内充满缓冲溶液，溶质以不同的速度在分立的区带内进行迁移而被分离，其分离的基础是溶质的淌度差别。由于毛细管电泳的液体驱动力为塞式电渗流，溶质区带在毛细管内几乎不发生扩散，因此 CZE 具有高柱效。在 CZE 中，通过改变缓冲溶液的组成、pH、电场强度及加入有机添加剂等操作参数可以控制电渗流，实现高效分离。CZE 可以同时分离阳离子、阴离子和中性溶质。CZE 操作简单，使其成为目前最常用的一种操作模式，广泛用于氨基酸、多肽、离子和对映体的分离分析。

18.4.2 胶束电动色谱(MEKC)

胶束电动色谱是电泳技术与色谱技术相结合的分离模式。它既能分离中性溶质又能分离带电组分。

在胶束电动色谱的电泳缓冲溶液中加入表面活性剂，使其浓度超过临界胶束浓度(CMC)，例如十二烷基磺酸钠 CMC 为 $8 \sim 9$ mmol/L，表面活性剂分子由于其疏水基团的作用而聚集在一起，形成三维团状结构的胶束。表面活性剂分子的疏水性一端在一起，朝向里，带电荷一端则朝向外。由于胶束存在，使 MEKC 中有两相，一相是导电的缓冲溶液水溶液相；另一相是带电的离子胶束相，它是不固定在柱内的载体(可称为拟似固定相)。在电场作用下，体相溶液由于 EOF 驱动向阴极移动(若使用的是未经处理的石英毛细管)。离子胶束依其电荷不同移向阳极或阴极(十二烷基磺酸钠胶束移向阳极)，在多数情况下 EOF 速度大于胶束电泳速度，所以实际移动方向和电泳方向一致。对于中性溶质，由于疏水性不同，与水相和胶束相分配系数不同而得到分离。疏水性较强的溶质与胶束的作用较强，结合到胶束中的比例多，在电泳中迁移速度越慢(以十二烷基磺酸钠为例)，"保留"时间也就越长。

18.4.3 毛细管凝胶电泳(CGE)

CGE 是将生物大分子如蛋白质、DNA 片段，按相对分子质量大小进行分离的一种分离方法。毛细管凝胶电泳一般是在多孔的凝胶基质上进行，如聚酰胺聚合物。在凝胶的孔穴中含有缓冲混合物，分离在穴中进行。不同大小分子受到的阻力不同，大分子受到阻力比小分子大，电泳迁移速度慢，反之，小分子受阻力小，迁移快，结果使溶质按其分子大小得到分离。最常用的凝胶是在交联剂的存在下聚合丙烯酰胺而生成。聚合物的孔穴大小取决于单体与交联剂的比例，增加交联剂的量可以得小孔穴凝胶。在毛细管凝胶电泳中常用的凝胶有共价交联的聚丙烯酰胺、氢键结合的琼脂糖以及线性交联的聚合物。

18.4.4　毛细管等电聚焦(CIEF)

CIEF 基于不同蛋白质或多肽之间等电点(pI)的差异进行分离。当溶液的 pH 正好是两性物质的等电点时,两性物质所带的净电荷为零,它们在电场中不移动。高于此 pH 时,它们失去质子带负电荷,在电场作用下向正极移动;低于此 pH 时,它们移向负极。若在毛细管柱中缓冲溶液内形成一个 pH 梯度,从一端向另一端递增,当两性物质进入毛细管柱 pH 高于它的 pI 的地方,它就带负电荷,趋向正极,顺着这个方向迁移,pH 逐渐变小,最后到达 pH 等于它的 pI 值的部位,此时净电荷为零,迁移速度也为零。通过等电点聚焦,将试样中不同物质浓缩在不同的等电点处,从而达到分离的目的。

18.5　高效毛细管电泳的应用

18.5.1　无机离子的分离检测

与离子色谱相比,毛细管电泳在小离子分离分析上具有许多优势,它能在数分钟内分离出几十种离子组分(见图 18-5),而且不需要任何复杂的操作程序。虽然绝大多数无机离子不能直接利用紫外吸收检测,但可以进行间接紫外吸收检测,即在具有紫外吸收离子的介质中进行电泳,可以测得无吸收同符号离子的倒峰。背景试剂选择淌度较大的化合物,如芳胺。芳胺的有效淌度随 pH 下降而增加,因此,改变 pH 可以改善峰形和分离度。采用胺类背景时,多选酸性分离条件。杂环化合物如咪唑、吡啶及其衍生物等也是一类很好的背景试剂。

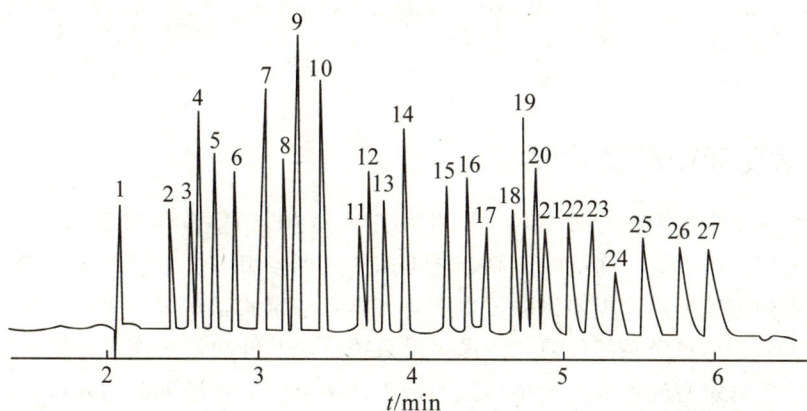

图 18-5　27 种无机阳离子在对甲苯胺背景中的高速分离

1—K^+　2—Ba^{2+}　3—Sr^{2+}　4—Na^+　5—Ca^{2+}　6—Mg^{2+}　7—Mn^{2+}　8—Cd^{2+}

9—Li^+　10—Co^{2+}　11—Pb^{2+}　12—Ni^{2+}　13—Zn^{2+}　14—La^{3+}　15—Ce^{3+}　16—Pr^{3+}

17—Nd^{2+}　18—Sm^{3+}　19—Gd^{3+}　20—Cu^{2+}　21—Tb^{3+}　22—Dy^{3+}　23—Ho^{3+}　24—Er^{3+}

25—Tm^{3+}　26—Yb^{3+}　27—Lu^{3+}

18.5.2 核酸片段的分离

核酸片段的分离，多用 CGE 分离技术。凝胶筛分效应使核酸片段分离具有很高的分辨能力，甚至可以达到单碱基分辨。

长链凝胶分子适于分离长链 DNA 片段，短链凝胶分子适于分离短链 DNA 片段。如琼脂糖适于分离碱基小于 1 000 的 DNA。

溴化乙锭是一种小正电荷离子，能与双链 DNA 作用，使 DNA 相对分子质量增加约 12%，同时还能中和其电性，使 DNA 片段淌度下降，迁移速率降低，分辨率改善。DNA片段碱基对越多，与溴化乙锭配位后迁移时间增加越多，分辨率的改善也越明显。此外，溴化乙锭有较强的紫外吸收，络合后的双链 DNA 对紫外吸收明显增强，提高了检测灵敏度。图 18-6 为 CGE 分离双链 DNA 限制片段谱图。

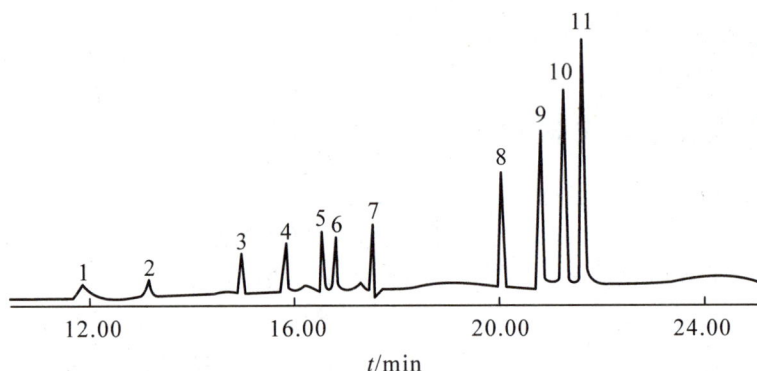

图 18-6 CGE 分离双链 DNA 限制片段谱图

毛细管凝胶柱：40/47 cm 线性聚丙烯酰胺 缓冲液：100 mmol/L TBE(Tris＋
H_3BO_3＋EDTA)，pH 8.5(1 μg/mL 溴化乙锭) 工作电压：250 V/cm。DNA 片
段(bp)：1— 72   2—118   3—194   4—234   5—271   6—281   7—310   8—603
9—872   10—1 078   11—1 353

18.5.3 抗生素的分离检测

喹诺酮类抗生素是人工合成萘啶酸衍生物，通过抑制 DNA 旋转酶的活性杀死细菌。因其有抗菌谱广、吸收好、血液浓度高、能迅速分解到各组织、半衰期长、能制成各种剂型等特点而得到迅速推广。但喹诺酮抗生素对人体有一定的副作用，主要表现为胃肠道反应、皮肤损害、中枢神经系统反应、泌尿生殖系统反应及肝功能损伤等。目前该类药物已被广泛应用于家禽家畜的疾病防治中，因而肉类和蛋类中的喹诺酮药物残留量已引起人们的广泛关注，欧共体国家(EU)早在 20 世纪 90 年代就对肉类中喹诺酮类抗生素的最大残留量进行了限制。图 18-7 是五种喹诺酮的毛细管电泳分离检测图。

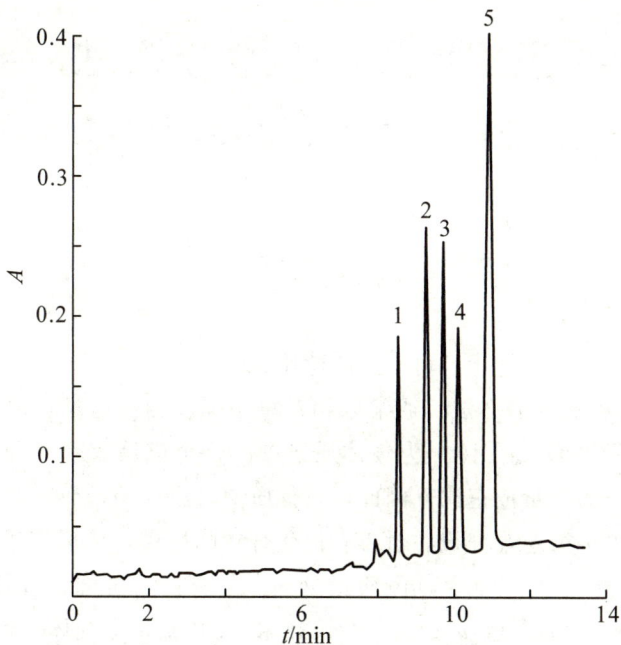

图 18-7　五种喹诺酮类抗生素标准品的毛细管电泳图

缓冲液：40 mmol/L $Na_2B_4O_7$-KH_2PO_4，pH＝8.86；

样品峰：1—洛美沙星　2—环丙沙星　3—氧氟沙星　4—氟罗沙星　5—帕珠沙星

习题

1. 用色谱基本理论来解释高效毛细管电泳能实现高效和高速分离的原因。

2. 提高毛细管电泳柱效的措施有哪些？

3. 从色谱基本理论出发，比较胶束电动毛细管色谱与区带毛细管电泳的最大差别是什么。

4. 采用什么方法可以使中性分子分离？为什么？

5. 用毛细管区带电泳分离苯胺、甲苯和苯甲酸，缓冲溶液的 pH 为 7，请判断出峰顺序。

6. 毛细管电泳分离三种物质 A，B，C，迁移时间分别为 80 s，141 s，267 s，其中 C 在实验条件下为电中性。实验用毛细管总长度为 50 cm，从进样口到检测点的距离(有效长度)为 40 cm，分离电压 25 kV。试计算出电渗淌度以及 A，B 的有效淌度。

第 19 章　质谱分析法
(Mass Spectrometry)

19.1　概述

质谱分析法是将试样离子化,再按其质荷比(m/z,m 为离子的质量,z 为离子的电荷数)的不同进行分离和检测的方法。通常以相对离子强度为纵坐标,离子的质荷比为横坐标所得的质谱图进行检测。图 19-1 为气体质谱图。每个谱峰表示一种质荷比的离子,质谱峰的强度与该离子的含量成正比。因此,根据质谱峰出现的位置,可进行定性分析;根据质谱峰的强度,可进行定量分析。对于有机化合物的质谱,可根据质谱峰的质荷比和相对强度进行结构分析。图 19-1 中,由质谱峰 m/z 2 和 20 可知,气体的主要的成分为 $H_2(m/z\ 2)$ 和 $Ne(m/z\ 20)$,由 m/z 18,28,32 和 44 可知,该气体还含有少量 H_2O,N_2,O_2 和 CO_2;根据峰的强度,可求出气体中各组分的含量。

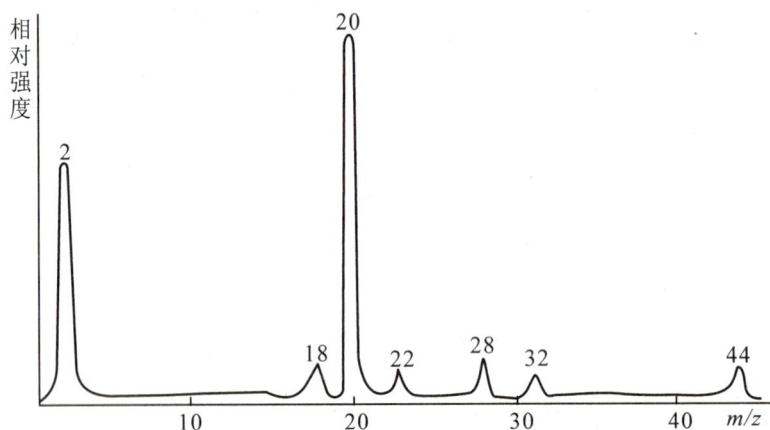

图 19-1　气体质谱图

质谱分析法的分类较多,可按其研究对象的不同,分为同位素质谱、无机质谱和有机质谱等。质谱法可与其他方法联用,比如,与气相色谱或液相色谱联用,已成为一种强有力的分离和鉴定复杂混合物组成及结构的可靠手段。

质谱分析法的特点:

(1)既可进行定性分析、结构分析,又可进行定量分析。

(2)灵敏度高,样品用量少。有机质谱仪绝对灵敏度可达 10^{-11} g;无机质谱仪绝对灵敏度可达 10^{-14} g,相对灵敏度可达 10^{-9}。在某些情况下,用 μg 量级的样品即可得到分析结果。

（3）分析速度快，可同时检测多组分。

（4）应用范围广。可用于无机物分析，也可用于有机物结构分析；测定对象可以是气体、液体，也可以是固体。

19.2　质谱仪

根据用途不同，质谱仪可分为：①有机化合物分析用的质谱仪，一般具有很高的分辨率，但灵敏度较低；②火花源质谱仪，主要用于无机化合物分析，一般具有较高的灵敏度，但分辨率较低。

19.2.1　质谱仪的结构

质谱仪通常由六部分组成：真空系统、进样系统、离子源、质量分析器、离子检测器和计算机自控及数据处理系统。

1. 真空系统

在质谱分析中，为了降低背景及减少离子间或离子与分子间的碰撞，离子源和质量分析器及检测器必须处于高真空状态。离子源的真空度应达$1\times10^{-5}\sim1\times10^{-3}$ Pa，质量分析器应达 1×10^{-6} Pa，要求真空度十分稳定。

通常先用机械泵或分子泵预抽真空，然后用高效扩散泵连续抽至高真空。

2. 进样系统

质谱进样系统多种多样，现代质谱仪对不同物理状态的试样都有相应的引入方法，一般有如下三种方式：

（1）间歇式进样　一般气体或易挥发液体采用此方式进样。试样进入储样器，调节温度至150 ℃，使试样蒸发，然后由于压力梯度使试样蒸气经漏孔扩散进入离子源。

（2）直接进样　高沸点的液体，固体试样可以用探针杆或直接进样器送入离子源，调节加热温度，使试样气化为蒸气。此方法可将微克量级甚至更少试样进入电离室。

（3）色谱进样　对于有机化合物的分析，目前较多采用色谱、质谱联用，此时试样经色谱柱分离后，经接口单元进入质谱仪的离子源。两者的联用使它们兼有色谱法的优良分离性能和质谱法强有力的鉴定能力，是目前分析复杂混合物的最有效的手段。

3. 离子源

质谱仪的离子源种类很多，其原理和用途各不相同。

离子源的作用是使试样中的原子、分子电离成离子。在进行质谱分析时，首先使试样分子形成气态离子，并且通过离子化的过程，根据不同分子的结构及性质形成特征的碎片。对一个给定的分子而言，其质谱图的面貌在很大程度上取决于所用的离子化方法。离子源的性能对质谱仪的灵敏度和分辨本领等都有很大关系。

（1）电子轰击源　电子轰击源（EI）是应用最为广泛的离子源，它主要用于挥发性样品的电离。图 19-2 是电子轰击源的原理图，由 GC 或直接进样杆进入的样品，以气体形式进入离子源，由灯丝发出的电子与样品分子发生碰撞使样品分子电离。一般情况下，灯丝与接收极之间的电压为 70 V，此时电子的能量为 70 eV。目前，所有的标准质谱图都是在 70 eV 下作出的。在 70 eV 电子碰撞作用下，有机物分子可能被打掉一个电子形成分子离子，也可能会发生化学键的断裂形成碎片离子。由分子离子可以确定化合物相对分子质量，由碎片离子可以得到化合物的结构。对于一些不稳定的化合物，在 70 eV 的电子轰击下很难得到分子离子。为了得到相对分子质量，可以采用 $10 \sim 20$ eV

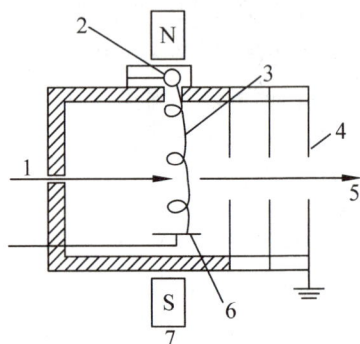

图 19-2　电子轰击源原理图
1—样品　2—灯丝　3—电子束　4—聚焦电极
5—离子束　6—接受极　7—磁铁

的电子能量，不过，此时仪器灵敏度将大大降低，需要加大样品的进样量，而且，得到的质谱图不再是标准质谱图。

离子源中进行的电离是很复杂的过程，有专门的理论对这些过程进行解释和描述。在电子轰击下，样品分子可能以下面 4 种不同途径形成离子：

①样品分子被打掉 1 个电子形成分子离子；②分子离子进一步发生化学键断裂形成碎片离子；③分子离子发生结构重排形成重排离子；④通过分子离子反应生成加合离子

电子轰击源主要适用于易挥发有机样品的电离，GC-MS 联用仪中都有这种离子源。其优点是工作稳定可靠，结构信息丰富，有标准质谱图可以检索；缺点是只适用于易气化的有机物样品分析，并且，对有些化合物得不到分子离子。

(2)化学电离源(CI)　化学电离源是通过分子-离子反应使样品电离，因此化学电离源需要使用反应气体，常用的反应气体有甲烷、氢、氨、CO 和 NO 等。假设样品是 M，反应气体是 CH_4，将两者混合后送入电离源，先用能量大于 50 eV 的电子使反应气体 CH_4 电离，发生一级离子反应：

$$CH_4 + e^- \longrightarrow CH_4^+ + CH_3^+ + CH_2^+ + C^+ + H_2^+ + H^+ + ne^-$$

生成的 CH_4^+ 和 CH_3^+ 离子约占全部离子的 90%，它们很快与大量存在的 CH_4 作用，发生二级离子反应：

$$CH_4^+ + CH_4 \longrightarrow CH_5^+ + CH_3 \cdot$$
$$CH_3^+ + CH_4 \longrightarrow C_2H_5^+ + H_2$$

生成的 CH_5^+ 和活性离子与样品分子 M 进行分子-离子反应生成准分子离子。准分子离子是指获得或失掉 1 个 H 的分子离子，

$$M + CH_5^+ \longrightarrow [M+1]^+ + CH_4$$
$$M + C_2H_5^+ \longrightarrow [M+1]^+ + C_2H_4$$

或

$$M + CH_5^+ \longrightarrow [M-1]^+ + CH_4 + H_2$$

$$M + C_2H_5^+ \longrightarrow [M-1]^+ + C_2H_6$$

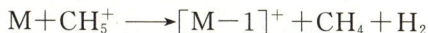

在生成的这些离子中，以$[M+1]^+$或$[M-1]^+$的丰度为最大，成为主要的质谱峰，且通常为基峰。

化学电离源适于分子质量相对较高及不稳定化合物的分析，它具有谱图简单、灵敏度高等特点；缺点是碎片少，可提供的结构信息少。

（3）场离子源　应用强电场可以诱发样品电离。场致电离源由电压梯度约为$10^7 \sim 10^8$ V·cm^{-1}的两个尖细电极组成。流经电极之间的样品分子由于价电子的量子隧道效应而发生电离，电离后被阳极排斥出离子室并加速经过狭缝进入质量分析器。

（4）火花源　对于金属合金或离子型残渣之类的非挥发性无机试样，须使用火花源。火花源类似于发射光谱中的激发源。向一对电极施加约 30 kV 脉冲射频电压，电极在高压火花作用下产生局部高热，使试样仅靠蒸发作用产生原子或简单的离子，经适当加速后进行质量分析。火花源对几乎所有元素的灵敏度都较高，可以对极复杂样品进行元素分析，但由于仪器设备价格昂贵，操作复杂，限制了使用范围。

（5）快原子轰击（FAB）　它是利用一束中性原子轰击试样导致有机物分子电离而获得质谱的一种软电离技术。这种电离方法使用的"快原子"，通常是将惰性气体元素 Ar 先电离成 Ar$^+$，再经电场加速，使之具有很高的动能，然后通过一个电荷交换室使 Ar 的高能离子被中和成高能的中性原子流。以它轰击试样产生试样离子。由于不需要将试样加热气化，整个过程可在室温下进行，特别适于研究极性高、热不稳定的高分子化合物。

4. 质量分析器

质量分析器是质谱仪的主体，其作用如同光学光谱法的单色器，将来自离子源的不同离子依其质荷比(m/z)的大小顺序分别聚焦和分辨开。

（1）单聚焦分析器　它是通过磁场来实现按质荷比的大小将离子分开。常见的单聚焦分离器采用 180°、90°或 60°圆形离子束通路，如图 19-3。设电荷为z，质量为m的正离子在可变电压加速板 2 和离子源出口狭缝 3 之间受到电压U的加速，若忽略离子在离子室内得到的初始能量，则该离子到达出口狭缝时的动能应为

$$\frac{1}{2}mv^2 = zU \tag{19-1}$$

式中，v为离子的运动速度。加速后的离子进入磁分离器后，由于外磁场B的作用使其运动方向发生偏转，改做圆周运动。此时，离子的离心力等于磁场力，即有

$$\frac{mv^2}{R} = Bzv \tag{19-2}$$

式中，R为离子运动的轨道半径。由式(19-1)和式(19-2)中消去v，得到：

$$R = \frac{1}{B}\sqrt{2U\frac{m}{z}} \tag{19-3}$$

从式(19-3)可以看出，离子运动的半径 R 取决于磁场强度 B，离子的质荷比 m/z 以及加速电压 U。若 B 和 U 固定不变，则离子运动的半径 R 仅取决于离子本身的 m/z。这样，m/z 不同的离子，由于运动半径不同，在磁分离器中被分开。但是，在质谱仪中出射狭缝的位置是固定的，故一般采用固定加速电压 U 而连续改变磁场强度 B（称为磁场扫描）的方法，或固定磁场强度 B 连续改变加速电压 U（称为电扫描）的方法，使不同质荷比的离子依次通过狭缝，到达收集器，从而获得质谱图。

单聚焦分析器的缺点是分辨能力低。只适宜与离子能量分散较小的离子源如电子轰击源或化学电离源等组合使用。

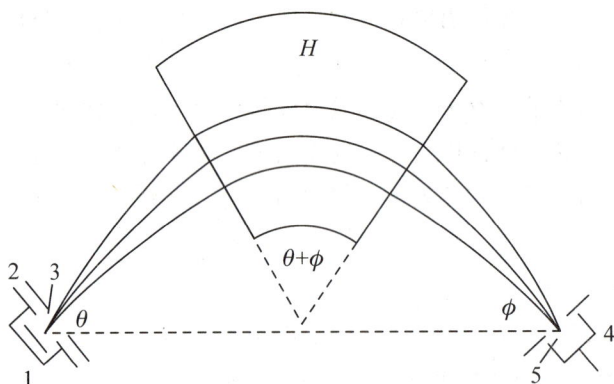

图 19-3　单聚焦偏转分析器
1—离子源　2—可变电压加速板　3，5—狭缝　4—收集器

（2）飞行时间分析器　飞行时间分析器是基于获得相同能量的离子在无场的空间漂移，不同质量的离子，其速度不同，因而通过相同的距离后到达收集器的时间不同，从而得到分离。

如图 19-4 所示，由阴极 F 发射的电子，受到电离室 A 正电位的加速，进入并通过电离室而到达电子收集极 P，电子在运动过程中撞击 A 中的气体分子并使之电离。在栅极 G_1 上加入一个不大的负脉冲（-270 V），把正离子引出电离室 A；在栅极 G_2 上施加一个负高压 V（-2.8 kV），使离子加速而获得动能，以速度 v 飞越长度为 L 的漂移空间，最后达到离子接收器。当脉冲电压为一定值时，离子向前运动的速度与离子的 m/z 有关，因此在漂移空间里，离子是以各种不同的速度运动着，质量越小的离子，就越先落到收集器中。

离子经过两个栅极间电场加速后进入漂移管的速度 v 可由式(19-1)算出，离子飞过路程为 L 的漂移时间 t 可用下式表示：

$$t = L\sqrt{\frac{m}{2zU}} \tag{19-4}$$

飞行时间分析器既不需要磁场也不需要电场，只需要直线漂移空间，因此仪器的结构简单，分析速度快，缺点是分辨率低。

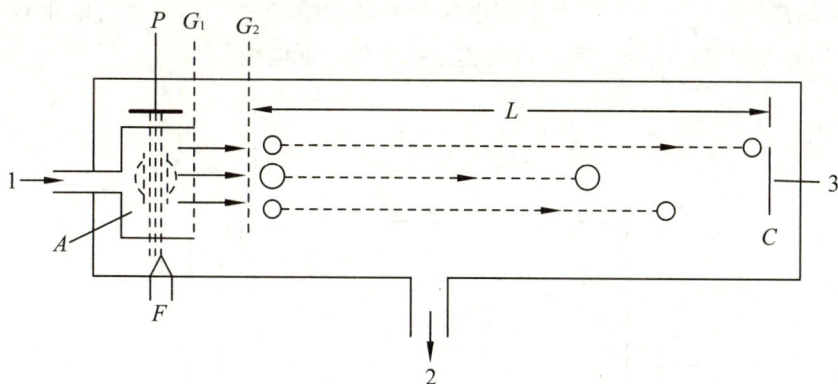

图 19-4　飞行时间分析器
1—试样进口　2—抽真空　3—收集器

（3）四极滤质器　这种分析器由四个筒形电极组成，对角电极相连接构成两组，如图 19-5 所示。z 轴通过原点 O 垂直于纸平面，原点 O（场中心点）至极面的最小距离称为场半径 r；在 x 方向的一组电极上施加 $+(u+V\cos\omega t)$ 的电压，在 y 方向的另一组电极上施加 $-(u+V\cos\omega t)$ 的电压，式中，u 为直流电压，$V\cos\omega t$ 为射频交流电压，而 V 为交流电压幅值，ω 为角频率，t 为时间。

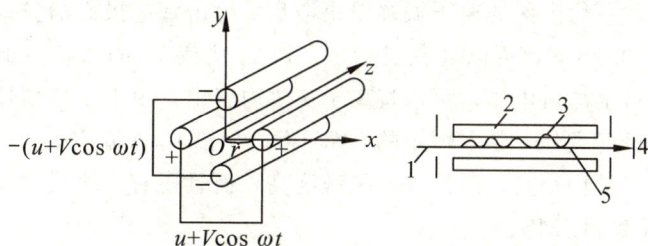

图 19-5　四极滤质器结构
1—离子束　2—筒形电极　3—非共振离子　4—收集器　5—共振离子

如果有一个质量为 m，电荷为 z，速度为 v 的离子从 z 方向射入四极场中，由于在 x 和 y 方向存在交变电场，离子在行进的过程中要在四个电极之间进行振荡运动。当 u，V 和 ω 为某一特定值时，只有具有一定质荷比的离子能沿着 z 轴方向通过四极场到达接收器，这样的离子称为共振离子；质荷比为其他值的离子，因其振荡幅度大，撞在电极上而被真空泵抽出系统，这些离子称为非共振离子。

当 r 和 z 一定时，通过四极场的正离子质量是由 u，V 和 ω 决定的，改变这些参数就能使离子按质荷比大小顺序依次通过射频四极场，实现质量分离。

四极滤质器由于利用四极杆代替了笨重的电磁铁，故体积小、质量轻、价格低廉，加上具有较高的灵敏度和较好的分辨率，因而它成为近年来发展最快的质谱仪器。

（4）离子阱分析器　离子阱的结构如图 19-6 所示。离子阱的主体是一个环电极和上下两个端盖电极，环电极和上下两端盖电极都是绕 z 轴旋转的双曲面，并满足 $R_0^2 = 2r_0^2$（R_0

为环形电极的最小半径，r_0 为两个端盖电极间的最短距离的 $1/2$)。直流电压 U 和射频电压 V_{rf} 加在环电极和端盖电极之间，两端盖电极都处于低电位。

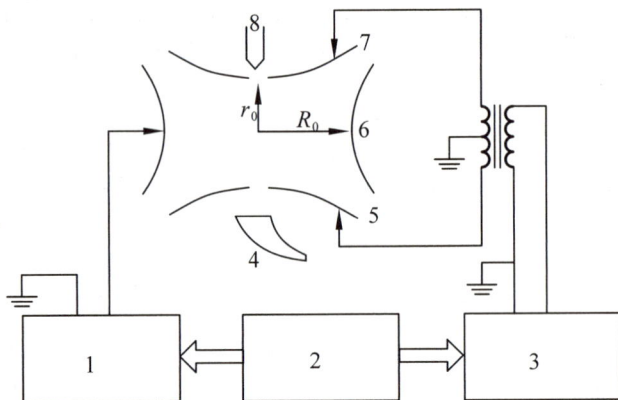

图 19-6   离子肼结构示意图

1，3—放大器和射频发生器   2—计算机   4—电子倍增管
5，7—端帽   6—环形电极   8—灯丝

与四极杆分析器类似，离子在离子阱内的运动遵守所谓马蒂厄微分方程，方程的解也可以表示成类似四极杆分析器的稳定图。在稳定区内的离子，轨道振幅保持一定大小，可以长时间留在阱内，不稳定区的离子振幅很快增长，撞击到电极而消失。对于一定质量的离子，在一定的 U 和 V_{rf} 下，可以处在稳定区。改变 U 或 V_{rf} 的值，离子可能处于非稳定区。如果在引出电极上加负电压，可以将离子从阱内引出，由电子倍增器检测。离子阱的质量扫描方式与四极杆类似，是在恒定的 U/V_{rf} 下，扫描 V_{rf} 获取质谱。

离子阱的特点是结构小巧，质量轻，灵敏度高，而且还有多级质谱功能。它可以用于GC-MS，也可以用于 LC-MS。

(5)双聚焦分析器   在单聚焦分析器中，离子源产生的离子在进入加速电场前，其初始能量并不为零，且能量各不相同，即使 m/z 相同的离子，其初始能量也有差异。单聚焦仪器只能把质荷比相同而入射方向不同的离子聚焦，但是对于质荷比相同而能量不同的离子却不能实现聚焦，这样就影响了仪器的分辨率。为了克服单聚焦分析器分辨本领低的缺点，必须采用电场和磁场所组成的质量分析器。这时，不仅可以实现方向聚焦，而且质荷比相同，速度(能量)不同的离子也可聚焦在一起，称为速度聚焦。因此所谓双聚焦分析器，就是指同时实现了这两种聚焦而言的，因而双聚焦分析器的分辨本领远高于单聚焦分析器。

双聚焦分析器是将一静电场分析器置于离子源和磁场之间。静电分析器是由恒定电场下的一个固定半径的管道构成的，如图 19-7 所示。加速的离子束进入静电场后，只有动能与其曲率半径相应的离子才能通过狭缝 7 进入磁分离器。这样，在方向聚焦之前，实现了能量(或速率)上的聚焦。

双聚焦分离器不仅可以与高频火花源这样能量分散的离子源结合使用，进行固体微量分析，准确测定原子的质量，还广泛应用于有机质谱仪中。该仪器的最大优点是分辨本

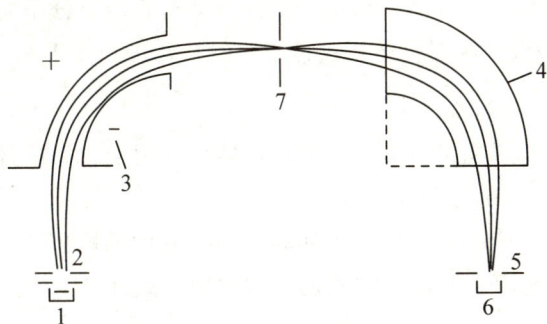

图 19-7　双聚焦偏转分析器

1—离子源　2，5，7—狭缝　3—静电分析器　4—磁场分析器　6—收集器

领高，一般可达几千，高的可达百万。其缺点是价格昂贵，维护困难。

5. 检测和记录

（1）法拉第杯　　法拉第杯是加有一定电压的筒状或平板状金属电极，离子流通过入口狭缝落在电极上，产生的电流经转换成电压后进行放大记录。法拉第杯的优点是简单可靠，配以合适的放大器可以检测约 10^{-15} A 的离子流。

（2）电子倍增管　　图 19-8 为电子倍增管。一定能量的离子打到阴极 C 的表面，产生二次电子，经 D_1，D_2，D_3 和 D_4 等二次电极使电子不断倍增，最后为阳极 A 所检测。由此可见，检测器的作用是将离子束转变为便于测量的电流。由于产生二次电子的数量与离子的质量和能量有关，即存在质量歧视效应，因此在进行定量分析时需要加以校正。

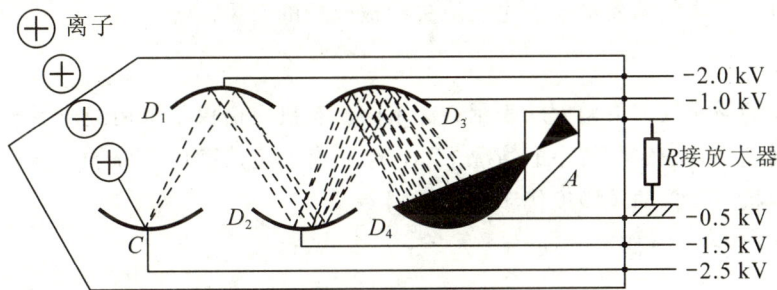

图 19-8　电子倍增管工作原理图

（3）照相检测　　照相检测的优点是无须记录总离子强度，也不需要整套的电子线路，且灵敏度可以满足一般分析要求，但其操作麻烦，效率不高。

19.2.2　质谱仪的主要性能指标

1. 质量测定范围

质谱仪的质量测定范围表示质谱仪所能进行分析的样品的相对原子质量范围，通常采用原子质量单位进行度量。在非精确测量物质的场合，常采用原子核中所含质子和中子的总数，即"质量数"表示质量的大小，此时，质量范围即仪器测量质量数的范围。不同用途的质谱仪质量范围差别很大。气体分析用质谱仪所测对象相对分子质量都很小，范围一般在 2～100，而有机质谱仪的相对分子质量范围一般从几十到几千。

2. 分辨本领

分辨本领常用分辨率来衡量。分辨率表示仪器分开两个相邻质量离子的能力，通常用 R 表示。

一般的定义是：对两个相等强度的相邻峰，当两峰间的峰谷不大于其峰高的 10% 时，就可以认为这两峰已经分开。这时，仪器的分辨率用下式计算

$$R=\frac{m_1}{m_2-m_1}=\frac{m_1}{\Delta m} \tag{19-5}$$

式中，m_1，m_2 为质量数，且 $m_1 < m_2$。

一般 R 在 10 000 以下者，称为低分辨仪器；R 在 10 000～30 000，称为中分辨仪器；R 在 30 000 以上称为高分辨仪器。低分辨仪器只能给出整数的相对离子质量数；高分辨仪器则可给出小数的相对离子质量数。

而在实际工作中，有时很难找到相邻的且峰高相等的两个峰，同时峰谷又为峰高的 10%。这种情况下，可任选一个单峰，测量其峰高 5% 处的峰宽 $W_{0.05}$，即可作为上式中的 Δm，此时分辨率计算公式为

$$R=\frac{m}{W_{0.05}} \tag{19-6}$$

若该峰是高斯型的，上述两式计算结果是一样的。

质谱仪的分辨本领主要由离子通道的半径、加速器和收集器的狭缝宽度及离子源决定。选用何种分辨本领的质谱仪，主要取决于被分析的对象。

3. 灵敏度

不同用途的质谱仪，灵敏度的表示方法不同。有机质谱仪常采用绝对灵敏度。它表示对于一定的样品，在一定分辨率的情况下，产生具有一定信噪比的分子离子峰所需要的样品量，目前有机质谱仪的灵敏度优于 1×10^{-10} g。

4. 质量稳定性和质量精度

质量稳定性主要是指仪器在工作时质量稳定的情况，通常用一定时间内质量漂移的质量单位(amu)来表示。例如某仪器的质量稳定性为 0.1 amu/12 h，意思是该仪器在 12 h 之内，质量漂移不超过 0.1 amu。

质量精度是指质量测定的精确程度，是多次测定的相对标准偏差，常以百分比表示。对高分辨质谱仪，这个值通常在百万分之几，因此，质量精度是以百万分之一(ppm)作为单位，例如，可以说某质谱仪的质量精度为 5 ppm。质量精度是高分辨质谱仪的一项重要指标。质量精度越好的质谱仪，测得的元素组成式越准确可靠，而对低分辨质谱仪没有太大意义。

19.3　离子的主要类型

19.3.1　分子离子峰

由分子离子(或称母离子)形成的质谱峰。由于分子离子是失去一个电子后形成的正离子,它的质谱峰可提供精密相对分子质量和分子的元素组成的信息。在一化合物质谱中,分子离子是离子中 m/z 最大的,处于最右端,它的质量即为化合物的相对分子质量。有些化合物没有或只有很小的分子离子峰,这是因为分子离子峰的大小取决于有机分子的热稳定性和分子离子的分解活化能。一般芳香烃由于结构比较稳定,总是给出强的分子离子峰,而叔醇等化合物的分子离子峰很小或没有。对于同类化合物,一般相对分子质量越大,分子离子峰越小。分子离子峰强弱的大致顺序是:芳环>共轭烯>烯>酮>不分支烃>醚>酯>胺>酸>醇>高分支烃。

例如,甲基异丁基甲酮失去一个电子后形成分子离子:

$$CH_3-\underset{O}{C}-CH_2-\underset{CH_3}{\overset{CH_3}{CH}} \quad \xrightarrow{\;-e^-\;} \quad CH_3-\underset{\overset{\|}{O}}{\underset{+\cdot}{C}}-CH_2-\underset{CH_3}{\overset{CH_3}{CH}}$$

式中,氧原子上的"＋·",表示一对未共用电子对失去一个电子而形成的离子。

19.3.2　裂片离子峰

当轰击电子的能量超过分子电离所需的能量时,电子过剩的能量可以使分子离子裂分,产生各种裂片离子。分子的裂片与分子结构有关,因此,根据裂片离子峰可推测化合物的结构。

碎片离子的形成机理有下面几种:

1. 游离基引发的断裂(α 断裂)

游离基对分子断裂的引发是由于电子的强烈成对倾向造成的。由游离基提供一个奇电子与邻接原子形成一个新键,与此同时,这个原子的另一个键(α 键)断裂。这种断裂通常称为 α 断裂。

$$CH_3\overset{\curvearrowleft}{—}CH_2\overset{\curvearrowright}{—}\overset{\cdot\cdot}{O}H \longrightarrow CH_3\cdot + CH\overset{+}{=}OH$$
$$m/z\ 31$$

$$CH_3\overset{\overset{\overset{+}{\ddot{O}}}{|}}{C}—CH_3 \longrightarrow CH_3\cdot + \overset{\overset{O}{\|}}{C}—CH_3$$
$$m/z\ 43$$

2. 正电荷引发的断裂(诱导断裂或 i 断裂)

诱导断裂是由正电荷诱导、吸引一对电子而发生的断裂,其结果是正电荷的转移。诱导断裂常用 i 来表示。

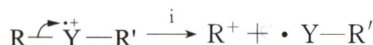

$$R \overset{i}{\curvearrowleft} \overset{..}{\overset{+}{Y}} - R' \longrightarrow R^+ + \cdot Y - R'$$

一般情况下，电负性强的元素诱导力也强。在有些情况下，诱导断裂和 α 断裂同时存在，由于 i 断裂需要电荷转移，因此，i 断裂不如 α 断裂容易进行。表现在质谱中，相应 α 断裂的离子峰强，i 断裂产生的离子峰较弱。例如乙醚的断裂：

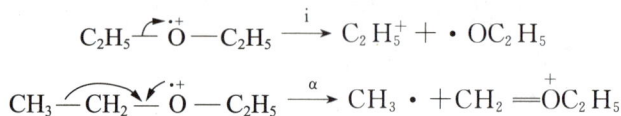

$$C_2H_5 \overset{..}{\curvearrowleft} \overset{+}{\overset{..}{O}} - C_2H_5 \overset{i}{\longrightarrow} C_2H_5^+ + \cdot OC_2H_5$$

$$CH_3 \curvearrowleft CH_2 \curvearrowleft \overset{..}{\overset{+}{O}} - C_2H_5 \overset{\alpha}{\longrightarrow} CH_3 \cdot + CH_2 = \overset{+}{O}C_2H_5$$

i 断裂和 α 断裂同时存在，α 断裂的几率大于 i 断裂。但由于 α 断裂生成的 m/z 59 还有进一步的断裂，因此，在乙醚的质谱中，m/z 59 并不比 m/z 29 强。

3. σ 断裂

如果化合物分子中具有 σ 键，如烃类化合物，则会发生 σ 键断裂。σ 键断裂需要的能量大，当化合物中没有 π 电子和 n 电子时，σ 键的断裂才可能成为主要的断裂方式。断裂后形成的产物越稳定，这样的断裂就越容易进行。阳碳离子的稳定性顺序为叔＞仲＞伯，因此，碳氢化合物最容易在分支处发生键的断裂，并且，失去最大烷基的断裂最容易进行。

4. 环烯的断裂——逆狄尔斯-阿德尔反应

在质谱的分子离子断裂反应中，环己烯可以生成丁二烯和乙烯，正好与有机合成中的狄尔斯-阿德尔反应相反，所以称为逆狄尔斯-阿德尔(Retro-Diels-Alder)反应，简称 RDA：

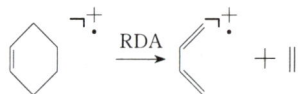

这类裂解反应的特点是，环己烯双键打开，同时引发两个 α 键断开，形成两个新的双键，电荷处在带双键的碎片上。

19.3.3 同位素峰

除 P，F，I 外，组成有机化合物的常见的十几种元素，如 C，H，O，N，S，Cl，Br 等都有同位素，因而在质谱中会出现不同质量的同位素形成的峰，称为同位素峰。例如，天然碳中，存在 ^{13}C 和 ^{12}C 两种同位素，如果由 ^{12}C 组成的分子质量为 M，由 ^{13}C 组成的分子质量为 $M+1$，则 $M+1$ 峰称为 M 峰的同位素峰。同位素峰的强度比与同位素的丰度比是相当的。因此可利用同位素峰判断化合物中是否含某种元素。例如，S，Cl，Br 等元素的同位素丰度高，所以含 S，Cl，Br 的化合物的分子离子或裂片离子，其 $M+2$ 峰强度较大，因而可根据 M 和 $M+2$ 两个峰的强度比判断化合物中是否含有这些元素。

表 19-1 常见元素的天然同位素丰度

同位素	天然丰度/%	丰度比×100%	同位素	天然丰度/%	丰度比×100%
^{1}H	99.985	^{2}H/^{1}H=0.015	^{32}S	95.00	^{33}S/^{32}S=0.80 ^{34}S/^{33}S=4.44
^{2}H	0.015		^{33}S	0.76	
^{12}C	98.9	^{13}C/^{12}C=1.12	^{34}S	4.22	
^{13}C	1.11		^{35}Cl	75.5	^{37}Cl/^{35}Cl=32.4
^{14}N	99.63	^{15}N/^{14}N=0.37	^{37}Cl	24.5	
^{15}N	0.37		^{79}Br	50.5	^{81}Br/^{79}Br=98.0
^{16}O	99.76	^{17}O/^{16}O=0.37 ^{18}O/^{16}O=0.20	^{81}Br	49.5	
^{17}O	0.037				
^{18}O	0.204				

19.3.4 亚稳离子峰

以上讨论的各种离子都是指稳定的离子。但有些离子由于内能较高,不稳定或中途发生碰撞,在进入接收器前发生裂分。这种中途发生裂分的离子称为亚稳离子。亚稳离子生成的离子峰称为亚稳离子峰。假设质量为 m_1 的母离子,在离开电离室后的自由场区进一步裂分成质量为 m_2 的离子。由于该离子具有 m_2 的质量,而具有 m_1 的速度,因而在质谱图上它不出现在 m_2 处。亚稳离子的质量 m^* 由下式求得:

$$m^* = \frac{m_2^2}{m_1} \tag{19-7}$$

亚稳离子峰钝而小,其质荷比通常不是整数,可利用这些特征加以区别。了解亚稳离子的裂分情况,可以了解离子间的相互关系,从而有助于推断化合物的结构。

19.3.5 重排离子峰

在两个或两个以上键的断裂过程中,某些原子或基团从一个位置转移到另一个位置所生成的离子,称为重排离子,质谱图上相应的峰为重排离子峰。转移的基团常常是氢原子。

重排的类型很多。其中最常见的一种是 Mclafferty 于 1956 年发现的,称为麦氏重排(Mclafferty rearrangement)。对于含有像羰基这样的不饱和官能团的化合物,γ 氢是通过六元环过渡态转移的。凡是具有 γ 氢的醛、酮、酯、酸、烷基苯及长链烯等,都可以发生麦氏重排,例如:

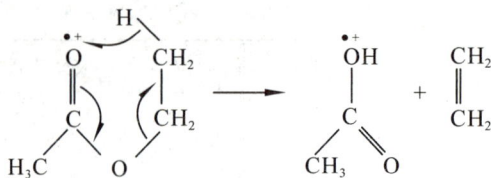

19.4 有机化合物的裂解规律

19.4.1 烃类

正构烷烃的断裂方式主要是简单的 σ 键断裂，其质谱特征是具有质量相差 14 个质量单位的 C_nH_{2n+1} 离子系列，如图 19-9 所示。

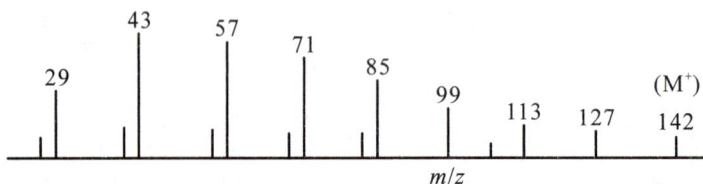

图 19-9 正癸烷的质谱图

在有支链的烷烃质谱中，由于分支处的链容易断裂，产生的离子也较稳定，因此丰度就大一些，例如，在 5-甲基十五烷的质谱中，m/z 85 和 169 的离子比较强：

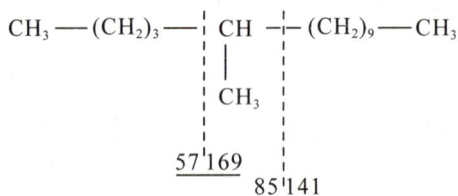

利用强度增加的离子峰可以判断支链烃的分支位置。

芳基最容易发生苄基断裂，生成苄基离子：

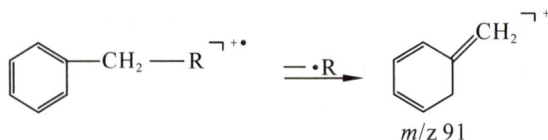

19.4.2 醇和酚

醇含有杂原子，容易发生 α 断裂，形成 m/z 31 离子和 (M-1) 离子：

酚类一般有较强的分子离子,其质谱除具有苯的特征外,还会生成(M-28)离子:

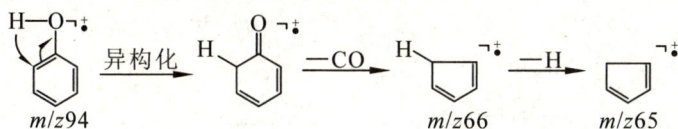

19.4.3　醛和酮

醛和酮的分子离子峰均为强峰。它们容易发生 α 断裂,产生酰基阳离子:

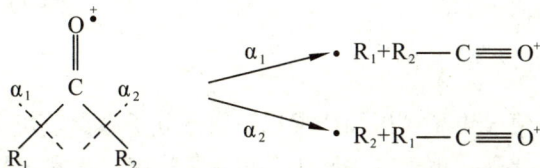

通常,R_1,R_2 中较大者容易失去。但是,醛上的氢不易失去,常产生 m/z 29 的 $H-C\equiv O^+$ 强碎片离子峰。

19.4.4　酯和酸

酯和酸的特征断裂反应是 α 断裂和麦氏重排。
α 断裂:

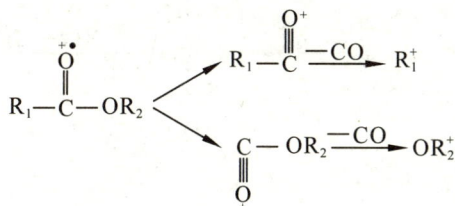

酯容易产生 $R-C\equiv O^+$,酸容易产生 $HO-C\equiv O^+$(m/z 45)。
麦氏重排:

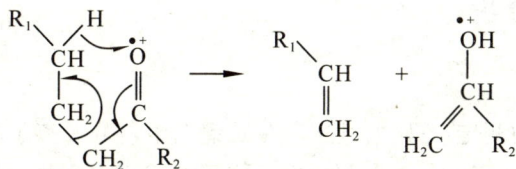

丁酸酯以上的脂肪酸酯都会发生这种重排,产生 $60+14n$ 的碎片。

19.4.5　胺

脂肪胺容易发生 α 断裂。伯胺有很强的 m/z 30 和 m/z 44 峰,仲胺和叔胺除 α 断裂外,碎片离子还会进一步发生电荷引发重排:

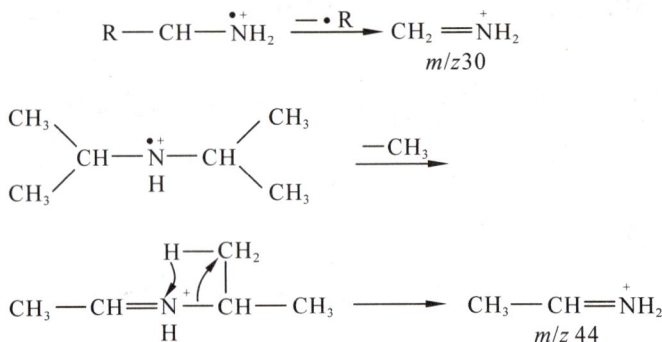

19.4.6 芳香族化合物

芳香族化合物有共轭 π 电子，因而能形成稳定的分子离子。在质谱图上，它们的分子离子峰有时就是基峰。此外，由于芳香族化合物非常稳定，常常容易在离子源中失去第二个电子，形成多电荷离子峰。

在芳香族化合物的质谱中，常常出现 m/z 符合 $C_nH_n^+$ 的系列峰(m/z 78，65，52，39)和(或)m/z 77，76，64，63，51，50，38，37 的系列峰。后者是由于前者失去一个或两个氢后形成的。这两组系列峰可以用来鉴定芳香族化合物。

芳香族化合物可以发生相对于苯环的 β 开裂。烷基芳烃的这种断裂，产生 m/z 91 的离子基峰。该离子进一步失去乙炔，产生 m/z 65 的正离子：

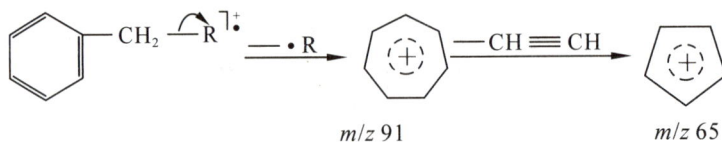

19.5 质谱法的应用

19.5.1 有机物分析

1. 结构分析

(1)相对分子质量的测定　如上所述，在质谱图中，分子离子峰所对应的质量就是该化合物的相对分子质量。因此，只要找出分子离子峰就可得到相对分子质量。

(2)分子式的确定　各元素具有一定的同位素天然丰度，因此，不同的分子式，其$(M+1)/M$ 和$(M+2)/M$ 的百分比都将不同。如以质谱法测定分子离子峰及其同位素峰$(M+1，M+2)$的相对强度，就能根据 Beynon 表(参见 J H Beynon，A E Williams，"Mass and Abundance Tables for Use in Mass Spectrometry")中查得的$(M+1)/M$ 和$(M+2)/M$ 的百分比来确定分子式。

例1　某化合物相对分子质量为 150，其质谱图上 m/z 150，151 和 152 的强度比如下：

$$M(150) \qquad\qquad 100\%$$
$$M+1(151) \qquad\qquad 9.9\%$$
$$M+2(152) \qquad\qquad 0.9\%$$

试确定该化合物的分子式。

解： 从 $(M+2)/M=0.9\%$ 可见，该化合物不含 S，Br 或 Cl，因为这些元素的同位素丰度高。在 Beynon 的表中相对分子质量为 150 的分子式共 29 个，其中 $(M+1)/M$ 的百分比在 $9\%\sim11\%$ 的有如下七个：

	分子式	$M+1$	$M+2$
(a)	$C_7H_{10}N_4$	9.25	0.38
(b)	$C_8H_8NO_2$	9.23	0.78
(c)	$C_8H_{10}N_2O$	9.61	0.61
(d)	$C_8H_{12}N_3$	9.98	0.45
(e)	$C_9H_{10}O_2$	9.96	0.84
(f)	$C_9H_{12}NO$	10.34	0.68
(g)	$C_9H_{14}N_2$	10.71	0.52

该化合物的相对分子质量为偶数，根据 N 律：由 C，H，O，N 组成的化合物，含奇数个 N，相对分子质量为奇数；含偶数个 N，相对分子质量则为偶数，可排除上列 (b)，(d)，(f) 三个式子，剩下四个分子式中，M+1 与 9.9% 最接近的是 (e) 式，这个式子的 M+2 也与 0.9% 很接近，因此，分子式应为 $C_9H_{10}O_2$。

(3) 结构式的确定　各种化合物在一定能量的离子源中，是按一定规律进行裂分而形成各种裂片离子的，因而表现一定的质谱图。因此，根据裂分后形成各种离子峰就可以确定物质的组成和结构。

用质谱法鉴定纯化合物的结构时，应与标准谱图进行对照或用与仪器联用的计算机图谱库进行搜索，以核对该化合物的结构。

质谱仪的计算机数据系统存储大量已知有机化合物的标准谱图构成谱库。这些标准谱图绝大多数是用电子轰击离子源在 70 eV 电子束轰击，于双聚焦质谱仪上作出的。在同样条件下得到被测有机化合物的质谱图，然后用计算机按一定的程序与谱库中标准谱图对比，计算出它们的相似性指数，并显示几种较相似的有机化合物名称、相对分子质量、分子式或结构式等，并提供试样谱和标准谱的比较谱图。

若是未知化合物，则按照以下程序进行质谱图谱解析：

① 根据分子式计算化合物的不饱和度。

② 注意分子离子峰相对于其他峰的强度，以此为化合物的类型提供线索。

③ 注意分子离子和高质量碎片离子以及碎片离子之间的 m/z 的差值。找到从分子离子脱掉的可能碎片或中性分子（见表 19-2）。以此推测分子的结构和断裂类型。

④注意谱图上存在哪些重要离子(见表 19-3),特别是奇电子的离子,因为它们的出现,常常意味着分子中发生了重排或消去反应,这对推断化合物的结构有着重要的意义。

⑤若有亚稳峰存在,利用 $m^* = \dfrac{m_2^2}{m_1}$ 的关系式,找到 m_1 和 m_2,并推断出 $m_1 \rightarrow m_2$ 的断裂过程。

⑥按各种可能方式,连接已知的结构碎片及剩余的结构碎片,提出可能的结构式。

⑦根据质谱或其他数据,排除不可能的结构式,最后确定可能的结构式。

表 19-2　从分子离子失去的中性碎片

减去的质量数	失去的碎片	减去的质量数	失去的碎片
1	H	42	$CH_2 = CHCH_3$,$CH_2 = C = O$,NCO,$NCNH_2$
15	CH_3		
17	HO	43	C_3H_7,HCNO,$CH_2 = CH - O$
18	H_2O	44	$CH_2 = CHOH$,CO_2,N_2O,$CONH_2$
19	F	45	CH_3CHOH,CH_3CH_2O,CO_2H,$CH_3CH_2NH_2$
20	HF		
26	$CH \equiv CH$,$C \equiv N$	46	CH_3CH_2OH,NO_2
27	$CH_2 = CH$,$HC \equiv N$	47	CH_3S
28	$CH_2 = CH_2$,CO,(HCN+H)	48	CH_3SH,SO,O_3
29	CH_3CH_2,CHO	49	CH_2Cl
30	NH_2CH_2,CH_2O,NO	51	CHF_2
31	OCH_3,CH_2OH,CH_3NH_2	52	C_4H_4,C_2N_2
32	CH_3OH,S	53	C_4H_5
33	HS,(CH_3 和 H_2O)	54	$CH_2 - CH - CH = CH_2$
34	H_2S	55	$CH_2 = CHCHCH_3$
35	Cl	56	$CH_2 = CHCH_2CH_3$,$CH_3CH = CHCH_3$,2CO
36	HCl,$2H_2O$		
37	H_2Cl(或 HCl+H)	57	C_4H_9
38	C_3H_2,C_2N,F_2	58	NCS,(NO+CO),CH_3COCH_3
39	C_3H_3,HC_2N	60	C_3H_7OH
40	$CH_3C \equiv CH$	61	CH_3CH_2S
41	$CH_2 = CHCH_2$	62	$[H_2S + CH_2 = CH_2]$

表 19-3 质谱图中常见碎片离子及其可能来源

m/z	元素组成或结构	可能来源	m/z	元素组成或结构	可能来源
29	CHO^+	醛，酚，呋喃	50	$C_4H_2^{+\cdot}$	芳基，吡啶基化合物
	$C_2H_5^+$	含烷基化合物	51	$C_4H_3^+$	同上
30	$CH_2{=}NH_2^+$	脂肪胺	52	$C_4H_4^{+\cdot}$	同上
31	$H_2C{=}OH^+$	醇，醚，缩醛	55	$C_4H_7^+$	烷，烯，丁酯，伯醇，硫醚
	CH_3O^+	甲酯类		$C_3H_3O^+$	环酮
33	$CH_3OH_2^+$	醇，多元醇，羟基酯	56	$C_3H_6N^+$	环胺
34	$H_2S^{+\cdot}$	硫醇，硫醚		$C_4H_8^{+\cdot}$	环烷，戊基酮等
35	H_3S^+	硫醇，硫醚	57	$C_4H_9^+$	丁基化合物，环醇，醚
	Cl^+	氯化物	58	$CH_3\overset{+\cdot}{C}O\,CH_3$	甲基酮
36	$HCl^{+\cdot}$	氯化物		$(CH_3)_2\overset{+\cdot}{N}{=}CH_2$	脂肪叔胺
39	$C_3H_3^+$	烯，炔，芳香化合物		$EtCH{=}\overset{+}{N}H_2$	α-乙基伯胺
41	$C_3H_5^+$	烷，烯，醇	59	$C_3H_7O^+$	α-取代醇，醚
42	$C_3H_6^{+\cdot}$	环烷烃，环烯，戊酰基		$COOCH_3^+$	甲酯
	$C_2H_4N^+$	环氮丙烷类	60	$CH_2{=}C(OH)\overset{+\cdot}{N}H_2$	伯酰胺
43	CH_3CO^+	含 CH_3CO— 化合物		$CH_2{=}C(OH)_2^{+\cdot}$	羧酸
	$CONH^{+\cdot}$	伯酰胺类		$C_4H_4S^{+\cdot}$	饱和含硫杂环
	$C_3H_7^+$	烃基，丁酰基	61	$CH_3COOH_2^+$	乙酸酯的双氢重排
44	$C_2H_6N^+$	脂肪胺		$C_2H_5S^+$	硫醚
	$CONH_2^+$	伯酰胺	63	$C_5H_3^+$	芳香化合物
	$CH_2CHOH^{+\cdot}$	脂肪醛	64	$C_5H_4^{+\cdot}$	同上
45	$COOH^+$	脂肪醛	65	$C_5H_5^+$	同上
	$C_2H_5O^+$	含乙氧基化合物	66	$C_5H_6^{+\cdot}$	同上，酚类
	$CH_2\overset{+}{O}CH_3$	甲基醚	77	$C_6H_5^+$	苯基取代物
	$CH_3{-}CH{=}\overset{+}{O}H$	α甲基醇	78	$C_6H_6^{+\cdot}$	同上
	$HC{=}S^+$	硫酸，硫醚	91	$C_7H_7^+$	苄基化合物
46	NO_2^+	硝酸酯	94	$C_6H_6O^{+\cdot}$	苯醚，苯酚类
	CH_2S^+	硫醚	105	$C_6H_5CO^+$	苯甲酰类化合物
47	$CH_2{=}SH^+$	甲硫醚，硫醇			

注：出现 19，43，57 等离子表明有正构烃基存在；出现 39，50，51，52，63，64，65，77，78，91 等表明有苯环存在。

例 2 某化合物的质谱如图 19-10 所示。分子离子峰 m/z 为 122，谱图上没有 Br，Cl，S 同位素峰的特点。高分辨质谱仪确定其分子式为 $C_7H_6O_2$。试推断该化合物的结构。

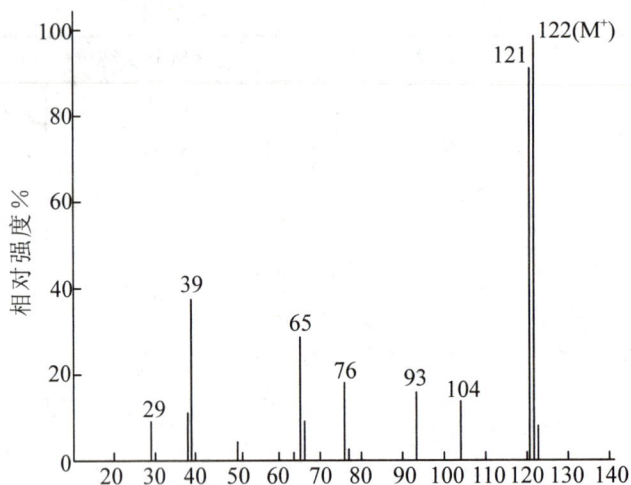

图 19-10　未知物的质谱图

解： 不饱和度 $U = 1 + 7 - 6/2 = 5$

从谱图上看，m/z 122 的分子离子峰为基峰，加之出现 m/z 76，66，65，39，38 峰，说明该化合物为苯的衍生物。

由于分子中含有苯环，所以次强峰 m/z 121 的出现，加上 m/z 29（CHO$^+$）的出现，说

明分子中有醛基 $—\overset{\text{O}}{\underset{||}{C}}—H$ 。

谱图中 m/z 93 的中强峰，也能根据此结构进行解释：

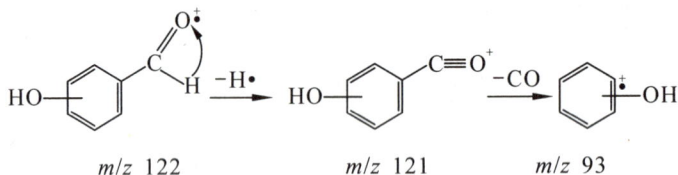

m/z 122　　　　　m/z 121　　　　　m/z 93

结合分子式，该化合物的结构式应为：

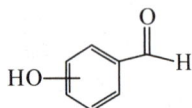

显然，仅从质谱图上是得不到两个基团的位置的。

例 3　有一未知物，经初步鉴定是一种酮，它的质谱图如图 19-11 所示，图中 m/z 100 为分子离子峰，试确定该未知物的化学结构。

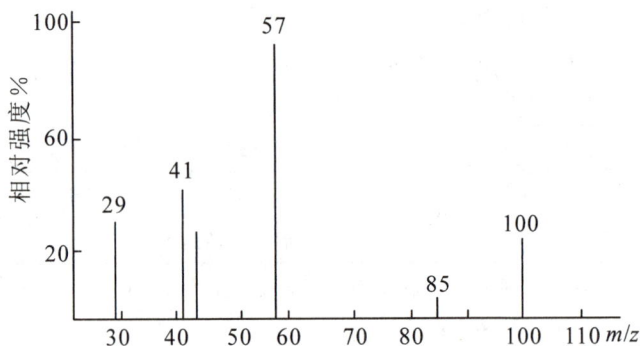

图 19-11　一种未知物的质谱图。

解： 由于分子离子峰 $m/z=100$，因而该化合物的相对分子质量 M 为 100。m/z 85 的裂片离子，可能是由分子裂分出 CH_3（相对质量 15）裂片后形成的。m/z 57 的裂片离子，则可认为是再裂分 CO（相对质量 28）裂片后形成的。m/z 57 的裂片离子峰强度很大，表示

该裂片离子很稳定，很可能是 $\begin{array}{c} CH_3 \\ | \\ C-CH_3 \\ | \\ CH_3 \end{array}^{+\cdot}$ （式中"$\neg^{+\cdot}$"表示难以判断裂片离子的电荷位置），因而该未知酮的结构式很可能是 $H_3C-\overset{\overset{\textstyle O}{\|}}{C}-C(CH_3)_3$。为确证此结构式，还可采用其他分析手段，如红外光谱或核磁共振波谱法进行验证。

2. 定量分析

根据质谱峰的强度，可进行有机化合物的定量分析。其方法与其他光谱法并无多大差别。

有机化合物质谱法常常与分离效率高的气相色谱法和处理数据快的计算机联用，组成气相色谱-质谱-计算机系统，以解决复杂的有机化合物的定性和定量分析问题。

19.5.2　无机物分析

用于无机物分析的火花源质谱法能分析元素周期表上除碳、氢、氧、氮外几乎所有的元素，多数元素的检出限均可达 $10^{-6}\% \sim 10^{-7}\%$，是近代无机分析最有效的方法之一。尤其适用于半导体材料和高纯金属中痕量杂质的半定量分析。

1. 定性分析

样品经处理后固定在离子源电极夹上，电极间施加高频电压，样品即被电离，形成的离子经分析器后使感光板曝光，再经显影、定影，即得样品的质谱图（见图 19-12）。通过对质谱的解释，可得到定性分析的结果。

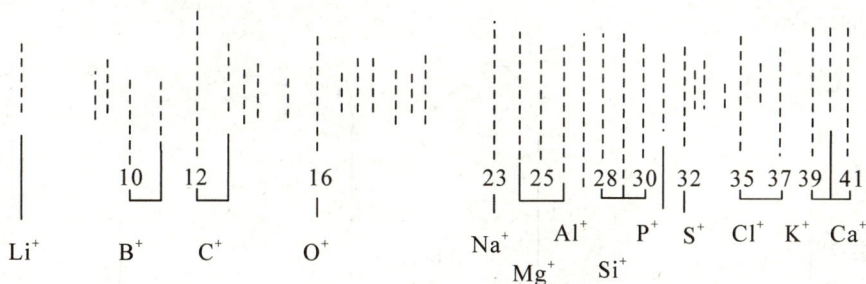

图 19-12　利用照相法得到的质谱图

定性分析一般有两种，一是确定样品中是否含有某一种或某几种指定元素；二是对样品中杂质进行全分析。对于指定元素的分析，因为其质量数已知，所以只要在该质量数的位置检查一下有无谱线，即可确定该元素是否存在。对于杂质元素的全分析，首先要识别

所有的谱线，然后根据未知谱线确定未知元素。

2. 定量分析

质谱检出的离子流强度与离子数目成正比，因此通过测量离子流强度可进行定量分析。常用于同位素测量、无机痕量分析、混合物的定量分析等。

习题

1. 质谱仪由哪几部分组成？各部分的作用是什么？

2. 质谱仪离子源有哪几种？叙述其工作原理。

3. 某单聚焦质谱仪使用磁感应强度为 0.24 T 的 180° 扇形磁分析器，分析器半径为 12.7 cm，为了扫描 15～200 质量范围，相应的加速电压变化范围是多少？

4. 三癸基苯、苯基十一基酮、1,2-二甲基-4-苯甲酰萘和 2,2-萘基苯并噻吩的相对分子质量分别为 260.250 4，260.214 0，260.120 1 和 260.092 2，若基于分子离子峰对它们进行定量分析，需要多大的分辨率？

5. 试计算 $M=168$，分子式为 $C_6H_4N_2O_4$（A）和 $C_{12}H_{24}$（B）两个化合物的 $\dfrac{I_{M+1}}{I_M}$ 值？

6. 写出 m/z 142 的烃的分子式，M 和 $M+1$ 应有怎样的大概比例？

7. 在一张谱图中，碎片质量比 $M:(M+1)$ 为 100:24，该化合物有多少碳原子存在？

8. 某第一胺类化合物的质谱图上，出现 m/z 30 的基峰，试问下列结构中，哪种与此完全相符？并写出离子产生过程。

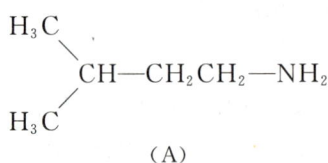

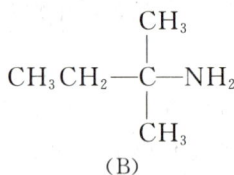

$$H_3C \diagdown \atop H_3C \diagup CH-CH_2CH_2-NH_2$$

（A）

$$CH_3CH_2-\underset{\underset{CH_3}{|}}{\overset{\overset{CH_3}{|}}{C}}-NH_2$$

（B）

9. 某一未知化合物含 C 47.0%，含 H 2.5%，固体熔点为 83 ℃，其质谱如图所示。试推断它的结构。

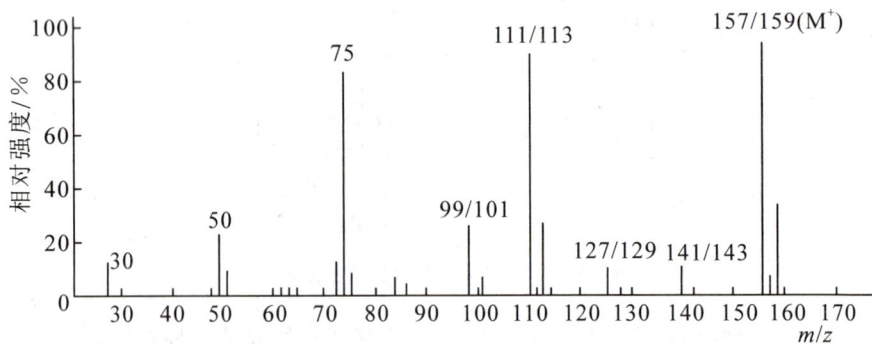

附录表

表 1　相对原子质量表

（以 $^{12}C=12$ 相对原子质量为标准）

序数	名称	符号	相对原子质量	序数	名称	符号	相对原子质量	序数	名称	符号	相对原子质量
1	氢	H	1.008	27	钴	Co	58.93	53	碘	I	126.9
2	氦	He	4.003	28	镍	Ni	58.69	54	氙	Xe	131.3
3	锂	Li	6.941±2	29	铜	Cu	63.55	55	铯	Cs	132.9
4	铍	Be	9.012	30	锌	Zn	65.39±2	56	钡	Ba	137.3
5	硼	B	10.81	31	镓	Ga	69.72	57	镧	La	138.9
6	碳	C	12.01	32	锗	Ge	72.61±3	58	铈	Ce	140.1
7	氮	N	14.01	33	砷	As	74.92	59	镨	Pr	140.9
8	氧	O	16.00	34	硒	Se	78.96±3	60	钕	Nd	144.2
9	氟	F	19.00	35	溴	Br	79.90	61	钷	^{145}Pm	144.9
10	氖	Ne	20.18	36	氪	Kr	83.80	62	钐	Sm	150.4
11	钠	Na	22.99	37	铷	Rb	85.47	63	铕	Eu	152.0
12	镁	Mg	24.31	38	锶	Sr	87.62	64	钆	Gd	157.3
13	铝	Al	26.98	39	钇	Y	88.91	65	铽	Tb	158.9
14	硅	Si	28.09	40	锆	Zr	91.22	66	镝	Dy	162.5
15	磷	P	30.97	41	铌	Nb	92.91	67	钬	Ho	164.9
16	硫	S	32.07	42	钼	Mo	95.94	68	铒	Er	167.3
17	氯	Cl	35.45	43	锝	^{99}Tc	98.91	69	铥	Tm	168.9
18	氩	Ar	39.95	44	钌	Ru	101.1	70	镱	Yb	173.0
19	钾	K	39.10	45	铑	Rh	102.9	71	镥	Lu	175.0
20	钙	Ca	40.08	46	钯	Pd	106.4	72	铪	Hf	178.5
21	钪	Sc	44.96	47	银	Ag	107.9	73	钽	Ta	180.9
22	钛	Ti	47.88±3	48	镉	Cd	112.4	74	钨	W	183.9
23	钒	V	50.94	49	铟	In	114.8	75	铼	Re	186.2
24	铬	Cr	52.00	50	锡	Sn	118.7	76	锇	Os	190.2
25	锰	Mn	54.94	51	锑	Sb	121.8	77	铱	Ir	192.2
26	铁	Fe	55.85	52	碲	Te	127.6	78	铂	Pt	195.1

序数	名称	符号	相对原子质量	序数	名称	符号	相对原子质量	序数	名称	符号	相对原子质量
79	金	Au	197.0	89	锕	^{227}Ac	227.0	99	锿	^{252}Es	252.1
80	汞	Hg	200.6	90	钍	Th	232.0	100	镄	^{257}Fm	257.1
81	铊	Tl	204.4	91	镤	^{231}Pa	231.0	101	钔	^{256}Md	256.1
82	铅	Pb	207.2	92	铀	U	238.0	102	锘	^{259}No	259.1
83	铋	Bi	209.0	93	镎	^{237}Np	237.0	103	铹	^{260}Lr	260.1
84	钋	^{210}Po	210.0	94	钚	^{239}Pu	239.1	104	𬬻	^{261}Rf	261.1
85	砹	^{210}At	210.0	95	镅	^{243}Am	243.1	105	𬭊	Db	262.1
86	氡	^{222}Rn	222.0	96	锔	^{247}Cm	247.1	106	𬭳	Sg	266
87	钫	^{223}Fr	223.0	97	锫	^{247}Bk	247.1	107	𬭛	Bh	264
88	镭	^{226}Ra	226.0	98	锎	^{252}Cf	252.1	108	𬭶	Hs	277

表 2　SI 单位制

SI 基本单位

物理量	量符号	单位名称	单位符号
长度	l	米	m
质量	m	千克	kg
时间	t	秒	s
电流	I	安[培]	A
热力学温度	T	开[尔文]	K
物质的量	n	摩[尔]	mol
发光强度	I_v	坎[德拉]	cd

SI 词头

乘因子	词头	符号	乘因子	词头	符号
10	十	da	10^{-1}	分	d
10^2	百	h	10^{-2}	厘	c
10^3	千	k	10^{-3}	毫	m
10^6	兆	M	10^{-6}	微	μ
10^9	吉[咖]	G	10^{-9}	纳[诺]	n
10^{12}	太[拉]	T	10^{-12}	皮[可]	p
10^{15}	拍[它]	P	10^{-15}	飞[母托]	f
10^{18}	艾[可萨]	E	10^{-18}	阿[托]	a
10^{21}	泽[它]	Z	10^{-21}	仄[普托]	z

SI 导出单位的名称和符号

物理量	SI 单位名称	SI 单位符号	以 SI 基本单位表示
频率	赫[兹]	Hz	s^{-1}
力	牛[顿]	N	$m \cdot kg \cdot s^{-2}$
压力，压强	帕[斯卡]	Pa	$m^{-1} \cdot kg \cdot s^{-2} (= N \cdot m^{-2})$
能量，功，热量	焦[耳]	J	$m^2 \cdot kg \cdot s^{-2} (= N \cdot m = Pa \cdot m^3)$
功率	瓦[特]	W	$m^2 \cdot kg \cdot s^{-3} (= J \cdot s^{-1})$
电荷	库[仑]	C	$s \cdot A$
电位	伏[特]	V	$m^2 \cdot kg \cdot s^{-3} \cdot A^{-1} (= J \cdot C^{-1})$
电容	法[拉]	F	$m^{-2} \cdot kg^{-1} \cdot s^4 \cdot A^2 (= C \cdot V^{-1})$
电阻	欧[姆]	Ω	$m^2 \cdot kg \cdot s^{-3} \cdot A^{-2} (= V \cdot A^{-1})$
电导	西[门子]	S	$m^{-2} \cdot kg^{-1} \cdot s^3 \cdot A^2 (= \Omega^{-1})$
磁通[量]	韦[伯]	Wb	$m^2 \cdot kg \cdot s^{-2} \cdot A^{-1} (= V \cdot s)$
磁通[量]密度	特[斯拉]	T	$kg \cdot s^{-2} \cdot A^{-1} (= V \cdot s \cdot m^{-2})$
自感	亨[利]	H	$m^2 \cdot kg \cdot s^{-2} \cdot A^{-2} (= V \cdot A^{-1} \cdot s)$
摄氏温度*	摄氏度	℃	K
平面角	弧度	rad	（在导出单位的表达式中，rad 和 sr
立体角	球面度	sr	既可以表示出来，也可以略写）
放射性活度	贝可[勒尔]	Bq	s^{-1}

* 摄氏温度定义为 $\theta/℃ = T/K - 273.15$。

SI 以外的常用单位

物理量	单 位	单位符号	以 SI 单位表示的数值	SI 单位
时间	分	min	60	s
时间	时	h	3 600	s
体积	升	L	10^{-3}	m^3
能量	电子伏特*	eV	$1.602\ 18 \times 10^{-19}$	J

* 以某些物理常数的最优值定义。

表 3 一些基本常数表

量	符 号	数值与单位
光在真空中速度	c	$2.997\ 924\ 58 \times 10^{10}$ cm $\cdot$ s^{-1}
光在空气中速度	v_{air}	$2.997\ 056 \times 10^{10}$ cm $\cdot$ s^{-1}
普朗克常量	h	$6.626\ 075\ 5 \times 10^{-34}$ J $\cdot$ s
玻耳兹曼常量	k	$1.380\ 54 \times 10^{-23}$ J $\cdot$ K^{-1}

量	符 号	数值与单位
阿伏加德罗常量	N_A	$6.022\ 136\ 7 \times 10^{23}\ mol^{-1}$
摩尔气体常量	R	$8.314\ 41\ J \cdot mol^{-1} \cdot K^{-1}$
		$1.987\ 19\ cal \cdot mol^{-1} \cdot K^{-1}$
基本电荷	e	$1.602\ 10 \times 10^{-19}\ C$
电子静止质量	m_e	$9.109\ 389\ 7 \times 10^{-28}\ g$
质子质量	m_p	$1.672\ 623\ 1 \times 10^{-24}\ g$
法拉第常量	F	$96\ 485.309\ C \cdot mol^{-1}$

表 4　298.15 K 时标准电极电位和条件电位

电 极 反 应	$\varphi^{\ominus}$/V(vs. SHE)	$\varphi^{\circ\prime}$/V(vs. SHE)
$Ag^+ + e \rightleftharpoons Ag(s)$	$+0.799$	$0.228,\ 1\ mol \cdot L^{-1}\ HCl;$
		$0.792,\ 1\ mol \cdot L^{-1}\ HClO_4$
$AgBr(s) + e \rightleftharpoons Ag(s) + Br^-$	$+0.073$	
$AgCl(s) + e \rightleftharpoons Ag(s) + Cl^-$	$+0.222$	$0.228,\ 1\ mol \cdot L^{-1}\ KCl$
$Ag(CN)_2^- + e \rightleftharpoons Ag(s) + 2CN^-$	-0.31	
$Ag_2CrO_4(s) + 2e \rightleftharpoons 2Ag(s) + CrO_4^{2+}$	$+0.446$	
$AgI(s) + e \rightleftharpoons Ag(s) + I^-$	-0.151	
$Ag(S_2O_3)_2^{3-} + e \rightleftharpoons Ag(s) + 2S_2O_3^{2-}$	$+0.01$	
$Al^{3+} + 3e \rightleftharpoons Al(s)$	-1.66	
$H_3AsO_4 + 2H^+ + 2e \rightleftharpoons H_3AsO_3 + H_2O$	$+0.559$	$0.577,\ 1\ mol \cdot L^{-1}\ HCl,\ HClO_4$
$Ba^{2+} + 2e \rightleftharpoons Ba(s)$	-2.90	
$BiO^+ + 2H^+ + 3e \rightleftharpoons Bi(s) + H_2O$	$+0.32$	
$BiCl_4^- + 3e \rightleftharpoons Bi(s) + 4Cl^-$	$+0.16$	
$Br_2(l) + 2e \rightleftharpoons 2Br^-$	$+1.065$	$1.05,\ 4\ mol \cdot L^{-1}\ HCl$
$Br_2(aq) + 2e \rightleftharpoons 2Br^-$	$+1.087$	
$BrO_3^- + 6H^+ + 5e \rightleftharpoons \frac{1}{2}Br_2(l) + 3H_2O$	$+1.52$	
$Ca^{2+} + 2e^- \rightleftharpoons Ca(s)$	-2.87	
$C_6H_4O_2(quinone) + 2H^+ + 2e^- \rightleftharpoons C_6H_4(OH)_2$	$+0.699$	$0.696,\ 1\ mol \cdot L^{-1}\ HCl,\ H_2SO_4,\ HClO_4$
$2CO_2(g) + 2H^+ + 2e^- \rightleftharpoons H_2C_2O_4$	-0.49	
$Cd^{2+} + 2e^- \rightleftharpoons Cd(s)$	-0.403	
$Ce^{4+} + e^- \rightleftharpoons Ce^{3+}$	$+1.61$	$1.28,\ 1\ mol \cdot L^{-1}\ HCl;$
		$1.44,\ 1\ mol \cdot L^{-1}\ H_2SO_4;$
		$1.70,\ 1\ mol \cdot L^{-1}\ HClO_4;$
		$1.61,\ 1\ mol \cdot L^{-1}\ HNO_3$

续表

电 极 反 应	$\varphi^{\ominus}/V$(vs. SHE)	$\varphi^{\circ\prime}/V$(vs. SHE)
$Cl_2(g)+2e^-\rightleftharpoons 2Cl^-$	$+1.359$	
$HClO+H^++e^-\rightleftharpoons \frac{1}{2}Cl_2(g)+H_2O$	$+1.63$	
$ClO_3^-+6H^++5e^-\rightleftharpoons \frac{1}{2}Cl_2(g)+3H_2O$	$+1.47$	
$Co^{2+}+2e^-\rightleftharpoons Co(s)$	-0.277	
$Co^{3+}+e^-\rightleftharpoons Co^{2+}$	$+1.842$	
$Cr^{3+}+e^-\rightleftharpoons Cr^{2+}$	-0.41	
$Cr^{3+}+3e^-\rightleftharpoons Cr(s)$	-0.74	
$Cr_2O_7^{2-}+14H^++6e^-\rightleftharpoons 2Cr^{3+}+7H_2O$	$+1.33$	
$Cu^{2+}+2e^-\rightleftharpoons Cu(s)$	$+0.337$	
$Cu^{2+}+e^-\rightleftharpoons Cu^+$	$+0.153$	
$Cu^++e^-\rightleftharpoons Cu(s)$	$+0.521$	
$Cu^{2+}+I^-+e^-\rightleftharpoons CuI(s)$	$+0.86$	
$CuI(s)+e^-\rightleftharpoons Cu(s)+I^-$	-0.185	
$F_2(g)+2H^++2e^-\rightleftharpoons 2HF(aq)$	$+3.06$	
$Fe^{2+}+2e^-\rightleftharpoons Fe(s)$	-0.440	
$Fe^{3+}+e^-\rightleftharpoons Fe^{2+}$	$+0.771$	$+0.700$, 1 mol·L^{-1} HCl; $+0.68$, 1 mol·L^{-1} H$_2$SO$_4$; $+0.732$, 1 mol·L^{-1} HClO$_4$
$Fe(CN)_6^{3-}+e^-\rightleftharpoons Fe(CN)_6^{4-}$	$+0.36$	$+0.71$, 1 mol·L^{-1} HCl; $+0.72$, 1 mol·L^{-1} H$_2$SO$_4$, HClO$_4$
$2H^++2e^-\rightleftharpoons H_2(g)$	0.000	-0.005, 1 mol·L^{-1} HCl, HClO$_4$
$Hg_2^{2+}+2e^-\rightleftharpoons 2Hg(l)$	$+0.789$	$+0.274$, 1 mol·L^{-1} HCl; $+0.674$, 1 mol·L^{-1} H$_2$SO$_4$; $+0.776$, 1 mol·L^{-1} HClO$_4$
$2Hg^{2+}+2e^-\rightleftharpoons Hg_2^{2+}$	$+0.920$	$+0.907$, 1 mol·L^{-1} HClO$_4$
$Hg^{2+}+2e^-\rightleftharpoons Hg(l)$	$+0.854$	
$Hg_2Cl_2(s)+2e^-\rightleftharpoons 2Hg(l)+2Cl^-$	$+0.268$	$+0.334$, 0.1 mol·L^{-1} KCl; $+0.282$, 1 mol·L^{-1} KCl; $+0.242$, 饱和 KCl
$Hg_2SO_4(s)+2e^-\rightleftharpoons 2Hg(l)+SO_4^{2-}$	$+0.615$	
$HO_2^-+H_2O+2e^-\rightleftharpoons 3OH^-$	$+0.88$	
$I_2(s)+2e^-\rightleftharpoons 2I^-$	$+0.5355$	
$I_2(aq)+2e^-\rightleftharpoons 2I^-$	$+0.620$	
$I_3^-+2e^-\rightleftharpoons 3I^-$	$+0.536$	

续表

电 极 反 应	$\varphi^{\ominus}/V(vs. SHE)$	$\varphi^{\circ\prime}/V(vs. SHE)$
$ICl_2^- + e^- \rightleftharpoons \frac{1}{2}I_2(s) + 2Cl^-$	$+1.06$	
$IO_3^- + 6H^+ + 5e^- \rightleftharpoons \frac{1}{2}I_2(s) + 3H_2O$	$+1.195$	
$IO_3^- + 6H^+ + 5e^- \rightleftharpoons \frac{1}{2}I_2(aq) + 3H_2O$	$+1.178$	
$IO_3^- + 2Cl^- + 6H^+ + 4e^- \rightleftharpoons ICl_2^- + 3H_2O$	$+1.24$	
$H_5IO_6 + H^+ + 2e^- \rightleftharpoons IO_3^- + 3H_2O$	$+1.60$	
$K^+ + e^- \rightleftharpoons K(s)$	-2.925	
$Li^+ + e^- \rightleftharpoons Li(s)$	-3.045	
$Mg^{2+} + 2e^- \rightleftharpoons Mg(s)$	-2.37	
$Mn^{2+} + 2e^- \rightleftharpoons Mn(s)$	-1.18	
$Mn^{3+} + e^- \rightleftharpoons Mn^{2+}$		$+1.51$, $7.5\ mol \cdot L^{-1}\ H_2SO_4$
$MnO_2(s) + 4H^+ + 2e^- \rightleftharpoons Mn^{2+} + 2H_2O$	$+1.23$	$+1.24$, $1\ mol \cdot L^{-1}\ HClO_4$
$MnO_4^- + 8H^+ + 5e^- \rightleftharpoons Mn^{2+} + 4H_2O$	$+1.51$	
$MnO_4^- + 4H^+ + 3e^- \rightleftharpoons MnO_2(s) + 2H_2O$	$+1.695$	
$MnO_4^- + e^- \rightleftharpoons MnO_4^{2-}$	$+0.564$	
$N_2(g) + 5H^+ + 4e^- \rightleftharpoons N_2H_5^+$	-0.23	
$HNO_2 + H^+ + e^- \rightleftharpoons NO(g) + H_2O$	$+1.00$	
$NO_3^- + 3H^+ + 2e^- \rightleftharpoons HNO_2 + H_2O$	$+0.94$	$+0.92$, $1\ mol \cdot L^{-1}\ HNO_3$
$Na^+ + e^- \rightleftharpoons Na(s)$	-2.714	
$Ni^{2+} + 2e^- \rightleftharpoons Ni(s)$	-0.250	
$H_2O_2 + 2H^+ + 2e^- \rightleftharpoons 2H_2O$	$+1.776$	
$O_2(g) + 4H^+ + 4e^- \rightleftharpoons 2H_2O$	$+1.229$	
$O_2(g) + 2H^+ + 2e^- \rightleftharpoons H_2O_2$	$+0.682$	
$O_3(g) + 2H^+ + 2e^- \rightleftharpoons O_2(g) + H_2O$	$+2.07$	
$Pb^{2+} + 2e^- \rightleftharpoons Pb(s)$	-0.126	-0.29, $1\ mol \cdot L^{-1}\ H_2SO_4$; -0.14, $1\ mol \cdot L^{-1}\ HClO_4$
$PbO_2(s) + 4H^+ + 2e^- \rightleftharpoons Pb^{2+} + 2H_2O$	$+1.455$	
$PbSO_4(s) + 2e^- \rightleftharpoons Pb(s) + SO_4^{2-}$	-0.350	
$PtCl_4^{2-} + 2e^- \rightleftharpoons Pt(s) + 4Cl^-$	$+0.73$	
$PtCl_6^{2-} + 2e^- \rightleftharpoons PtCl_4^{2-} + 2Cl^-$	$+0.68$	
$Pd^{2+} + 2e^- \rightleftharpoons Pd(s)$	$+0.987$	
$S(s) + 2H^+ + 2e^- \rightleftharpoons H_2S(g)$	$+0.141$	
$H_2SO_3 + 4H^+ + 4e^- \rightleftharpoons S(s) + 3H_2O$	$+0.45$	

电 极 反 应	$\varphi^{\ominus}/V$(vs. SHE)	$\varphi^{\circ\prime}/V$(vs. SHE)
$S_4O_6^{2-}+2e^-\rightleftharpoons 2S_2O_3^{2-}$	$+0.08$	
$SO_4^{2-}+4H^++2e^-\rightleftharpoons H_2SO_3+H_2O$	$+0.17$	
$S_2O_8^{2-}+2e^-\rightleftharpoons 2SO_4^{2-}$	$+2.01$	
$Sb_2O_5(s)+6H^++4e^-\rightleftharpoons 2SbO^++3H_2O$	$+0.581$	
$H_2SeO_3+4H^++4e^-\rightleftharpoons Se(s)+3H_2O$	$+0.740$	
$SeO_4^{2-}+4H^++2e^-\rightleftharpoons H_2SeO_3+H_2O$	$+1.15$	
$Sn^{2+}+2e^-\rightleftharpoons Sn(s)$	-0.136	-0.16，$1\ mol\cdot L^{-1}\ HClO_4$
$Sn^{4+}+2e^-\rightleftharpoons Sn^{2+}$	$+0.154$	$+0.14$，$1\ mol\cdot L^{-1}\ HCl$
$Ti^{3+}+e^-\rightleftharpoons Ti^{2+}$	-0.37	
$TiO^{2+}+2H^++e^-\rightleftharpoons Ti^{3+}+H_2O$	$+0.1$	$+0.04$，$1\ mol\cdot L^{-1}\ H_2SO_4$
$Tl^++e^-\rightleftharpoons Tl(s)$	-0.336	-0.551，$1\ mol\cdot L^{-1}\ HCl$；-0.33，$1\ mol\cdot L^{-1}\ H_2SO_4$，$HClO_4$
$Tl^{3+}+2e^-\rightleftharpoons Tl^+$	$+1.25$	
$UO_2^{2+}+4H^++2e^-\rightleftharpoons U^{4+}+2H_2O$	$+0.334$	
$V^{3+}+e^-\rightleftharpoons V^{2+}$	-0.255	-0.21，$1\ mol\cdot L^{-1}\ HClO_4$
$VO^{2+}+2H^++e^-\rightleftharpoons V^{3+}+H_2O$	$+0.361$	
$V(OH)_4^++2H^++e^-\rightleftharpoons VO^{2+}+3H_2O$	$+1.00$	$+1.02$，$1\ mol\cdot L^{-1}\ HCl$，$HClO_4$
$Zn^{2+}+2e^-\rightleftharpoons Zn(s)$	-0.763	

表5　298 K 时一些与生物有关的标准电位和条件电位

电 极 反 应	$\varphi^{\ominus}/V$(vs. SHE)	$\varphi^{\circ\prime}/V$(vs. SHE)
$O_2+4H^++4e^-\rightleftharpoons 2H_2O$	$+1.229$	$+0.816$
$Fe^{3+}+e^-\rightleftharpoons Fe^{2+}$	$+0.770$	$+0.770$
$I_2+2e^-\rightleftharpoons 2I^-$	$+0.563$	$+0.536$
$O_2(g)+2H^++2e^-\rightleftharpoons H_2O_2$	$+0.69$	$+0.295$
细胞色素 $a(Fe^{3+})\rightleftharpoons$细胞色素 $a(Fe^{2+})$	$+0.290$	$+0.290$
细胞色素 $C(Fe^{3+})\rightleftharpoons$细胞色素 $C(Fe^{2+})$	—	$+0.254$
2,6-二氯靛酚$+2H^++2e^-\rightleftharpoons$还原的 2,6-二氯靛酚	—	$+0.22$
脱氢抗坏血酸$+2H^++2e^-\rightleftharpoons$抗坏血酸	$+0.390$	$+0.058$
富马酸盐$+2H^++2e^-\rightleftharpoons$丁二酸盐	$+0.433$	$+0.031$
亚甲蓝$+2H^++2e^-\rightleftharpoons$还原产物	$+0.532$	$+0.011$
二羟醋酸盐$+2H^++2e^-\rightleftharpoons$乙二醇盐	—	-0.090
草醋酸盐$+2H^++2e^-\rightleftharpoons$苹果酸盐	$+0.330$	-0.102

电 极 反 应	$\varphi^{\ominus}/\text{V(vs. SHE)}$	$\varphi^{\circ\prime}/\text{V(vs. SHE)}$
丙酮酸盐$+2H^{+}+2e^{-}\Longrightarrow$乳酸盐	$+0.224$	-0.190
维生素 $B_2+2H^{+}+2e^{-}\Longrightarrow$还原的维生素 B_2	—	-0.208
$FAD+2H^{+}+2e^{-}\Longrightarrow FADH_2$	—	-0.210
(谷胱甘肽-S)$_2+2H^{+}+2e^{-}\Longrightarrow$2 谷胱甘肽-SH	—	-0.23
藏红 $T+2e^{-}\Longrightarrow$无色藏红 T	-0.235	-0.289
$(C_6H_5S)_2+2H^{+}+2e^{-}\Longrightarrow 2C_6H_5SH$	—	-0.30
$NAD^{+}+H^{+}+2e^{-}\Longrightarrow NADH$	-0.105	-0.320
$NADP^{+}+H^{+}+2e^{-}\Longrightarrow NADPH$	—	-0.324
胱氨酸$+2H^{+}+2e^{-}\Longrightarrow$2 半胱氨酸	—	-0.340
乙酰醋酸盐$+2H^{+}+2e^{-}\Longrightarrow$L-$\beta$-羟基丁酸盐	—	-0.346
黄嘌呤$+2H^{+}+2e^{-}\Longrightarrow$6-羟基嘌呤$+H_2O$	—	-0.371
$2H^{+}+2e^{-}\Longrightarrow H_2$	-0.0000	-0.414
葡萄糖酸盐$+2H^{+}+2e^{-}\Longrightarrow$葡萄糖$+H_2O$	—	-0.44
$SO_4^{2-}+2e^{-}+2H^{+}\Longrightarrow SO_3^{2-}+H_2O$	—	-0.454
$2SO_3^{2-}+2e^{-}+4H^{+}\Longrightarrow S_2O_4^{2-}+2H_2O$	—	-0.527

参考文献

1. Skoog D A,West D M. 仪器分析原理(上册)[M]. 金钦汉,译. 上海:上海科学技术出版社,1987.

2. 北京大学化学系仪器分析教学组. 仪器分析教程[M]. 北京:北京大学出版社,1997.

3. 方惠群,于俊生,史坚. 仪器分析[M]. 北京:科学出版社,2002.

4. 李启隆,迟锡增,曾泳淮,等. 仪器分析[M]. 北京:北京师范大学出版社,1990.

5. 刘密新,罗国安,张新荣,等. 仪器分析[M]. 北京:清华大学出版社,2002.

6. 朱明华. 仪器分析[M]. 第四版. 北京:高等教育出版社,2008.

7. 曾泳淮,林树昌. 分析化学(仪器分析部分)[M]. 第二版. 北京:高等教育出版社,2004.

8. 孙凤霞. 仪器分析[M]. 北京:化学工业出版社,2007.

9. 董慧茹. 仪器分析[M]. 北京:化学工业出版社,2000.

10. 刘约权. 现代仪器分析[M]. 北京:高等教育出版社,2001.

11. 魏福祥,韩菊,任清亮,等. 仪器分析及应用[M]. 北京:中国石油出版社,2007.

12. 武汉大学化学系. 仪器分析[M]. 北京:高等教育出版社,2001.

13. 赵藻藩,周性尧,张悟铭,等. 仪器分析[M]. 北京:高等教育出版社,1990.

14. 朱世盛. 仪器分析[M]. 上海:复旦大学出版社,1983.

15. 邓勃. 原子吸收分光光度法[M]. 北京:清华大学出版社,1981.

16. 李启隆,胡劲波. 电分析化学[M]. 第二版. 北京:北京师范大学出版社,2007.

17. 王宗明,何欣翔,孙殿卿. 实用红外光谱学[M]. 第二版. 北京:石油化学工业出版社,1990.

18. 宁永成. 有机化合物结构鉴定与有机波谱学[M]. 北京:清华大学出版社,1989.

19. 梁晓天. 核磁共振[M]. 北京:科学技术出版社,1982.

20. 唐恢同. 有机化合物的光谱鉴定[M]. 北京:北京大学出版社,1992.

21. 孙传经. 气相色谱分析原理与技术[M]. 第二版. 北京:化学工业出版社,1985.

22. 史坚. 现代柱色谱分析[M]. 上海:上海科学技术出版社,1988.

23. 傅若农. 色谱分析概论[M]. 第二版. 北京:化学工业出版社,2005.

24. 金鑫荣. 气相色谱法[M]. 北京:高等教育出版社,1987.

25. 孙传经. 毛细管色谱法[M]. 北京:化学工业出版社,1991.

26. 斯奈德 L R,柯克兰 J J. 现代液相色谱法导论[M]. 高潮,等,译. 北京:化学工业出版社,1988.

27. 陈义. 毛细管电泳技术及应用[M]. 第二版. 北京:化学工业出版社,2006.

28. 何锡文. 近代分析化学教程[M]. 北京:高等教育出版社,2005.

29. 吴谋成. 仪器分析[M]. 北京:科学出版社,2003.

30. 张铁垣.分析化学中的量和单位[M].北京:中国标准出版社,1995.

31. 高颖,郜冰.电化学基础[M].北京:化学工业出版社,2004,94.

32. Lane R F, Hubbard A T. Electrochemistry of chemisorbed molecules. I. reactants connected to electrodes through olefinic substituents[J]. J. Phys. Chem. ,1973,77(11):1401-1410.

33. Watkins B F,Behling J R,Kariv E,et al. Chiral electrode[J]. J. Am. Chem. Soc. ,1975,97(12):3549-3550.

34. Moses P R,Wier L,Murray R W. Chemically modified tin oxide electrode[J]. Anal. Chem. ,1975,47(12):1882-1886.

35. 董绍俊,车广礼,谢远武,著.化学修饰电极[M].修订版.北京:科学出版社,2003.

36. Fujihira M. Organo-modified metal oxide electrode:Ⅳ. Analysis of covalently bound rhodamine B photoelectrode[J]. J. Electroanal. Chcm. ,1978,88(2):285.

37. Heineman W R,Wieck H J,Yacynych A M. Polymer film chemically modified electrode as a potentiometric sensor[J]. Anal. Chcm. ,1980,52(2):345

38. 姜灵彦,刘传银,蒋丽萍,等.纳米材料修饰电极及其在电分析化学中的应用[J].化学研究与应用,2004,16(5):615

39. [美]约瑟夫.王(Joseph Wang).分析电化学[M].朱永春,张玲,译.北京:化学工业出版社,2009.

40. Kuwana T,Darlington R K,Lecdy D W. Electrochemical Studies Using Conducting Glass Indicator Electrodes[J]. Anal. Chem. ,1964,36(10):2023.

41. 索志荣.液相色谱电化学检测方法及应用[D].西安:西北大学:2007,7.